"十三五"国家重点图书重大出版工程规划项目

中国农业科学院科技创新工程资助出版

小麦优质高产栽培理论与技术

Good Quality and High Yield Cultivation of Wheat: Theory and Technology

赵广才 ◎ 著

中国农业科学技术出版社

图书在版编目（CIP）数据

小麦优质高产栽培理论与技术 / 赵广才著 . —北京：中国农业科学技术出版社，
2018. 11

ISBN 978-7-5116-3881-6

Ⅰ. ①小…　Ⅱ. ①赵…　Ⅲ. ①小麦-高产栽培-栽培技术　Ⅳ. ①S512. 1

中国版本图书馆 CIP 数据核字（2018）第 208601 号

责任编辑	崔改泵
责任校对	马广洋

出 版 者	中国农业科学技术出版社
	北京市中关村南大街 12 号　邮编：100081
电　　话	（010）82109194（编辑室）　（010）82109702（发行部）
	（010）82109709（读者服务部）
传　　真	（010）82106650
网　　址	http://www.castp.cn
经 销 者	各地新华书店
印 刷 者	北京科信印刷有限公司
开　　本	787mm×1 092mm　1/16
印　　张	18. 75
字　　数	378 千字
版　　次	2018 年 11 月第 1 版　2018 年 11 月第 1 次印刷
定　　价	180. 00 元

序

　　小麦是世界上重要的粮食作物，全球35%以上的人口以小麦产品为主要食物。中国是世界第一产麦大国，总产约占全球的17%，同时中国也是将小麦产品作为主食的消费大国。发展小麦生产对于保障国家粮食安全和促进国民经济发展具有重要意义。优质、高产、高效、生态、安全是小麦产业发展的重要目标。随着社会发展和人们生活水平日益提高，对小麦产品多样性、营养性、安全性有了更高需求，尤其是在粮食实现基本供需平衡的前提下，发展优质高效的小麦生产，满足百姓对优质小麦产品的需求，是小麦科研和生产的重要任务。

　　为庆祝中国农业科学院建院60周年，赵广才研究员基于多年研究和生产实践，总结提炼了小麦优质高产栽培理论和技术研究的科研成果，著述了《小麦优质高产栽培理论与技术》一书，并通过专家审阅入选中国农业科学院组织编写的《现代农业科学精品文库》。该书论述了世界小麦生产概况和中国小麦生产发展；修订和丰富了中国小麦种植生态区划；创新研究了小麦优势蘖的理论及其利用；分别阐述了小麦品质的概念及品质指标的动态变化；系统研究了小麦群体质量及植株氮素分配利用；重点总结了栽培措施对小麦产量和品质的影响；综合分析了强筋小麦的品质调节及其稳定性；详细介绍了中国农业科学院小麦栽培科研团队创新集成的小麦优质高产栽培技术成果。

　　该书是一部具有系统性、创新性和实践性的学术专著，其出版发行将对中国小麦栽培及相关学科的科研、教学和小麦产业化发展发挥重要促进作用。

中国工程院副院长

中国工程院院士

2017 年 9 月

目　　录

第一章　小麦生产概况及其发展 ……………………………………………（1）

第一节　世界小麦生产概况 …………………………………………（1）
第二节　中国小麦生产发展 …………………………………………（3）

第二章　中国小麦种植生态区划 ……………………………………………（8）

第一节　中国小麦种植区域的生态特点 …………………………（8）
第二节　中国小麦种植生态区域的划分 …………………………（11）

第三章　小麦的生长发育及优势蘖研究与利用 …………………………（36）

第一节　小麦生长发育特性 ………………………………………（36）
第二节　小麦优势蘖研究与利用 …………………………………（50）

第四章　优质小麦的概念和标准 ……………………………………………（61）

第一节　优质小麦的概念 …………………………………………（61）
第二节　优质专用小麦的品质标准 ………………………………（64）

第五章　小麦品质的动态变化 ………………………………………………（71）

第一节　蛋白质的动态变化 ………………………………………（71）
第二节　氨基酸的动态变化 ………………………………………（76）

第六章　小麦群体质量及植株氮素变化 ···（82）

　　第一节　小麦群体质量变化···（82）

　　第二节　肥料运筹对植株根系的影响 ···（85）

　　第三节　籽粒产量和品质的施肥效应 ···（91）

　　第四节　植株各器官氮素动态变化 ···（95）

　　第五节　植株中氮素分配利用及施肥效应 ···································（104）

第七章　栽培措施对小麦产量和品质的影响 ·····························（113）

　　第一节　土壤施肥对小麦产量和品质的影响 ·······························（113）

　　第二节　叶面喷肥对小麦产量和品质的影响 ·······························（157）

　　第三节　灌水对小麦产量和品质的影响 ·······································（173）

　　第四节　综合措施对小麦产量和品质的影响 ·······························（184）

第八章　强筋小麦品质调节及其稳定性 ·····································（207）

　　第一节　营养品质的氮肥调节及其稳定性 ···································（207）

　　第二节　加工品质的氮肥调节及其稳定性 ···································（212）

　　第三节　营养品质的灌水调节及其稳定性 ···································（218）

　　第四节　加工品质的灌水调节及其稳定性 ···································（223）

第九章　小麦优质高产栽培技术 ···（232）

　　第一节　小麦叶龄模式栽培原理与技术 ·······································（232）

　　第二节　小麦优势蘗利用高产栽培技术 ·······································（243）

　　第三节　小麦立体匀播高产高效栽培技术 ···································（248）

　　第四节　小麦沟播侧深位集中施肥技术 ·······································（254）

　　第五节　小麦绿色高产高效技术模式 ···（258）

主要参考文献 ···（272）

第一章　小麦生产概况及其发展

第一节　世界小麦生产概况

小麦在分类学上为禾本科，小麦属，小麦属中又分为若干不同的种。根据小麦染色体数，小麦属中又可分为二倍体小麦、四倍体小麦、六倍体小麦和八倍体小麦。常见的普通小麦只是小麦属中的一个种，而普通小麦即为六倍体小麦。在世界小麦生产中，以普通小麦种植最为广泛，占全世界小麦总面积的90%以上；硬粒小麦的播种面积约为总面积的6%~7%。

小麦因其适应性强而广泛分布于世界各地，从北极圈附近到赤道周围，从盆地到高原，均有小麦种植。但因其喜冷凉和湿润气候，主要分布在北纬67°到南纬45°之间，尤其在北半球的欧亚大陆和北美洲最多，其种植面积占世界小麦总面积的90%左右。年降水量小于230mm的地区和过于湿润的赤道附近种植较少。在世界小麦总面积中，冬小麦占75%左右，其余为春小麦。春小麦主要集中在俄罗斯、美国和加拿大等国。小麦种植面积较大的国家主要有：印度、俄罗斯、中国、美国、哈萨克斯坦、澳大利亚、加拿大、巴基斯坦和土耳其等国（2016年），单产较高的国家主要集中在西欧。

小麦是世界第一大口粮作物，是人类生活所依赖的重要食物来源，全球有35%~40%的人口以小麦为主要粮食。当前世界小麦种植面积22 010.76万 hm^2（2016年），占全球谷物种植面积30.7%，远超玉米、水稻、大豆，居世界谷物种植面积之首。全球小麦总产74 946.0万 t，占世界谷物总产的26.3%，仅次于玉米和水稻，居第3位。小麦的主要集中产区在亚洲，面积占世界小麦面积的45.6%，其次是欧洲，占28.4%，北美洲占12.3%，大洋洲、南美洲和非洲分别占5.1%、5.0%和4.0%（图1-1）。各洲小麦产量分布情况与种植面积所占比例呈现基本一致的趋势。

目前全世界有50个国家的小麦产量超过110万 t（2016年）。其中有16个国家超过1 000万 t，从高到低依次为中国、印度、俄罗斯、美国、加拿大、法国、乌克

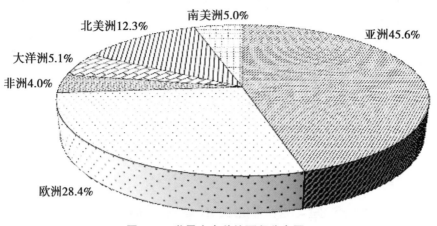

图 1-1　世界小麦种植面积分布图

兰、巴基斯坦、德国、澳大利亚、土耳其、阿根廷、哈萨克斯坦、英国、伊朗、波兰；紧随其后的埃及在 900 万 t 以上；罗马尼亚、意大利均在 800 万 t 以上；乌兹别克斯坦、巴西和西班牙均在 600 万 t 以上；其余国家均在 600 万 t 以下。2016 年全球有 10 个国家的小麦产量占世界小麦总产的 3% 以上（图 1-2），中国占 17.6%，是世界第一产麦大国。

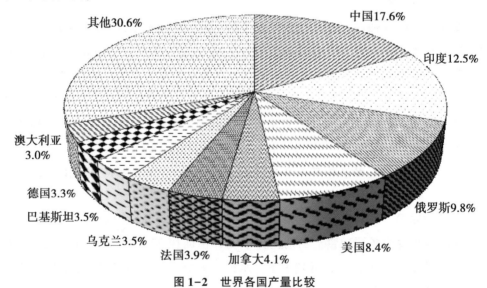

图 1-2　世界各国产量比较

　　小麦是人类最重要的粮食作物之一，其普通小麦籽粒磨成面粉后，可加工制作面包、馒头、面条、方便面、饼干、糕点、油条、油饼、火烧、大饼、煎饼、水饺、包子、馄饨以及披萨饼等各种各样的食品，而硬粒小麦的面粉可以制作西方国家人民喜爱的硬粒小麦面条和通心粉等食品。浮小麦（未成熟的籽粒）还可以作为中医药的材料，小麦苗汁还是近年来流行的健康食品之一。小麦籽粒磨粉后的副产品麦麸可以作为家禽、家畜的精饲料。小麦还可以作为酒、酱油、食醋、麦芽糖、麦曲等产品的原料。小麦籽粒中含有丰富的碳水化合物、蛋白质、脂肪、维生素和多种对人体有益的矿质元素，易加工、耐储运，不仅是世界多数国家各种主食和副食的加工原料，还是各国的主要储备粮食及世界粮食贸易的主要粮食品种。亚洲和欧洲既是小麦生产大洲，也是消费大洲，亚洲产不足需，需要进口；非洲小麦产量很低，但消费量相对较高，需要大量进口；北美洲和大洋洲虽然产量不是很高，但其消费比例较低，大部分用于出口；南美洲生产和消费总量基本持平。这种供需结构决定了小麦具有世界贸易性特点。

小麦在我国已有 7 000 多年的栽培历史，目前是仅次于玉米和水稻（从 2002 年开始小麦面积少于玉米）的第三大粮食作物，其面积和总产分别相应占全国的 21% 左右（2015 年）。中国生产中种植的小麦以普通小麦占绝对优势，占小麦总面积的 99% 以上。近年来中国小麦面积稳定在 2 400 万 hm^2（3.6 亿亩）左右，居世界第三位（2016 年）。小麦在中国分布广泛，目前除海南省种植极少，无官方统计面积外，其他各省（自治区、直辖市）均有不同程度的种植面积。其中以河南省种植面积最大，总产最高。近年来全国小麦总产稳定在 1 亿 t 以上，处于基本平衡状态。小麦生产主要用于国内粮食消费，极少量用于国际贸易。由于制作专用食品的需求，每年进口数量不等的专用小麦或面粉。中国小麦的生产过程和产量变化备受国际粮食市场的关注，任何波动都可能对国际期货价格造成影响。因此，中国的小麦在世界小麦生产和贸易中占有十分重要的地位。

第二节　中国小麦生产发展

小麦是我国的主要粮食作物，中华人民共和国成立以来小麦生产有很大发展。播种面积在 2 133.3 万~3 066.6万 hm^2（3.2 亿~4.6 亿亩）变化，占粮食作物总面积的比例从 1949 年的 19.57% 逐渐上升到 2015 年的 21.30%，其中 1991 年达到历史最高，为 27.55%。在 2001 年（含）以前，小麦播种面积仅次于稻谷，居第二位。随着种植结构的调整，从 2002 年开始其播种面积少于玉米，居第三位，稻谷面积仍然居第一位，并一直延续到 2006 年；2007 年开始，玉米面积超过了稻谷，小麦继续维持在第三位，一直到 2015 年，三大主要粮食作物实际播种面积及其所占粮食作物总面积比重的位次均为玉米第一、稻谷第二、小麦第三（图 1-3）。从图中可以看出小麦面积占粮食作物总面积的比重变化不大，相对稻谷和玉米，比较稳定；玉米和稻谷的面积增加使其他粮食作物面积的比重逐步减少。

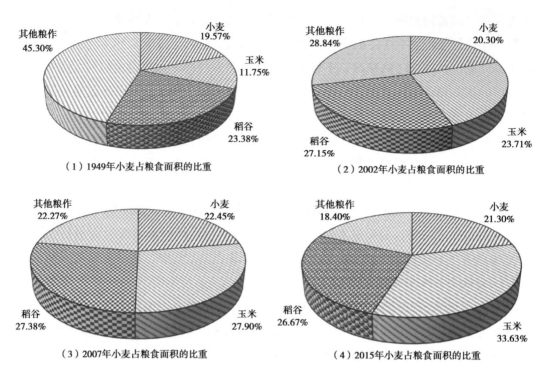

图1-3 三大主要粮食作物实际播种面积及其所占粮食作物总面积的比重

随着社会的发展和科学技术的进步，中国的小麦生产能力稳步提升。主要体现在3个方面。

一是面积起伏变化大。从1949年全国小麦面积2 151.56万 hm^2，快速上升到1957年的2 754.173万 hm^2，8年时间小麦种植面积增加28%，以后波动较大，分别出现1959年、1963年和1966年3个较低的位点，一直到1975年又恢复到1957年的水平，以后逐渐波动上升，到1991年达到种植面积的最高水平3 094.787万 hm^2，其后波动下降。在1998—2004年间，我国小麦种植面积连续7年下滑，由1997年的3 005.7万 hm^2（4.5亿亩左右）下降到2 162.6万 hm^2（3.2亿亩左右），面积减少了843.1万 hm^2，减幅达28%。从2005年开始小麦生产重新受到高度重视，种植面积有所恢复，逐年增加，到2009年已恢复到2 429万 hm^2（36 436万亩），其后基本稳定在2 400万 hm^2 以上（图1-4）。

二是单产稳步提升。单产从1949年的641.85kg/ hm^2，到2015年5 392.65 kg/ hm^2（图1-5）。其中在1949年生产水平很低的基础上，用了16年时间单产上升到1965年的1 000kg/ hm^2 以上，平均每年增产23.67kg/ hm^2，属于低产徘徊阶段；又用了16年时间，单产稳定提高到1981年的2 000kg/ hm^2 以上，平均每年增产67.89kg/ hm^2，属于低产爬坡阶段；在此基础上，仅用了8年时间，单产就达到了1989年的3 000kg/ hm^2 以上，平均每年增产117.02kg/ hm^2，属于快速增产阶段；此

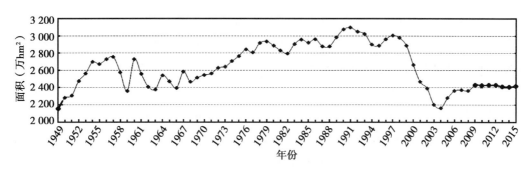

图 1-4　中国小麦历年面积

后又用了 15 年时间，单产稳定提升到了 2004 年的 4 000kg/hm² 以上；平均每年增产
80.56kg/hm²，属于低产向中产过渡阶段。9 年以后的 2013 年跨上了单产 5 000kg/
hm² 的新台阶，平均每年增产 80.56kg/hm²。此后进入单产相对稳定阶段。小麦单产
的提高过程中，科学种植技术的发展和优良品种的选育推广发挥了重要作用。

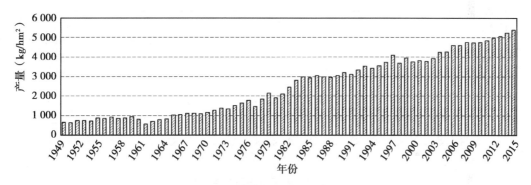

图 1-5　中国小麦历年单产

相对于稻谷和玉米，小麦单产虽有波动，但提高的幅度最大，从 1949 年到 2015 年，
粮食作物的单产提高 4.33 倍，小麦单产提高 7.40 倍，玉米提高 5.13 倍，稻谷单产仅提高
2.46 倍，可见小麦平均单产的增长幅度在主要粮食作物中遥遥领先（图 1-6）。

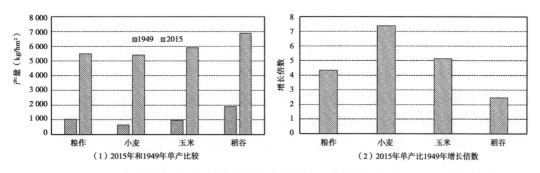

（1）2015 年和 1949 年单产比较　　　　　（2）2015 年单产比 1949 年增长倍数

图 1-6　1949 年和 2015 年主要粮食作物单产比较

三是总产持续增长。从小麦历年总产的变化分析（图1-7），总产受面积和单产两个因素影响，种植面积和单产同时增加时，总产提高的幅度更大，其中一个因素明显减少时，对总产会有较大影响；两个因素都减少，总产受到明显影响。总体分析，从1949年到1960年总产呈缓慢上升趋势，到1961年面积略有减少，但是单产降到了历史最低点，导致总产出现一个低谷；此后，总产基本呈现稳步增加的趋势，直到1997年总产出现一个峰值，此后由于种植面积逐渐减少，即使单产有所增加，但是仍然不能弥补面积减少对总产带来的负效应。致使2004年总产再次出现明显低谷，其后，国家对种植结构再次调整，逐渐恢复小麦种植面积，单产也出现持续增加的势头，导致小麦总产出现持续增加的趋势。纵观我国小麦生产的发展变化，在种植面积基本稳定的条件下，总产的提高更主要取决于单产的增加，2015年在小麦面积比1949年增加12.20%的情况下，总产增加8.43倍，说明单产的提高对总产的贡献更大。

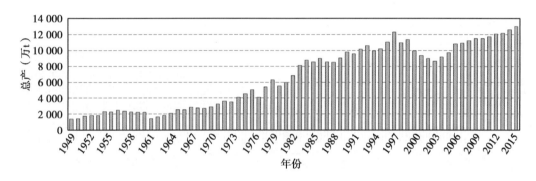

图1-7 中国小麦历年总产

小麦的总产虽然受种植面积的影响出现过较大的波动，但总体仍呈现逐渐增长的趋势，小麦产量占粮食总产的比例从1949年的12.20%逐渐上升到2015年的20.95%。2015年小麦总产比1949年增加的幅度远大于粮食作物平均增加的幅度（图1-8）。

在中国小麦生产中，冬小麦占主要地位，其播种面积占小麦总面积的93.68%（2015），春小麦仅占6.32%；冬小麦总产占小麦总产的95.05%（2015），春小麦占4.95%（图1-9）。

冬小麦单产历来均远高于春小麦，2015年冬小麦单产为5 471kg/hm²，春小麦单产4 223kg/hm²。从小麦生产的发展分析，冬小麦总产从1949年的1 380.9万t，增加到2015年的12 374.72万t，增加8.86倍，尽管如此，春小麦生产仍然有较大的发展，目前虽然种植面积从1960年（开始有春小麦统计面积）403.01万hm²减少到2015年的152.46万hm²，减少幅度达62.2%，但是总产还是增加了1.2倍，单产更是有很大提高，从 1960 年到 2015 年单产增加 4.82 倍。可见无论冬小麦还是春小麦，其科技进步对单产的提高都起到了重要作用，总体生产水平都有很大发展。

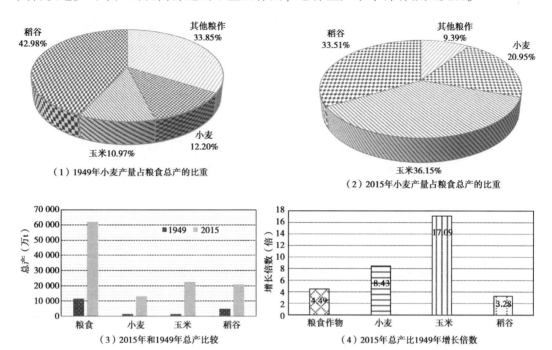

（1）1949年小麦产量占粮食总产的比重

（2）2015年小麦产量占粮食总产的比重

（3）2015年和1949年总产比较

（4）2015年总产比1949年增长倍数

图 1-8　1949 年与 2015 年小麦占总产的增加幅度

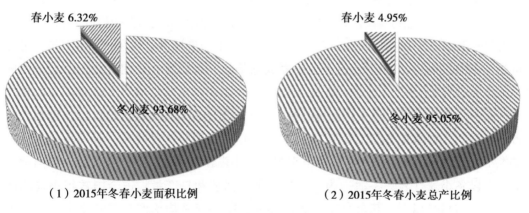

（1）2015年冬春小麦面积比例

（2）2015年冬春小麦总产比例

图 1-9　2015 年冬春小麦面积比例及总产比例

第二章　中国小麦种植生态区划

第一节　中国小麦种植区域的生态特点

一、中国小麦种植区域分布

中国小麦分布地域辽阔，南界海南岛，北止漠河，西起新疆维吾尔自治区（以下简称新疆），东至海滨及台湾岛，遍及全国各地。从盆地到丘陵，从海拔 10m 以下低平原至海拔 4 000m 以上的西藏高原，从北纬 53°的严寒地带，到北纬 18°的热带区域，都有小麦种植。由于各地自然条件、种植制度、品种类型和生产水平的差异，形成了明显的种植区域。我国幅员辽阔，既能种植冬小麦又能种植春小麦。由于各地生态环境的变化，小麦的播种期和成熟期不尽相同。生育期最短在 80 天左右，最长的达到 350 天。春（播）小麦多在 3 月上旬至 4 月中旬播种，也有 5 月播种的，个别的还有推迟到 6 月上旬播种的春小麦。冬（秋播）小麦播种最早的在 8 月中下旬，最晚可迟至 12 月下旬。广东、云南等地小麦成熟最早，有的在 3 月初收获，随之由南向北陆续收获到 7—8 月，但主产麦区冬小麦多数在 5 月至 6 月成熟，而西藏高原林芝地区有的冬小麦可延迟至 9 月上旬成熟，是中国冬小麦成熟最晚的地区，从种到收有近一年时间。台湾省小麦一般在 10 月中下旬播种，翌年 3 月收获，所用品种为秋播春性小麦品种。因此，一年之中每个季节都有小麦在不同地区播种或收获。中国栽培的小麦以冬小麦（秋、冬播）为主，目前种植面积和总产量均占全国常年小麦总面积和总产的 90% 以上，其余为春（播）小麦，冬小麦平均单产高于春小麦。中国小麦主产区主要种植冬小麦，种植面积依次为河南、山东、安徽、河北、江苏、四川、湖北、陕西、新疆、山西、甘肃等 11 个省（区），约占全国冬小麦总面积的 94.93%（2015 年）。栽培春小麦的主要有内蒙古自治区（以下简称内蒙古）、新疆、甘肃、青海、黑龙江、宁夏回族自治区（以下简称宁夏）、天津、河北、西藏自治区（以下简称西藏）等省（区、市），以内蒙古面积最大，西藏单产最高，其次为新疆，每公顷产量均在 5 700kg 以上（2015 年）。

二、中国小麦种植区域的气候特点

中国小麦种植区域广阔，涉及的气候因素复杂，各地气候条件差异很大。最北部黑龙江省的漠河地处寒温带，向南逐步过渡到温带、亚热带，直至广东、广西和台湾省中南部，云南省南部及海南省的热带地区。气候特征表现为从东南沿海的海洋性季风气候，逐步过渡到内陆地区大陆性干旱或半干旱气候。年均气温从漠河的-5℃左右，逐步过渡到海南省的23.8℃。由北向南从1月的平均气温-30℃以下，绝对最低气温达到-50℃以下，过渡到年平均气温在20℃以上，1月份平均气温在16℃以上。

冬小麦播种至成熟>0℃积温1 800~2 600℃，华南地区最少，新疆最多。春小麦播种至成熟>0℃积温1 200~2 400℃，辽宁最少，新疆最多。冬小麦播种到成熟日照时数为400~2 800小时，春小麦播种至成熟日照时数为800~1 600小时，均以西藏最多。

无霜期从青藏高原部分地区全年有霜过渡到海南省的终年无霜。东北地区平均初霜见于9月中旬，终霜见于4月下旬，无霜期不到150天；华北地区初霜见于10月中旬，终霜见于4月上旬，无霜期约200天；长江流域从4月到11月，无霜期约250天；华南地区无霜期300天以上，有的年份全年无霜。

南北、东西降水差异均很大，年降水量从内陆地区的100mm左右（个别地区终年无降水）到东南沿海的2 500mm以上，降水分布极为不均，多集中在6—8月，约占全年降水量的60%以上。冬小麦生育期间降水最多的可达900mm，降水少的仅在20mm以下。春小麦生育期间降水量从20mm以下至300mm不等。

三、中国小麦种植区域的土壤特点

小麦生长对土壤的适应性很强，无论土壤肥力高低，只要是排灌水良好的耕地都可以种植小麦，甚至在雨养农业的黄土高原上也可种植。中国小麦种植区域覆盖全国陆地和主要海岛，各地土壤类型复杂。东北地区多为肥沃的黑钙土，其次为草甸土、沼泽土和盐渍土；河北省境内主要农业区多为褐土和潮土，山西、陕西、甘肃等境内的黄土高原多为栗钙土和黑垆土，沿太行山东坡及辽东半岛南部为棕壤，沿渤海湾有大片的盐碱土；内蒙古、宁夏等地主要是栗钙土、黄土和河套灌淤土。

华北平原农业区的土壤类型主要是褐土、潮土，部分是黄土与棕壤，还有小部分为砂姜黑土和水稻土；长江流域土壤类型比较复杂，汉水流域上游为褐土及棕壤，云贵高原为红壤、黄壤，淮南丘陵为黄壤、黄褐土，长江中下游平原为黄棕壤、潮土、水稻土，江西有大面积红壤；四川盆地主要是冲积土、紫棕壤和水稻土；华南地区主要是红壤和黄壤；新疆南部地区多为灰钙土、灌淤土、棕漠土，北部地区多为灰钙

9

土、灰漠土和灌淤土；西藏的农业区多在河流两岸，土壤类型主要是石灰性冲积土，土层薄，沙性重；青海高原农业区主要是灰钙土和栗钙土，还有部分灰棕漠土、棕钙土和淡栗钙土。

我国主要类型土壤的颗粒组成，表现为自西向东、从北向南，即从干旱区向湿润区、由低温带向高温带，土壤粗颗粒递减而细颗粒渐增，土壤质地相应呈现砾质沙土、沙土、壤土到黏土的变化趋势。如新疆、青海、内蒙古等地的土壤中，沙土较多；东北、西北、华北及长江中下游地区的土壤中，主要为壤土；南方地区以红壤为主的土壤中，主要为黏土。全国小麦种植区域的土壤质地多为壤土，次为沙壤土和粉土，少有黏土和沙土。在各种类型的土壤中，土层深厚的壤土最为适宜小麦生长。

土壤酸碱度是影响小麦生长的重要因素之一，我国土壤 pH 值表现为从南向北，从东向西逐渐增高的趋势。全国小麦种植区域的土壤酸碱度多为中性至偏碱性，pH 值多在 6.5~8.5，其中以 pH 值 6~7 的土壤最为适宜小麦生长，过酸或过碱的土壤对小麦生长不利。

土壤有机质表现为东北地区含量最高，其次为西南昌都周围地区，华南地区高于华北地区，内蒙古西部和新疆、西藏东部地区含量最低。我国小麦种植区域的土壤有机质含量多在 0.8%~2%，但是东北黑土地的有机质含量有些可达到 5% 以上。近年来由于保护性耕作的发展和秸秆还田量的增加，土壤有机质含量有增加的趋势。

四、中国小麦种植区域的种植制度

中国小麦种植区域遍及全国，各地种植制度有明显不同。从北向南逐渐演变，熟制依次增加，但海拔不同，种植制度也有很大变化。

东北地区种植制度多为一年一熟，春小麦与大豆、玉米等倒茬。河北省中北部长城以南地区、山西省中南部、陕西省北部、甘肃省陇东地区、宁夏南部地区种植制度多为一年一熟或两年三熟，与小麦轮作的主要作物有谷子、玉米、高粱、大豆、棉花等，北部还有荞麦、糜子和马铃薯等。两年三熟的主要轮作方式为：冬小麦—夏玉米—春谷；冬小麦—夏玉米—大豆等；由于全球气候变暖及品种改良，这一地区出现了一年两熟的种植方式，主要是小麦—夏玉米，次为小麦—夏大豆的种植方式。

河北省中南部、河南省、山东省、江苏省和安徽省北部、山西省南部、陕西省关中地区和甘肃省天水地区等广大华北平原，有灌溉的地区多为一年两熟，夏玉米是小麦的主要前茬作物，此外有大豆、谷子、甘薯等；旱地小麦以两年三熟为主，以春玉米（或谷子、高粱）—冬小麦—夏玉米（或甘薯、谷子、花生、大豆），或高粱—冬小麦—甘薯（或绿豆、大豆）的种植方式为主；极少数旱地一年一熟，冬小麦播种在夏季休闲地上。

长江流域种植制度多为一年两熟，水稻区盛行稻麦两熟，旱地多为棉、麦或杂粮、小麦两熟。华南地区多为一年两熟或三熟，小麦与稻连作或与杂粮轮作。

新疆的北疆地区主要为一年一熟，小麦与马铃薯、油菜、燕麦、亚麻、糜子、瓜等作物换茬。南疆以一年二熟为主，部分地区实行二年三熟。青藏高原主要为一年一熟，小麦与青稞、豌豆、蚕豆、荞麦等作物换茬，但西藏高原南部的峡谷低地可实行一年两熟或两年三熟。

五、中国小麦种植区域的小麦品种类型

中国小麦种植区域南北纬度跨度大，海拔高低变化多，土壤类型复杂，气候条件多变，因此各地种植的小麦品种类型有明显不同。

从小麦分类学的角度分析，中国小麦种植区域内，主要种植的是普通小麦，占99%以上，其余为圆锥小麦、硬粒小麦和密穗小麦。目前生产中普遍应用的品种，都是经过国家或地方审定的普通小麦的育成品种。

根据小麦春化特性分析，生产中种植的普通小麦品种，又可分为春性小麦、冬性小麦、半冬性小麦三大类型，也有人进一步把春性小麦分为强春性小麦、春性小麦，把冬性小麦分为强冬性小麦和冬性小麦，把半冬性小麦分为弱冬性小麦、半冬性小麦和弱春性小麦，但尚未得到广泛应用。

按播性分析，又可为冬（秋播或晚秋播）小麦和春（播）小麦，目前在东北地区和内蒙古等地主要是春播春性小麦。华北平原地区主要是秋播冬性小麦和半冬性小麦；长江流域主要是秋播半冬性和春性小麦，华南地区主要是晚秋播半冬性和春性小麦。青藏高原和新疆既有秋播冬性小麦又有春播春性小麦种植。

第二节　中国小麦种植生态区域的划分

一、中国小麦种植区划的沿革

中国小麦分布地区极为广泛，由于各地气候条件悬殊、土壤类型各异、种植制度不同、品种类型有别、生产水平和管理技术存在差异，因而形成了明显的自然种植区域。我国不同时期的学者依据当时的情况多次对全国小麦的种植区域进行划分。早在1936年就有学者依照气候特点、土壤条件和小麦生产状况，将全国划分为6个冬麦区和1个春麦区。1943年有学者根据小麦的冬春习性、籽粒色泽及质地软硬，将部分省的小麦划分为红皮春麦、硬质冬、春混合和软质红皮冬麦3个种植区。1961年

版的《中国小麦栽培学》，根据我国的气候特点，特别是年均气温、冬季气温、降水量和分布以及耕作栽培制度、小麦品种类型、适宜播期与成熟期等因素，将小麦种植区域划分为 3 个主区、10 个亚区。1979 年版的《小麦栽培理论与技术》，根据当时小麦生产发展变化情况，将我国小麦种植区划分为 9 个主区、5 个副区。1983 版的《中国小麦品种及其系谱》，将全国划分为 10 个麦区，有的麦区内又划分了若干副区。1996 年版的《中国小麦学》，将全国小麦种植区域划分为 3 个主区、10 个亚区和 29 个副区。本区划在前人研究的基础上，根据人们对上述区划应用情况，以及生产发展需要，在种植面积、种植方式、栽培技术以及病虫草害发生发展趋势等方面，采用最新数据和资料进行分析研究。为预防气象灾害，保障小麦正常生育，根据全球气候变化，本区划中提出根据气温变化调整小麦播种期，实行保护性耕作、测土配方施肥、优质高产栽培等技术内容，以增强区划对我国小麦生产的指导作用。充分考虑区划的简洁和实用性，将全国小麦种植区域划分为 4 个主区、10 个亚区，以便于各地因地制宜合理安排小麦种植和品种布局，充分发挥自然资源优势和小麦生产潜力，为我国小麦科学研究和生产实践提供参考。

二、小麦种植区域划分的依据

小麦种植区域的划分，是根据地理环境、自然条件、气候因素、耕作制度、品种类型、生产水平、栽培特点以及病虫害情况等对小麦生产发展的综合影响而进行。影响小麦种植区域形成的诸多因素中，以气候、土壤条件与品种特性为主。在气候条件中，温度与降水量最为重要。

本区划的制定，是在前人小麦区划的基础上对主区的划分和亚区的分界及其内容进行适当调整。主区仍以播性（即春、秋播）而定，但由原来的 3 个增加到 4 个，即把冬麦区划分为北方冬（秋播）麦区和南方冬（秋播）麦区。春（播）麦区和冬春兼播麦区沿用原来名称不变。小麦播性是自然温光变化梯度和品种感温、感光特性的集中体现，也是综合反映不同麦区栽培生态特性的基本特征。秋播后经越冬阶段的为冬（秋播）麦区，而春播的为春（播）麦区。由于自然生态条件的交叉和重叠（如低纬度高海拔或高纬度低海拔等），春播区中有部分地区可以秋播，如新疆积雪较多的地区可以种植冬麦，西藏高原属低纬度地区，可以兼种春小麦和冬小麦，因此设一个冬、春麦兼播区。亚区是在播性相同的范围内，基本生态条件、品种类型和主要栽培特点大体一致，在小麦生育进程和生产管理上具有较大共性的种植区，亚区基本沿用 1996 年版《中国小麦学》中的划分，个别地区进行了调整，原副区内容在亚区中体现，不再列为副区，从而使小麦区划更加简明扼要，可行实用。

三、小麦种植生态区域划分

参照上述小麦种植区域划分依据，将全国小麦自然区域划分为 4 个主区，10 个亚区（图 2-1。见本章文后）。即北方冬（秋播）麦区，包括北部冬（秋播）麦区和黄淮冬（秋播）麦区两个亚区；南方冬（秋播）麦区，包括长江中下游冬（秋播）麦区、西南冬（秋播）麦区和华南冬（晚秋播）麦区 3 个亚区；春（播）麦区，包括东北春（播）麦区、北部春（播）麦区和西北春（播）麦区 3 个亚区；冬春兼播麦区，包括新疆冬春兼播麦区和青藏春冬兼播麦区两个亚区。

（一）北方冬（秋播）麦区

区域范围：在长城以南，岷山以东，秦岭、淮河以北，为我国主要麦区，包括山东省全部，河南、河北、山西、陕西省大部，甘肃省东部和南部及苏北、皖北。小麦面积及总产通常为全国的 60% 以上。除沿海地区外，均属大陆性气候。全年 ≥10℃ 的积温 4 050℃ 左右，变幅为 2 750~4 900℃。年均气温 9~15℃，最冷月平均气温 -10.7~-0.7℃，极端最低气温 -30.0~-13.2℃。偏北地区冬季寒冷，低温年份小麦易受不同程度冻害。

气候特征：年降水量 440~980mm，小麦生育期间降水 150~340mm，多数地区 200mm 左右。西北部地区降水量较少，东部地区降水量较多，降水季节间分布不匀，6—9 月降水较多，其中主要集中于 7—8 月，春季常遇干旱，有些年份秋季干旱也很严重，但以春旱为主，有时秋、冬、春连旱，成为小麦生产中的主要问题。黄河至淮河之间，气候温暖，雨量适度，是我国生态环境最适宜于种植冬小麦的地区，面积大、产量高。

种植制度：冬小麦为主要种植作物，其他还有玉米、谷子、豆类、甘薯以及棉花等粮食和经济作物。种植制度主要为一年二熟，北部地区则多二年三熟，旱地多为一年一熟。

依据纬度高低、地形差异、温度和降水量的不同，又分为北部冬麦、黄淮冬麦两个亚区。

1. 北部冬（秋播）麦区

（1）区域范围。东起辽东半岛南部的旅大地区，沿燕山南麓进入河北省长城以南的冀东平原，向西跨越太行山，经黄土高原的山西省中部与东南部及陕西省北部的渭北高原和延安地区，进入甘肃省陇东地区。本区自东北向西南，横跨辽宁、河北、天津、北京、山西、陕西和甘肃 5 省 2 市，形成一条狭长地带，陕西境内一段基本沿长城与其北部的春麦区为界。包括辽宁南端的营口、大连两市；河北省境内长城以南的廊坊、保定、沧州、唐山、秦皇岛市全部；京、津两市全部；山西省朔州以南的阳泉、太原、晋中、长治、吕梁等市全部和临汾市北部地区；陕西省延安市全部、榆林长城以南大部，咸阳、宝鸡和铜川市部分县；甘肃省陇东庆阳市全部和平凉市的部分县。全境地势复杂，东部为沿海低丘，中部是华北平原，西部为沟壑纵横、峁梁交错的黄土高原。其中陕西和山西部分有山区、塬地，还有晋中、上党和陕北盆地。海拔通常500m左右，高原地区为1 200~1 300m，近海地区则4~30m。本区位于我国冬（秋播）小麦北界，生态环境与生产水平和中、东部有一定差异。

（2）气候特征。地处中纬度的暖温带季风区，除沿海地区比较温暖湿润外，其余主要属大陆性半干旱气候。冬季严寒，降水稀少，春季干旱多风，降水不足、蒸发旺盛，越向内陆气候条件越为严酷。干旱、严寒是本区小麦生产中的主要问题。全年≥10℃的积温3 500℃左右，变幅为2 750~4 350℃。最冷月平均气温−10.7~−4.1℃，绝对最低气温通常−24℃，以山西省西部的黄河沿岸、陕北和甘肃陇东地区气温最低。小麦生育期太阳总辐射量276~293kJ/cm^2，日照时数为2 000~2 200小时，播种至成熟>0℃积温为2 200℃左右。冬季小麦地上部分干枯，基本停止生长，有明显的越冬期，春季有明显的返青期。全年无霜期135~210天。终霜期一般在4月初，正常年份一般地区小麦均可安全越冬，但低温年份或偏北地区，在栽培不当或品种抗寒性较差时则易受冻害。甘肃陇东和陕西延安地区因地势高峻，冬春寒旱，早春气温变化不定，常有晚霜冻害发生，绝对晚霜可能发生在5月初，对小麦生长带来不利影响。麦收期间绝对最高气温为33.9~40.3℃，小麦生育后期常有干热风危害，影响籽粒灌浆和正常成熟。全年降水量440~710mm，沿海辽东半岛，河北平原及京、津两市降水量稍多，降水季节分布不均，主要集中在7—9月，小麦生育期降水100~210mm，年际间变动较大，以致常年都有不同程度的干旱发生，主要为春旱，个别年份秋、冬、春连旱。随着全球气候变暖，我国冬季气温有逐渐升高的趋势，伴随栽培技术的改进和抗逆新品种的推广，低温冻害已有所减轻，而干旱仍为全区小麦生产中最主要的问题。

（3）土壤类型。本区土壤类型主要有褐土、潮土、黄绵土和盐渍土等。褐土多分布在华北平原、黄土高原的东南部以及山西省中部等地，土壤表层多为壤土，质地适中，通透性和耕性良好，有较深厚的熟化层，疏松肥沃，保墒耐旱。潮土主要分布在华北平原的京广线以东、京山线以南的冲击平原。黄绵土主要分布在晋西、陕北及陇东的黄土高原地区，盐渍土多在沿海地带，前者质地疏松、易受侵蚀、抗旱力弱，后者耕性及透性均很差。

（4）种植制度。作物种类繁多，以小麦和杂粮为主，主要有小麦、玉米、高粱、谷子、糜子、黍子、豆类、马铃薯、油菜以及绿肥作物等，棉花、水稻在局部平原或盆地区也有种植。冬小麦占粮食作物面积的30%~40%，在轮作中起到纽带作用，是各种主要作物的前茬作物。与小麦轮作的主要有玉米、谷子、高粱、大豆等，北部还有荞麦、糜子和马铃薯等。通过对冬小麦茬口的不同安排，既可改变种植方式和提高复种指数，也可影响各种作物面积分配，对增加总产和培养地力均起重要作用。旱地轮作以一年一熟为主，冬小麦是主要作物。两年三熟面积比较大，主要方式是冬小麦—夏玉米、夏谷、糜、黍、豆类、荞麦—春种玉米、高粱、谷子、豆类、糜子、荞麦、薯类等，春播作物收获后，秋播小麦，小麦收获之后夏种早熟作物。也有一些地区实行小麦与其他作物套种。一年两熟则主要在肥水条件较好地区，麦收之后复种夏玉米、豆类、谷子、糜子、荞麦等，以夏玉米为主。由于气候变暖、品种改良和栽培技术的进步，一年两熟面积迅速扩大，全年产量大幅增加。

（5）生产特点。小麦播种期一般在9月中旬至10月上旬，但多数集中在9月下旬至10月上旬，有的延迟到10月中旬。由于气候逐渐变暖，播种期较传统普遍推迟5~7天。成熟期多为6月中、下旬，少数地区晚至7月上旬，播种期和收获期均表现为从南向北逐渐推迟。全生育期一般为250~280天，有些地区晚播小麦生育期在250天以下。由于冬前苗期营养生长时间较短，应培育冬前壮苗，选择抗寒性能好、分蘖能力强的品种。为使小麦安全越冬，一般应控制小麦生长锥处在初生期时进入越冬期，最迟不能越过单棱期。在黄土高原的旱塬地区或山区，为适应当地终霜期变化不定的情况，避免或减少晚霜冻害的威胁，生产上选用的品种应具备较好的抗寒、耐旱性能，还要求对早春温度反应较迟钝、对光长敏感、返青快、后期发育和灌浆进度较快的品种类型。

（6）病虫情况。条锈病偶发，一般年份发生不重，但偶遇春季降水较多，气候适宜，而南部麦区病源多时，在麦苗生长繁茂，田间郁闭的麦田，易发锈病，防治不及时，可能流行成灾。近年小麦纹枯病有向本区蔓延的趋势，在小麦起身期，水肥充足，群体偏大的麦田常有发病。随着生产发展和氮肥施用量增加，白粉病在水浇地高产麦田也常有发生。秆锈、叶锈、全蚀病、黄矮病、叶枯病、根腐病分别在不同地区局部发生，给小麦生产带来不同程度的危害。散黑穗病、腥黑穗病、秆黑粉病、线虫病近年也有回升趋势。常见的地下害虫有蝼蛄、蛴螬、地老虎和金针虫等，在小麦播种至出苗期，常造成麦田缺苗断垄，影响产量，近年来金针虫有发展趋势，应特别引起注意。红蜘蛛在干旱地区常有发生，蚜虫、黏虫在密植高产麦田每年均有不同程度发生，有时会造成严重危害。麦叶蜂、吸浆虫近年也有回升发展趋势，局部地区发生严重。生产中，要选用适当的抗（耐）病虫品种，加强栽培管理，创造不利于病虫害发生的条件，同时加强病虫害的预测预报，及时防治，减轻危害。

（7）发展建议。全区地势复杂，平原地区地势平坦、土壤较肥沃，黄土高原地区土壤质地疏松，水土流失严重，沟深坡陡，地形破碎，土壤瘠薄，耕作粗放；土石山区地势高寒，土层浅薄。冬春寒冷干旱，对小麦生长不利。针对本区特点，应因地制宜，加强农田基本建设和水土保持工作；发展保护性耕作，实行秸秆还田，改良土壤，培肥地力；选用抗寒耐旱高产优质品种，增施有机肥料，合理平衡施用化肥，适当选用小麦立体匀播技术，实行抗逆节水优质高产综合栽培技术，提高单产，改善品质，大力发展优质专用小麦生产。

2. 黄淮冬（秋播）麦区

（1）区域范围。位于黄河中、下游，北部和西北部与北部冬麦区相连，南以淮河、秦岭为界，与西南冬麦区、长江中下游冬麦区接壤，西沿渭河河谷直抵西北春麦区边界，东临海滨。包括山东省全部，河南省除信阳地区以外大部，河北省中、南部（石家庄、衡水市以南），江苏及安徽两省的淮河以北地区，陕西关中平原（西安和渭南全部，咸阳和宝鸡市大部）及山西省南部（临汾和晋城南部、运城市全部），甘肃省天水市全部和平凉及定西地区部分县。除山东省中部及胶东半岛，河南省西部有局部丘陵山地，山西渭河下游有晋南盆地外，大部分地区属黄淮平原，地势低平，坦荡辽阔。海拔平均200m左右，西高东低，其中西部丘陵海拔为200~800m，大部分通常400~600m，河南全境100m左右，苏北、皖北在50m以下，东部沿海在20m以下。本区气候适宜，是我国生态条件最适宜于小麦生长的地区。面积和总产量在各麦区中均居第一，历年产量比较稳定。冬小麦在各省所占耕地面积的比例为49%~60%，为本区的主要作物。

（2）气候特征。地处暖温带，气候比较温和。沿淮河北侧一带为亚热带北部边缘，为暖温带最南端，属半湿润性气候区，此线以南则降水量增多，气候湿润。全区大陆性气候明显，尤其北部一带，春旱多风，夏秋高温多雨，冬季寒冷干燥，南部则情况较好。全年≥10℃的积温4 100℃左右，变幅为3 350~4 900℃。年均气温为9~15℃，年日照时数为2 420小时，变幅为1 829~2 770小时，最冷月平均气温-4.6~-0.7℃，绝对最低气温-27.0~-13.0℃。小麦生育期太阳总辐射量192~276kJ/cm²，日照时数为1 400~2 000小时，播种至成熟期>0℃积温为2 000~2 200℃。

北部地区属华北平原，在低温年份仍有遭受寒害或霜冻的可能。除华北平原北部地带越冬时小麦地上部分有枯死叶片外，大部分地区冬季小麦地上部分仍保持绿色，虽生长缓慢，但基本不停止生长，相对于北部冬麦区，黄淮冬麦区的越冬期和返青期没有北部冬麦区明显。无霜期180~230天，从北向南逐步增加。终霜期一般在3月下旬至4月上旬，个别年份4月中旬仍可能有寒流袭击，造成晚霜冻害。年降水520~980mm，以东部沿海较多，向西逐步减少，降水季节分布不均，多集中在6—8月，占全年降水量的60%左右。小麦生育期降水150~300mm，北部降水量少于南部，年际间时有旱害发生，需及时进行灌溉。小麦灌浆、成熟期高温低湿，干热风时有发生，引起小麦"青枯逼熟"，造成不同程度的危害。

（3）土壤类型。本区土壤类型主要有潮土、褐土、棕壤、砂姜黑土、盐渍土、水稻土等。其中潮土主要分布在黄淮海平原，一般地势平坦、土层深厚，适宜小麦生产。褐土主要分布在黄土高原与黄淮海平原结合部、山麓平原、海拔700~1 000m及以下的低山丘陵及地带，适宜发展种植业。棕壤主要分布在海拔700~1 000m及以下的低山丘陵地带，已开垦的棕壤地区，一般土层深厚，保水保肥能力较强，适宜种植粮食作物及经济作物。砂姜黑土主要分布在低洼地区，土壤结构性差，适耕期较短。水稻土主要分布在黄河两岸、低洼地及滨海地区。盐渍土主要分布在低洼地及滨海地带。

（4）种植制度。以冬小麦为中心的轮作方式，一年二熟为主，即冬小麦—夏作物。丘陵、旱地以及水肥条件较差的地区，多实行二年三熟，即春作物—冬小麦—夏作物的轮换方式，间有少数地块实行一年一熟，与小麦倒茬的作物有玉米、谷子、豆类、棉花等。全区作物种类主要有冬小麦、玉米、棉花、大豆、甘薯、花生、烟草和油菜等，高粱、谷子和水稻也有一定种植面积。近年随着国家对农业投入增加和生产条件改善，一年两熟面积逐渐扩大，特别是苏北徐淮地区，在灌溉水利设施以及生产条件改善后，种植制度由旱作逐渐向水田过渡，稻麦两熟已成为当地的重要种植方式。河南、山东及河北省南部地区主要是冬小麦—夏玉米复种的一年两熟制，间有小麦—夏大豆等复种方式。

（5）生产特点。小麦播种期参差不齐，西部丘陵、旱塬地区多在9月中、下旬播种，华北平原地区则以9月下旬至10月上、中旬播种。淮北平原一般在10月上、中旬播种。成熟期由南向北逐渐推迟，淮北平原5月底至6月初成熟，全生育期220~240天；其他地区多在6月上旬成熟，由于播期不一致，全生育期在230~250天变化。本区南部应用的品种兼有半冬性和春性品种，北部以冬性或半冬性品种为主，春性品种越冬不安全。冬性或半冬性品种在淮北平原以单棱期越冬，西部丘陵和华北平原地区以生长锥伸长至单棱期越冬，春性品种以二棱期越冬。冬前发育越过二棱期的麦苗，冬春易受冻害或冷害威胁。

（6）病虫情况。条锈病是主要病害，以关中地区发生较为普遍，叶锈、秆锈间有发生。早春纹枯病常有发生，且有向北蔓延趋势。白粉病近年呈上升趋势，水肥条件好，植株密度大，田间郁闭的麦田发生较重。全蚀、叶枯及赤霉病在局部地区时有发生，尤其赤霉病近年有发展趋势。黄矮病、散黑穗病、腥黑穗病、秆黑粉病有局部发生，以西部丘陵地区较重。小麦前期害虫主要为地下害虫，有蝼蛄、蛴螬、金针虫等，近年金针虫有发展趋势。中后期害虫主要为麦蚜、麦蜘蛛、黏虫、吸浆虫和麦叶蜂等，其中吸浆虫呈上升态势。

（7）发展建议。本区是我国小麦主产区，在全国农业生产中占有及其重要的地位。针对本区特点，应充分合理利用水资源，加强农田水利建设，实行科学节水灌溉。因地制宜选用不同类型的优质高产品种，测土配方施肥。后期注意防止青枯早衰，避免或减轻干热风危害。加强病虫测报，及时防病治虫除草。适当选用小麦立体匀播技术，合理应用优质高产综合配套栽培技术，实行秸秆还田，保护和培肥地力。在注重产量的同时发展优质专用小麦。利用全球气候变暖的条件，适度扩大一年二熟，合理调节上下茬的热量分配，实现全年粮食均衡增产。

（二）南方冬（秋播）麦区

区域范围：位于秦岭、淮河以南，折多山以东，包括福建、江西、广东、海南、台湾、广西壮族自治区（以下简称广西）、湖南、湖北、贵州等省（自治区）全部，云南、四川、江苏、安徽省大部以及河南南部。

气候特征：全区主要属亚热带气候，但海南省以及台湾、广东、广西等省（自治区）南部和云南省个旧市以南地区已由亚热带过渡为热带。受季风气候影响，气候温暖，全年≥10℃的积温5 750℃左右，变幅为3 150~9 300℃。最冷月平均气温5℃左右，华南地区可达10℃以上，年均气温16~24℃，全年适宜作物生长。年降水量多在1 000mm以上，湖南、江西、浙江及安徽南部和广东等地区降水量可达1 600~2 000mm，其中台湾降水量最多，可达5 000mm以上。受降水量偏多影响，湿涝灾害及赤霉病连年发生，对小麦生产不利。

种植制度：作物以水稻为主，水田面积占耕地面积的30%左右，小麦虽不是本区主要作物，但在轮作复种中仍处于十分重要地位，多与水稻进行轮种，主要方式有稻、麦两熟或稻、稻、麦等三熟制。

根据气候条件、种植制度和小麦生育特点又可分为长江中下游、西南及华南冬麦3个亚区。

1. 长江中下游冬（秋播）麦区

（1）区域范围。地处长江中下游，北以淮河、秦岭与黄淮冬麦区为界，南以南岭、武夷山脉与华南冬麦区相邻，西抵鄂西及湘西山地与西南冬麦区接壤，东至东海海滨。包括浙江、江西、湖北、湖南及上海市全部，河南省信阳地区以及江苏、安徽两省淮河以南的地区。自然条件比较优越，光、热、水资源良好，大部分地区适宜小麦生长，苏、皖中部及湖北襄樊等江淮平原地区为集中产区。由于降水量等条件的不均衡，各地小麦生产水平差异悬殊。

本区地形复杂，西南高而东北低，大体分为沿海、沿江、沿湖平原和丘陵山地两大类。前者西起江汉平原，经洞庭、鄱阳两湖平原、安徽的沿江平原，东至江浙的太湖平原和沿海平原。土地肥沃，水网密布，河湖众多，是本区小麦的主要种植地带，种植面积约占全区的 3/4。全区集平原、丘陵、湖泊、山地兼有，而以丘陵为主体，大多位于平原区的西面或南面，包括湘赣谷地、江淮丘陵，以及大别山地、皖南赣北山地、赣南山地、武夷山地、湘西、鄂西山地和秦巴山地的一部分，丘陵山地小麦面积较小，约占全区小麦面积的 1/4，生产水平也低于平原地区。平原地区海拔多在50m 以下，山地丘陵多在 500~1 000m。

（2）气候特征。属北亚热带季风区，全年气候温暖湿润，热量资源丰富，分布趋势为南部多于北部，内陆多于沿海，中游多于下游。年均气温 15.2~17.7℃，全年 ≥10℃的积温 5 300℃左右，变幅为 4 800~6 900℃，年均日照时数为 1 910小时，变幅为 11 521~2 374小时。小麦生育期间太阳总辐射量为 193~226kJ/cm²，日照时数为 600~1 200小时，从南向北逐渐增多。播种至成熟期 >0℃积温为 2 000~2 200℃。1 月平均气温 2~6℃，最低平均温度 -3~3.9℃，小于 0℃的平均日数为 11.6~62.7天，无霜期 215~278 天。长江以南小麦冬季基本不停止生长，但生长速度减缓，无明显的越冬期和返青期。

水资源丰富，自然降水充沛。年降水量 830~1 870mm，小麦生育期间降水 340~960mm；但分布极不均衡，降水量南部明显高于北部，沿海多于内陆，自东南向西北方向递减。本区常受湿渍危害，且越往南降水量越大，渍害也越加严重。北部地区偶有春旱发生，但后期降水偏多。江西省的贵溪、玉山、广昌以及湖南衡阳等地区，降水量过多，年降水量 1 600~1 800mm，为我国气候生态条件对小麦生长最不适宜的地区，近年麦田面积锐减。

（3）土壤类型。土壤类型较多，汉水上游地区为褐土或棕壤，丘陵地区为黄壤和黄褐土，沿江沿湖地区为水稻土，江西、湖南部分地区有红壤。红、黄壤偏酸性，肥力较差，不利于小麦生长。长江中下游冲积平原的水稻土，有机质含量较高，肥力较好，有利于小麦高产。

（4）种植制度。多为一年二熟以至三熟。二熟制以稻—麦或麦—棉为主，间有小麦—杂粮的种植方式；三熟制主要为稻—稻—麦（油菜）或稻—稻—绿肥。丘陵旱地区以一年二熟为主，麦收之后复种玉米、花生、芝麻、甘薯、豆类、杂粮、麻类、油菜等。

（5）生产特点。全区小麦适播期为 10 月下旬至 11 月中旬，播种方式多样，旱茬麦多为播种机条播，播期偏早，稻茬麦播种方式根据水稻收获期不同而异，水稻收获早的有板茬机器撒播或条播，水稻收获偏晚的则在水稻收获前人工撒种套播，目前推广机条播。成熟期北部在 5 月底前后，南部地区略早，生育期多为 200~225 天。品种多为秋播春性小麦。

（6）病虫情况。自然环境、生态条件和耕作栽培制度决定了本区主要病害的发生情况，早春纹枯病有加重发生趋势，中后期以赤霉病、锈病、白粉病较为流行，小麦开花灌浆期降水过多，极易引起赤霉病盛发流行。植株密度偏大的麦田白粉病发生较重，条锈、秆锈和叶锈在不同地区分别或兼有发生。小麦害虫主要有麦蜘蛛、黏虫、蚜虫和吸浆虫等，不同年份发生轻重程度有差异。渍害是普遍存在的问题，也是制约小麦生产的重要障碍因素。

（7）发展建议。本区是我国小麦主产区之一，应针对本区的特点加强管理。排水降渍是小麦田间管理的重要任务，需三沟配套，排灌分开，控制地下水位，防涝降渍，治理湿害。针对不同时期病虫害发生流行情况，及时测报，综合防治，减轻危害；杂草为害亦不容忽视，应适时防除。针对全球气候变暖的情况，在传统播期基础上，适当推迟播期，防止冬前麦苗旺长。增施有机肥，推广秸秆还田，增加土壤有机质含量；适当种植绿肥作物，改良土壤，培肥地力。测土配方施肥，选用优质专用高产品种，实现综合优质高产栽培技术，改善品质、提高产量、增加效益。

2. 西南冬（秋播）麦区

（1）区域范围。位于长江上游，在我国西南部，地处秦岭以南，川西高原以东，南以贵州省界以及云南南盘江和景东、保山、腾冲一线与华南冬麦区为界，东抵湖南、湖北省界。包括贵州、重庆全部，四川、云南大部（四川省阿坝、甘孜州南部部分县以外；云南省泸西、新平至保山以北，迪庆、怒江州以东），陕西南部（商洛、安康、汉中）和甘肃陇南地区。全区地形、地势复杂，北有大巴山脉，西有邛崃山及大雪山，西南有横断山脉，长江自西南向东北穿越其间。山地、高原、丘陵、盆地相间分布，其中以山地为主，占总土地面积的70%左右。地势为西北高东南低，海拔由6 000m以上下降到100m以下。耕地主要分布在海拔200~2 500m，丘陵多，盆地面积较小，且多为面积碎小而零散分布的河谷平原和山间盆地，其中以成都平原最大。平坝少，丘陵旱坡地多，海拔差异大，构成不同的小气候带，影响小麦分布、生产及品种使用。云南地势最高，小麦主要分布在海拔1 000~2 400m的地区，土壤类型多为红壤，质地黏重，酸性较强，地力较差。贵州地势稍低，小麦主产区主要分布在海拔800~1 400m的地区。四川盆地地势最低，小麦主要分布在海拔300~700m的地区。

（2）气候特征。属亚热带湿润季风气候区。冬季气候温和。高原山地夏季温度不高，雨多、雾大、晴天少，日照不足。多数农业区夏无酷暑，冬无积雪。季节间温度变化较小，昼夜温差较大，为春性小麦秋冬播和形成大穗创造了有利条件。全年≥10℃的积温4 850℃左右，变幅为3 100~6 500℃，最冷月平均气温为4.9℃，绝对最低气温-6.3℃。其中四川盆地温度较高，甚至比同纬度的长江流域也高2~4℃，冬暖有利于小麦、油菜、蚕豆等作物越冬生长，在小麦生育期中一般不记载越冬期和返青期。无霜期较长，在各麦区中仅次于华南冬麦区，全区平均260余天，其中四川盆地南充、内江地区超过300天。日照不足是本区自然条件中对小麦生长的主要不利因素，年日照1620余小时，日均只有4.4小时，为全国日照最少地区。小麦播种至成熟期太阳辐射总量108~292kJ/cm²，日照多为400~1000小时，以重庆地区日照时数最短。川、黔两地常年云雾阴雨，日照不足，直接影响小麦后期灌浆和结实。小麦生育期>0℃积温为1800~2200℃。降水比较充沛，除北部甘肃武都地区不足500mm外，其余均在1000mm左右。小麦播种至成熟期降水100~300mm，基本可以满足小麦生育期需水。但部分地区由于季节间降水量分布不均，冬、春降水偏少，干旱时有发生。

（3）土壤类型。本区土壤类型繁多，分布错综。主要有黄壤、红壤、棕壤、潮土、赤红壤、黄红壤、红棕壤、红褐土、黄褐土、草甸土、褐色土、紫色土、石灰土、水稻土等。其中黄壤和红壤是湿润亚热带生物条件下发育的富铝化土壤类型，黄壤多具黏、酸、薄等不良特性，红壤多具黏、板（结）、贫（瘠）等自然特点，但经过合理改良，可以有效提高土壤肥力。

（4）种植制度。水稻为主要作物，其次是小麦、玉米、甘薯、棉花、油菜、蚕豆以及豌豆等，作物种类丰富。农业区域内海拔差异较大，热量分布不均，种植制度多样。有一年一熟、一年二熟、一年三熟等多种方式。在云贵高原，海拔2400m以上的高寒地区，气温低，霜期长，≥10℃积温3000℃左右，以一年一熟为主，主要作物有小麦、马铃薯、玉米、荞麦等，小麦可与其他作物轮作。小麦既可秋种，也可春播，但产量均低而不稳。海拔1400~2400m的中暖层地带，≥10℃积温一般为4000~5000℃以上，年降水800~1000mm，熟制为一年二熟或二年三熟，主要作物有水稻、小麦、油菜、玉米、蚕豆等，轮作方式以小麦—水稻或小麦—玉米二熟制为主。气温较低的旱山区，玉米和小麦多行套种。海拔在1400m以下的低热地区，≥10℃积温一般可达6000℃以上，主要作物有水稻、小麦、玉米、甘薯、油菜、烟草等，熟制可为一年三熟。如在河谷地带气候温暖湿润地区，可行稻—稻—麦三熟。在四川盆地西部平原地区，以水稻—小麦或油菜一年二熟为主。四川盆地浅丘岭地区，以小麦、玉米、甘薯三熟套作最为普遍。陕南地区以一年二熟为主，主要种植方式有小麦（油菜）—水稻，或小麦（油菜）—玉米（豆类）。甘肃陇南地区多为一年二熟，间有二年三熟，极少一年三熟。其中一年二熟主要为小麦—玉米，或小麦—马铃薯，主要作物小麦、玉米、马铃薯、豆类、油菜、胡麻、中药材等。

（5）生产特点。小麦品种多为春性。适播期因地势复杂而差异很大。高寒山区为8月下旬至9月上旬；浅山区9月下旬至10月上旬；丘陵区多为10月中旬至10月下旬，少数在11月上旬，如四川盆地丘陵旱地小麦，春性品种最佳播种期为10月底至 11 月上旬，海拔较高的地区提前 3~5 大；平川地区一般 10 月下旬至 11 月上旬，最晚不过 11 月 20 日前后，全区播种期前后延伸近 3 个月。成熟期在平原、丘陵区分别为 5 月上、中、下旬；山区较晚，在 6 月 20 日至 7 月上、中旬。小麦生育期一般在 175~250 天，以内江、南充、达县等地小麦生育期最短，武都地区较长。高寒山区小麦面积极少，但生育期可达 300 天左右。

（6）病虫情况。条锈病是威胁本区小麦生产的第一大病害，尤其在丘陵旱地麦区流行频率较高。在四川盆地内，一般 12 月中下旬始现，感病后逐渐发展为发病中心，3 月下旬进入流行期，4 月上中旬遇适宜条件则迅速蔓延。赤霉病在多雨年份局部地区间有发生，如在四川以气温较高，春雨较早的川东南地区发生较重，盆地西北部属中等发病区。白粉病时有发生，尤其在小麦拔节前后降水较多时，高产麦田容易发病，如四川盆地浅丘麦区就是白粉病发生较重的区域之一。其他病害发生较轻。蚜虫是本区小麦的主要害虫。

（7）发展建议。实施小麦优质高产栽培技术，合理选用优质高产品种，高肥水地要选用具有耐肥、耐湿、丰产、抗倒、抗病品种；丘陵山地旱地推广抗逆、稳产品种。精细整地，做好排灌系统，以减少湿害和早春的干旱威胁。推广小窝疏苗密植种植技术和免耕播种技术，减少粗放撒播面积。合理控制基本苗，培育壮苗。管理中促控结合，防止倒伏，适当采用化控降秆防倒技术。加强测土配方施肥和平衡施肥技术的普及应用。加强病虫害测报工作，重点防治条锈病、白粉病、赤霉病和蚜虫。丘陵山地旱地区应加强水土保持和农田基本建设，增施有机肥，提高土壤肥力，改进耕作制度，合理轮作。平原水地稻茬麦，实行水稻秸秆还田，培肥地力，为小麦高产创造条件，确保小麦稳产增收。

3. 华南冬（晚秋播）麦区

（1）区域范围。位于我国南部，西与缅甸接壤，东抵东海之滨和台湾省，南至海南省并与越南和老挝交界，北以武夷山、南岭为界横跨闽、粤、桂以及云南省南盘江、新平、景东、保山、腾冲一线与长江中下游及西南两个冬麦区相邻。包括福建、广东、广西、台湾、海南五省（自治区）全部及云南省南部的德宏、西双版纳、红河等州部分县。大陆部分地势自西北向东南倾斜，台湾省东部地势较高，向西南倾斜，海南省中南部地势高，周边地势低。本区地形复杂，有山地、丘陵、平原、盆地，以山地和丘陵为主，约占总土地面积的 90%，海拔在 500m 以下的丘陵最为普遍。广东省珠江、赣江三角洲为两个较大的平原，沿海一带还有一些小平原，台湾省有台南平原，海南省除中部有五指山、黎母岭山地及台地外，四周有宽窄不等的小平原。耕地集中分布在平原、盆地和台地上，面积约占总土地面积的 10%，一般土地比较肥沃。水稻是主要作物，小麦占比重较小。

（2）气候特征。本区主要为亚热带，属湿润季风气候区，只有海南省全部以及台湾、广东、广西、云南省北回归线以南的地区为热带。由于北部武夷山、南岭山脉阻隔了南下的冷空气，东南有海洋暖气流调节，气候终年温暖湿润，水热资源在全国最为丰富。无霜期290~365天，其中西双版纳等热带地区全年基本无霜冻，在小麦生育期中没有越冬期和返青期的记载。全年≥10℃积温7 200℃左右，变幅为5 100~9 300℃。平均气温16~24℃，由北向南逐渐增高。最冷月份平均气温6~24℃，以海南省温度最高。年均日照时数为1 700~2 400小时。小麦生育期间日照时数为400~1 000小时，云南西南部地区最多，广西中部最少；小麦生育期间太阳总辐射量为108~250kJ/cm²；小麦生育期间>0℃积温为2 000~2 400℃，以云南省南部最多。年均降水量1 500mm以上，其中台湾是我国降水量最多的地区，降水量年均为2 500mm以上。小麦生育期间降水200~500mm，由南向北逐渐增多。季节间分布不均，4—10月为雨季，占全年降水量70%~80%，小麦生育期间正值旱季，降水相对较少。

（3）土壤类型。有红壤、砖红壤、赤红壤、红棕壤、黄壤、黄棕壤、紫色土、水稻土等多种类型。其中以红壤和黄壤为主。红、黄壤酸性较强，质地黏重，排水不良，湿害时有发生。丘陵坡地多为砂质土，保水保肥能力较差。

（4）种植制度。主要作物为水稻，小麦面积较小，其他作物还有油菜、甘薯、花生、木薯、芋头、玉米、高粱、谷子、豆类等，经济作物主要有甘蔗、麻类、花生、芝麻、茶等。种植制度以一年三熟为主，多数为稻—稻—麦（油菜），部分地区有水稻—小麦或玉米—小麦一年二熟，少有二年三熟。小麦除主要做为水稻的后作外，部分为甘薯、花生的后作。

（5）生产特点。小麦品种主要为春性秋播品种，苗期对低温要求不严格，光照反应迟钝。山区有少数半冬性品种，分蘖力较弱，籽粒红色，休眠期较长，不易穗发芽。小麦播期通常在11月上、中旬，少数在10月下旬。成熟期一般在3月初至4月中旬，从南向北逐渐推迟，生育期多为125~150天，由南向北逐渐延长。云南西南部有少数春性春播小麦品种种植，所占比重极小。进入21世纪以后，本区小麦面积急剧减少，其中福建、广东和广西三省（自治区）分别从历史上最高记录的15.4万hm²（1978年）、50.8万hm²（1978年）、30.6万hm²（1956年），减少到2015年的0.21万hm²、0.09万hm²、0.51万hm²，但是单产均有大幅度提高。我国台湾历史上小麦种植面积最大为1960年，达到25 208hm²，到2000年下降到仅有36hm²，但是单产增长了一倍。其后，小麦种植面积又有所恢复，目前台湾省小麦面积维持在1 000hm²左右。海南省20世纪70年代期间小麦尚有一定面积，20世纪80年代面积锐减，1982年仅崖县一带尚有小麦6.7hm²；进入21世纪以来小麦已无统计面积。

（6）病虫情况。由于温度高、湿度大，小麦条锈病、叶锈病、秆锈病、白粉病及赤霉病经常发生。小麦蚜虫是为害本区小麦的主要害虫之一，历年均有不同程度的发生。

（7）发展建议。由于经济发展的需要，本区近年小麦面积锐减，单产虽有大幅度增加，但仍在全国平均水平之下。提高小麦生产的主要措施为：因地制宜选用抗逆、耐湿、抗穗发芽、耐（抗）病、抗倒的品种；提高改进栽培技术，结合当地种植制度，适当安排小麦播期，使小麦各生育阶段得以避开或减轻各种自然灾害的危害；做好麦田渠系配套，及时排水，减轻渍害；实行测土配方施肥，提高施肥管理水平，借鉴高产地区经验，结合当地情况，实施高产栽培技术，增施有机肥，实行秸秆还田，改善土壤结构，培肥地力；及时收获，避免或减轻穗发芽；做好病虫测报，及时防治病虫害，减少损失，提高效益。

（三）春播麦区

区域范围：春麦主要分布在长城以北，岷山、大雪山以西。大多地处寒冷、干旱或高原地带。新疆、西藏以及四川西部冬、春麦兼种，将单独划区，本区划春麦区仅包括黑龙江、吉林、内蒙古、宁夏全部，辽宁、甘肃省大部以及河北、山西、陕西各省北部地区。春麦区主要分布在我国北部狭长地带。东北与俄罗斯、朝鲜交界，西北与蒙古接壤，南以长城为界与北部冬麦区相邻，西至新疆冬春兼播麦区和青藏春冬兼播麦区的东界。

气候特征：全年 ≥10℃ 的积温 2 750℃ 左右，变幅为 1 650~3 620℃。这些地区冬季严寒，其最冷月（1月）平均气温及年极端最低气温分别为-10℃左右及-30℃左右。太阳总辐射量和日照时数由东向西逐渐增加。降水量分布差异较大，总趋势为由东向西逐渐减少。物候期出现日期表现为由南向北逐渐推迟。

种植制度：秋播小麦不能安全越冬，故种植春小麦。以一年一熟制为主。种植方式有轮作和套作，轮作方式如小麦—大豆—玉米轮作，小麦—大豆—马铃薯轮作，小麦—油菜—小麦轮作等；套作方式如小麦套种玉米的粮粮套作，小麦套种向日葵的粮油套作，小麦套种甜菜的粮糖套作等。

根据降水量、温度及地势可将春麦区分为东北春麦区、北部春麦区及西北春麦区三个亚区。

1. 东北春（播）麦区

（1）区域范围。位于我国东北部，北部和东部与俄罗斯交界，东南部和朝鲜接壤，西部与蒙古和北方春麦区毗邻，南部与北部冬麦区相连。包括黑龙江、吉林两省全部，辽宁省除南部大连、营口两市以外的大部，内蒙古自治区东北部的呼伦贝尔市、兴安盟、通辽市及赤峰市。地形地势复杂，境内东、西、北部地势较高，中、南部属东北平原，地势平缓。海拔一般为 50~400m，山地最高的 1 000m 左右。土地资源丰富，土层深厚，适于大型机具作业，尤以黑龙江省为最。

（2）气候特征。本区为中温带向寒温带过渡的大陆性季风气候，冬季漫长而寒冷，夏季短促而温暖。日照充足，温度由北向南递增，差异较大。黑龙江省年均气温 -6~4℃，吉林省 3~5℃，辽宁省 1~7℃。最冷月平均气温北部漠河为 -30℃ 以下，绝对最低温度曾达 -50℃ 以下。本区是我国气温最低的一个麦区，热量及无霜期南北差异很大。全年 ≥10℃ 的积温 2 730℃ 左右，变幅为 1 640~3 550℃。小麦生育期间 >0℃ 积温 1 200~2 000℃，日照时数 800~1 200小时，太阳总辐射量 192~242kJ/cm²，均表现为由东向西逐步增加的趋势。无霜期 90~200 天，其中黑龙江省 90~120 天，吉林省 120~160 天，辽宁省 130~200 天，呈现由北向南逐渐增加的趋势，无霜期短和热量不足是本区的最大特点。降水量通常 600mm 以上，最多在辽宁省东部山地丘陵地区，年降水量可达 1 100mm，平原地区降水多在 600mm 左右。小麦生育期降水 200~300mm，为我国春麦区降水最多的地区。季节间降水分布不均，全年降水 60% 以上集中在 6—8 月，3—5 月降水很少，且常有大风，以致部分地区小麦播种时常遇干旱，成熟时常因降水多而不能及时收获。本区大体呈现北部高寒，东部湿润，西部干旱的气候特征。

（3）土壤类型。本区土地肥沃，有机质含量较高。土壤类型主要为黑钙土、草甸土、沼泽土和盐渍土。黑钙土分布面积最广，主要在松辽、松嫩和三江平原，腐殖层厚，矿质营养丰富，土壤结构良好，自然肥力较高。草甸土分布在各平原的低洼地区和沿江两岸，肥力较高，透水性较差。盐渍土主要分布在西部地区，湿时泥泞，干时板结，耕性和透气性均很差。

（4）种植制度。主要作物有玉米、春小麦、大豆、水稻、马铃薯、高粱、谷子等。种植制度主要为一年一熟，春小麦多与大豆、玉米、谷子、马铃薯、高粱等轮作倒茬。

（5）生产特点。小麦播种期一般为 3 月中旬至 4 月下旬，也有推迟到 5 月上、中旬的，甚至 6 月初播种的。到拔节期一般为 4 月下旬至 6 月初，抽穗期为 6 月初至 7 月中旬，成熟期从 7 月初至 8 月下旬，各物候期总变化趋势均表现为从南向北，从东向西逐渐推迟。小麦生育期多为 100~120 天，从南向北逐渐延长。

（6）病虫情况。小麦生长后期降水较多，赤霉病常有发生，是本区小麦的重要病害之一。早春播种时干旱，后期高温多雨，为根腐病发生创造了条件，主要表现为苗腐、叶枯和穗腐。叶锈病、白粉病、散黑穗病、黄矮病、丛矮病等在各地也间有不同程度发生。地下害虫有金针虫、蝼蛄、蛴螬等，小麦生长中后期常有黏虫、蚜虫为害，麦田杂草中以燕麦草为害较重。

（7）发展建议。小麦生产应注意选用早熟高产优质品种。推广保护性耕作，提倡少耕、免耕、深松，实行秸秆覆盖，留茬覆盖，防风保墒，积雪增墒，减少风沙扬尘，防止表土流失。东部湿润地区还应注意挖沟排渍，防止湿害。注意增施有机肥料，保护地力，适当种植绿肥作物，用地养地结合，防止土壤肥力退化。加强病虫害预测预报，及时防病治虫，特别要注意赤霉病、根腐病和蚜虫的防治，减轻危害。及时防除麦田杂草。及时收获，晾晒和入库，避免或减轻收获时遇雨造成的损失。实行测土配方平衡施肥，应用高产高效栽培技术，提高产量、改善品质、增加效益。

2. 北部春（播）麦区

（1）区域范围。位于大兴安岭以西，长城以北，西至内蒙古巴彦淖尔市、鄂尔多斯市和乌海市。全区以内蒙古自治区为主，包括内蒙古的锡林郭勒、乌兰察布、呼和浩特、包头、巴彦淖尔、鄂尔多斯以及乌海等一盟六市，河北省张家口、承德市全部，山西省大同市、朔州市、忻州市全部，陕西省榆林市长城以北部分县。

（2）气候特征。本区地处内陆，东南季风影响微弱，为典型的大陆性气候，冬寒夏暑，春秋多风，气候干燥，日照充足。地形地势复杂，由海拔 3~2 100m 的平原、盆地、丘陵、高原、山地组成。全区主要属蒙古高原，阴山位于内蒙古中部，北部比较开阔平展，其南则为连绵起伏的高原、丘陵和盆地等，主要有河套和土默川平原、丰镇丘陵、大同盆地、张北高原等。年日照 2 700~3 200小时，年均气温 1.4~13.0℃，全年≥10℃的积温 2 600℃ 左右，变幅为 1 880~3 600℃。年降水量 200~600mm，降水季节分布不均，多集中在 7—9 月。一般年降水在 350mm 左右，不少地区低于 250mm，属半干旱及干旱地区。小麦生育期太阳总辐射量 242~276kJ/cm²，日照时数为 1 000~1 200小时，播种至成熟期>0℃积温为 1 800~2 000℃，小麦生育期降水 50~200mm，由东向西逐渐减少。各地无霜期差异很大，变幅为 80~178 天，其中忻州市无霜期 110~178 天为最长，锡林郭勒盟 90~120 天为最短，张家口市 80~150 天，变幅最大。

（3）土壤类型。本区有栗钙土、黄土、河套冲积土，以栗钙土为主，腐殖层薄，易受旱，在植被受破坏后易沙化。土壤质地多为壤土，耕性较好，适宜种植小麦或其他农作物，坡梁地一般为砂质土或砂石土，有机质含量很低，土壤瘠薄，保水保肥能力差，遇冬春多风季节，表土风蚀严重。川滩地多为冲积土，土层较厚，有机质含量较高，土壤较肥，保水保肥能力较强。

（4）种植制度。主要作物有小麦、玉米、马铃薯、糜子、谷子、燕麦、豆类、甜菜等。种植制度以一年一熟为主，间有两年三熟。小麦在旱地则主要与豌豆、燕麦、谷子、马铃薯等轮作。在灌溉地区多与玉米、蚕豆、马铃薯等轮作，少数在麦收之后，复种糜子、谷子等短日期作物或蔬菜，间有小麦套种玉米或与其他作物轮作。

（5）生产特点。小麦播种期一般自3月中旬始至4月中旬，拔节期在5月下旬至6月初，抽穗在6月中旬至7月初，成熟期在7月下旬至8月下旬，各物候期总变化趋势均表现为从南向北逐渐推迟，但内蒙古锡林郭勒盟的多伦地区成熟期最晚。小麦生育期为110~120天，从南向北逐渐延长。

（6）病虫情况。主要病害有黄矮、丛矮、根腐、条锈、叶锈及秆锈病，各地时有不同程度发生，白粉病、纹枯病、赤霉病偶有发生。地下害虫有金针虫、蝼蛄、蛴螬等，常在播种出苗期为害；小麦生长中后期麦秆蝇为害较为严重，此外还常有黏虫、蚜虫、吸浆虫为害。

（7）发展建议。本区水资源比较贫乏，降水量不足，保证率低，不能满足小麦生长需要，缺水干旱问题十分严重，是小麦生产最主要的限制因素。其干旱特点为范围广，干旱及半干旱面积大，干旱概率高，持续时间长。干旱少雨加剧了土壤盐碱和风蚀沙化。常遇早春干旱，后期高温逼熟及干热风危害，青枯早衰，不利于籽粒灌浆。

针对本区生态特点和小麦生产的限制因素，因地制宜采用合理增产措施。选用适宜的早熟、抗旱、抗干热风、抗病、稳产的品种。早熟品种前期发育快，可以避开或减轻麦秆蝇的为害，在本区有重要应用价值。旱地麦区实行轮作休闲，以恢复和培肥地力；灌区实行畦灌、沟灌或管道灌水，做好渠系配套，改进灌溉制度，合理节约用水，防止土壤盐渍化并适时浇好开花灌浆水，防止或减轻干热风危害。提倡保护性耕作，实行免耕、少耕、深松、秸秆还田、秸秆覆盖、留茬越冬等综合技术，防止或减轻土壤风蚀沙化和农田扬尘。有条件的地区可实行小麦机械覆膜播种及配套栽培技术。增施有机肥料，适当种植绿肥作物，增加土壤有机质含量，培肥地力。丘陵山地注意水土保持，防止水土流失。加强病虫预报，及时防病治虫，特别要注意黄矮病、麦秆蝇和蚜虫的防治，减轻危害。及时防除麦田杂草。实行测土配方施肥，应用综合高产高效栽培技术，提高产量、增加效益。

3. 西北春（播）麦区

（1）区域范围。位于黄淮上游三大高原（黄土高原、蒙古高原和青藏高原）的交汇地带，北接蒙古，西邻新疆，西南以青海省西宁和海东地区为界，东部则与内蒙古巴彦淖尔市、鄂尔多斯市和乌海市相邻，南至甘肃南部。包括内蒙古的阿拉善盟，宁夏全部，甘肃的兰州、临夏、张掖、武威、酒泉区全部以及定西、天水和甘南州部分县，青海省西宁市和海东地区全部，以及黄南、海南州的个别县。本区处于中温带内陆地区，属大陆性气候。冬季寒冷，夏季炎热，春秋多风，气候干燥，日照充足，昼夜温差大。本区主要由黄土高原和蒙古高原组成，海拔1 000~2 500 m，多数为

1 500m左右。北部及东北部为蒙古高原，地势缓平；东部为宁夏平原，黄河流经其间，地势平坦，水利发达；南及西南部为属于黄土高原的宁南山地、陇中高原以及青海省东部，梁岭起伏，沟壑纵横，地势复杂。

（2）气候特征。全区≥10℃年积温为3 150℃左右，变幅为2 056~3 615℃。年均气温5~10℃，最冷月气温-9℃。无霜期90~195天，其中宁夏127~195天，甘肃河西灌区90~180天、中部地区120~180天、西南部高寒地区120~140天。年均降水量200~400mm，一般年份不足300mm，最少地区在50mm以下。其中宁夏年降水量为183~677mm，由南向北递减；甘肃河西灌区35~350mm，中部地区200~550mm，西南部高寒地区400~650mm；内蒙古阿拉善盟年均降水200mm左右。自东向西温度渐增和降水量递减。小麦生育期太阳辐射总量276~309kJ/cm²，日照时数1 000~1 300小时，>0℃积温1 400~1 800℃。春小麦播种至成熟期降水量50~300mm，由北向南逐渐增加。

（3）土壤类型。主要有棕钙土、栗钙土、风沙土、灰钙土、黑垆土、灰漠土、棕色荒漠土等多种类型，多数土壤结构疏松，易风蚀沙化，地力贫瘠，水土流失严重。

（4）种植制度。主要作物为春小麦，其次为玉米、高粱、糜子、谷子、大麦、豆类、马铃薯、油菜、青稞、燕麦、荞麦等，经济作物有甜菜、胡麻、棉花等，宁夏灌区还有水稻种植。种植制度主要为一年一熟，轮作方式主要是豌豆、扁豆、糜子、谷子等与小麦轮作。低海拔灌溉地区间有其他作物与小麦间、套、复种的种植方式。

（5）生产特点。春小麦播种期通常在3月中旬至4月上旬，宁夏有些地区在2月下旬开始顶凌播种。5月中旬至6月初拔节，6月中旬至6月下旬抽穗，7月下旬至8月中旬成熟。全生育期120~150天，以西宁地区生育期最长。

（6）病虫情况。主要病害有红矮病、黄矮病、条锈病、黑穗病、白粉病、根腐病、全蚀病等，各地时有发生，以红矮病、黄矮病发生为害较重。常在播种出苗期进行为害的地下害虫有金针虫、蝼蛄、蛴螬等，苗期有灰飞虱、叶蝉等为害幼苗并传播病毒病，红蜘蛛也多在苗期为害，小麦生长中后期以蚜虫为害最重。田间鼠害时有发生，以鼢鼠活动为害较重。

（7）发展建议。本区水资源比较贫乏，降水不足，缺水干旱是小麦生产最主要的限制因素。部分地区土壤盐碱和风蚀沙化，不利于小麦生产。小麦后期常有干热风危害，造成小麦青枯、籽粒灌浆不足。部分地区麦田中野燕麦、野大麦等杂草时有发生，影响小麦生长。

结合本区生态条件和小麦生产的限制因素，制定保护耕地、合理用地、稳产增产的技术措施。针对干旱、多风的特点，做好防风固沙，减少水土流失和风蚀沙化。灌区要加强农田基本建设，做好渠系配套，搞好节水工程，防止渗漏，采用节水灌溉技术，防止土壤盐渍化，控制盐碱危害。适时灌好开花灌浆水，防止或减轻干热风危害。山坡丘陵修筑梯田，实行粮草轮作，增种绿肥作物，培肥地力。提倡保护性耕作，实行免、少耕和深松技术，推广秸秆还田、秸秆覆盖、留茬越冬等综合技术，保护农田和生态环境。因地制宜选择适用的抗逆、抗病、稳产的品种，推广小麦机械覆膜播种及配套栽培技术；近年宁夏示范小麦立体匀播技术取得良好增产效果，可逐步推广应用。加强病虫预报，及时防病治虫，特别要注意黄矮病、红矮病、条锈病和蚜虫的防治，减轻危害。及时防除麦田杂草。实行测土配方施肥技术，增施有机肥，合理利用化肥，应用综合高产高效栽培技术，提高产量、改善品质、增加效益。

（四）冬春麦兼播区

区域范围：位于我国最西部地区，东部与冬、春麦区相连，北部与俄罗斯、蒙古、哈萨克斯坦毗邻，西部分别与吉尔吉斯坦、哈萨克斯坦、阿富汗、巴基斯坦接壤，西南部与印度、尼泊尔、不丹、缅甸交界。包括新疆、西藏全部，青海大部和四川、云南、甘肃省部分地区。全区以高原为主体，间有高山、盆地、平原和沙漠，地势复杂，气候多变。除新疆农业区海拔在 1 000 m 左右外，其余各地农业区通常在 3 000 m 左右。

气候特征：全区≥10℃年积温为 2 050℃左右，变幅为 84~4 610℃。最冷月平均气温多在 -10.0℃左右，其中雅鲁藏布江河谷平原为 0℃左右。降水量除川西和藏南谷地外，一般均感不足，但有较丰富的冰山雪水、地表径流和地下水资源可供利用。

种植制度：除青海省全部种植春小麦外，其余均为冬、春麦兼种。其中北疆、川西、云南、甘肃部分地区以春小麦为主，冬、春小麦兼有；而南疆和西藏自治区则以冬小麦为主，春、冬小麦兼种。种植制度以一年一熟为主，兼有一年二熟。

依据地形、地势、气候特点和小麦种植情况，本区分为新疆冬春（播）麦和青藏春冬（播）麦两个亚区。

1. 新疆冬春（播）麦区

（1）区域范围。位于我国西北边疆，处在亚欧大陆中心。周边与俄罗斯、哈萨克斯坦、吉尔吉斯斯坦、塔吉克斯坦、巴基斯坦、蒙古、印度、阿富汗等国交界，南部和西藏自治区相连，东部分别与青海省和甘肃省接壤。全区只有新疆维吾尔自治区，是全国唯一的以单个省份（自治区）划为小麦亚区的区域。北面有阿尔泰山，南面有喀喇昆仑山和阿尔金山，中部横贯天山山脉，分全区为南疆和北疆。边境多山，内有丘陵、山间谷地和盆地，农业区主要分布在盆地中部冲积平原、低山丘陵和山间谷地。北疆位于天山和阿尔泰山之间，中有准噶尔盆地。南疆位于天山以南，七角井、罗布泊以西的新疆南部。

（2）气候特征。四周高山环绕，海洋湿气受到阻隔，属典型的温带大陆性气候。冬季严寒、夏季酷热，降水量少，日照充足。年日照时数达 2 500~3 600 小时，为我国日照最长的地区。全区≥10℃年积温为 3 550℃ 左右，变幅为 2 340~5 370℃。气温随纬度变化从南向北逐渐降低，但温度的垂直变化比水平变化更为显著，昼夜温差变化大，平均日较差在 10℃ 以上，最多可达 20~30℃。从南疆的暖温带向北疆的中温带过渡，南北疆各地的无霜期差异很大。喀什、和田等地无霜期 210~240 天，阿克苏地区无霜期 186~241 天，伊犁、阿勒泰、塔城、博尔塔拉等地无霜期 90~170 天，昌吉 110~180 天；南疆无霜期多于北疆，平原区多于山区。年降水量 145mm，变幅为 15~500mm，南少北多。

北疆在天山以北，气温较低，≥10℃年积温为 3 500℃ 左右，其最冷月平均气温 -14.6℃，年绝对最低气温通常 -36.0℃，阿勒泰地区的富蕴县曾出现过 -51.5℃ 的低温。常年降水量 195mm 左右，变幅为 150~500mm。降水特点为历年各月分布比较均衡，11 月至翌年 2 月冬季期间的降水量一般多在 30~80mm，月降水量 10~20mm，和其他各月基本相同。虽然冬季严寒、温度偏低，由于麦田可以保持一定厚度的长期积雪覆盖层，有利于冬小麦的安全越冬。乌鲁木齐、塔城和伊犁地区一般冬季约有 120~140 天的稳定积雪期，雪层厚度可达 20cm 左右，对冬小麦安全越冬有利。无霜期 120~180 天，平原地区多在 150 天以下。

南疆在天山以南，属典型的大陆性气候，从海洋过来的水汽北有天山阻隔，南被喜马拉雅山屏蔽，气候异常干燥，冬季严寒，夏季酷暑，气温变化剧烈，年较差、日较差均极大。各地年降水量一般在 50mm 以下，最多的不超过 120mm，最低的只有 10mm 左右，小麦生育期间降水量为 6.3~39.3mm，个别地区甚至终年无降水。其中若羌、且末等县，是我国降水量最少的地区。年平均相对湿度 40%~58%，其中哈密、吐鲁番地区最为干燥，相对湿度只有 34%~40%。无灌溉就无农业是南疆的最大特点，农田灌溉的主要水源来自山峰积雪融化。南疆属暖温带，≥10℃年积温为 4 000℃ 以上，年均气温在 10℃ 左右，1 月平均气温为 -10~-7℃，绝对最低气温可达 -28~-20℃。7 月平均气温大部分地区在 26℃ 以上，极端最高气温吐鲁番曾达 48.9℃。平原无霜期一般为 200~220 天，终霜期一般在 4 月下旬，有时延迟到 5 月中旬。大部分地区适宜冬性小麦种植，一般适期播种，在秋季气温逐渐降低的条件下，可以安全越冬。日照极为充足，全年日照时数可达 3 000 小时以上，居全国之首，对小麦生长发育极为有利，但春季温度上升快，风力强，土壤水分蒸发剧烈，容易发生返碱现象，对小麦生长不利。

（3）土壤类型。农业地带主要有灰漠土、棕漠土和草甸土，河流下游主要为潮土、盐土和沼泽土，雨量较多的山间盆地主要有棕钙土、栗钙土和黑钙土，久经耕种的农田有灌淤土。北疆土壤多为棕钙土、栗钙土、灰漠土、草甸土和灌淤土；南疆多为棕漠土、灰钙土、草甸土和灌淤土。

（4）种植制度。北疆种植制度以一年一熟为主，主要作物有小麦、玉米、棉花、甜菜、油菜等，小麦与其他作物轮作。个别冷凉山区种植作物单一，小麦连年重茬种植。南疆热量条件较好，种植制度以一年二熟为主，以小麦套种玉米或复播玉米为主，或冬小麦之后复种豆类、糜子、水稻及蔬菜作物。少数实行二年三熟制，冬小麦后复种夏玉米，翌春再种棉花。

（5）生产特点。南北自然条件差异大，小麦品种类型多，春性、半冬性和冬性品种均有种植。新疆各地均有小麦分布，从沙漠边缘到高山农业区都有小麦种植，其中海拔为-154m的吐鲁番盆地的艾丁湖乡为我国小麦栽培的最低点。北疆曾以春小麦为主，但目前冬小麦和春小麦播种面积接近。冬春小麦的分布主要受气温和冬季有无稳定积雪的影响。如阿勒泰地区和博尔塔拉州是纯春麦种植区，其他地区如伊犁、塔城、石河子、昌吉等地均为冬春麦兼种区。春小麦播种期一般在4月上旬至中旬，拔节期为5月中旬初至下旬初，抽穗期为6月中旬初至下旬初，成熟期为7月下旬至8月中旬初，各物候期均表现由南向北逐渐推迟，全生育期多为90~100天。在海拔1 000~1 200m比较凉爽的地区，全生育期为105~110天，在海拔1 600m以上的冷凉地区，全生育期可达120~130天。春小麦生育期太阳辐射总量为259~275kJ/cm²，日照时数为1 100~1 300小时，>0℃积温1 600~2 400℃，降水量50~100mm。冬小麦一般在9月中旬至下旬播种，4月下旬至5月上旬拔节，5月下旬抽穗，6月下旬至7月上旬成熟。全生育期一般在260~290天。冬小麦生育期间太阳辐射总量为309~326kJ/cm²，日照时数为2 100小时左右，>0℃积温约为2 300℃，降水量100~200mm。

南疆北有天山、南有昆仑山，天山的博格达主峰高达5 600m，喀拉昆仑山的乔戈里峰高达8 611m，一般山峰海拔3 500m以上；中部为塔里木盆地，塔克拉玛干沙漠在盆地中部，为我国面积最大而气候最干燥的沙漠地带。盆地边缘、山麓附近，由于季节性的雪山融化，雪水下流，形成大片的土质肥沃、水源丰富的冲积扇沃洲，农业区域主要分布在盆地周围的冲积平原上，是南疆小麦生产的主要地区。包括天山以南的吐鲁番、阿克苏、喀什及和田地区，巴音郭楞州、克孜勒苏州以及哈密地区的天山以南部分县，海拔在500~1 000m。南疆以冬小麦为主，种植的冬、春小麦均属普通小麦，以长芒、白壳、白粒为主，过去以红粒为主，现已少见。南疆阿克苏、喀什及和田地区主要种植冬小麦，吐鲁番、哈密地区主要种植春小麦。生产中应用的冬小麦品种多为冬性或半冬性、耐寒、抗旱、耐碱、早熟的品种。冬小麦播种期一般在9月下旬至10月上旬，拔节期在3月底至4月初，抽穗期在4月底至5月初，成熟期在6月中旬至下旬，全生育期一般在250~270天；生育期间太阳辐射总量326~343kJ/cm²，日照时数2 100~2 300小时，>0℃积温2 400~2 600℃。春小麦播种期为一般为3月初至4月初，但开春早的吐鲁番地区2月底即可播种，冷凉山区可延迟到4月中旬，拔节期一般在5月上旬，最晚至5月中旬初，抽穗在6月初至中旬，成熟一般在7月上旬至下旬，个别地区（伊犁地区的昭苏等地）在8月下旬成熟；生育期多为110~120天，生育期间太阳辐射总量225~242kJ/cm²，日照时数900~1 100小时，>0℃积温1 600~2 400℃。

（6）病虫情况。北疆主要病害有白粉病、锈病，个别地区有小麦雪腐病、雪霉病和黑穗病。播种至出苗期的地下害虫主要有蛴螬、蝼蛄和金针虫，中后期的主要害虫有小麦皮蓟马和麦蚜。南疆小麦白粉病和腥黑穗病时有发生；锈病以条锈为主，叶锈次之，秆锈甚少。小麦播种至出苗期时有蛴螬、蝼蛄和金针虫等地下害虫为害，小麦皮蓟马和麦蚜历年均有不同程度发生。

（7）发展建议。小麦生产中常遇冬季和早春低温冻害和后期干热风危害。干旱、盐碱和病害也是小麦生长的不利因素。依靠河水灌溉的地区，春季枯水期长，冬小麦返青期或春小麦播种期易受旱。抽穗以后常有干热风危害，吐鲁番、哈密等地区尤为严重。次生盐渍化现象在灌区发生普遍，河流下游盐碱危害较重。一些地区常有麦田杂草为害，造成损失。

针对新疆冬春麦区的生态条件和小麦生产的限制因素，因地制宜采用稳产增产的技术措施。选用早熟、抗寒、抗旱、抗病、高产、优质冬小麦品种或早熟、抗旱、抗病、抗（耐）干热风的高产春小麦品种。灌区要加强农田基本建设，做好渠系配套，采用节水灌溉措施，发展麦田滴灌和微喷灌技术，防止土壤盐渍化。适时灌好开花灌浆水，防止或减轻干热风危害。提倡保护性耕作，实行免、少耕和深松技术。适当推广小麦机械沟播集中施肥配套栽培技术及小麦立体匀播栽培技术。加强病虫预报，及时防病，特别要注意雪腐病、雪霉病、小麦皮蓟马和麦蚜的防治，减轻危害。及时防除麦田杂草。实行测土配方，增施有机肥，保护和培肥地力。针对冬、春小麦不同生育特点，应用相应的高产高效栽培技术，提高产量、改善品质、增加效益。

2. 青藏春冬（播）麦区

（1）区域范围。位于我国西南部，西南边境与印度、尼泊尔、不丹、缅甸交界，北部与新疆、甘肃相连，东部与西北春麦区和西南冬麦区毗邻。包括西藏自治区全部，青海省除西宁市及海东地区以外的大部，甘肃省西南部的甘南州大部，四川省西部的阿坝、甘孜州以及云南省西北的迪庆州和怒江州部分县。

本区以山丘状起伏的辽阔高原为主，还有部分台地、湖盆、谷地。地势西高而东北、东南部略低，青南、藏北是高原主体，海拔4 000m以上。东南部地区岭谷相间，偏东的阿坝、甘孜是高原的较低部分，但海拔也在 3 300m 以上。小麦主要分布的地区，青海省一般在海拔 2 600~3 200m，西藏则大部分在海拔 2 600~3 800m 的河谷地，少数在海拔 4 100m 处仍有小麦种植，是世界上种植小麦最高的地区。

（2）气候特征。全区属青藏高原，是全世界面积最大和海拔最高的高原，高海拔、强日照、气温日较差大是本区的主要特点。气温偏低，无霜期短，热量严重不足，全区≥10℃年积温为 1 290℃左右，变幅为 84~4 610℃。不同地区间受地势地形影响，温度差异极大，最冷月平均气温由-18.0℃至 4℃，无霜期 0~197 天，有的地区全年没有绝对无霜期。青海境内年平均气温在-5.7~8.5℃，各地最热月平均气温在 5.3~20℃；最冷月平均气温在-17~5℃。西藏年均气温在 5~10℃，最冷月气温-3.8~0.2℃，最热月气温在 13.0~16.3℃。日照时数常年在 3 000 小时以上，青海柴达木盆地和西藏日喀则地区最高可达 3 500 小时以上，西藏东南边缘地区在 1 500 小时以下，差异很大。

降水量分布很不平衡，高原的东南两面边沿地带，受强烈季风影响，迎风坡上降水量可达 1 000mm 以上，柴达木盆地四周环山、地形闭塞，越山后的气流下沉作用明显，因而降水量大都在 50mm 以下，盆地西北少于 20mm，冷湖只有 16.9mm，是青海省年降水量最少的地方，也是中国最干燥的地区之一。青海多数地区降水量在 300~500mm。云南省迪庆维西县年降水达 950mm 以上，西藏雅鲁藏布江流域一带年降水通常在 400~500mm。降水季节分配不均，多集中在 7—8 月，其他各月干旱，冬季降水很少，春小麦一般需要造墒播种。

（3）土壤类型。农耕区的土壤类型主要有灌淤土、灰钙土、栗钙土、黑钙土、灰棕漠土、棕钙土、潮土、高山草甸土、亚高山草原土等，在西藏东南部的墨脱县、察隅县还有水稻土分布。

（4）种植制度。本区种植的作物有春小麦、冬小麦、青稞、豌豆、蚕豆、荞麦、水稻、玉米、油菜、马铃薯等，以春、冬小麦为主，青稞一般分布在海拔 3 300~4 500m 的地带，其次为豌豆、油菜、蚕豆等，藏南的河谷地带海拔 2 300m 以下的地区还可种植水稻和玉米。主要为一年一熟，小麦多与青稞、豆类、荞麦换茬。西藏高原南部的峡谷低地可实行一年两熟或两年三熟。

（5）生产特点。本区小麦面积常年在 14.6 万 hm² 左右，是全国小麦面积最小的麦区。其中春小麦面积为全部麦田面积的 66%以上。除青海省全部种植春小麦外，四川省阿坝、甘孜州及甘肃省甘南州也以春小麦为主；西藏自治区则冬小麦面积大于春小麦面积，2016 年冬小麦面积占全部麦田面积的 75%以上，1974 年以前春小麦面积均超过冬小麦，从 1975 年开始至 2016 年，除 1985 年外，其余各年冬小麦面积均达70%左右。

本区太阳辐射多，日照时间长，气温日较差大，小麦光合作用强，净光合效率高，易形成大穗、大粒。一般春小麦播期在 3 月下旬至 4 月中旬，拔节期在 6 月上旬至中旬，抽穗期在 7 月上旬至中旬，成熟期在 9 月初至 9 月底，全生育期 130～190 天；生育期间太阳辐射总量 276～460kJ/cm^2，日照时数 1 300～1 600 小时，>0℃ 积温 1 600～1 800℃。冬小麦一般 9 月下旬至 10 月上旬播种，次年 5 月上旬至中旬拔节，5 月下旬至 6 月中旬抽穗，8 月上中旬至 9 月上旬成熟，生育期达 320～350 天，为全国冬小麦生育期最长的地区。

（6）病虫情况。病害主要有白秆病、根腐病、锈病、散黑穗病、腥黑穗病、赤霉病、黄条花叶病等。播种至出苗期主要有地老虎、蛴螬等为害，中后期主要是蚜虫为害。

（7）发展建议。本区制约小麦生产的主要因素为温度偏低，热量不足，无霜期短，气候干旱，降水量少，蒸发量大，盐碱及风沙危害等自然因素。

针对本区的生态条件和小麦生产的限制因素，因地制宜采用稳产增产的技术措施。适当选用早熟、抗寒、抗旱、抗病、高产、优质小麦品种。灌区加强渠系配套工程，采用节水灌溉技术，防止土壤盐渍化。适时灌好开花灌浆水，防止或减轻干热风危害。推广保护性耕作，秸秆还田、秸秆覆盖等措施，保护农田和生态环境。加强病虫预报，及时防病治虫，特别要注意白秆病、根腐病、锈病和蚜虫的防治，减轻危害。及时防除麦田杂草。实行测土配方施肥，增施有机肥，培肥地力。针对春、冬小麦不同生育特点，应用相应的高产高效栽培技术，进一步提高产量。

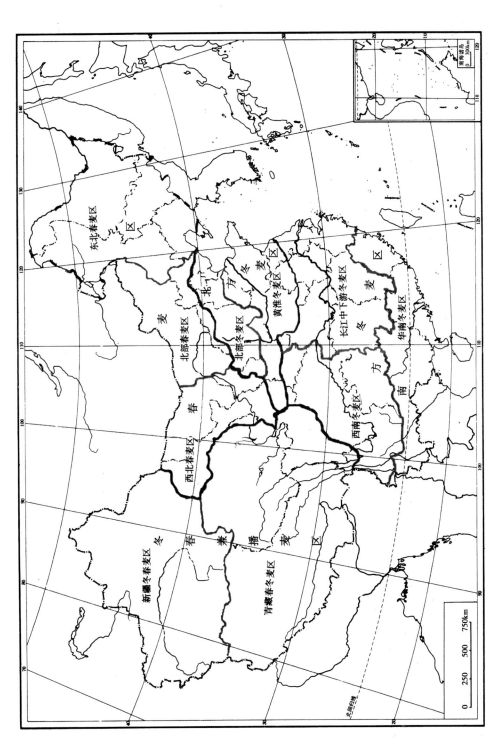

图 2 - 1　中国小麦种植生态区划示意图

第三章　小麦的生长发育及优势蘖研究与利用

第一节　小麦生长发育特性

小麦生长发育过程中需要适宜的温度、光照、水分、空气和土壤环境。其中温度和光照决定小麦的温光类型。小麦的生命周期从种子萌发开始，逐渐经过不同阶段的生长发育，直至开花结实，到种子完熟，植株随之衰老死亡，完成一个生命周期。在整个生命周期内，小麦的生长发育是连续进行的。为了科学研究和生产管理的需要，人们通常把小麦的生长发育过程划分为若干生育期或生育阶段。

一、小麦的温光特性及类型

小麦对温度和光照的特殊要求引出了阶段发育的概念。所谓阶段发育是根据苏联学者李森科的研究，小麦从种子萌发到开花结实、植株衰老的生长发育过程中，除水、肥、气、土壤等条件外，还必须具备特定的温光条件，使小麦内部发生一系列质的变化，经历本质上的阶段发育，即春化阶段和光照阶段。

1. 春化阶段（感温阶段）

小麦播种后萌动胚的生长点或幼苗的生长点，必须经过一定的低温条件，才能正常拔节、抽穗、开花、结实，这一低温过程称作春化。一般没有经过春化的小麦不能正常抽穗结实。小麦的春化现象是在漫长的进化过程中形成的对自然生态条件的一种适应性。使种子在萌动后通过春化阶段的措施叫春化处理。根据不同品种通过春化阶段对温度的要求，把小麦主要分为以下 3 种类型。

（1）春性品种。秋播地区的小麦品种在 0~12℃、春播地区小麦品种在 5~20℃条件下经过 5~15 天，可以完成春化阶段的发育，能正常抽穗结实。但有些品种春化温度适宜，但时间较短时仍不能正常抽穗。如青春 38（春性品种）在 2~4℃条件下春化 7 天，抽穗不正常。我国春（播）麦区的春播小麦和南方冬麦区晚秋播或冬播的小麦多为春性品种。

（2）半冬性品种。在 0~7℃ 条件下，经过 15~35 天，可以完成春化阶段的发育。未经过春化或春化不完全的植株，不能正常抽穗，或抽穗不整齐，结实率很低。如皖麦 38（半冬性品种）在 2~4℃ 条件下春化 14 天，仍不能正常抽穗。我国黄淮冬麦区的小麦品种多属于半冬性品种，这一类型还可细分为弱冬性或弱春性两种。

（3）冬性品种。在 0~3℃ 条件下，经历 30~35 天才能完成春化阶段的发育，未经春化或春化不完全，不能正常抽穗结实。我国北部冬麦区种植的品种，多属于这一类型。如京冬 8 号（冬性品种）等北部冬麦区常用的典型品种。

2. 光照阶段（感光阶段）

小麦通过春化阶段后，即可进入光照阶段。这一阶段对光照时间特别敏感，不同的光照时间会延长或促进小麦抽穗结实。根据不同小麦品种对光照时间长短的反应，分为以下 3 种类型。

（1）反应迟钝型。每天 8~12 小时光照条件下，经过 16 天以上均能顺利通过光照发育阶段，正常抽穗，不因日照时间长短而有明显差异。这类小麦主要来源于原产低纬度的春性小麦品种。南方冬播春性品种属于此种类型。

（2）反应中等型。每天 8 小时光照条件下，不能通过光照阶段，不能正常抽穗结实。每天光照 12 小时条件下，经过 21 天以上，可以抽穗。一般半冬性小麦品种属于此种类型。

（3）反应敏感型。每天 12 小时以上光照条件下，经过 30~40 天才能通过光照阶段而正常抽穗结实，冬性品种和高纬度下的春性品种属于此种类型。

一般情况下，对光反应敏感的品种需要较多的累积光长，迟钝型的品种需要较少的累积光长。春性品种随光长的增加，苗穗期明显缩短，属长光敏感型，而冬性品种则随着光长的缩短，苗穗期明显缩短，属短光敏感型。日照越长越有利于小麦抽穗，反之则抽穗延迟或不能抽穗。因此把小麦叫长日照作物。

二、小麦的生育期

从植物生理学的角度讲，小麦完成一个生命周期，即小麦从种子萌发到产生新种子的过程，称为全生育期。从小麦生产的角度讲，通常指从播种到小麦籽粒完熟所经历的时期称为全生育期，但也有人从出苗开始计算到小麦籽粒完熟所经历的时期称为全生育期。全生育期一般用"天"表示。

我国幅员广阔，小麦种植区域遍布全国，由于各地气候生态条件差异悬殊，小麦的生育期也不尽一致。秋（冬）播冬性小麦生育期一般 240 天以上，最多可达 350 天以上（西藏林芝地区）；秋（冬）播半冬性小麦生育期一般在 225 天以上；秋（冬）

播春性小麦生育期一般在125天以上，最长达到200天左右。春播春性小麦生育期一般在100天以上，最短的在80天左右，最长可达190天左右。

小麦的全生育期可以分为若干个时期，一般可分为播种期、出苗期、三叶期、分蘖期、越冬期、返青期、起身期、拔节期、挑旗期（孕穗）、抽穗期、开花期、灌浆期、成熟期等。为便于记载，分别制定了各生育期的标准。

播种期：实际播种日期。

出苗期：全田有50%的麦苗第一片真叶露出地面2cm左右的日期。

三叶期：全田有50%的麦苗第三片叶伸出2cm左右的日期。

分蘖期：全田有50%的植株第一个分蘖露出叶鞘2cm左右的日期。

越冬期：当冬前日平均气温稳定下降到0℃时，小麦地上部分基本停止生长，进入越冬期，称为越冬始期，一直延续到早春气温稳定回升到0℃以上时小麦开始返青，从越冬始期到返青这一段时期称为越冬期。

返青期：早春日平均气温回升到0℃以上，小麦由冬季休眠状态恢复生长。田间有50%植株心叶长出2cm左右的日期。

起身期：小麦返青后全田有50%植株叶鞘显著伸长，植株由匍匐或半匍匐状转为直立生长的日期。

拔节期：全田有50%植株主茎第一茎节伸长2cm左右时进入拔节期，可称为拔节始期，从拔节始期到挑旗期这一阶段都称为拔节期。

挑旗期：全田有50%以上植株的旗叶展开时的日期。

抽穗期：全田有50%以上麦穗顶部小穗露出旗叶叶鞘2cm左右的日期。

开花期：全田有50%以上麦穗中部小穗开始开花的日期。

乳熟期：有50%以上的籽粒内容物由清浆变为浊浆，呈乳状的时期。籽粒含水率下降到40%~65%。

蜡熟期：有50%以上的籽粒内容物呈凝胶状态或呈蜡质状的时期。籽粒含水率下降到39%~20%。

完熟期：籽粒变硬，含水率下降到20%以下的时期。

收获期：实际收获的日期。

由于小麦品种类型和播种期的差异，各地小麦的生育期划分有所不同。北方的冬（播）小麦一般上述各生育期都可记载，南方的冬（播）小麦由于没有明显的越冬期和返青期，这两个生育期就可不记载或根据实际情况进行调整。春播小麦没有越冬期和返青期，一般也不记载起身期。在籽粒发育期中，根据研究问题的需要，可把小麦籽粒发育过程进一步划分为坐脐期、半仁期、乳熟前期、乳熟中期、乳熟末期、糊熟期、蜡熟期、完熟期等。

　　小麦的幼穗分化进程与外部器官和生育期有一定的对应关系，经过多年研究观察，可以分为穗原基（图3-1），对应的植株外部形态为冬小麦冬前分蘖期或春小麦的幼苗前期的植株形态（以下简化到生育期）；伸长期（图3-2），对应的植株外部形态为冬小麦的冬前分蘖至返青期或春小麦的幼苗前期；单棱期（图3-3），对应的植株外部形态为冬小麦的冬前分蘖至返青期或春小麦的幼苗中期；二棱期（图3-4），对应的植株外部形态为冬小麦的返青至起身期或春小麦的幼苗中期；护颖分化期（图3-5），对应的植株外部形态为冬小麦的起身期或春小麦的幼苗后期；小花分化期（图3-6），对应的植株外部形态为冬小麦或春小麦的拔节期；药隔分化期（图3-7），对应的植株外部形态为冬小麦或春小麦的拔节期；柱头伸长期（图3-8），对应的植株外部形态为冬小麦或春小麦的拔节至挑旗期；柱头羽毛凸起期（图3-9），对应的植株外部形态为冬小麦或春小麦的拔节至挑旗期；花药四分体、柱头羽毛形成期（图3-10），对应的植株外部形态为冬小麦或春小麦的挑旗期；柱头羽毛开放期（图3-11），对应的植株外部形态为冬小麦或春小麦的抽穗至开花期；坐脐期（图3-12），对应的植株外部形态为冬小麦或春小麦的灌浆前期；半仁期（图3-13），对应的植株外部形态为冬小麦或春小麦的灌浆前期；乳熟期（图3-14），对应的植株外部形态为冬小麦或春小麦的灌浆中期；蜡熟期（3-15），对应的植株外部形态为冬小麦或春小麦的灌浆后期；完熟期（图3-16），对应的植株外部形态为冬小麦或春小麦的成熟期。

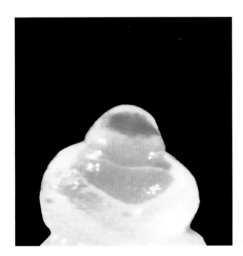

图 3-1　穗原基

（冬小麦冬前分蘖期或春小麦幼苗前期）

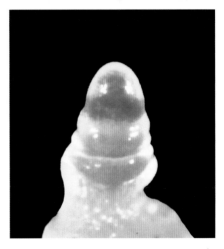

图 3-2　伸长期

（冬小麦冬前分蘖至返青期或春小麦幼苗前期）

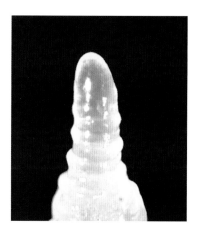

图 3-3 单棱期

（冬小麦冬前分蘖期或春小麦幼苗中期）

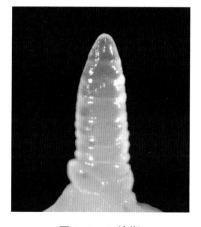

图 3-4 二棱期

（冬小麦返青至起身期或春小麦幼苗中期）

图 3-5 护颖分化期

（冬小麦起身期或春小麦幼苗后期）

图 3-6 小花分化期

（冬小麦或春小麦均为拔节期）

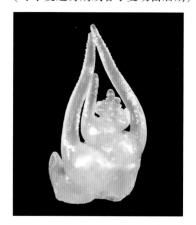

图 3-7 药隔分化期

（冬小麦或春小麦均为拔节期）

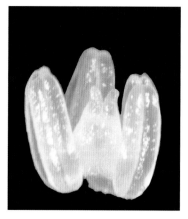

图 3-8 柱头伸长期

（冬小麦或春小麦均为拔节至挑旗期）

图 3-9　柱头羽毛凸起期

（冬小麦或春小麦均为拔节至挑旗期）

图 3-10　花药隔四分体、羽毛形成期

（冬小麦或春小麦均为挑旗期）

图 3-11　羽毛开放期

（冬小麦或春小麦均为抽穗至开花期）

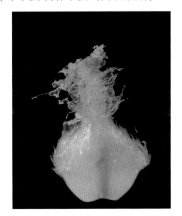

图 3-12　坐脐期

（冬小麦或春小麦均为灌浆前期）

图 3-13　半仁期

（冬小麦或春小麦均为灌浆前期）

图 3-14　乳熟期

（冬小麦或春小麦均为灌浆中期）

图 3-15 蜡熟期

（冬小麦或春小麦均为灌浆后期）

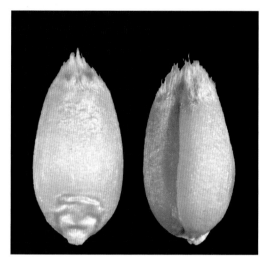

图 3-16 完熟期

（冬小麦或春小麦均为成熟期）

三、小麦的生长发育阶段

小麦的生长发育阶段比较复杂，国内外对小麦的生长发育阶段有不少研究，国内学者多把生长和发育统一划分阶段，这对指导我国作物栽培、育种、生理研究及生产实践起到了重要作用。国外尤其是在欧洲通常把生长和发育分别划分阶段。

国内通常应用较多的是两段划分法和三段划分法。

（一）两段划分法

1. 营养生长阶段

从种子萌发至幼穗分化之前，包括分化根、茎、叶等营养器官，是营养器官生长的阶段。

2. 生殖生长阶段

从幼穗分化至成熟，包括幼穗分化、抽穗、开花、籽粒形成、籽粒灌浆，是生殖器官生长的阶段。

（二）三段划分法

主要是根据营养器官和生殖器官分化和生长特征划分。

1. 营养生长阶段

从种子萌发至幼穗分化之前，包括分化根、茎、叶等营养器官，这段时期称为营养生长阶段，也可称为生育前期，一般是指从出苗到起身期，这一时期以生长根、叶和分蘖等营养器官为主。一般在第 4 片叶出生时开始分蘖，有些品种在地力较好时也可在第 3 片叶时长出芽鞘蘖。适期播种，生长正常的小麦在越冬前主茎一般可长成 5~6 片叶（少数可达 7 片叶）、5~7 条种子根、5~8 条次生根和 3~5 个分蘖，随气温降低，小麦生长渐渐变得缓慢，当日平均温度降到 0℃ 时，地上部则逐渐停止生长，进入越冬期，一直到翌年早春气温回升到 0℃ 以上时，麦苗才开始明显恢复生长进入返青期，到小麦春生第 3 叶露尖时，麦苗开始起身，由匍匐转向直立，称为起身期。春性品种无明显的起身期，可以穗分化的二棱期—护颖分化期作为对应的起身期标准。

2. 营养生长和生殖生长并进阶段

从小麦幼穗分化至抽穗期，其中既有营养器官的生长，又有生殖器官的生长，这段时期称为营养生长和生殖生长并进阶段，也称为生育中期，这时期小麦的营养器官（根、茎、叶）和生殖器官（幼穗、小花）同时进行生长发育。也是根、茎、叶、蘖生长最旺盛的时期，经过拔节、春后分蘖和部分小蘖逐渐死亡，节间伸长一直到抽穗期。而此时穗分化进程是从小穗分化到小花分化完成，是决定穗大粒多的重要时期，也是肥水管理的关键时期。生产上要求植株个体健壮，群体结构合理，搭好丰产骨架。

3. 生殖生长阶段

从抽穗至成熟期，其中营养器官基本定型，主要是生殖器官的生长发育，称为生殖生长阶段，也可称为生育后期，这时期主要是籽粒形成、发育、灌浆阶段，营养生长基本停止，是决定结实粒数、籽粒重量和小麦品质的重要时期，这个阶段生产上的主攻目标是养根、护叶、增粒、增重。具体措施就是要防止根系活力衰退，提高和保护上部叶片功能，减少小花退化，延长灌浆时间，增加穗粒数和千粒重，最终实现增产的目标。

（三）国外常用的阶段划分法

英国及欧洲许多国家应用较多的是 Zadoks 生长阶段和 Waddington 发育阶段。

1. Zadoks 生长阶段

Zadoks 谷类作物生长阶段共分 10 个大的生长阶段，分别为萌发阶段、幼苗生长阶段、分蘖阶段、茎伸长（拔节）阶段、孕穗阶段、抽穗（花序）阶段、开花阶段、胚乳发育（籽粒灌浆）阶段、面团发育阶段和成熟阶段，每个大生长阶段各分 10 个小的阶段。阶段的划分是从 00 到 99，每个阶段的第一位数字表示大的生长阶段，第二位数字表示在这一大的生长阶段中进一步分解的小阶段。例如 00 表示有生命力的干种子，01 表示萌发阶段的种子开始吸水；10 表示第 1 叶伸出叶鞘，11 表示幼苗生长阶段的第一叶展开；20 表示小麦植株只有主茎，尚未分蘖，21 表示分蘖阶段的主茎和第一个分蘖出现；30 表示伪茎直立，31 表示可见第 1 节等。但有时可出现两个或 3 个阶段交叉现象，例如幼苗生长阶段的 13 以后就有可能出现分蘖，这时就可记为 13 或 21（图 3-17）。如果在 16、24 时第一节已出现，可记作 16、24、31（图 3-18）。余类推。

萌发阶段（Germination）：

00 干种子（Dry seed）

01 开始吸水（Start of imbibition）

02 ——

03 吸水完成（Imbibition complete）

04 ——

05 胚根出现（Radicle emerged from caryopsis）

06 ——

07 胚芽鞘出现（Coleoptile emerged from caryopsis）

08 ——

09 叶刚露出芽鞘尖（Leaf just at coleoptile tip）

幼苗生长阶段（Seedling growth）：

10 第 1 叶伸出叶鞘（Fist leaf through coleoptile）

11 第 1 叶展开（Fist leaf unfolded）

12 第 2 叶展开（2 leaves unfolded）

13 第 3 叶展开（3 leaves unfolded）

14 第 4 叶展开（4 leaves unfolded）

15 第 5 叶展开（5 leaves unfolded）

16 第 6 叶展开（6 leaves unfolded）

17 第 7 叶展开（7 leaves unfolded）

18 第 8 叶展开（8 leaves unfolded）

19 第 9 叶及以后各叶展开（9 or more leaves unfolded）

分蘖阶段（tillering）：

20 只有主茎（Main shoot only）

21 主茎和 1 个分蘖（Main shoot and 1 tiller）

22 主茎和 2 个分蘖（Main shoot and 2 tillers）

23 主茎和 3 个分蘖（Main shoot and 3 tillers）

24 主茎和 4 个分蘖（Main shoot and 4 tillers）

25 主茎和 5 个分蘖（Main shoot and 5 tillers）

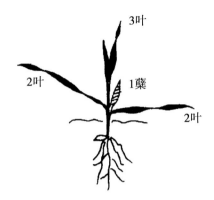

图 3-17　ZGS　13、21

26　主茎和 6 个分蘖（Main shoot and 6 tillers）

27　主茎和 7 个分蘖（Main shoot and 7 tillers）

28　主茎和 8 个分蘖（Main shoot and 8 tillers）

29　主茎和 9 个以上分蘖（Main shoot and 9 or more tillers）

茎伸长（拔节）阶段（stem elongation）：

30　伪茎直立（pseudo stem erection）

31　可见第 1 节（1st node detectable）

32　可见第 2 节（2nd node detectable）

33　可见第 3 节（3rd node detectable）

34　可见第 4 节（4th node detectable）

35　可见第 5 节（5th node detectable）

36　可见第 6 节（6th node detectable）

37　旗叶可见（露尖）（Flag leaf just visible）

38　——

39　旗叶叶舌/叶耳可见（Flag leaf ligule/collar just visible）

孕穗阶段（Booting）：

40　——

41　旗叶鞘伸长（Flag leaf sheath extending）

42　——

43　旗叶鞘开始膨大—孕穗前期（Boot just visibly swollen）

44　——

45　旗叶鞘膨大—孕穗中期（Boot swollen）

46　——

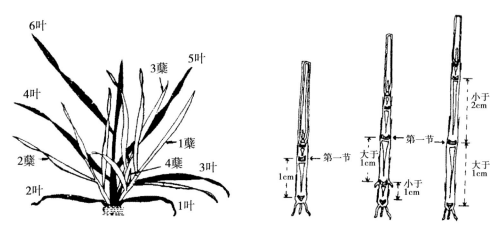

图 3-18　ZGS 16、24、31

注：图中 4 蘖是指第 4 个分蘖，不是国内常指的一级分蘖的第 4 蘖，相当于国内常指的 1-1 蘖

47　旗叶鞘开张—孕穗后期（Flag leaf sheath opening）

48　——

49　第 1 芒可见（First awn visible）

抽穗（花序）阶段（Inflorescence）：

50 ⎫
51 ⎭　第 1 个小穗出现（First spikelet of inflorescence just visible）

52 ⎫
53 ⎭　1/4 花序（穗）出现（1/4 of inflorescence emerged）

54 ⎫
55 ⎭　1/2 花序（穗）出现（1/2 of inflorescence emerged）

56 ⎫
57 ⎭　3/4 花序（穗）出现（3/4 of inflorescence emerged）

58 ⎫
59 ⎭　全部花序（整穗）出现（Emergence of inflorescence completed）

开花阶段（anthesis）：

60 ⎫
61 ⎭　开花始期（Beginning of anthesis）

62　——

63　——

64 ⎫
65 ⎭　开花中期（Anthesis half way）

66 ——

67 ——

68
69 ｝ 全部开花（Anthesis complete）

胚乳发育（籽粒灌浆）阶段（Milk development）：

70 ——

71 颖果清浆期（Caryopsis water ripe）

72 ——

73 乳熟前期（Early milk）

74 ——

75 乳熟中期（Medium milk）

76 ——

77 乳熟末期（Late milk）

78 ——

79 ——

面团发育阶段（Dough development）：

80 ——

81 ——

82 ——

83 面团早期（Early dough）

84 ——

85 软面团期（Soft dough）

86 ——

87 硬面团期（Hard dough）

88 ——

89 ——

成熟阶段（Ripening）：

90 ——

91 颖果（籽粒）坚硬（不易用指甲分开）Caryopsis hard（difficult to divide by thumb-nail）

92 颖果（籽粒）坚硬（不再能用指甲掐出痕迹）Caryopsis hard（can no longer be dented by thumb-nail）

93 颖果（籽粒）白天在穗上变松（Caryopsis loosening in daytime）

94 过度成熟，茎秆死亡并衰萎（Over-ripe，straw dead and collapsing）

95 种子休眠（Seed dormant）

96 50%种子可萌发（Viable seed giving 50% germination）

97 解除休眠（Seed not dormant）

98 第2次休眠（Secondary dormancy induced）

99 第2次休眠解除（Secondary dormancy lost）

2. Waddington 发育阶段

Waddington & Cartwright（1983）对小麦幼穗发育进行研究，从生长锥伸长开始到授粉为止分成若干阶段，其优点是划分比较细，每个阶段都有明显的形态特征，在解剖显微镜下易于辨认。

1.5 过渡生长锥（相当于生长锥伸长到单棱期）（Transition apex）

2 二棱早期（Early double ridge stage）

2.5 二棱期（double ridge stage）

3 护颖原基出现（Glume primordium present）

3.25 外稃原基出现（Lemma primordium present）

3.5 小花原基出现（Floret primordium present）

4 雄蕊原基出现（Stamen primordium present）

4.25 雌蕊原基出现（Pistil primordium present）

4.5 心皮原基出现（Carpel primordium present）

5 心皮三面包围胚珠（Carpel round three side of ovule）

5.5 花柱沟关闭（Stylar canal closing）

6 花柱沟出现窄开口（Stylar canal narrow opening）

6.5 花柱开始伸长（Styles begin elongating）

7 柱头分枝刚分化（Stigmatic branches just differentiating）

7.5 子房壁上茸毛刚分化（Hairs on ovary wall just differentiating）

8 柱头分枝和子房壁茸毛伸长（Stigmatic branches and ovary hairs elongating）

8.5 柱头分枝形成纷乱的团（Stigmatic branches form tangle mass）

9 花柱和柱头分枝直立（Styles and stigmatic branches erect）

9.5 花柱和柱头分枝张开（Styles and stigmatic branches spreading）

10 授粉（Pollination）

3. 应用实例

小麦的生长发育阶段可以通过人为的措施进行调整。为了进一步理解与应用 Zadoks 生长阶段和 Waddington 发育阶段，在此简要介绍笔者在英国里丁大学（University of Reading）应用叶面喷施矮壮素处理对小麦生长阶段和发育阶段的影响。

试验在英国里丁大学试验网室进行，3 月 18 日播种，供试品种为高秆春小麦品种 Canon 和半矮秆春小麦品种 Tonic，分别于 5 月 10 日（时值 Zadoks 生长阶段为 14、23、30，即主茎第 4 片叶展开，第 3 个分蘖出现，伪茎直立；Waddington 发育阶段为 3，即护颖原基出现；进行第一次叶面喷施矮壮素处理，于 5 月 23 日（时值 Zadoks 生长阶段为 32，即主茎第 2 节间可见；Waddington 发育阶段为 5，即心皮三面包围胚珠）进行第 2 次叶面喷施矮壮素处理。按计划多次取样调查其 Zadoks 生长阶段，并用解剖显微镜观测幼穗发育状况，调查其 Waddinggton 发育阶段。8 月 13 日收获。

在小麦生长初期用矮壮素溶液喷洒幼苗叶面，对小麦的生长发育阶段进程有明显影响（表 3-1）。在小麦生长阶段为 14、23、30 时，叶面喷施矮壮素经过 26 天，矮壮素对 Zadoks 生长阶段的延缓作用就充分显示出来，高秆品种 Canon 的生长阶段处在 18、39（18 表示主茎第 8 叶展开，该品种仅有 8 片叶，在此即为旗叶；39 表示旗叶叶舌可见，亦即旗叶展开），半矮秆品种 Tonic 的生长阶段处在 17、37（17 表示主茎

表 3-1 矮壮素对小麦生长阶段和幼穗发育阶段的影响

喷后日数 (d)	生长阶段								发育阶段			
	Canon（高秆）				Tonic（矮秆）				Canon（高秆）		Tonic（矮秆）	
	喷施		对照		喷施		对照		喷施	对照	喷施	对照
0	14、	23、 30	14、	23、 30	14、	23、 30	14、	23、 30	3.0	3.0	3.0	3.0
6	15、	26、 31	15、	26、 31	15、	24、 31	15、	24、 31	4.0	4.0	4.0	4.0
10	16、	31	16、	31	16、	31	16、	31	4.25	4.25	4.2	4.3
13	16、	32	16、	32	16、	32	16、	32	4.8	5.0	4.8	5.0
19	17、	37	17、	37	17、	37	17、	37	6.8	7.2	6.7	6.8
26	18、	39	18、	41	17、	37	17、	37	7.0	7.8	7.5	7.8
32	18、	43	18、	43	18、	43	18、	43	8.5	8.6	8.25	8.5
38		47		57		45		49	9.0	9.3	9.0	9.0
41		54		59		49		55	9.2	9.4	9.1	9.3
47		59		59		59		59	9.25	9.6	9.25	9.4
49		59		60					9.6	10.0		
52						59		60	10		9.9	10
63		71		71		71		71				
70		73		75		73		75				
74		73		75		73		75				
81		77		83		77		83				
88		83		85		83		85				

第 7 叶展开，37 表示旗叶露尖，据此可以判断该品种也仅有 8 片叶），而这两个品种的对照均为 18、41（18 表示主茎的 8 片叶展开，41 表示旗叶鞘伸长），可见喷施矮壮素处理后，其生长阶段明显落后于对照。

喷施矮壮素后 38 天观测，高秆品种 Canon 的生长阶段为 47（旗叶叶鞘开张—孕穗后期），对照为 57（3/4 花序出现），半矮秆品种 Tonic 的生长阶段为 45（旗叶鞘膨胀—孕穗中期），对照则为 49（第 1 芒可见），两品种的生长阶段均比对照呈现较大的延迟。38 天以后，喷施矮壮素的处理和对照的差别有缩小的趋势，但其影响一直延续到生长后期。

喷施矮壮素后 13 天通过镜检观测，高秆品种 Canon 的幼穗发育阶段比对照开始落后，而半矮秆品种 Tonic 在喷施矮壮素后第 10 天观测，就已经开始落后于对照。喷施矮壮素后 26 天时观测，两个品种的幼穗发育阶段均比对照呈现较多的延迟，其后与对照的差别有所减少，但这种差异也一直延续到授粉（Waddington 发育阶段 10），两个品种的授粉时期均比对照晚 2~3 天。

第二节　小麦优势蘖研究与利用

关于小麦的分蘖规律及高产小麦的群体结构、管理措施等，前人已做过不少研究。对如何协调群体与个体，如何利用主茎与分蘖成穗等问题，尚有不同见解，笔者从冬小麦主茎和分蘖的生长发育特性、各蘖位的穗分化进程、各蘖的叶绿素含量、多种植株性状和产量性状的差异及其相互关系、不同蘖位在不同群体下的成穗规律及不同成穗蘖位对产量构成因素的影响等方面进行研究，以探讨高产小麦的分蘖合理利用范围，为小麦高产栽培提供理论依据。

试验在中国农业科学院作物科学研究所试验农场，试验地为较肥沃的壤土。供试品种为京作 348。试验设 5 个基本苗处理，分别为每公顷 69 万苗、112.5 万苗、180 万苗、300 万苗和 450 万苗。经剪蘖处理总茎数均控制在每公顷 900 万茎，每处理达到留蘖标准（900 万茎/hm^2）后，按分蘖出现顺序留大蘖，把多余的小蘖剪去，以后每隔 3 天剪 1 次，直到翌年春季小蘖不再生长为止（越冬期间剪蘖处理暂停）。同时每个处理设一对照（不剪蘖），3 次重复。按设定基本苗数的 120% 播种，出苗后，人工均匀间苗，严格保证每小区设定的基本苗数。为便于调查，每小区内设固定 3 个样点，每点 10 株，并对各主要成穗蘖位按试验设计分别进行标记，为确保试验结果的可靠性，该试验连续进行 3 年。

一、主茎和分蘖的植株性状及差异

在植株性状及产量性状调查中，各叶片面积均在田间活体测量，叶片功能期在叶片展开后每天下午定株观察，叶绿素含量用酒精提取法测定。穗分化进程于返青后每隔一天取样在解剖显微镜下观察，维管束测定在孕穗期取样制作切片在显微镜下观察。主茎和分蘖的次生根调查是在塑料根箱种植条件下于收获前取样，用自来水冲洗干净后进行测定。其余资料为室内考种统计分析的结果。

1. 主茎和分蘖的叶片生育性状及差异

试验中小麦主茎一生共有14片叶，1蘖比主茎少3片叶，随蘖位升高依次递减一片叶，同伸蘖叶片数相同。主茎从1叶露尖到旗叶露尖共经历205天，1蘖为195天，2蘖为190天，3蘖为179天，1-1蘖为178天，4蘖及其同伸蘖1-2蘖和2-1蘖分别为171天、170天和171天。由于各蘖及叶片出现和生长时间不同，造成了主茎和低位蘖优势的基础。

不同分蘖叶片数的差异主要在越冬以前，成穗蘖位春生叶片一般为6片。从主茎和分蘖的各春生叶片的叶面积分析，表现为主茎的总叶面积最大，随蘖位升高，总叶面积越小（表3-2）。具体分析为：1蘖春生总叶面积比主茎春生总叶面积减少4.8%，2蘖总叶面积比主茎减少10.0%，比1蘖减少5.5%，3蘖总叶面积比主茎减少14.3%，比2蘖减少4.7%，可见，随蘖位升高，春生叶片的总叶面积依次递减5%左右。综合分析，可见晚生分蘖总叶面积即光合面积减少，造成光合产物降低，是导致籽粒产量降低的重要原因之一。

表 3-2　主茎和各蘖的叶片性状

叶序	主茎			1蘖			2蘖			3蘖		
	长（cm）	宽（cm）	面积（cm²）	长（cm）	宽（cm）	面积（cm²）	长（cm）	宽（cm）	面积（cm²）	长（cm）	宽（cm）	面积（cm²）
春1叶	6.97	0.76	4.41	6.46	0.71	3.82	6.20	0.66	3.41	5.53	0.60	2.77
春2叶	10.45	0.81	7.05	10.09	0.81	6.81	9.93	0.78	6.45	9.88	0.74	6.09
春3叶	15.45	1.06	13.65	14.81	1.01	12.47	14.53	0.98	11.87	14.49	0.95	11.47
春4叶	17.88	1.18	17.58	17.56	1.13	16.54	17.02	1.13	16.03	16.71	1.11	15.46
春5叶	18.36	1.26	19.58	17.97	1.26	18.87	17.41	1.21	17.56	16.89	1.19	16.75
旗叶	14.99	1.47	18.36	15.10	1.45	18.25	14.56	1.42	17.23	14.63	1.36	16.58
合计			80.63			76.76			72.55			69.12

注：表中的叶片的宽度为叶片最宽处的数据

从各叶片看，主茎和各分蘖之间春生第一片叶叶面积差别较大，以后随叶位增高，其差别有逐渐缩小的趋势，表明分蘖的晚生叶片生长速度相对加快了。从主茎各蘖各叶片的长宽比分析，也呈现出一定的规律性，即春 1 叶的长宽比为（9～9.5）：1，春 2 叶为（12.5～13.5）：1，春 3 叶为（14.5～15）：1，春 4 叶的长宽比最大，为（15～15.5）：1，春 5 叶为（14～14.5）：1，春 6 叶为（10～10.5）：1。

从不同叶位的各叶片分析，随叶位升高叶片的长度、宽度和单叶面积都逐渐增加，到春生 5 叶时均达到最大值，而春生第 6 叶（旗叶）的长度和叶面积均比第 5 叶有所减少，但叶片宽度达最大值，并且主茎和各分蘖的各春生叶片都呈现相同的规律。具体分析为主茎春生第 2 片叶比第 1 片叶长度增加 49.9%；春生第 3 片叶长度比第 1 片叶增加 116.6%，比第 2 片叶长度增加 47.8%；春生第 4 片叶长度比第 1 片叶增加 156.5%，比第 3 片叶增加 15.7%；春生第 5 片叶长度比第 1 片叶增加 163.4%，比第 4 片叶增加 2.7%；春生第 6 片叶（旗叶）长度比第 1 片叶增加 115.1%，比第 5 片叶增加 -18.4%。具体分析主茎春生叶片的宽度表现为第 2 片叶的宽度比第 1 片叶增加 6.6%；第 3 片叶的宽度比第 1 片叶增加 39.5%，比第 2 片叶的宽度增加 30.9%；第 4 片叶的宽度比第 1 片叶增加 55.3%，比第 3 片叶的宽度增加 11.3%；第 5 片叶的宽度比第 1 片叶增加 65.8%，比第 4 片叶的宽度增加 6.8%；第 6 片叶（旗叶）的宽度比第 1 片叶增加 93.4%，比第 5 片叶的宽度增加 16.7%。进一步分析主茎春生第 2 片叶的叶面积比第 1 片叶增加 59.9%；春生第 3 片叶的叶面积比第 1 片叶增加 209.5%，比第 2 片叶增加 93.6%；春生第 4 片叶的叶面积比第 1 片叶增加 298.6%，比第 3 片叶增加 28.8%；春生第 5 片叶的叶面积比第 1 片叶增加 344.0%，比第 4 片叶增加 11.4%；春生第 6 片叶（旗叶）的叶面积比第 1 片叶增加 316.3%，比第 5 片叶增加 -6.2%；从中可见春生第 2 叶、第 3 叶的长度和面积较前 1 片叶增加的幅度最大，第 4 片叶和第 5 片相应增加的幅度变小，旗叶相对于第 5 片叶则呈负增长。春 1 蘖、2 蘖、3 蘖各春生叶片长度、宽度、面积的相互增减幅度趋势与主茎一致。

由于主茎和各蘖的生长、营养条件不同，其叶片质量也有差异。从表 3-3 可见，主茎旗叶的比叶重比 1 蘖旗叶的比叶重增加 8.9%，比 2 蘖旗叶的比叶重增加 10.7%，比 3 蘖旗叶的比叶重增加 12.0%，比 1-1 蘖旗叶的比叶重增加 13.4%；1 蘖旗叶的比叶重比 2 蘖增加 1.6%，比 3 蘖旗叶比叶重增加 2.9%，比 1-1 蘖旗叶比叶重增加 4.2%；2 蘖旗叶的比叶重比 3 蘖增加 1.2%，比 1-1 蘖的比叶重增加 2.5%；3 蘖旗叶的比叶重比 1-1 蘖增加 1.3%；其他叶位的叶片比叶重叶也有相似的趋势。综合分析，主茎到 1-1 蘖各叶片的比叶重有随蘖位升高而递减的趋势。而且以春 3 叶比叶重最高，春 4、春 5 叶由于生长较快而比叶重有所降低，旗叶由于受光好，光合产物积累较多而比叶重又有所增加。

表 3-3　主茎和各蘖的比叶重　　　　（单位：mg/cm²）

叶位	主茎	1 蘖	2 蘖	3 蘖	1-1 蘖
旗　叶	5.40	4.96	4.88	4.82	4.76
春 5 叶	5.34	4.92	4.68	4.86	4.76
春 4 叶	5.36	4.40	5.20	5.03	4.26
春 3 叶	5.68	5.52	5.48	5.45	5.34

注：5 月 5 日调查

据测定，主茎和分蘖各叶片中叶绿素含量也有较大差别（表 3-4）。5 月 3 日（开花期）测定，主茎旗叶的叶绿素含量比 1 蘖旗叶的叶绿素含量增加 3.9%，比 2 蘖旗叶的叶绿素含量增加 4.5%，比 3 蘖旗叶的叶绿素含量增加 5.8%，比 1-1 蘖旗叶的叶绿素含量增加 5.0%；主茎春生第 5 片叶的叶绿素含量比 1 蘖春生第 5 片叶的叶绿素含量增加 4.2%，比 2 蘖春生第 5 片叶的叶绿素含量增加 8.5%，比 3 蘖春生第 5 片叶的叶绿素含量增加 12.5%，比 1-1 蘖春生第 5 片叶的叶绿素含量增加 14.8%；主茎春生第 4 片叶的叶绿素含量比 1 蘖春生第 4 片叶的叶绿素含量增加 2.3%，比 2 蘖春生第 4 片叶的叶绿素含量增加 7.9%，比 3 蘖春生第 4 片叶的叶绿素含量增加 13.3%，比 1-1 蘖春生第 4 片叶的叶绿素含量增加 18.2%；主茎旗叶的叶绿素含量比主茎春生第 5 片叶增加 5.4%，比主茎春生第 4 片叶增加 22.5%，其他各蘖旗叶叶绿素含量和春生第 5 片叶、第 4 片叶的叶绿素含量的关系与此相似。5 月 10 日（籽粒坐脐期）测定结果的各种规律与 5 月 3 日的相似。综合分析表现为主茎各叶片的叶绿素含量均最高，随蘖位增高呈递减趋势。在主茎或同一蘖位内则随叶位升高而叶绿素含量递增，由于各蘖的各叶片质量不同，其功能期也有一定差别，一般表现为主茎各叶片功能期较长，随蘖位升高而各叶片功能期有逐渐缩短的趋势。

表 3-4　各叶片的叶绿素含量　　　　（单位：mg/g）

月-日	叶　位	主茎	1 蘖	2 蘖	3 蘖	1-1 蘖
	旗叶	2.922	2.812	2.797	2.761	2.783
5-3	春 5 叶	2.772	2.661	2.555	2.464	2.414
	春 4 叶	2.386	2.332	2.212	2.106	2.019

（续表）

月-日	叶 位	主茎	1蘖	2蘖	3蘖	1-1蘖
5-10	旗叶	2.986	2.899	2.884	2.652	2.638
	春5叶	2.377	2.304	2.261	2.217	2.159
	春4叶	1.986	1.913	1.899	1.783	1.812

2. 主茎和分蘖的次生根、茎秆的差异

由于主茎和各蘖的生长状况不同，其次生根也有较大差别（表3-5），随蘖位增高，其次生根数显著减少，其中主茎次生根数是1蘖的2.2倍，是2蘖的2.3倍，是3蘖的3.8倍，是1-1蘖的4.6倍，差异显著。主茎次生根总长是1蘖的7.5倍，是2蘖的11.0倍，是3蘖的21.4倍，是1-1蘖的27.9倍，主茎和各蘖之间差异均达到显著水平。主茎次生根平均根长也有明显的优势，是分蘖的3~6倍，差异显著。次生根是水分养分的主要吸收器官，根系的差异必然影响到地上部各器官的性状。

考种调查结果表明，从主茎到高位蘖茎粗逐渐变细。在孕穗期观察，主茎及各蘖基部第2节间的维管束数目，亦呈递减规律。其主茎、1蘖、2蘖、3蘖、1-1蘖、2-1蘖的维管束数目（条）分别为40、38、36、30、28和26，差异明显。

表3-5 主茎和各蘖的次生根情况

次生根	主茎	1蘖	2蘖	3蘖	1-1蘖
根数（条）	22.00 a	10.00 b	9.75 b	5.75 c	4.75 d
总根长（cm）	514.30 a	68.25 b	46.80 c	24.05 d	18.43 e
平均根长（cm）	23.38 a	6.83 b	4.80 c	4.18 d	3.88 d

注：表中不同字母表示差异水平。全书同

不同基本苗情况下，单茎高度均为随蘖位增高依次降低（表3-6）。而且主茎的整齐度明显优于分蘖，低位蘖优于高位蘖。从每公顷112.5万基本苗的株高分析看，1-1蘖及以后分蘖的株高明显降低，整齐度变劣。

表3-6 主茎和分蘖的株高及整齐度

蘖位	基本苗（万苗/hm²）							
	450		300		180		112.5	
	株高（cm）	CV（%）	株高（cm）	CV（%）	株高（cm）	CV（%）	株高（cm）	CV（%）
主茎	79.68	4.92	80.57	4.64	80.35	6.29	78.91aA	4.47dB
1蘖	74.33	8.39	75.64	7.77	76.36	8.23	75.01bB	8.07cAB
2蘖			74.08	9.71	74.42	10.74	74.70bB	9.05bcA

（续表）

	基本苗（万苗/hm²）							
蘖位	450		300		180		112.5	
	株高（cm）	CV（%）	株高（cm）	CV（%）	株高（cm）	CV（%）	株高（cm）	CV（%）
3蘖			72.7	9.62	70.61cC	7.99cAB		
1-1蘖			66.41	11.04	66.01dD	9.17bcA		
4蘖					63.50eD	9.99abcA		
2-1蘖					63.54eD	12.97aA		
1-2蘖					63.69eD	12.49abA		

从主茎及各蘖的节间长度分析，主茎的穗下节间最长，以后依次递减。其他节间也有相似的变化趋势，穗下节间较长有利于形成合理的冠层结构，促进光合作用，对籽粒灌浆、形成大粒有良好作用。

3. 主茎和分蘖的穗部性状及差异

通过镜检发现，主茎的穗分化较早，而分蘖发育较晚（表3-7），但成穗蘖位到药隔期基本赶齐。表明分蘖生长锥发育进程较快，有分蘖赶主茎的趋势。尽管如此，各蘖位的抽穗期仍有差别，一般主茎早于分蘖1~2天。由于各蘖生长情况不同，导致其籽粒灌浆进度的差异，在开花后不同时期调查各蘖的千粒重，从主茎到1-1蘖，呈依次递减趋势，而且各蘖粒重日增量均以乳熟中期（5月24—31日）最大。表明这时期灌浆进度快，此时的水分及营养条件对千粒重影响最大。

表3-7 主茎和各蘖的穗分化进程

蘖位	单棱		二棱		护颖分化		小花分化		雌雄分化		药隔期	
	始—末（月/日）	历时（d）	始—末（月/日）	历时（d）	始—末（月/日）	历时（d）	始—末（月/日）	历时（d）	始—末（月/日）	历时（d）	始期（月/日）	进行期（月/日）
主茎			3/19—4/1	14	4/2—4/4	3	4/5—4/8	4	4/9—4/15	7	4月16日	4月19日
1蘖			3/24—4/1	9	4/2—4/4	3	4/5—4/8	4	4/9—4/15	7	4月16日	4月19日
2蘖	3/12—3/23	12	3/24—4/1	9	4/2—4/4	3	4/5—4/8	4	4/9—4/15	7	4月16日	4月19日
3蘖	3/17—3/28	12	3/29—4/4	7	4/5—4/6	2	4/7—4/11	5	4/12—4/15	4	4月16日	4月19日
1-1蘖	3/17—3/28	12	3/29—4/4	7	4/5—4/6	2	4/7—4/11	5	4/12—4/17	6	4月18日	4月19日

从考种结果看出，在5种不同基本苗情况下，均以主茎的穗部性状最优，随蘖位增高而穗部性状渐劣，其不孕小穗增加，每穗粒数、每穗粒重及千粒重均逐渐降低。仅以每公顷112.5万基本苗的部分穗部性状列于表3-8，从表中可见，1-1蘖及其以

后出生的分蘖的穗部性状均明显不及主茎和1、2、3蘖，其穗粒重占产量的比例均在10%以下，而且随基本苗的增加其比例渐小。穗粒数和穗粒重的整齐度随蘖位升高而变劣，但主茎及不同蘖位的千粒重整齐度变化不大。

表 3-8　主茎和各蘖主要穗部性状及其整齐度

蘖位	穗粒数（粒）	CV（%）	千粒重（g）	CV（%）	穗粒重（g）	CV（%）	蘖位产量/总产量（%）
主茎	33.67aA	19.6bB	44.05aA	9.41a	1.48aA	21.3bC	25.09aA
1蘖	29.72abAB	23.3bB	43.43aAB	11.51a	1.29bAB	26.3bBC	20.48bAB
2蘖	27.71bcAB	24.1bB	42.24bB	10.13a	1.17bcBC	26.1bBC	19.04bAB
3蘖	25.01cB	28.6bAB	40.40cC	11.02a	1.01cCD	34.1abABC	16.53bB
1-1蘖	18.86dC	43.1aA	40.21cC	11.72a	0.78dDE	43.4aAB	7.78cC
4蘖	17.11dC	42.1aA	40.35cC	12.04a	0.69deE	46.0aA	4.71dCD
2-1蘖	15.39dC	43.2aA	38.96dD	10.64a	0.60eE	43.9aAB	2.78deDE
1-2蘖	19.10dC	43.0aA	40.31cC	11.32a	0.77dDE	43.6aAB	1.97eE

统计结果表明，主茎和各蘖的表型性状的相关性基本一致（表3-9），株高与穗长、总小穗数、结实小穗数、穗粒数、穗重、穗粒重、千粒重等呈正相关。表明同一品种在相同栽培条件下正常生长的植株，株高较大的其穗部性状均表现优良。穗粒重与株高，穗长，总小穗数，结实小穗数，穗粒数，穗重，秆重，穗下1、2节间长度及干重呈正相关，表明这些性状优良对单茎产量有促进作用，而这些性状在主茎及低位蘖中都表现较好，这就决定了主茎和低位蘖穗粒重的优势。穗粒重与穗部其他主要性状的多元回归方程为：

$$y=-0.54470+0.02317x_1+0.37996x_2+0.014377x_3$$

其中：y——穗粒重；x_1——穗粒数；x_2——穗重；x_3——千粒重。

结果表明，要提高穗粒重，其中穗粒数、穗重和千粒重等起着积极作用，各蘖间穗粒重的差异与以上几个主要构成因素有密切关系。

单茎的表型性状的通径分析表明，主茎和各蘖之间略有差别，但基本上可以筛选出对穗粒重正向直接影响较大的性状有穗粒数、穗重、结实小穗数、千粒重、总干重和穗长。

通径分析的结果可说明主茎和低位蘖的穗粒重之所以表现出优势，正是由于它们具有的这些对穗粒重直接影响较大的性状表现优良。

表 3-9 主茎主要表现型性状之间的相关系数

性状	株高	穗长	总小穗数	不孕小穗	结实小穗	穗粒数	穗重	千粒重	秆重	穗下1节	穗下2节	穗下3节	穗下4节	穗下5节	总干重	穗粒重
株高	1															
穗长	0.333	1														
总小穗数	0.127*	0.741**	1													
不孕小穗	0.199**	0.629**	0.452**	1												
结实小穗	0.179**	0.808**	0.891**	0.806**	1											
穗粒数	0.223	0.860**	0.775**	0.734**	0.883**	1										
穗重	0.259**	0.850**	0.725**	0.675**	0.822**	0.966**	1									
千粒重	0.362**	0.427**	0.223	0.761**	0.278**	0.459**	0.629**	1								
秆重	0.253**	0.840**	0.637**	-0.686**	0.770**	0.892**	0.885**	0.491**	1							
穗下1节	0.422**	0.731**	0.593**	0.495**	0.639**	0.698**	0.750**	0.562**	0.677**	1						
穗下2节	0.468**	0.583**	0.398**	0.635**	0.583**	0.599**	0.583**	0.333**	0.607**	0.452**	1					
穗下3节	0.364**	-0.227**	-0.268**	0.209**	-0.277**	-0.338**	-0.338**	-0.095**	-0.235**	-0.382**	0.013**	1				
穗下4节	0.233**	-0.612**	-0.611**	0.593**	-0.707**	-0.745**	-0.745**	-0.331**	-0.674**	-0.642**	-0.386**	0.566**	1			
穗下5节	0.230**	-0.583**	-0.506**	0.436**	0.559**	0.592**	0.592**	-0.318**	-0.590**	-0.586**	-0.407**	0.313**	0.757**	1		
总干重	0.260**	0.862**	0.707**	-0.691**	0.819**	0.985**	0.985**	0.602**	0.945**	0.734**	0.608**	-0.301**	-0.737**	0.611**	1	
穗粒重	0.267**	0.842**	0.721**	-0.679**	0.827**	0.933**	0.933**	0.654**	0.888**	0.741**	0.588**	-0.314**	-0.737**	0.594**	0.981**	1

注：$v=259$。$p=0.05$, $r=0.113$; $p=0.01$, $r=-0.148$。穗下各节均指各节间长度

二、分蘖的合理利用

通过剪蘖并标记各蘖位，可以对不同蘖位的成穗率做较准确的统计。主茎在一般情况下都能100%成穗，分蘖的成穗率则随基本苗不同而变化（表3-10）。同一蘖位的分蘖，在基本苗少时成穗率较高，反之则低，在不同基本苗条件下，均表现为随蘖位增高而成穗率递减。从每公顷112.5万基本苗的各蘖成穗率分析，主茎和1、2、3蘖无明显差异，可以成为一组，而1-1蘖及以后出生的各蘖成穗率显著降低。每公顷180万基本苗中1-1蘖的成穗率也明显低于主茎及1、2、3蘖。从主茎及各蘖成穗数占总穗数的比例分析，也表现出随蘖位增高而比例下降，可见主茎及低位蘖在总成穗中占有重要地位。

表3-10　主茎及分蘖的成穗率　　　　　　　　　　　　　（单位：%）

基本苗（万苗/hm²）	蘖位							
	主茎	1蘖	2蘖	3蘖	1-1蘖	4蘖	2-1蘖	1-2蘖
450	100	78.02						
300	100	100	77.19					
180	100	99.6	91.7	81	43.2			
112.5	100aA	99.6aA	99.6aA	98.9aA	54.3bB	57.4bB	47.1bcB	32.9cB

从主要成穗蘖位的经济系数分析可看出，在不同基本苗条件下，主茎的经济系数均为最高，随蘖位增高其经济系数渐低。这主要是由于主茎及低位蘖穗粒重相对较高造成的。每公顷69万、112.5万、180万、300万和450万的5种基本苗在不加控制的情况下，其产量结构如表3-11所示，从表中可见，随基本苗增加，成穗数逐渐增多，但每穗粒数却逐渐减少，千粒重也有降低的趋势。从不同基本苗的产量分析，每公顷180万~450万基本苗的产量差异不显著，而与每公顷112.5万和69万基本苗的产量差异达极显著水平。由基本苗造成的产量差异实际上主要是由于成穗数引起的，每公顷69万和112.5万基本苗的处理虽然个体发育较好，穗粒数和千粒重较多，但终未能弥补穗数不足造成的不利影响，这里可把180万基本苗看作一个分界线，基本苗过少不利于获得高产。

表3-11　不同基本苗处理的产量结构

基本苗（万苗/hm²）	穗数（个/m²）	穗粒数（粒）	千粒重（g）	产量（kg/m²）
69	550.8	31.34	44.1	0.77bB
112.5	676.2	26.03	42.8	0.79bB

（续表）

基本苗（万苗/hm²）	穗数（个/m²）	穗粒数（粒）	千粒重（g）	产量（kg/m²）
180	825	23.52	43.3	0.91aA
300	954.3	22.3	42.2	0.91aA
450	1097.4	19.84	42.1	0.96aA

研究结果表明，主茎和低位蘖在多种性状上有较大优势，其中主茎和1、2、3蘖株高整齐度、成穗率、穗部性状、产量贡献率以及叶面积、叶片质量、叶绿素含量、次生根数量和长度性状均显著优于其他分蘖，其中成穗率大于77%（表3-10），对产量的贡献率大于80%，单茎产量贡献率在16.5%~25.1%（表3-8），因而适当利用主茎和低位蘖是合理的。过多利用主茎势必需要较多的基本苗，而基本苗过多又易导致群体过大，造成田间郁蔽，个体发育不良，基部节间较长，茎秆细弱，容易引起倒伏，不利于高产，基本苗过少，可多利用分蘖成穗，但过少则不易达到理想的穗数，最终导致产量降低。若能实现穗数要求，尽量采用较少的基本苗，可省种省工节本。在不加控制的情况下，每公顷180万~450万基本苗的产量接近，则采用180万基本苗较稳妥，其成穗可达750万穗左右，最大群体在1 500万茎左右，在正常年份其倒伏危险较小，既不需要特别控制群体，又较易获得高产，从分蘖的利用情况分析，主要是利用了主茎和1、2、3蘖成穗。根据以上多种性状分析，把小麦生长发育过程中，形态生理指标和产量形成功能具有显著优势的有效茎蘖（包括主茎和分蘖）称为优势蘖，即主茎及1、2、3蘖为优势蘖，而1-1蘖及其以后出生的分蘖称为非优势蘖。进而建立了小麦优势蘖利用的模型（$Y=-0.0005X^2-0.0812X+4.6715$，$Y$为单株优势蘖，$R^2=0.9942$，$7.5$万$\leqslant X \leqslant 30$万基本苗/667m²）。结果表明，优势蘖的利用对调整小麦的合理群体结构，创建高质量的群体和个体起到决定性的作用，是实现小麦高产高效的有效途径。

冬小麦主茎和不同蘖位的分蘖幼穗发育进程有较大差异，主要表现在发育前期，主茎及低位蘖各发育阶段始期较早，历时较长，随蘖位升高，各发育阶段始期推迟，历时缩短，但到药隔期成穗蘖位（包括主茎）幼穗发育进度基本赶齐。主茎幼穗发育到药隔期时，发育阶段还远远落后的分蘖基本不能成穗。但在特殊条件下，如在温室栽培，或去掉主茎和大分蘖的试验中，均有可能使新生的小分蘖成穗，在大田生产中，若遇冻害或其他外界因素使主茎死亡，后发生的小分蘖也有成穗的可能，但产量会大幅度降低。若及时采取有效的补救措施，适当灌水追肥，则可减少损失。

主茎和低位蘖的主要形态指标和生理指标均优于高位蘖，在不同基本苗条件下表现趋势一致。随蘖位升高，其同级叶面积逐渐减小，叶片渐薄，单位面积重量减轻，叶绿素含量降低；次生根数量显著减少，长度显著变短；单茎高度降低，整齐度变劣。主茎和不同蘖位分蘖穗部性状及整齐度差异明显。随蘖位升高，穗粒数、千粒重，穗粒重有逐渐降低的趋势，但主茎及 1 蘖、2 蘖、3 蘖之间差异较小，而 1-1 蘖及以后出生的分蘖则明显变劣。这与主茎和低位蘖出生较早，相对生长时间较长，发育较快，在养分的吸收利用和群体生长竞争中存在优势。因此，在小麦生产中应控制合理的基本苗并采取相应的促控措施，充分利用优势蘖，促进健壮的个体发育及合理的群体结构，实现小麦的高产、稳产、高效。

第四章　优质小麦的概念和标准

第一节　优质小麦的概念

优质小麦是指品质优良并具有专门加工用途的小麦，品质达到国家优质小麦品种的品质标准，能够加工成具有优良品质的专用食品的小麦。在我国优质专用小麦是随着市场变化而出现的一个阶段性的概念。优质是相对劣质而言，专用是相对普通而言。优质小麦必须具备三个基本特征：优质、专用、稳定。优质即品质优良，小麦品质是小麦形态品质、营养品质和加工品质的有机结合，能够达到相应国家或行业标准的要求。专用是指具有专门用途的小麦，不同的食品具有不同的品质指标要求，能够达到相应国家或行业标准的要求。所谓稳定，即品质稳定，优质小麦要求规模生产，区域化种植，单收单打单贮，防止混杂，保持种性纯正、品质稳定而优良。

在过去几十年中，我国人民生活水平处于温饱状态，小麦生产中强调以高产为主，而忽略了对品质的要求。随着社会的发展，人民生活水平不断提高，对食品多样性、营养性提出了更高的要求，出现了各种高档的面包、饼干、饺子和方便面等名目繁多的食品，过去大众化的"标准粉"已不适合制作这些高档的专用食品，专用面粉的生产已成为市场的需要。为了生产不同类型的面粉，对原料小麦提出了具体的要求，因而提出了"优质专用小麦"这一概念。

特定的面食制品需要专用的小麦面粉制作，而专用的小麦粉需要一定类型的小麦来加工，适合加工和制作某种食品和专用粉的小麦对这种食品和面粉来说就是"优质专用小麦"。

小麦品质是一个极其复杂的综合概念。包括许多性状，概括起来主要有形态品质、营养品质和加工品质。彼此之间相互交叉，密切关联。

形态品质包括籽粒形状、整齐度、饱满度、粒色和胚乳质地等。这些性状不仅直接影响商品价值，而且与加工品质和营养品质也有一定关系。一般籽粒形状有长圆形、卵圆形、椭圆形和圆形等，以长圆形和卵圆形居多，其中圆形和卵圆形籽粒的表面积小，容重高，出粉率高。籽粒腹沟的形状和深浅也是衡量籽粒形态品质的重要指标，一般腹沟较浅的籽粒饱满，容重和出粉率较高，腹沟深的则容重和出粉率较低。籽粒的颜色主要分为红、白两种，还有琥珀色、黄色、红黄色、黑色、褐色、绿色等。一般认为皮层为白色、乳白色或黄白色麦粒达到90%以上的为白皮小麦；深红色、红褐色麦粒达到90%以上的红皮小麦。小麦籽粒颜色与营养品质和加工品质没有必然的联系。一般而言，白皮小麦因加工的面粉麸星颜色浅、面粉颜色较白而受到面粉加工业和消费者的欢迎。红皮小麦籽粒休眠期长，抗穗发芽能力较强，因而在小麦生产后期降水较多，穗发芽较重的生态区中种植有重要意义。整齐度是指小麦籽粒大小和形状的一致性，同样形状和大小的籽粒占总量90%以上的为整齐，一般籽粒整齐度好的出粉率较高。饱满度一般用腹沟深浅、容重和千粒重来衡量，腹沟浅、容重和千粒重高的小麦籽粒饱满，出粉率也较高。一般用目测法将成熟干燥的种子按饱满度分为5级。一级：胚乳充实，种皮光滑。二级：胚乳充实，种皮略有皱褶。三级胚乳充实，种皮皱褶明显。四级：胚乳明显不充实，种皮皱褶明显。五级：胚乳很不充实，种皮皱褶很明显。角质率主要由胚乳质地决定。角质又叫玻璃质，其胚乳结构紧密，呈半透明状；粉质胚乳结构疏松，呈石膏状。凡角质占籽粒横截面1/2以上的籽粒称为角质粒。含角质粒70%以上的小麦称硬质小麦。硬质小麦的籽粒蛋白质和面筋含量较高，主要用于做面包等食品。角质特硬，面筋含量高的称为硬粒小麦，适宜做通心粉、意大利面条等食品。角质占籽粒横断面1/2以下（包括1/2）的籽粒称为粉质粒。含粉质粒70%以上的小麦，称为软质小麦。软质小麦一般籽粒蛋白质含量和面筋含量较低，适合做饼干、糕点等。介于硬质和软质小麦的中间型小麦籽粒蛋白质含量和面筋含量中等，一般适宜做馒头、面条等食品。

营养品质包括蛋白质、淀粉、脂肪、核酸、维生素、矿物质等。其中蛋白质一般又可根据其溶解度分为清蛋白、球蛋白、醇溶蛋白和麦谷蛋白4种组分；氨基酸是蛋白质的基本单位，又可分为必需氨基酸和非必需氨基酸两大类；必需氨基酸是人体自身不能合成或合成速度不能满足人体需要，必须从食物中摄取的氨基酸，小麦籽粒中的必需氨基酸共有8种，包括赖氨酸、色氨酸、苯丙氨酸、蛋氨酸、苏氨酸、异亮氨酸、亮氨酸和缬氨酸，其中赖氨酸是人体第一需要的氨基酸，在小麦籽粒中赖氨酸含量很少，平均含量在0.36%左右。非必需氨基酸并非人体不需要这些氨基酸，而是人体可以通过自身合成或从其他氨基酸转化来得到它们，不一定非从食物中直接摄取不可。小麦籽粒中的非必需氨基酸主要包括甘氨酸、丙氨酸、脯氨酸、酪氨酸、丝氨酸、胱氨酸、天门冬氨酸、精氨酸和谷氨酸等。淀粉是小麦籽粒中的主要成分，主要存在于小麦籽粒的胚乳中，对小麦面粉的加工品质有重要影响，根据其结构与功能又可分为直链淀粉和支链淀粉。

加工品质又可分为一次加工品质和二次加工品质。

其中一次加工品质又称为制粉品质，包括出粉率、容重、籽粒硬度、面粉白度、灰分含量等。出粉率一般指生产标准粉时，面粉量占籽粒量的百分率（%，w/w），试验室中一般用布勒（Buller）磨磨粉计算出粉率。出粉率直接影响制粉业的经济效益，因此把它作为衡量小麦品质的重要指标。出粉率与籽粒容重、籽粒形状、种皮薄厚等性状有关。不同的磨粉机型及其制粉工艺对出粉率也有重要影响。容重是单位容积小麦籽粒的质量，我国以 1 升小麦籽粒的质量表示，单位为克/升（g/L）。容重是小麦收购、调运、贮藏和加工的重要依据之一。我国一般按容重的大小将小麦分为 5 级：1 级≥790g/L；2 级≥770g/L；3 级≥750g/L；4 级≥730g/L；5 级≥710g/L。籽粒的形状、饱满度、整齐度等因素都会对容重产生影响。千粒重是小麦产量的重要构成因素，但与品质的相关系数较低。籽粒硬度对于制粉业有重要意义，对制粉厂的生产效率和面粉产量都有影响。硬度与籽粒的角质率有关，一般角质率高的籽粒通常硬度也较大。测定籽粒硬度一般有加压、切割、碾磨、粉碎和压痕等方法，目前被世界普遍采用的就是德国布拉班德（Brabender）公司根据粉碎法的原理制造的硬度计来测定小麦籽粒的硬度。面粉的色泽和白度是磨粉品质的重要指标，一般可用白度计测定面粉的白度值。小麦面粉的白度值通常与小麦品种、面粉的粗细程度、含水量有关，一般可根据白度值的大小评定面粉的等级。面粉的灰分含量是小麦粉经高温灼烧剩下的残渣占试样总质量的百分率。面粉的灰分含量是衡量面粉加工精度的一项指标。面粉的灰分指标在制粉业中很重要，一般要求面粉灰分含量越少越好。根据不同品质类型小麦面粉的灰分含量指标有所区别，不同等级的面粉灰分含量在 0.55%～1.10%。面粉灰分的测定一般使用"马福炉"灼烧法。

二次加工品质又称为食品制作品质，又分为面粉品质、面团品质、烘焙品质、蒸煮品质等多种性状。一般常用的性状主要包括面筋含量、面筋质量、吸水率、面团形成时间、稳定时间、沉淀值，以及制作面包、馒头、面条、糕点、饼干等食品特定的具体评价指标。其中面筋是小麦中蛋白质存在的一种特殊形式，是仅存于小麦面粉中而其他谷物所不具备的具有黏弹性的物质，面筋主要是由醇溶蛋白和麦谷蛋白构成。根据面筋强度的大小又可分为强力面筋、中力面筋、薄力面筋和特强力面筋 4 种。小麦面粉中面筋的质和量均与小麦的营养品质和加工品质有密切关系，具有强力面筋的面粉可用于加工优质面包，中力面筋的面粉适宜加工面条、馒头等食品，薄力面筋的面粉适宜制作饼干、糕点等食品。目前试验室中主要用面筋仪测定面筋含量，不同品种之间小麦面筋含量差异很大，不同生态条件和不同栽培措施对小麦面筋含量也有重要影响。我国一般小麦品种的湿面筋含量在 17%～50%。面粉的吸水率是指调制单位重量的面粉成面团所需的最大加水量,以百分率(%)表示,通常采用粉质仪来测定。面粉的吸水率与小麦籽粒的硬度、蛋白质含量、面粉的粒度有关,尤其与蛋白质含量呈极显著正相关。目前我国小麦面粉吸水率在50.2%~70.5%,平均为57%。吸水率高的面粉适宜做面包或馒头等食品,吸水率低的面粉适宜做饼干或糕点等食品,面粉吸水率的高低还可以影响面包、馒头等食品的出品率,进而影响生产商的效益。面团的形成时间和稳定时间也是用粉质仪测定的小麦品质的重要指标,是加工不同专用品质类型食品的重要依据。烘焙面包用的小麦面团稳定时间要求较长,而制作饼干、糕点要求的稳定时间较短。小麦沉淀值是反映小麦面筋的含量多少以及其质量的一个重要指标,沉淀值也可间接反映蛋白质、面筋含量和品质的综合情况。沉淀值与小麦的粗蛋白含量、面筋含量和质量、吸水率以及面团形成时间和稳定时间等关系密切,一般均呈正相关的关系。此外,由小麦加工制作的食品在作为商品流通中还要求商品品质、卫生品质等一系列指标。

根据小麦的品质和用途可以把小麦分为强筋小麦、中强筋小麦、中筋小麦和弱筋小麦。

强筋小麦:胚乳为硬质,小麦粉筋力强,适用于制作面包或用于配麦。

中强筋小麦:胚乳为硬质,小麦粉筋力较强,适用于制作方便面、饺子、面条、馒头等食品。

中筋小麦:胚乳为硬质,小麦粉筋力适中,适用于制作饺子、面条、馒头等食品。

弱筋小麦:胚乳为软质,小麦粉筋力较弱,适用于制作馒头、蛋糕、饼干等食品。

第二节　优质专用小麦的品质标准

根据小麦的品质和特定用途,制定了国家或行业标准,用以规范小麦的品质。2013年我国颁布了新的《小麦品种的品质分类》(GB/T 17320—2013),制定了新的小麦品种的品质指标(表4-1),同时废止了1998年制定的《专用小麦品种品质》(GB/T 17320—1998)。

按加工食品的种类又可以把小麦分为面包专用、馒头专用、面条专用和糕点专用小麦。基本上可以与上述的强筋、中强筋、中筋、弱筋小麦相对应。面包是西方国家的主要食品,其种类繁多,如法式、港式、澳式、日式、俄式、美式等,但基本可以分为主食面包和点心面包两大类,点心面包种类很多,对面粉质量要求有很大差异,无统一规定,仅有企业标准,主食面包对面粉质量要求较为严格。一般讲面包专用粉是指适宜制作主食面包而言，优质面包专用小麦要求小麦蛋白质含量高、面筋质量好、沉淀值高、面团稳定时间较长、面包评分较高，基本可以对应于优质强筋小麦的标准。制作面包的专用粉除了需要测定小麦面粉的理化指标外，还需要测定烘焙品质。烘焙品质是各项加工品质的综合体现，考察烘焙品质的指标很多，其最重要的指标包括面包体积、比容、面包评分等。

表 4-1 小麦品种的品质指标（GB/T 17320—2013）

项目		指标			
		强筋	中强筋	中筋	弱筋
籽粒	硬度指数	≥60	≥60	≥50	<50
	粗蛋白质（干基）（%）	≥14.0	≥13.0	≥12.5	<12.5
小麦粉	湿面筋含量（14%水分基）（%）	≥30	≥28	≥26	<26
	沉淀值（Zeleny 法）（ml）	≥40	≥35	≥30	<30
	吸水量（ml/100g）	≥60	≥58	≥56	<56
	稳定时间（min）	≥8.0	≥6.0	≥3.0	<3.0
	最大拉伸阻力（EU）	≥350	≥300	≥200	—
	能量（cm^2）	≥90	≥65	≥50	—

馒头专用小麦是指适合于制作优质馒头的小麦，馒头是我国人民的主要传统食品，尤其受到北方人们的喜爱，据统计，目前我国北方用于制作馒头的小麦粉占面粉用量的70%以上。我国北方大部分地区种植的小麦都能达到制作馒头所需的小麦粉的质量要求。馒头专用小麦一般需要中等筋力，面团具有一定的弹性和延伸性，稳定时间在 3~5 分钟，形成时间以短些为好，灰分低于 0.55%。优质馒头要求体积较大，色白，表皮光滑，复原性好，内部孔隙小而均匀，质地松软，细腻可口，有麦香味等。1993 年我国颁布了馒头小麦粉的行业标准，制定了小麦粉的理化指标（表4-2）。

表 4-2 馒头专用小麦粉理化指标（SB/T 10139—93）

项目		精制级	普通级
水分（%）	≤	14.0	
灰分（以干基计,%）	≤	0.55	0.70

（续表）

项目		精制级	普通级
粗细度	CB36 号筛	全部通过	
湿面筋（%）		25.0~30.0	
面团稳定时间（min）	≥	3.0	
降落数值（s）	≥	250	
含砂量（%）	≤	0.02	
磁性金属物（g/kg）	≤	0.0003	
气味		无异味	

面条专用小麦是指适合制作优质面条（包括切面、挂面、方便面等）的专用小麦，面条起源于我国，是我国人民普遍喜欢的传统食品，也是亚洲的大众食品。面条专用小麦应具有一定的弹性、延展性，出粉率高，面粉色白，麸星和灰分少，面筋含量较高，强度较大，支链淀粉较多，色素含量较低等。影响面条品质的主要因素是蛋白质含量、面筋含量、面条强度和淀粉糊黏性等，我国商业部1993年制定了面条专用小麦粉的行业标准（表4-3）。意大利面条和通心面是由硬粒小麦加工而成，主要在意大利和其他欧美国家食用，在我国食用相对较少，我国的面条小麦专用粉的标准并不包括硬粒小麦的面条产品。

表4-3　面条专用小麦粉理化指标（SB/T 10137—93）

项　目		面条小麦粉	
		精制级	普通级
水分（%）	≤	14.5	
灰分（以干基计,%）	≤	0.55	0.70
粗细度	CB36 号筛	全部通过	
	CB42 号筛	留存量不超过15.0%	
湿面筋（%）	≥	28.0	26.0
面团稳定时间（min）	≥	4.0	3.0
降落数值（s）	≥	200	
含砂量（%）	≤	0.02	
磁性金属物（g/kg）	≤	0.0003	
气味		无异味	

饺子是中国的古老传统面食之一，深受中国广大人民的喜爱。饺子距今已有1 800多年的历史，有水饺、蒸饺、煎饺等分类。制作饺子的小麦粉需要达到一定的

品质指标,对面粉的精细度、水分、灰分、湿面筋含量、稳定时间、降落数值、含砂量、磁性金属物等都有相应的要求,为此制定了饺子专用小麦粉的标准《SB/T 10138—93》(表4-4)。

表4-4 饺子专用小麦粉理化指标 (SB/T 10138—93)

项目		精制级	普通级
水分(%)	≤	14.5	
灰分(以干基计)(%)	≤	0.55	0.70
粗细度	CB36 号筛	全部通过	
	CB42 号筛	留存量不超过 10.0%	
湿面筋(%)		28~32	
粉质曲线稳定时间(min)	≥	3.5	
降落数值(s)	≥	200	
含砂量(%)	≤	0.02	
磁性金属物(g/kg)	≤	0.003	
气味		无异味	

饼干和糕点的种类很多,但其专用小麦的面粉均要求以弱筋小麦为好,我国生产的普通小麦虽然面筋质量差,但由于蛋白质和面筋含量较高,也不适合于生产制作优质饼干和糕点的专用粉,为了规范我国软质小麦品种的选育和生产,颁布了作为生产饼干、糕点等低面筋食品的低筋小麦粉的国家标准(表4-5)。

表4-5 低筋小麦粉标准 (GB 8608—88)

等级	一级	二级
面筋质(%)	<24.0	
蛋白质(以干基计)(%)	≤10.0	
灰分(以干基计)(%)	≤0.60	≤0.80
粉色、麸星	按实物标准样品对照检验	
粗细度	全部通过 CB36 号筛,留存在 CB42 号筛的不超过 10.0%	全部通过 CB30 号筛,留存在 CB36 号筛的不超过 10.0%
含砂量(%)	≤0.02	
磁性金属物(g/kg)	≤0.003	
水分(%)	≤14.0	
脂肪酸值(以湿基计)	≤80	
气味、口味	正常	

除了上述标准外，制作各种食品还需要执行一些相关《食品安全国家标准》。

糕点和面包是我国商品市场上受欢迎的常见食品，2015年发布了新的糕点、面包的食品安全国家标准（GB 7099—2015）。对原料要求、感官要求（表4-6）、理化指标（表4-7）、污染物限量、微生物限量（表4-8）以及食品添加剂和食品营养强化剂等作出了规定。

表4-6　感官要求　GB 7099—2015

项目	要求	检验方法
色泽	具有产品应有的正常色泽	将样品置于白瓷盘中，在自然光下观察色泽和状态，检查有无异物。闻其气味，用温开水漱口后品其滋味
滋味、气味	具有产品应有的气味和滋味，无异味	
状态	无霉变、无生虫及其他正常视力可见的外来异物	

表4-7　理化指标　GB 7099—2015

项目		指标	检验方法
酸价（以脂肪计）（KOH）（mg/g）	≤	5	GB 5009.229
过氧化值（以脂肪计）（g/100g）	≤	0.25	GB 5009.227

注：酸价和过氧化值指标适用于配料中添加油脂的产品

表4-8　微生物限量　GB 7099—2015

项目	采样方案[a]及限量				检验方法
	n	c	M	M	
菌落总数[b]（CFU/g）	5	2	10^4	10^5	GB 4789.2
大肠菌群[b]（CFU/g）	5	2	10	10^2	GB 4789.3 平板计数法
霉菌 Dc（CFU/g）	150				GB 1789.15

[a] 样品的采集及处理按 GB 1789.1 执行。

[b] 菌落总数和大肠菌群的要求不适用于限制现售的产品，以及含有未熟制的发酵配料或新鲜水果蔬菜的产品。

[c] 不适用于添加了霉菌成熟干酪的产品

饼干是我国商品市场上常见的食品，2015年发布了新的饼干的食品安全国家标准（GB 7100—2015）。对原料要求、感官要求（表4-9）、理化指标（表4-10）、污染物限量、微生物限量（表4-11）以及食品添加剂和食品营养强化剂等作出了规定。

表 4-9 感官要求 GB 7100—2015

项目	要求	检验方法
色泽	具有产品应有的正常色泽	将样品置于白瓷盘中，在自然光下观察色泽和状态，检查有无异物。闻其气味，用温开水漱口后品其滋味
滋味、气味	无异嗅、无异味	
状态	无霉变、无生虫及其他正常视力可见的外来异物	

表 4-10 理化指标 GB 7100—2015

项目		指标	检验方法
酸价（以脂肪计）（KOH）（mg/g）	≤	5	GB 5009.229
过氧化值（以脂肪计）（g/100g）	≤	0.25	GB 5009.227

注：酸价和过氧化值指标适用于配料中添加油脂的产品

表 4-11 微生物限量 GB 7100—2015

项目	采样方案[a] 及限量				检验方法
	n	c	M	M	
菌落总数（CFU/g）	5	2	10^4	10^5	GB 4789.2
大肠菌群（CFU/g）	5	2	10	10^2	GB 4789.3 平板计数法
霉菌（CFU/g）	50				GB 1789.15

[a] 样品的采集及处理按 GB 1789.1 执行

方便面也是我国商品市场上常见的畅销食品，2015 年发布了新的针对方便面的食品安全国家标准（GB 17400—2015）。对原料要求、感官要求（表 4-12）、理化指标（表 4-13）、污染物限量、微生物限量（表 4-14）以及食品添加剂和食品营养强化剂等作出了规定。

表 4-12 感官要求 GB 17400—2015

项目	要求	检验方法
色泽	具有产品应有的正常色泽	按食用方法取适量被检测样品置500ml 无色透明烧杯中，在自然光下观察色泽、状态，闻其气味，用温开水漱口后品其滋味
滋味、气味	无异嗅、无异味	
状态	外形整齐或一致，无正常视力可见外来异物	

表 4-13 理化指标 GB 17400—2015

项目		指标	检验方法
水分（g/100g）			
油炸面饼	≤	10.0	GB 5009.3
非油炸面饼	≤	14.0	
酸价（以脂肪计）（KOH）（mg/g）			
油炸面饼	≤	1.8	GB 5009.229
过氧化值（以脂肪计）（g/100g）			
油炸面饼	≤	0.25	GB 5009.227

表 4-14 微生物限量 GB 17400—2015

项目	采样方案[a] 及限量				检验方法
	n	c	M	M	
菌落总数[b]（CFU/g）	5	2	10^4	10^5	GB 4789.2
大肠菌群[b]（CFU/g）	5	2	10	10^2	GB 4789.3 平板计数法

[a] 样品的采集及处理按 GB1789.1 执行。

[b] 仅适用于面饼和调和料的混合检验

第五章　小麦品质的动态变化

第一节　蛋白质的动态变化

一、籽粒发育中蛋白质含量的动态变化

小麦籽粒蛋白质含量随籽粒发育而变化。对不同种及不同类型的多个小麦品种进行研究发现，其籽粒蛋白质含量有较大差异（表5-1）。其中普通小麦的春性品种比冬性品种籽粒蛋白质平均含量高，而硬粒小麦的春性品种籽粒蛋白质平均含量比冬性品种低。硬粒冬小麦品种的籽粒蛋白质含量在不同发育时期均明显高于普通冬小麦，而硬粒春小麦与普通春小麦的籽粒蛋白质含量接近，其他研究也有相似的结果。在籽粒发育过程中，各品种蛋白质含量的变化趋势基本一致，籽粒发育初期蛋白质含量较高，随着籽粒发育而逐渐降低含量，到开花20天前后（乳熟末期）降至低谷，以后又逐渐上升。不同品种及不同类型小麦品种的这一动态变化均可用一元二次方程 $y=ax^2+bx+c$（y 为蛋白质含量，x 为花后日数）来描述。且与测定值拟合程度很好，各类型小麦的籽粒蛋白质含量与发育期关系方程式如下。

表5-1　籽粒发育中蛋白质含量测定结果　　　　（单位:%）

花后日数（d）	冬性普通小麦				春性普通小麦			
	丰抗2	红秃头	中麦2	品13	京红91	京8022	中791	中作8131-1
5	13.41	15.06	14.62	15.18	14.41	14.39	17.31	16.67
10	13.08	13.59	14.45	12.65	13.11	15.82	16.56	15.79
15	12.55	12.09	14.06	12.13	12.13	12.46	15.30	16.07
20	11.55	13.24	12.32	11.53	12.39	12.53	14.57	16.04
25	12.39	14.54	12.90	11.52	13.52	13.41	14.91	16.59
30	12.45	15.21	14.28	12.19	14.28	14.16	15.50	17.04
35	13.12	15.37	14.61	13.25	14.55	14.66	15.51	17.53
变异系数	4.90	8.64	6.57	10.10	7.29	9.20	5.78	3.73

（续表）

花后日数 （d）	冬性硬粒小麦				春性硬粒小麦			
	86234	86207	86213	86241	81194	81090	84004	84229
5	15.29	16.79	16.46	16.81	15.29	16.03	14.96	15.60
10	16.44	14.67	16.04	16.43	13.57	15.21	13.98	13.15
15	13.09	12.72	14.72	14.12	12.71	13.26	13.80	12.61
20	12.70	13.31	15.25	14.65	12.12	13.55	13.92	13.13
25	15.26	15.67	16.01	16.69	12.90	13.88	14.03	13.14
30	16.45	16.02	16.46	16.77	14.12	14.47	14.15	13.78
35	16.31	16.21	17.12	17.59	14.33	14.55	15.15	14.83
变异系数	9.09	10.25	5.02	7.85	8.03	6.72	3.78	7.86

冬性普通小麦：$y = 0.00899x^2 - 0.38617x + 16.30716$ （$R = 0.873^*$）

春性普通小麦：$y = 0.00707x^2 - 0.28211x + 17.00821$ （$R = 0.895^{**}$）

冬性硬粒小麦：$y = 0.00988x^2 - 0.36191x + 17.88029$ （$R = 0.812^*$）

春性硬粒小麦：$y = 0.00882x^2 - 0.36471x + 16.89668$ （$R = 0.967^{**}$）

此处仅以冬性普通小麦为例，见图5-1。

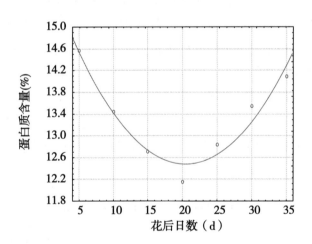

图5-1　冬性普通小麦籽粒发育中蛋白质含量的变化

此外，我们用不同蛋白质含量（高、中、低3个类型）的普通冬小麦品种在水浇地和旱地上种植，并进行不同时期施肥处理，其籽粒蛋白质含量的变化趋势均与上述相似。李春喜等（1989）用多项式方程描述的变化曲线亦与此接近。胡承霖等（1990）在安徽省不同地区进行不同施肥量处理，其籽粒蛋白质含量亦表现为随籽粒发育呈高、低、高的变化，分析其原因，可能是在籽粒发育初期，籽粒中氮的积累快而碳水化合物积累较少，皮层占的比例较大，而皮层的蛋白质含量又高于胚乳，以致初期蛋白质含量较高，在籽粒灌浆盛期，碳水化合物积累加快，氮积累相对放缓，故蛋白质含量降低，籽粒发育后期，碳水化合物积累速度转慢，而植物体内的氮素迅速输送到籽粒，使蛋白质含量升高。

这种随籽粒发育呈现的蛋白质含量高、低、高的动态变化，在冬性普通小麦、冬性硬粒小麦、春性普通小麦、春性硬粒小麦中，以及相同品种在不同水分或施肥处理中，均表现出一致趋势，表明这种动态变化具有一定的普遍性。

二、籽粒蛋白质的积累动态

小麦籽粒蛋白质是在籽粒发育过程中逐渐积累的，随籽粒干物质增长，蛋白质积累量也不断增加，两者积累速率相近，呈极显著正相关，从表5-2可以看出，不同类型品种间，各时期籽粒蛋白质积累量有较大差别，这主要是因各品种千粒重和籽粒蛋白质含量不同而造成的，而各类型品种的籽粒蛋白质积累均是由慢到快再转慢的变化趋势，此处仅以冬性普通小麦为例。

表5-2 籽粒发育过程中千粒蛋白质测定结果 （单位：g）

花后日数（d）	冬性普通小麦				春性普通小麦			
	丰抗2	红秃头	中麦2	品13	京红91	京8022	中791	中作8131-1
5	0.4543	0.4471	0.5459	0.5559	0.2307	0.4534	0.3426	0.5870
10	0.9777	0.8222	1.4386	1.1624	0.5387	1.0762	0.7606	1.3965
15	1.7391	1.5064	2.3411	1.9324	1.1742	1.7432	1.6795	3.0221
20	2.5389	2.5950	3.5639	2.9531	1.8595	3.0769	2.8825	4.8815
25	3.4782	3.5360	4.8561	3.9911	2.7533	4.6699	4.6409	6.5915
30	4.2543	4.4280	6.0213	5.1491	3.1922	5.4471	5.5242	6.9346
35	4.6526	4.8200	6.5549	5.8146	3.3820	5.7154	5.5444	7.3926
变异系数（%）	62.58	67.04	63.60	64.90	67.99	67.83	72.41	62.83
花后日数（d）	冬性硬粒小麦				春性硬粒小麦			
	86234	86207	86213	86241	81194	81090	84004	84229
5	0.3844	0.3608	0.4647	0.2832	0.3543	0.4041	0.3207	0.5101
10	0.6791	0.7837	1.0551	0.7408	0.7626	0.6913	0.5435	0.9640
15	1.3997	1.3089	1.7922	1.5741	2.1055	1.6901	1.6781	2.1905
20	2.1540	2.3982	3.2873	2.6465	3.0039	3.0437	2.6880	3.7199
25	2.8651	3.2136	5.0654	4.3075	4.2672	4.2825	3.6611	5.1192
30	3.1229	3.7839	6.0286	5.0256	5.1240	4.4801	4.0206	5.5142
35	3.3579	4.3555	6.2774	5.6622	5.2681	4.6826	4.3474	6.1319
变异系数（%）	60.00	66.72	70.20	73.99	67.70	75.02	66.96	65.59

小麦籽粒蛋白质累积量的动态变化曲线与小麦营养器官的生长曲线近似。这种动态变化可用逻辑斯蒂克（Logistic）生长方程 $Y = \dfrac{K}{1 + ae^{-bx}}$（$Y$ 为蛋白质积累量，x 为花后日数）进行描述。且与实测值拟合极好。在开花后 10~30 天籽粒蛋白质积累的速度较快，而以开花 20 天前后积累最快。

各类型小麦的籽粒蛋白质积累动态方程式如下：

冬性普通小麦：$Y = \dfrac{6.15834}{1 + 20.85793e^{-0.14153x}}$　　（$R = 0.999^{**}$）

春性普通小麦：$Y = \dfrac{6.54934}{1 + 23.58622e^{-0.14016x}}$　　（$R = 0.974^{**}$）

冬性硬粒小麦：$Y = \dfrac{5.23316}{1 + 35.41723e^{-0.18063x}}$　　（$R = 0.999^{**}$）

春性硬粒小麦：$Y = \dfrac{5.22513}{1 + 42.87000e^{-0.20990x}}$　　（$R = 0.999^{**}$）

此处仅以冬性普通小麦为例，见图 5-2。

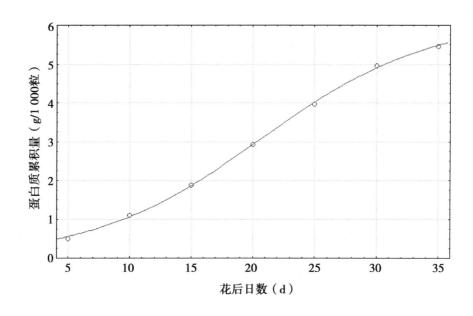

图 5-2　冬性普通小麦籽粒蛋白质累积变化

三、千粒蛋白质日增长量的动态变化

在小麦籽粒发育中，不同类型不同品种千粒蛋白质日增量的变化有一定差别。从

表5-3看出，无论普通小麦还是硬粒小麦都是冬性品种千粒蛋白质日增量变化小，而春性品种的变化较大。就同一个类型品种分析普通小麦和硬粒小麦的区别，4个冬性品种的普通小麦千粒蛋白质日增量的变化比硬粒小麦小，但4个春性品种的普通小麦与硬粒小麦相比则互有高低，未显出明显的规律。但各类型小麦品种千粒蛋白质日增量随生育期的进展而呈有规律的变化。

表5-3 籽粒发育中千粒蛋白质日增量测定结果 （单位：g）

花后日数（d）	冬性普通小麦				春性普通小麦			
	丰抗2	红秃头	中麦2	品13	京红91	京8022	中791	中作8131-1
0~5	0.0908	0.0894	0.1092	0.1112	0.0461	0.0907	0.0685	0.1174
5~10	0.1047	0.0750	0.1785	0.1213	0.0616	0.1248	0.0836	0.1619
10~15	0.1523	0.1368	0.1815	0.1540	0.1271	0.1334	0.1838	0.3251
15~20	0.1600	0.2177	0.2450	0.2041	0.1371	0.2667	0.2406	0.3719
20~25	0.1879	0.1882	0.2584	0.2076	0.1788	0.3186	0.3517	0.3420
25~30	0.1552	0.1784	0.2330	0.2316	0.0878	0.1554	0.1767	0.0686
30~35	0.0797	0.0780	0.1067	0.1331	0.0175	0.0539	0.0040	0.1916
变异系数（%）	30.76	42.40	33.19	28.78	60.64	58.34	74.07	61.66

花后日数（d）	冬性硬粒小麦				春性硬粒小麦			
	86234	86207	86213	86241	81194	81090	84004	84229
0~5	0.0769	0.0722	0.0929	0.0566	0.0709	0.0808	0.0641	0.1020
5~10	0.0589	0.0846	0.1211	0.0915	0.0817	0.0574	0.0446	0.0908
10~15	0.1441	0.1050	0.1474	0.1667	0.2486	0.1998	0.2293	0.2453
15~20	0.1509	0.2179	0.2990	0.2145	0.1997	0.2707	0.2020	0.3059
20~25	0.1422	0.1631	0.3556	0.3322	0.2516	0.2478	0.1946	0.2799
25~30	0.0516	0.1141	0.1926	0.1436	0.1714	0.0395	0.0719	0.0790
30~35	0.0470	0.1143	0.0498	0.1273	0.0288	0.0405	0.0654	0.1235
变异系数（%）	49.72	40.35	61.87	56.07	59.84	76.19	64.06	55.81

不同类型小麦在籽粒发育过程中千粒蛋白质日增量均呈由少到多再转少的变化趋

势，其中以开花后 20 天左右日增量最多。这一过程亦呈抛物线形变化，仍可用 $Y=ax^2+bx+c$（Y 为千粒蛋白质日增量，x 为花后日数）描述。各类型的理论方程式分别为：

冬性普通小麦：$Y=-0.00055x^2+0.02449x-0.06518$　　（$R=0.960^{**}$）

春性普通小麦：$Y=-0.00083x^2+0.03398x-0.10278$　　（$R=0.875^{**}$）

冬性硬粒小麦：$Y=-0.00059x^2+0.02536x-0.06850$　　（$R=0.845^{**}$）

春性硬粒小麦：$Y=-0.00072x^2+0.02930x-0.08778$　　（$R=0.831^{*}$）

此处仅以冬性普通小麦为例，见图 5-3。

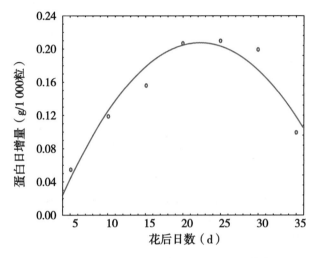

图 5-3　冬性普通小麦籽粒蛋白质日增量的变化

第二节　氨基酸的动态变化

一、籽粒发育过程中氨基酸含量的动态变化

小麦籽粒中各种氨基酸含量亦随籽粒发育而变化。从表 5-4 可见，无论水浇地小麦还是旱作小麦，其籽粒中大多数氨基酸含量在籽粒发育中的变化趋势颇为相似。其中天门冬氨酸、苏氨酸、丝氨酸、丙氨酸、缬氨酸、异亮氨酸、组氨酸、赖氨酸和精氨酸的含量都随籽粒发育期的进展呈减少趋势，以天门氨酸、组氨酸、赖氨酸及精氨酸减少最为明显；而谷氨酸、蛋氨酸、苯丙氨酸、脯氨酸和色氨酸含量则随籽粒发育呈递增趋势，以谷氨酸最为突出；亮氨酸和酪氨酸则呈较平缓的变化。图 5-4 展示了三种典型的氨基酸变化。

表5-4　小麦籽粒发育过程中各种氨基酸的含量

（单位：g/100g籽粒）

氨基酸	水浇地小麦						旱地小麦					
	半仁	乳中	乳末	糊熟	完熟	变化趋势	半仁	乳中	乳末	糊熟	完熟	变化趋势
天门冬氨酸	1.5865	0.9545	0.7225	0.6555	0.6035	–	1.5225	1.0305	0.7295	0.5595	0.5515	–
苏氨酸	0.4265	0.3880	0.3400	0.2580	0.3225	–	0.4170	0.4165	0.3630	0.2945	0.3270	–
丝氨酸	0.6760	0.5995	0.6745	0.6055	0.5350	–	0.6580	0.6140	0.6230	0.5295	0.5090	–
谷氨酸	2.6495	2.5450	3.2960	3.4500	3.5295	+	2.2925	2.4605	3.3210	3.6380	3.7040	+
甘氨酸	0.5030	0.6420	0.4005	0.4275	0.4625	–	0.5600	0.5770	0.4910	0.4405	0.4560	–
丙氨酸	0.8555	0.6900	0.4445	0.4915	0.4655	–	0.8640	0.8155	0.4420	0.4075	0.3855	–
缬氨酸	0.6095	0.4915	0.4675	0.4870	0.4475	–	0.6320	0.4970	0.4965	0.4665	0.3850	–
蛋氨酸	0.0860	0.0865	0.1100	0.0995	0.1175	+	0.0760	0.0720	0.1110	0.1075	0.1370	+
异亮氨酸	0.5645	0.4610	0.4590	0.4065	0.4285	–	0.5425	0.4295	0.4745	0.4865	0.4345	–
亮氨酸	0.8215	0.8210	0.7740	0.8100	0.8100		0.8650	0.7795	0.7805	0.9160	0.8090	
酪氨酸	0.3385	0.3475	0.3335	0.2385	0.2785		0.3280	0.3210	0.3480	0.3060	0.3550	
苯丙氨酸	0.4435	0.4745	0.4885	0.5215	0.5500	+	0.4380	0.4490	0.4975	0.5070	0.5685	+
组氨酸	0.3555	0.2170	0.1295	0.1790	0.1910	–	0.3140	0.4070	0.1250	0.1400	0.1650	–
赖氨酸	0.3655	0.2490	0.1805	0.1785	0.1505	–	0.2905	0.3595	0.1635	0.1555	0.1675	–
精氨酸	0.3490	0.2800	0.2930	0.1490	0.2565	–	0.4130	0.2265	0.2900	0.1715	0.2910	–
脯氨酸	1.2530	1.4640	1.4995	1.5750	1.6455	+	1.1870	1.3710	1.4055	1.4825	1.7555	+
色氨酸	0.1340	0.1445	0.1700	0.1480	0.1700	+	0.1200	0.1380	0.1865	0.1395	0.1615	+
TA	12.0175	10.8555	10.7830	10.6855	10.9640		11.5200	10.9640	10.8475	10.7480	11.1625	
EA	3.4510	3.1160	2.9895	2.9090	2.9965		3.3810	3.1410	3.0730	3.0730	2.9900	
NEA	8.5565	7.7395	7.7935	7.7765	7.9675		8.1390	7.8230	7.7745	7.6750	8.1725	

TA：表示氨基酸总量；EA：表示必需氨基酸；NEA：表示非必需氨基酸（下同）。品种：丰抗二号

注：半仁即半仁期；乳中即乳熟中期；乳末即乳熟末期；糊熟即糊熟期；完熟即完熟期。下同

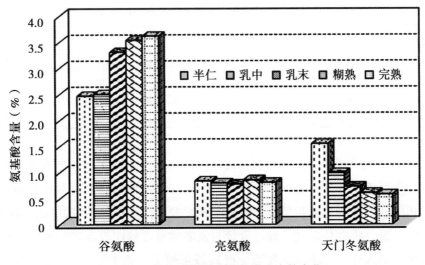

图5-4　不同氨基酸在籽粒发育中的变化

籽粒中氨基酸总量在不同生育期的变化与前述蛋白质含量的变化趋势基本一致，即前期含量高、中期较低、后期又有所上升。非必需氨基酸总量的变化与此相似。而人体必需的 8 种氨基酸量的变化趋势则不同，以前期最高，其后则随籽粒发育而逐渐减少，但变化较小（图 5-5）。

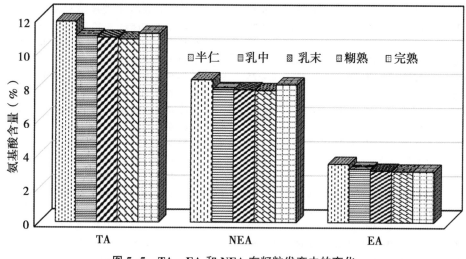

图 5-5　TA、EA 和 NEA 在籽粒发育中的变化

在各种氨基酸含量中，以谷氨酸含量最多，其次为脯氨酸，这两种氨基酸在籽粒发育期间一直保持绝对优势。从表 5-5 可以看出，这两种氨酸从半仁期占氨基酸总量的31.35%，到完熟期上升到48.08%。而赖氨酸、色氨酸和蛋氨酸等在各籽粒发育期含量均较少。

表 5-5　在籽粒发育中谷氨酸、脯氨酸占氨基酸总量的比例　　　　（单位:%）

氨基酸	生育期				
	半仁	乳中	乳末	糊熟	完熟
谷氨酸	20.98	22.94	30.60	33.07	32.69
脯氨酸	10.37	13.00	13.44	14.27	15.37
谷+脯	31.35	35.94	44.04	47.34	48.08

表 5-6 列出了籽粒发育过程中各种氨基酸在籽粒蛋白质中含量的变化。由于各发育期的籽粒蛋白质含量差异较大，故此表与表 5-4 所列的各种氨基酸在籽粒中含量的变化不尽相同。但在水浇地和旱地上种植，其籽粒蛋白质中各种氨基酸含量的变化趋势基本一致。蛋白质中必需氨基酸的含量与氨基酸总量的比值在籽粒不同生育期中有明显的变化。NEA/TA 与籽粒发育期呈极显著正相关，而 EA/TA 与籽粒发育期呈极显著负相关。若把籽粒蛋白质中 EA/TA 的比值看作蛋白质品质的一项指标，则籽粒

蛋白质的品质随籽粒发育而逐渐降低。

表5-6　各种氨基酸在籽粒蛋白质中的变化

（单位：g/100g 蛋白质）

氨基酸	水浇地小麦					旱地小麦				
	半仁	乳中	乳末	糊熟	完熟	半仁	乳中	乳末	糊熟	完熟
天门冬氨酸	11.42	8.14	6.56	5.61	4.97	10.64	8.05	6.22	4.64	4.48
苏氨酸	3.07	3.31	3.09	2.21	2.65	2.92	3.25	3.09	2.44	2.66
丝氨酸	4.87	5.11	6.13	5.18	4.40	4.60	4.80	5.31	4.39	4.14
谷氨酸	19.07	21.07	31.12	28.70	29.05	16.03	19.22	28.31	30.15	30.11
甘氨酸	3.62	5.47	3.64	3.66	3.81	3.92	4.51	4.19	3.65	3.71
丙氨酸	6.16	5.88	4.04	4.20	3.83	6.04	6.43	3.77	3.38	3.13
缬氨酸	4.39	4.19	4.25	4.17	3.68	4.41	3.88	4.23	3.87	3.13
蛋氨酸	0.62	0.74	1.00	0.85	0.97	0.53	0.56	0.95	0.90	1.14
异亮氨酸	4.06	3.93	4.19	3.48	3.53	3.79	3.35	4.05	4.03	3.53
亮氨酸	5.91	7.00	7.03	6.73	6.67	6.06	6.09	6.65	7.59	6.58
酪氨酸	2.44	2.96	3.03	2.04	2.29	2.29	2.51	2.87	2.54	3.01
苯丙氨酸	3.19	4.01	4.44	4.29	4.46	3.07	3.51	4.24	4.20	4.62
组氨酸	2.56	1.85	1.18	1.53	1.57	2.19	3.18	1.07	1.16	1.34
赖氨酸	2.63	2.12	1.64	1.53	1.24	2.21	2.81	1.39	1.29	1.36
精氨酸	2.51	2.39	2.66	1.27	2.11	2.88	1.77	2.47	1.42	2.37
脯氨酸	9.02	12.48	13.62	13.47	13.47	8.26	10.71	11.98	12.29	14.27
色氨酸	0.96	1.23	1.54	1.27	1.40	0.84	1.08	1.59	1.16	1.31

二、籽粒发育过程中各种氨基酸的积累变化

表5-7列出了不同处理的小麦籽粒发育过程中各种氨基酸的积累进程。各种氨基酸的含量都是随籽粒发育而逐渐增加，总的趋势在水旱两种处理中无明显区别。其中以谷氨酸的积累速度最快，其次为脯氨酸；而蛋氨酸、色氨酸、组氨酸和赖氨酸的积累速度较慢，其余各种氨基酸居中。图5-6显示了典型的3种不同的氨基酸积累曲线。在籽粒发育全过程中，谷氨酸平均每千粒的日积累最快，为41.71mg；甘氨酸居中，为5.30mg；赖氨酸最慢，为1.83mg。快与慢的日积累量相差悬殊。

表5-7　小麦籽粒发育过程中各种氨基酸的积累进程

（单位：mg/1 000 粒）

氨基酸	水浇地小麦					旱地小麦				
	半仁	乳中	乳末	糊熟	完熟	半仁	乳中	乳末	糊熟	完熟
天门冬氨酸	77.58	124.94	228.60	260.27	288.18	78.18	137.26	177.25	207.83	209.79
苏氨酸	20.86	50.79	107.58	117.17	122.78	21.41	55.48	107.96	109.39	124.58
丝氨酸	33.06	78.47	213.47	221.65	230.70	33.79	81.78	185.28	196.68	219.11
谷氨酸	129.56	333.14	1 023.74	1 211.15	1 343.68	117.21	327.74	987.67	1351.34	1 409.00
甘氨酸	24.60	84.04	126.72	169.74	176.07	28.56	76.86	146.02	163.62	173.46
丙氨酸	41.83	90.32	140.67	159.77	177.22	44.37	106.22	131.45	136.51	146.64
缬氨酸	29.80	64.34	147.92	162.64	170.36	32.67	66.20	147.66	152.29	162.05
蛋氨酸	4.21	11.32	34.80	39.51	44.73	3.93	9.59	33.01	39.90	50.68
异亮氨酸	27.60	60.34	145.23	161.40	163.13	27.86	57.21	141.12	165.67	168.52
亮氨酸	40.17	107.47	244.89	319.55	325.95	44.12	103.83	232.12	285.02	307.74
酪氨酸	16.55	45.49	84.74	94.70	123.75	16.96	42.76	103.98	113.66	135.04
苯丙氨酸	21.69	57.60	154.56	205.73	220.11	22.34	59.81	147.96	188.33	216.66
组氨酸	17.38	28.41	40.97	71.07	72.11	16.27	23.84	37.18	52.00	62.77
赖氨酸	17.87	32.59	47.21	55.41	57.30	15.05	47.89	48.62	57.76	63.72
精氨酸	17.07	36.65	82.24	86.29	97.65	21.39	30.17	86.25	87.78	110.70
脯氨酸	61.27	191.64	474.44	625.35	688.76	61.49	182.62	418.00	550.67	667.79
色氨酸	6.55	18.92	53.79	58.76	64.72	6.22	18.38	55.47	57.20	61.43

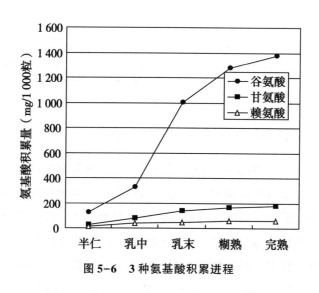

图5-6　3种氨基酸积累进程

从必需氨基酸和非必需氨基酸的积累进程（图 5-7）分析，非必需氨基酸的积累在半仁期就比必需氨基酸高 1.45 倍，以后则逐渐加大差距。非必需氨基酸从半仁期到完熟期增长了 6.57 倍，而必需氨基酸只增长 5.79 倍。在完熟期前者比后者高 1.72 倍。在整个籽粒发育过程中，非必需氨基酸平均每千粒日积累量为 95.95mg，必需氨基酸仅为 35.21mg，二者相距甚远，可见非必需氨基酸不仅在籽粒发育的各个时期都有较高的含量，而且有较大的积累速度。

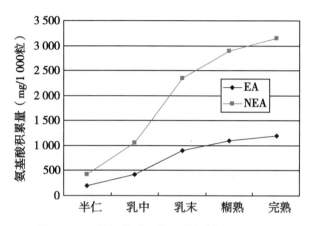

图 5-7 必需氨基酸和非必需氨基酸积累进程

第六章 小麦群体质量及植株氮素变化

第一节 小麦群体质量变化

施肥和化学物质调控是小麦生产和栽培研究中的重要内容，国内外不少学者先后进行过很多研究，并取得不少有益的结果。很多研究偏重于其对产量和品质的影响，关于小麦根系的研究，前人也做了不少工作，然而限于条件，比地上器官的研究相对困难。本研究利用根系扫描设备和 DT-SCAN（英国 Delta-T Devices Ltd. 的一种图形分析软件）分析软件，探讨了不同肥料运筹和化学调控处理对小麦不同生育时期不同土层的根长密度、根系平均直径、根系表面积等根系特征指标的影响，同时分析了肥料运筹和化学调控对籽粒产量和蛋白质含量及沉淀值的调节效应，为进一步开展小麦优质高产栽培和小麦根系研究提供了参考。

在小麦高产栽培条件下，利用不同施肥量和不同施肥比例以及化控进行处理，研究了小麦群体质量、根系分布、籽粒产量和品质。结果表明，在高产栽培条件下，增施肥料，群体和生物量有所增加，通过研究提出了高产小麦适宜的生物量和叶面积系数的动态参考指标。根长密度随土层加深而逐渐减少，增施肥料可以提高根长密度。根系平均直径以 0~10cm 土层内最大，增施肥料对根系平均直径的影响不大。根系的总表面积以 0~10cm 土层内最大，以下锐减。增施肥料可增加根总表面积，施氮磷比例为 1:1 时效果最好。不同土层内根系总长度所占比例差异很大，其中 0~10cm 土层占 50% 以上。增施肥料可以提高产量和品质，其中以施氮磷钾比例 1:1:0.6 时效果最好。氮肥全部底施和提高底施比例有利于增加拔节期和孕穗期的根长密度、根平均直径和根总表面积。各种氮肥处理上述根系特征指标在各土层中均表现为孕穗期比拔节初期数值大。增加追施氮肥的比例有利于提高籽粒蛋白质含量。晚播条件下提高底施氮肥的比例有利于增加穗数和产量。钾肥分次施用比全部底施增产效果好。光合调节剂有一定增产作用而对籽粒蛋白质含量没有影响。

试验研究分两个年度进行，第一试验年度供试品种为豫展 1 号，试验设计见

表 6-1。

<table>
<tr><td colspan="5" style="text-align:center">表 6-1　施肥处理　　　　　　　　　　　　　　（单位：kg/hm²）</td></tr>
<tr><td>处理代号</td><td>N</td><td>P₂O₅</td><td>K₂O</td><td>N：P：K</td></tr>
<tr><td>F1</td><td>300</td><td>300</td><td>135</td><td>1：1：0.45</td></tr>
<tr><td>F2</td><td>300</td><td>207</td><td>135</td><td>1：0.7：0.45</td></tr>
<tr><td>F3</td><td>300</td><td>207</td><td>180</td><td>1：0.7：0.6</td></tr>
<tr><td>F4</td><td>300</td><td>300</td><td>180</td><td>1：1：0.6</td></tr>
<tr><td>F5</td><td>360</td><td>360</td><td>162</td><td>1：1：0.45</td></tr>
<tr><td>F6</td><td>360</td><td>252</td><td>162</td><td>1：0.7：0.45</td></tr>
<tr><td>F7</td><td>360</td><td>252</td><td>216</td><td>1：0.7：0.6</td></tr>
<tr><td>F8</td><td>360</td><td>360</td><td>216</td><td>1：1：0.6</td></tr>
</table>

各处理磷钾肥全部底施，氮肥底追各半，第 1 次追肥在雌雄蕊分化期，占追肥总量的 2/3，第 2 次追肥在齐穗期，占追肥总量的 1/3。试验小麦于 10 月 11 日播种，每公顷 180 万基本苗，小区面积 6.66m²，随机区组排列，3 次重复。

第二试验年度供试品种为豫展 1 号，试验为 4 因素 3 水平正交设计，因素为施氮处理，A1 为底施和追施比例 5：5；A2 底追比例为 7：3；A3 为全部底施。各处理总施氮量均为 300kg/hm²，底肥于耕前施入，追肥于拔节后期施入。B 因素为施磷处理，B1 底追比例为 4：6；B2 为全部底施；B3 底追比例为 6：4。各处理施入 P₂O₅ 总量均为 150kg/hm²，底肥于耕前施入，追肥于起身期施入。C 因素为施钾处理，C1 底追比例为 4：6；C2 为全部底施；C3 底追比例为 6：4。各处理施入 K₂O 总量均为 150kg/hm²，施肥时期同 B 因素。D 因素为光合调节剂处理，D1 为对照；D2 起身期和抽穗期各喷 1 次光合调节剂，每次用量均为 150g/hm²，以稀释 1 500 倍溶液均匀喷洒；D3 于起身期喷光合调节剂 1 次，用量和浓度同 D2。试验设计见表 6-2。试验小麦于 10 月 18 日播种，基本苗为 180 万/hm²，小区面积 6.66 m²，田间设计为随机区组排列，3 次重复。

<table>
<tr><td rowspan="2">处理代号</td><td colspan="4" style="text-align:center">因素</td></tr>
<tr><td>A</td><td>B</td><td>C</td><td>D</td></tr>
<tr><td>W1</td><td>1</td><td>1</td><td>1</td><td>1</td></tr>
<tr><td>W2</td><td>1</td><td>2</td><td>2</td><td>2</td></tr>
<tr><td>W3</td><td>1</td><td>3</td><td>3</td><td>3</td></tr>
<tr><td>W4</td><td>2</td><td>1</td><td>2</td><td>3</td></tr>
<tr><td>W5</td><td>2</td><td>2</td><td>3</td><td>1</td></tr>
<tr><td>W6</td><td>2</td><td>3</td><td>1</td><td>2</td></tr>
</table>

表 6-2　试验设计

（续表）

处理代号	因素			
	A	B	C	D
W7	3	1	3	2
W8	3	2	1	3
W9	3	3	2	1

出苗后每小区固定样点定期调查生长情况，分期取样测定不同处理植株各器官氮素含量，调查叶面积系数动态和群体质量变化，于抽穗期用直径 6.36cm 的根钻取样，每 10cm 为一层，第一试验年度垂直向下取 40cm。第二试验年度于拔节初期和孕穗期两次取样，第一次取 80cm，第二次取 60cm。然后用冲根器冲洗各层根系，用扫描仪扫描根系并存储到计算机中，用 DT-SCAN 分析软件计算出各层样品中根系的平均直径、总表面积、总根长、根长密度（单位体积土壤中的根长度）。成熟时拔取样点进行考种，并按小区收获测定实产，用半微量凯氏定氮法测定籽粒蛋白质含量，用微量 SDS 法测定籽粒全粉的沉淀值。

据试验调查结果分析，不同肥料处理对群体质量有一定影响（表 6-3），高肥处理的 F5~F8 在不同时期平均比低肥组 F1~F4 处理的群体有所增加。从表 6-3 可见，在起身拔节期（ZGS31，即茎伸长，可见第 1 节间），高肥组生物量的积累比低肥组增加 11.59%，差异显著。其次为收获期，高肥组生物量比低肥组增加 4.5%，差异显著。从生物量的动态变化看，在 3 月 8 日（ZGS31）各处理的平均生物量为每公顷 3 474~3 887kg，4 月 4 日（ZGS34，即可见第 4 节间）在 8 174~8 462kg，4 月 24 日（ZGS59，即全部花序出现，齐穗期）在 12 525~12 666 kg，收获期在 19 500~21 900kg，这一指标，可做为高产小麦生物量控制指标的参考，但不同品种之间会有一定的差异。从叶面积系数看，3 月 8 日各处理在 5.1~5.5，4 月 4 日（分蘖两级分化期）达到高峰，在 10.5~10.9，4 月 24 日（齐穗期）降到 9.1~9.5，这一动态变化指标亦可作为超高产小麦叶面积控制指标的参考。本试验结果表明，高产小麦的叶面积动态指标比以往的高产小麦叶面积系数有较大提高。

表 6-3　肥料运筹对群体质量的影响

处理代号	*ZGS31		ZGS34		ZGS59		成熟
	叶面积系数	生物量（kg/hm²）	叶面积系数	生物量（kg/hm²）	叶面积系数	生物量（kg/hm²）	生物量（kg/hm²）
F1	5.53	3 474	10.92	8 411	9.32	12 002	20 231
F2	5.14	3 633	10.60	8 243	9.51	11 512	20 104
F3	5.23	3 824	10.88	8 261	9.39	11 975	20 375

（续表）

处理代号	*ZGS31		ZGS34		ZGS59		成熟
	叶面积系数	生物量（kg/hm²）	叶面积系数	生物量（kg/hm²）	叶面积系数	生物量（kg/hm²）	生物量（kg/hm²）
F4	5.22	3 536	10.52	7 724	9.11	12 106	20 842
F5	5.25	4 130	10.50	8 273	9.22	11 745	20 643
F6	5.23	3 887	10.48	8 207	9.32	11 984	21 331
F7	5.35	4 097	10.68	8 336	9.25	12 052	21 394
F8	5.28	3 963	10.43	8 462	9.24	12 024	21 930

*ZGS 为 Zadoks 生长阶段

从施氮磷钾肥比例分析，在中、后期调查时，高肥和低肥处理中均以 1∶1∶0.6 和 1∶1∶0.45 的处理生物量较高，可见在高产栽培中增施磷肥对增加植株生物量有重要作用。在氮磷比例相同时，增施钾肥亦有增加生物量的效应，这一点在小麦超高产栽培中尤为重要。

第二节　肥料运筹对植株根系的影响

一、根长密度分布

根长密度是根系分布密度的一项重要指标，通常用每立方厘米土壤中根长的厘米或毫米数表示。从图 6-1 可见各处理在小麦抽穗期不同土层中根长密度分布情况。图中显示各处理均表现为随根层加深，根长密度逐渐减少，而在 0~10cm 土层内，根长密度平均为 10~20cm 土层内的 2 倍，是 20~30cm 土层内的 3.7 倍，是 30~40cm 土层内的 6.1 倍。即 0~10cm 土层内的根系总长度是 10~40cm 土层内根系总长度的 1 倍以上。从施肥处理看，高肥组比低肥组根长密度大，而在浅层土壤中更为明显，这与肥料施得较浅（主要在 0~20cm 土层内）有关，也可以看出小麦高产栽培中增施肥料对增加根系是有利的。从施肥比例分析，除 10~20cm 土层不太规律外，其余均以氮磷钾比例为 1∶1∶0.6 的处理的根长密度较大，表明在高产栽培中这一施肥比例对增加根系是有效的。

不同氮磷钾底肥和追肥比例对各层土壤中的根长密度也有一定影响（图 6-2）。从试验结果分析，根长密度最大的是全部底施氮肥的处理（A3），各土层中均比另 2 个处理数值大；其次为底追比例 7∶3 的处理（A2）；最小的是底追比例为 5∶5 处理（A1）。3 月 11 日（拔节初期）调查，0~60cm 土层内平均根长密度 A3 为 10.58mm/cm³，A2 为 9.54mm/cm³，A1 为 8.49mm/cm³。0~80cm 土层内平均根长密

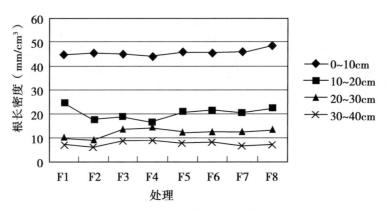

图 6-1　抽穗期不同土层各处理根长密度

度分别为 A3 为 8.52mm/cm^3，A2 为 7.70mm/cm^3，A1 为 6.90mm/cm^3。4 月 6 日
（孕穗期）调查，0~60cm 土层内平均根长密度，A3 是 13.07mm/cm^3，A2 是
12.549mm/cm^3，A1 是 11.16mm/cm^3。表明在晚播条件下的高产栽培中，氮肥全部底
施和底施比例较大有利于增加拔节初期和孕穗期的根长密度。3 个氮肥处理（A1、
A2、A3）的根长密度在各土层中均为孕穗期比拔节初期高（表 6-4）。说明随着小麦
植株生长发育，根系不断增加，而且拔节至抽穗期增长最快，但各土层中根长密度增
加的幅度不同，其中以 0~10cm 土层内最高，增幅为 46.3%，以下各土层均较小。

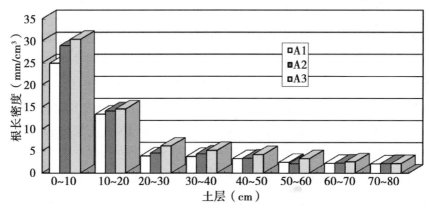

图 6-2　不同施氮处理拔节期根长密度比较

表 6-4　不同时期根长密度比较　　　　　　　　　　　　　（mm/cm^3）

生长期	土层（cm）							
	0~10	10~20	20~30	30~40	40~50	50~60	60~70	70~80
拔节期	27.88	13.99	4.83	4.37	3.58	2.59	2.31	2.12
孕穗期	40.80	14.84	6.70	4.44	3.80	3.12		

磷、钾肥不同底追比例的处理对各层土壤中根长密度的影响没有氮肥明显，但在分次施磷的处理中，增加底施比例有利于增加拔节初期的根长密度，其中底追比例6∶4处理在0~80cm土层的平均根长密度为7.9mm/cm³，而底追比例4∶6处理的为7.5mm/cm³。不同磷肥处理对孕穗期的根长密度没有明显影响。提高钾肥底施比例使孕穗期根长密度有增加趋势，其中全部底施处理在0~60cm土层内的平均根长密度为12.45mm/cm³，底追比例6∶4处理的为12.29mm/cm³，底追比例4∶6处理的为12.14mm/cm³。

二、施氮对根系直径的影响

根系直径是表示根系粗细的一项重要指标，通常用毫米（mm）表示。从图6-3可见各处理均以0~10cm土层内根系平均直径最大，明显大于其余3个土层内的根系平均直径。0~10cm土层的根直径平均为下面3层根系直径的1.72~1.86倍。0~10cm土层以下随根层加深根系直径渐小，但差异不大。

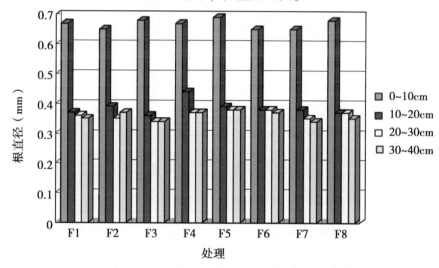

图6-3 抽穗期不同土层各处理根直径比较

从各施肥处理分析，高肥组与低肥组的根直径无明显差别，只是在20~30cm和30~40cm土层内有所增加，从施肥比例分析，氮磷比例为1∶1处理的根直径略有增加。这是由于增施肥料后根量有所增加而导致其平均根直径变化不大。

根平均直径受单根直径、根条数尤其是毛根条数的影响，毛根条数增加，其平均直径可能变小。不同肥料底追比对根系平均直径有一定影响（图6-4）。在本试验中，氮肥全部底施处理的根平均直径，在2次调查中各土层的数值均比分次施氮处理的大，表明充足的底氮对0~80cm土层的根系生长有重要作用，尤其对表层土壤中的根系发育影响更大。不同土层中根平均直径有明显的差异，表现为随土层加深而呈递减趋势。孕穗期比拔节初期相应各土层根平均直径小（表 6-5），主要是孕穗期比拔节初期毛根数量多，而新生的毛根直径较小而影响了平均直径。

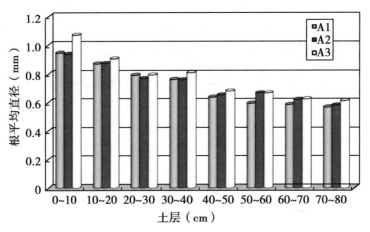

图 6-4　不同施氮处理拔节期根直径比较

表 6-5　不同时期各土层根平均直径比较　　　　　　　　　　（单位：mm）

生长期	土层（cm）							
	0~10	10~20	20~30	30~40	40~50	50~60	60~70	70~80
拔节期	0.984	0.822	0.783	0.775	0.654	0.641	0.608	0.584
孕穗期	0.522	0.393	0.368	0.352	0.339	0.336		

叶面喷施光合调节剂使根平均直径略有增加，磷钾肥不同底追比例处理对根平均直径未显出明显的影响。

三、施氮对根表面积的影响

根表面积也是衡量根系生长状况的一项重要指标，通常用平方毫米（mm^2）表示。根系的表面积随土层加深而逐渐减少，其中从 0~10cm 土层到 10~20cm 土层锐减，以下则趋缓（图 6-5）。0~10cm 土层的根总表面积是 10~40cm 土层根总表面积的 1.93 倍，其中分别是 10~20cm 土层的 3 倍，是 20~30cm 土层的 6.7 倍，是 30~40cm 土层的 11 倍。由此可见不同土层中的根系表面积分布差异很大。从不同施肥量处理来分析，高肥组的根表面积平均高于低肥处理，从施肥比例分析以氮磷比例为 1∶1 时根表面积较大，同样表明在小麦高产栽培中增施磷肥对根系发育有重要作用。

从图 6-6 可以看出，在小麦高产栽培条件下，抽穗期不同土层的根表面积差异很大，0~10cm 土层内根表面积占所调查的 0~40cm 土层内根总表面积的 66%，10~20cm 土层内根表面积占 18%，20~30cm 土层内根表面积占 10%，30~40cm 土层内根

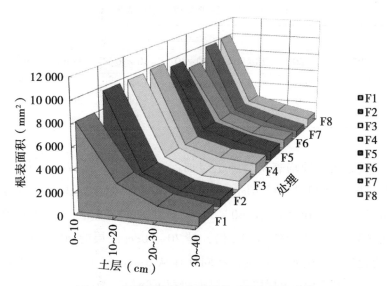

图6-5 抽穗期不同土层各处理根表面积比较

表面积占6%。表明浅层土壤根表面积占绝对优势。

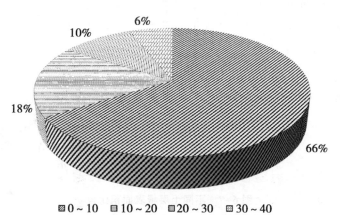

图6-6 抽穗期不同土层根表面积所占比例

  根系的总表面积与根数量、长度和根半径有关。施肥通过对根长密度、根平均直径的影响进而影响根表面积。从试验结果分析，不同氮处理对根表面积的影响最明显，以全部底施的处理（A3）各土层根表面积最大，其次为底追比例7∶3的处理（A2），底追比例为5∶5的处理（A1）根系总表面积最小（表6-6）。在拔节初期调查，0~80cm 土层内全部底施（A3）的根总表面积比底追7∶3（A2）的增加6.24%，比底追比例5∶5（A1）的增加20.96%，底追比例7∶3（A2）的比5∶5（A1）的增加13.86%。在总施氮水平相同的条件下，各层土壤中的根表面积随追施氮肥比例减小呈递减的趋势。

表 6-6　不同氮处理拔节期根表面积　　　　　　　　　（mm²）

处理	土层（cm）							
	0~10	10~20	20~30	30~40	40~50	50~60	60~70	70~80
A1	3 895	1 670	569	496	357	294	296	198
A2	4 831	1 750	563	496	397	301	295	220
A3	4 933	1 782	782	570	446	346	306	240

不同的施氮比例处理均表现为随土层加深，根表面积递减，其中，A3 处理 0~10cm 土层中的根表面积是 10~20cm 土层的 2.77 倍，是 20~30cm 土层的 6.31 倍，是 30~40cm 土层的 8.65 倍，是 40~50cm 土层的 11.06 倍，是 50~60cm 土层的 14.26 倍，是 60~70cm 土层的 16.12 倍，是 70~80cm 土层的 20.55 倍。其他处理亦表现为相似的趋势。从图 6-7 可见，不同处理从 0~10cm 土层到 10~20cm 土层时根表面积下降最快，到 30cm 土层以下，根表面积下降趋势渐缓。

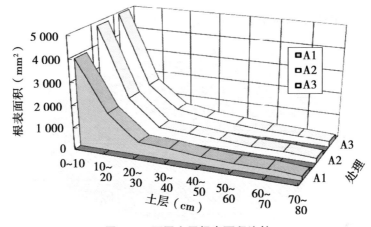

图 6-7　不同土层根表面积比较

在孕穗期调查，全部底施比底追比例 7∶3 的增加 9.09%，比 5∶5 的增加 12.17%。就两次调查结果分析，孕穗期的根总表面积均比拔节初期有所增加，其中以 0~10cm 土层内增加最多，达 61.43%，0~10cm 以下各土层的增加幅度为 2%~16%（表 6-7）。

表 6-7　不同时期根总表面积比较　　　　　　　　　（单位：mm²）

生长期	土层（cm）							
	0~10	10~20	20~30	30~40	40~50	50~60	60~70	70~80
拔节期	4 553	1 734	638	521	400	314	299	219
孕穗期	7 350	1 768	740	532	420	324	—	—

提高磷、钾肥底施比例均使根总表面积有所增加，但增加钾肥底施比例可作用于拔节初期和孕穗期，而增加磷肥底施比例仅对增加孕穗期根表面积有效，对拔节期的根表面积影响较小。叶面喷施光合调节剂也使这两生育期的根系总表面积均有所增加，但增幅均较小。

第三节　籽粒产量和品质的施肥效应

一、氮磷钾用量和比例对产量和蛋白质含量的影响

从表6-8可见，不同肥料运筹在小麦高产栽培中对产量有显著效果，其中以F8处理（每公顷施 N 360kg、P_2O_5 360kg、K_2O 216kg；N：P：K＝1：1：0.6）产量最高，显著高于F1（每公顷施 N 300kg、P_2O_5 300kg、K_2O 135kg；N：P：K＝1：1：0.45）、F2（每公顷施 N 300kg、P_2O_5 207kg、K_2O 135kg；N：P：K＝1：0.7：0.45）、F3（每公顷施 N 300kg、P_2O_5 207kg、K_2O 180kg；N：P：K＝1：0.7：0.6）、F4（每公顷施 N 300kg、P_2O_5 300kg、K_2O 180kg；N：P：K＝1：1：0.6）和F6（每公顷施 N 360kg、P_2O_5 252kg、K_2O 162kg；N：P：K＝1：0.7：0.45）处理。从施肥量分析，高肥组比低肥组平均增产7.25%。从施肥比例看，以氮磷钾比例为1：1：0.6的处理增产效果最好。在氮钾相同时增施磷肥的4个处理均比相应的对照增产，在氮磷相同时，增施钾肥的4个处理均比相应的对照增产，表明在高产栽培时，合理增加氮磷钾肥均有明显增产效果。

表6-8　不同处理对产量和品质的影响

理代号	产量（kg/hm²）	蛋白质含量（%）
F1	8 716.2c	12.14c
F2	8 550.0c	12.48bc
F3	9 025.5c	12.35bc
F4	9 428.5b	13.28abc
F5	9 571.3ab	12.80abc
F6	9 428.5b	13.00abc
F7	9 500.0ab	13.50ab
F8	9 908.8a	14.00a

从籽粒蛋白质含量分析，高肥组比低肥组平均提高 6.09%（增加 0.765 个百分点），其中以 F8 的籽粒蛋白质含量最高，显著高于 F1、F2 和 F3，分别比这 3 个处理提高 15.32%（1.86 个百分点）、12.18%（1.52 个百分点）和 13.36%（1.65 个百分点）。表明在小麦高产栽培中，增施氮肥对提高籽粒蛋白质含量是十分有效的。在氮、磷相同时增施钾肥使籽粒蛋白质含量平均提高 5.63%（增加 0.678 个百分点），在氮钾相同时，增施磷肥对籽粒蛋白质含量的影响不稳定。

二、氮磷钾底追比例对产量和蛋白质含量的影响

从表 6-9 可见，以 W7（氮素底追比例 10:0，P_2O_5 底追比例 4:6，K_2O 底追比例 6:4 及起身期和抽穗期各喷 1 次光合调节剂）的产量最高，与 W1（氮素底追比例 5:5，P_2O_5 底追比例 4:6，K_2O 底追比例 4:6 及不喷光合调节剂）、W2（氮素底追比例 5:5，P_2O_5 底追比例 10:0，K_2O 底追比例 10:0 及起身期和抽穗期各喷 1 次光合调节剂）、W3（氮素底追比例 5:5，P_2O_5 底追比例 6:4，K_2O 底追比例 6:4 及起身期喷 1 次光合调节剂）、W4（氮素底追比例 7:3，P_2O_5 底追比例 4:6，K_2O 底追比例 10:0 及起身期喷 1 次光合调节剂）、W5（氮素底追比例 7:3，P_2O_5 底追比例 10:0，K_2O 底追比例 6:4 及起身期和抽穗期各喷 1 次光合调节剂）和 W9（氮素底追比例 10:0，P_2O_5 底追比例 6:4，K_2O 底追比例 10:0 及不喷光合调节剂）的差异达显著水平。其次为 W6，（即氮素底追比例 7:3，P_2O_5 底追比例 6:4，K_2O 底追比例为 4:6，喷 2 次光合调节剂的处理），其产量与 W7（氮素底追比例 10:0，P_2O_5 底追比例 4:6，K_2O 底追比例 6:4 及起身期和抽穗期各喷 1 次光合调节剂）接近，亦显著高于上述 6 个处理。W8 处理（氮素底追比例 10:0，P_2O_5 底追比例 10:0，K_2O 底追比例 4:6 及不喷光合调节剂）的产量显著高于 W2、W3、W4、W5 和 W9。试验表明，在有追氮且比例较大的处理组合中，籽粒蛋白质含量均较高，其中 W2 比氮肥全部底施的 W7、W8 和 W9 显著提高，表明氮素处理在本试验的 4 个因素中对蛋白质含量影响最大，而其他因素作用不明显。

表 6-9　不同氮磷钾底追比例处理的籽粒产量和蛋白质含量

处理	穗数 （万穗/hm²）	穗粒数 （粒）	千粒重 （g）	实产 （kg/hm²）	蛋白质含量 （%）
W1	603.0	29.12	46.64	8 850.0bc	13.15ab
W2	603.0	30.74	46.80	8 775.0c	13.41a
W3	622.5	31.06	46.73	8 575.0c	13.13ab
W4	604.5	28.53	46.45	8 725.0c	12.89b
W5	610.5	30.92	46.47	8 700.0c	13.11ab

（续表）

处理	穗数 （万穗/hm²）	穗粒数 （粒）	千粒重 （g）	实产 （kg/hm²）	蛋白质含量 （%）
W6	627.0	29.07	46.25	9 200.0a	12.99ab
W7	627.0	29.67	47.46	9 275.0a	13.00b
W8	628.5	30.16	46.50	9 125.0ab	12.90b
W9	615.0	29.39	47.18	8 775.0c	12.90b

从各因素不同水平分析（表6-10），A因素中，以全部底施氮素处理（A3）的产量最高，极显著高于底追比例为5∶5的处理（A1），底追比例为7∶3的处理（A2）产量居第2位，这与本试验中播种较晚、冬前积温较低而氮素全部底施有利于促进幼苗生长，总茎数较多有关，据调查，冬前总茎数比底追比例5∶5的处理（A1）多37.5万/hm²，而起身期多154.5万/hm²，最终成穗数较多，而有利于高产。在适当早播和冬前积温较高的情况下，结果可能有异。B因素（磷底追比例处理）各水平处理对产量影响不大，统计分析表明差异不显著。C因素（钾底追比例处理）各水平之间以C1（底追比例4∶6）产量最高，极显著高于钾肥全部底施的处理，表明钾肥分次施比全部底施效果好。D因素中以喷施2次光合调节剂的效果好，统计结果表明比对照显著增产，而仅在起身期喷1次的增产效果不显著。

从表6-10可见，在施氮量相同的条件下，不同底追比例对籽粒蛋白质含量有一定影响，具体表现为籽粒蛋白质含量随追肥比例增加逐渐提高。其中底追比例为5∶5的处理（A1）籽粒蛋白质含量最高，与全部底施的处理（A3）差异显著。不同磷钾肥和光合调节剂处理的籽粒蛋白质含量未显出明显差异。

表6-10 不同因素处理的籽粒产量和蛋白质含量

处理因素	产量 （kg/hm²）	蛋白质含量 （%）	处理因素	产量 （kg/hm²）	蛋白质含量 （%）
A1	8 733.3bB	13.23a	C1	9 058.3aA	13.13a
A2	8 775.0abAB	13.00ab	C2	8 758.3bB	13.07a
A3	9 058.1aA	12.93b	C3	8 850.0bAB	13.08a
B1	8 950.0a	13.01a	D1	8 775.0b	13.05a
B2	8 866.6a	13.14a	D2	9 083.3a	13.13a
B3	8 865.0a	13.01a	D3	8 809.3b	12.97a

综上所述，小麦群体质量是反映小麦群体本质特征的数量指标，包括多项有关群体形态生理指标。在此讨论了高产小麦不同处理各主要生育期的生物量和叶面积系

数。试验结果与过去的一般生产田相比，生物量和叶面积系数有很人提高。叶面积是小麦光合产物的主要光合供给源，产量和开花后的叶面积有密切的相关，因此叶面积系数的合理控制是小麦高产栽培研究的重要内容之一，过去认为在一般小麦栽培中，小麦最大叶面积系数在 7.0 左右，但在高产栽培中最大叶面积系数远远超过这一数值。本研究中，在分蘖两级分化期，叶面积系数达到 10.5 左右。这与季书勤的研究结果相似，但品种之间仍有很大差异。通过研究提出了超高产小麦主要生育期叶面积系数的动态指标，可作为高产栽培研究及生产中的叶面积控制参考指标。生物量与产量也有重要关系，以往多研究收获期的生物量与产量的关系，本研究提出了高产小麦各主要生育阶段生物量动态指标，为进一步开展高产小麦栽培研究提供参考。

关于根系的研究，马元喜等对小麦根系研究得比较深入，他们研究了小麦根系的发生、分化、基本功能及环境条件对根系的影响等。本试验则采用现代的仪器测定不同土层及不同处理的根系分布、直径、表面积等有关指标。从不同侧面研究环境对根系的影响。杨兆生等曾用同样方法测定过不同类型品种小麦根系的分布状况，其中不同土层中的根系分布趋势与本研究的试验结果相似，但本研究的试验则研究了不同施肥处理的根系状况，结果表明，在小麦高产栽培中增施肥料对根系发育有良好影响，而施氮、磷、钾比例为 1∶1∶0.6 时效果最好。马元喜等报道在低磷地块，施用磷肥能显著促进根系生长，本研究在高产条件下增施磷肥仍有较好的促进根系生长的效果，这就需要寻求在不同肥力条件下的适宜施磷量。

增施肥料对改善小麦品质已有很多研究，但在高产栽培条件下，增施肥料对品质的影响研究相对较少。笔者研究的试验结果表明，在高产条件下适当增施肥料仍可显著提高籽粒蛋白质含量，但从单种肥料因素分析，增施氮肥的效果最明显，增施钾肥的效果次之，增施磷肥的效果不稳定。

在施氮总量相同的情况下，氮肥全部底施或提高底施比例，有利于增加拔节期和孕穗期根长密度、根平均直径和根总表面积，其中以氮肥全部底施处理对 0~80cm 土层内的根系生长最有利。提高底施磷肥的比例有利于增加拔节初期的根长密度和孕穗期的根总表面积，提高钾肥追施比例有增加拔节初期和孕穗期根总表面积的趋势，叶面喷施光合调节剂使根平均直径和根总表面积略有增加。不同氮肥底追比例的处理对根系的影响较大且较有规律，磷、钾肥不同底追比例及光合调节剂处理对根系的影响相对较小。

在相对晚播条件下，氮肥全部底施的处理产量最高，这与适当早播条件下的结果不尽一致，因为播期过晚，冬前有效积温较低，而氮素全部底施对促进幼苗生长分蘖有利，形成相对较大的群体，最终成穗较多而高产。在适当早播年份，或冬前苗情较好的情况则不尽然，如根据叶龄指标促控法，实行大马鞍形（V 形）管理措施，将返青期的施肥推迟到拔节期，即"前氮后移"通常是获得高产的有效方法，可见不同底追比例与播期有重要关系，生产中应综合考虑，因地因时优化组合各项农艺措施。在相同施氮量条件下，提高追施比例对提高籽粒蛋白质含量是有利的，在生产中还应考虑产量和品质协同提高的问题。

根长密度、根平均直径和总表面积均以增加氮肥底施比例的处理较大，表明在播种较晚的条件下，适当增加底施氮肥对根系生长有利，而较大的根系促进了植株的生长，进而提高了籽粒产量。根系的主要特征指标与产量呈正相关，这为进一步研究播期和肥料运筹与根系和产量的关系提供了参考。

第四节　植株各器官氮素动态变化

在小麦高产栽培研究中，氮素肥料的合理运筹直接影响到小麦的产量、品质以及经济效益，因此是非常重要的环节。在小麦生长发育过程中，植株各部位的氮素吸收呈动态变化，但不同类型的小麦品种有一定差异。在高产栽培条件下，通过两年对不同类型的高产小麦品种的植株定期取样，分析测定不同生育期各器官氮素含量及动态变化，研究其对氮素的吸收利用规律，分析不同品种各器官氮素含量的差异及其与产量和蛋白质含量的关系，进而为高产小麦栽培制定合理施氮措施提供依据。

试验分两年在河南省卫辉市唐庄镇试验基地进行。试验地前茬为玉米，第一试验年度小麦播前 0~20cm 土层内有机质含量 1.29%，全氮 0.110%，速效氮 62.0mg/kg，速效磷 23.5mg/kg，速效钾 150.0mg/kg；20~40cm 土层内有机质含量 1.21%，全氮 0.072%，速效氮 55.6mg/kg，速效磷 7.2mg/kg，速效钾 96mg/kg。试验地每公顷底施饼肥 1 500kg，鸡粪 1 500kg，N 173kg，P_2O_5 227kg，K_2O 135kg。第二试验年度小麦播前 0~20cm 土层内有机质含量为 1.43%，全氮含量为 0.087%，P_2O_5 为 41mg/kg，K_2O 为 138mg/kg，有效硼 0.54mg/kg，有效锌为 1.18mg/kg，试验地每公顷底施鸡粪 1 500kg，N 148.5kg，P_2O_5 207kg，K_2O 135kg。

第一试验年度供试品种为温麦 6 号（中粒型）、百农 64（中粒型）和兰考 8679（大粒型），10 月 8 日播种。基本苗为 225 万/hm^2，全生育期浇水 3 次，4 月 8 日追施氮素 103.5kg/hm^2，小区面积 60m^2，随机区组设计，3 次重复。生长期间在田间定点定期进行调查。第二试验年度供试品种为温麦 6、百农 64、中麦 9、93 中 6、95 中 44、鉴 16、88114 和 W6。10 月 9 日播种，每小区 6.67m^2，随机区组设计，3 次重复。全生育期浇水 3 次，拔节期追施氮素 103.5kg/hm^2，开花期追氮 34.5kg/hm^2，生长期间定点进行田间调查。

第一试验年度从 10 月 30 日起每隔半个月取样调查分析小麦生长发育进度、分蘖动态、根系生长情况、叶面积动态、生物量及各期茎秆和叶片的含氮量情况，收获时在田间取 10m 4 行测产，并进行室内考种，并测定籽粒蛋白质含量。第二试验年度从 1 月 15 日起定期取样调查分析小麦生长发育进度，生物产量及小麦植株各器官（包括叶片、叶鞘、茎秆、颖壳、籽粒，其中根系取样只取 0～20cm 土层内的根系）的氮素含量，收获取样点小麦植株进行室内考种，然后按小区收获测产。两年分别测定植株及籽粒含氮量。

一、茎秆和叶片的氮素含量动态

小麦植株体内的含氮量变化与其生长发育时期密切相关，茎秆和叶片之间存在较大差异。从表 6-11 可见，随生育期的进展和测定日期的推迟，茎秆和叶片中的含氮量有较大变化，不同时期测定，各品种均表现为叶片含氮量高于同期茎秆含氮量的趋势，苗期茎叶含氮量明显高于后期，不同品种间无明显差别，茎叶含氮量的变化趋势是一致的。

表 6-11　不同品种茎叶含氮量的变化　　　　　　（单位:%）

（月/日）	温麦 6		百农 64		兰考 8679	
	茎	叶	茎	叶	茎	叶
10/30	4.20	5.93	4.14	5.63	4.20	5.27
11/15	4.14	4.97	4.08	5.11	3.97	5.23
11/30	3.21	3.83	3.08	3.65	3.15	3.81
12/15	3.52	3.93	3.84	3.41	3.83	3.39
12/30	3.59	3.77	3.42	4.10	3.31	3.75
1/15	3.92	4.14	3.28	4.01	3.54	3.81
1/30	3.46	3.83	3.38	4.00	3.33	4.02
2/15	3.82	3.88	3.40	3.98	3.56	3.95
2/28	3.65	4.59	3.68	4.63	3.88	4.08
3/15	3.79	4.84	3.36	4.61	3.56	4.74
3/30	2.43	4.52	2.23	4.34	2.58	4.24
4/15	1.78	4.25	1.78	4.09	1.70	4.01
4/30	1.41	3.76	1.41	3.66	1.36	4.00
5/15	1.26	2.95	1.09	2.88	1.21	2.55
5/30	0.21	1.12	0.24	0.98	0.28	0.96

图 6-8 显示了 3 个品种茎秆和叶片含氮量（平均值）的变化曲线，从图中可见，10 月 30 日（3 叶期）叶片和茎秆的含氮量最高，以后随幼苗生长而逐渐下降，至越

冬期，植株生长缓慢时，则体内含氮量保持较稳定的水平，起身至拔节期出现一个次高峰，抽穗后茎叶氮素逐渐向穗部和籽粒转移，其本身含氮量迅速下降，至收获时茎叶含氮量已所剩无几。但在整个变化过程中，叶片含氮量始终高于茎秆。

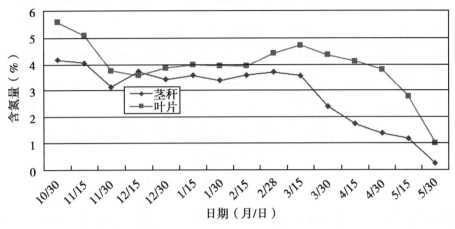

图 6-8　高产冬小麦茎叶含氮量变化

二、茎秆和叶片氮素积累强度变化

不同品种植株单株氮素日积累量［mg/（株·日）］依品种的植株生长状况有所差异，但其变化趋势是一致的。图 6-9 显示了 3 个品种氮素积累强度（3 个品种平均值）的变化情况。从中可见，冬前分蘖盛期（11 月 15—30 日），植株氮素积累强度较大，此期的肥料供应主要来自底肥，因此充足的底肥对冬前分蘖是十分重要的。此后植株生长渐缓，一直到返青前后，植株的氮素积累强度降低，但仍需氮素供应。返青起身后（1 月底至 2 月中旬），植株氮素积累强度逐渐增加，至 3 月底至 4 月中旬（拔节至孕穗期），氮素积累强度达到高峰，以后又下降，抽穗后，茎秆和叶片的氮素迅速转移到穗粒生长中心，故其氮素每日均在减少，一直到收获期达到最低，以至氮素积累强度出现负值。此处只是论述了植株茎叶的氮素积累强度问题，籽粒形成过程中的氮素积累强度，呈抛物线型的变化趋势，且无负值出现，这与茎叶的情况是有很大差别的。从植株氮素积累强度分析，孕穗期达到氮素积累高峰，在此阶段（3 月 30 日至 4 月 15 日）的早期增加肥料供应是符合高产小麦生长发育需要的，因此是非常关键的增产措施。

三、植株氮素积累进程及产量和品质

小麦植株的氮素累积是逐步增加的，供试 3 个品种中以单株计算时，温麦 6 在各时期调查氮素积累量均最多，百农 64 和兰考 8679 接近。以单位面积计算时，仍以温

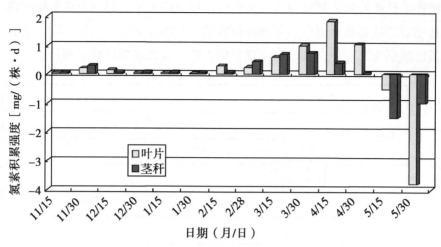

图 6-9　高产冬小麦茎叶氮素积累强度变化

麦 6 氮素积累量最多，百农 64 次之，兰考 8679 最少。从茎叶的差异分析，3 个品种均表现为 3 月 30 日以前（拔节期），叶片积累量高于茎秆，以后则相反，这是由于后期茎秆比重较大所致。就 3 个品种的平均值而言（图 6-10），植株茎叶的氮素积累在抽穗前后达到最高峰，以后逐渐下降，但籽粒中氮素积累逐渐增加，到收获时，茎叶和籽粒的氮素积累之和仍高于前述茎秆氮素积累高峰，表明籽粒中的氮素除主要来自茎叶抽穗后积累的氮素转移外，还有部分是抽穗后吸收的氮素。这对后期适当土壤施氮或叶面喷氮，以提高千粒重和籽粒蛋白质含量，进一步改善品质提供了技术支撑。

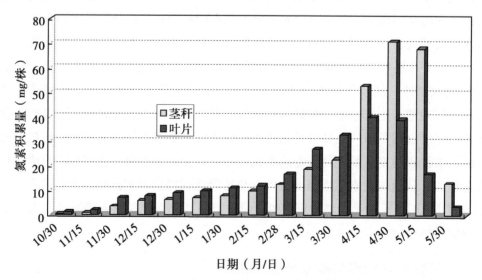

图 6-10　高产冬小麦茎叶氮素积累进程

从田间取样测产结果分析（表 6-12），以温麦 6 产量最高，达到 9 000kg/hm² 的高产目标。百农 64 次之，大粒型品种兰考 8679 产量最低。从产量结构分析，大粒品种兰考 8679 单位面积穗数过少，每穗粒数偏少，尽管千粒重很高，但是仍然未能弥补前两个因素不足引起的产量降低，可见在生产中利用大粒型品种时要特别注意在单位穗数和每穗粒数上采取有效的促进措施，进而提高产量。从籽粒蛋白质含量分析，兰考 8679 籽粒蛋白质含量最高，百农 64 最低，温麦 6 居中，从产量和品质综合考虑，以中粒型品种温麦 6 最好。

表 6-12　不同品种的产量及籽粒蛋白质含量

品种	穗数 （万穗/hm²）	穗粒数 （粒）	千粒重 （g）	产量 （kg/hm²）	蛋白质含量 （%）
温麦 6	694.5	31.9	37.47	9 255.3	12.89
百农 64	598.5	35.2	35.19	8 227.1	11.41
兰考 8679	484.5	27.9	51.35	6 982.0	13.49

四、不同粒型品种营养器官氮素含量变化

不同品种不同生育期各器官氮素含量变化很大，从表 6-13 可见，各品种均表现为营养器官（根、茎、叶）的氮素含量均随生育进程而呈逐渐下降的趋势，至成熟时，降到最低，但各品种不同器官的降幅差异很大，从越冬期（4 次调查的平均值）到成熟时，叶片含氮量降幅为 63.1%~78.4%，茎秆（拔节期以前的茎秆指伪茎）含氮量降幅为 76.5%~91.3%，根系含氮量降幅为 35.3%~55.7%，表现为茎秆含氮量的降幅最大，叶片次之，根系最小。

表 6-13　各品种不同器官含氮量变化　　　　　　　　　　（单位:%）

品种	器官	越冬—拔节	拔节—抽穗	抽穗—成熟	成熟期	从越冬到 成熟降低
	叶	4.03	3.56	2.38	1.15	71.5
88114	茎	3.47	2.06	0.70	0.44	83.7
	根	1.91	1.31	0.99	1.17	38.7
	叶	4.39	3.32	1.95	1.21	72.4
W6	茎	3.09	2.11	0.89	0.66	78.6
	根	2.12	1.41	0.95	0.94	55.5
	叶	4.07	3.6	2.07	0.88	78.4
百农 64	茎	3.61	2.44	0.89	0.51	85.9
	根	2.26	1.76	1.05	1.11	49.12

品种	器官	越冬—拔节	拔节—抽穗	抽穗—成熟	成熟期	从越冬到成熟降低
95 中 44	叶	3.85	3.43	2.22	1.08	71.9
	茎	3.12	2.14	0.89	0.27	91.3
	根	1.53	1.27	0.93	0.83	45.8
中麦 9	叶	4.21	4.18	2.73	1.24	70.5
	茎	2.77	2.39	0.99	0.65	76.5
	根	1.78	1.31	1.06	1.07	39.9
温麦 6	叶	3.82	3.67	2.02	1.13	70.4
	茎	3.58	2.42	0.99	0.64	82.1
	根	2.17	1.96	1.14	1.11	48.8
冬丰 901	叶	4.22	3.70	1.95	0.93	78.0
	茎	3.17	2.26	0.99	0.50	84.2
	根	1.84	1.35	1.21	1.19	35.3
93 中 6	叶	3.98	3.39	2.17	1.47	63.1
	茎	3.46	2.51	0.92	0.59	83.1
	根	1.91	1.83	1.33	1.13	40.8

图 6-11 显示了冬小麦不同时期根、茎、叶及颖壳含氮量的变化。从中可见，虽然从越冬期开始根、茎、叶的含氮量呈下降趋势，但是叶片含氮量始终最高，茎秆（包括叶鞘）含氮量从越冬初期高于根系，至后期则低于根系，表现为较大的降低幅度，根系则呈平缓的下降趋势。颖壳在孕穗期含氮量最高，以后随籽粒发育则急剧下降，到成熟时，下降 72.9%。综合分析表明，随小麦生育期的进展，不同营养器官的含氮量均呈下降趋势，到成熟时，各器官的含氮量均显著降低，所含氮素主要输送到籽粒中。

五、籽粒发育过程中各器官含氮量变化

通过对两个有代表性的高产品种 95 中 44 和温麦 6 的地上器官进行测定，其中测定叶片和叶鞘时除最后一次外，均取绿色部分进行测定，从表 6-14 可见两品种各器官含氮量变化趋势一致，除籽粒外，在不同时期测定，均以叶片含氮量最高，叶鞘和颖壳接近，茎秆含氮量最低，各器官均表现随发育期进展而氮素含量逐渐下降，这与在全生育期测定的趋势相吻合。其中籽粒含氮量随发育期进展则表现为抛物线型变化趋势，即前期含氮量较高，以后逐渐下降，到开花后 21 天左右达到最低点，以后逐

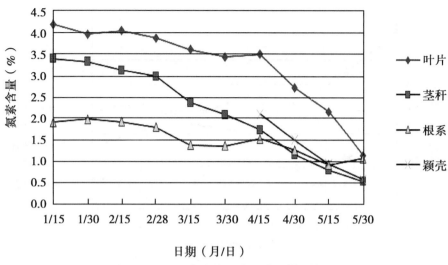

日期（月/日）

图6-11 冬小麦各器官含氮量变化

渐上升，这与其他器官的含氮量有很大差异。尽管籽粒含氮量在籽粒发育中期出现低谷，但其氮素积累总量是一直增加的，而其他器官在籽粒发育期中，不管是氮素含量还是积累量均呈逐渐下降趋势，图6-12显示了籽粒发育过程中两个品种各器官氮素含量（平均值）的变化趋势。

表6-14 不同品种冬小麦籽粒发育进程中各器官含氮量 （单位：%）

花后日数(d)	95 中 44					温麦 6				
	叶片	叶鞘	茎秆	颖壳	籽粒	叶片	叶鞘	茎秆	颖壳	籽粒
3	3.35	1.32	0.75	1.45	2.98	3.65	1.83	1.09	1.40	2.95
9	2.55	0.99	0.50	0.80	2.45	2.98	1.05	0.67	1.06	2.91
15	2.44	0.78	0.44	0.78	2.00	2.02	0.84	0.48	0.76	2.38
21	2.39	0.94	0.40	0.71	1.60	2.19	0.92	0.37	0.67	1.47
27	2.05	0.91	0.37	0.76	1.75	1.63	0.76	0.35	0.59	1.66
32	1.56	0.86	0.34	0.78	2.25	1.60	0.71	0.35	0.72	1.97
37	1.13	0.51	0.21	0.31	2.07	1.39	0.59	0.29	0.41	2.02

六、氮素残留量与产量和品质的相关性

小麦植株各器官组成小麦的整体，各器官的氮素含量有一定的规律，叶片是主要的营养器官，其在各个时期的含氮量均较高，但在籽粒发育过程中叶片的氮素大量转移，供应籽粒生长发育。因此，叶片氮素残留量（收获时叶片含氮量）与籽粒产量

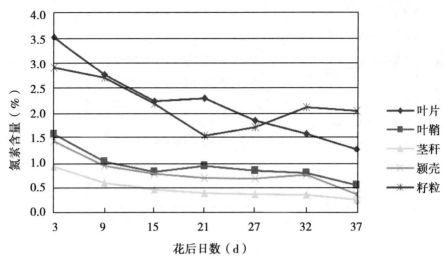

图 6-12　冬小麦籽粒发育中各器官含氮量变化

有一定关系，从统计分析看，叶片氮素残留量与产量呈负相关，$r = -0.6408$，达到 10% 显著水平。茎秆在各时期的氮素含量均低于叶片，收获时茎秆中的氮素也主要转移到籽粒，与叶片相似，茎秆的氮素残留量与籽粒产量亦呈负相关，$r = -0.6603$，亦达到 10% 显著水平。根系的含氮量与其他器官相比是最低的，但其在小麦生长发育过程中下降较缓慢，一直到收获时，根系仍相对含有较多氮素，统计分析表明，根系的氮素残留量与籽粒产量相关不显著。颖壳是形成较晚的器官，但其含氮量变化与其他地上器官相似，籽粒成熟时，颖壳中的大部分氮素已转移到籽粒中，但各品种表现不一，通过对供试的 8 个品种统计分析，颖壳的氮素残留量与产量亦呈负相关 $r = -0.72$，也达到 10% 显著水平。从图 6-13 中可见各器官的氮素残留量与籽粒产量的关系。这种关系为我们进行育种和栽培研究提供了有益的参考，图中可见叶片中氮素残留量比茎秆和颖壳的残留量显著偏多，在不同产量水平的各品种中增加幅度为 92%～130%。在育种研究中，如果尽量选择叶片、茎秆和颖壳氮素残留量低的材料，对提高氮素利用率和增加产量有利，进而可能选育出高氮素利用率和高产的品种，在栽培研究和生产中，采取一定措施有效降低茎叶氮素残留量，对提高氮素利用率和产量是有益的。

供试的 8 个品种籽粒产量和蛋白质含量有较大差异（表 6-15），其中以 95 中 44 产量最高，其次为鉴 16，品种间产量达极显著差异水平。籽粒蛋白质含量以温麦 6 和 93 中 6 两个品种最高，其次为 W6。对供试的品种籽粒产量、蛋白质含量和蛋白质产量的进行相关性分析，产量与籽粒蛋白质含量呈弱负相关趋势（$r = -0.333$），而籽粒产量与蛋白质产量则呈极显著正相关（$r = 0.94**$），可见籽粒产量对籽粒蛋白质产量的贡献之大。

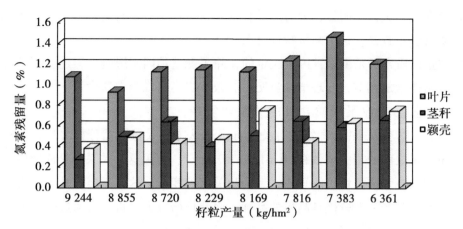

图 6-13　各器官氮素残留量与籽粒产量的关系

表 6-15　不同品种籽粒产量和蛋白质含量

品种	籽粒产量（kg/hm²）	蛋白质含量（%）	蛋白质产量（kg/hm²）
95 中 44	9 243.9aA	11.8	1 090.8
鉴 16	8 855.4abAB	11.97	1 060.0
温麦 6	8 719.8bcABC	12.83	1 118.8
88114	8 228.9cdBCD	11.74	9 666.1
白农 64	8 168.7dCD	11.46	936.1
中麦 9	7 816.3deDE	11.86	927.0
93 中 6	7 382.5eE	12.83	947.2
W 6	6 361.4fF	12.43	790.7

　　综上所述，不同品种冬小麦植株各器官的氮素含量有很大差别，但品种间的差异小于器官间的差异。在小麦生育期间不同品种相同器官氮素含量变化趋势一致，即营养器官中的氮素含量均随生育期进展而逐渐降低，而籽粒则不同，在籽粒发育过程中籽粒中的氮素含量呈现高—低—高的抛物线型变化，营养器官的氮素积累在生长发育中前期随生育期进展而逐渐增加，至开花期达到高峰，开花后，籽粒成为生长中心，各营养器官的氮素迅速向籽粒转移，因此各器官的氮素含量和积累量均呈逐渐下降趋势，而籽粒的氮素积累则一直呈现逐渐增加趋势，到成熟时达到高峰，但若收获过晚，则会导致籽粒氮素积累量有所降低。

　　试验研究证实叶、茎、鞘、颖壳各器官在收获时的氮素残留量与籽粒产量呈负相关，表明营养器官氮素残留量多，对当季生产而言是一种浪费，因而影响了籽粒产量，但根系的氮素残留量与籽粒产量相关性较弱。各器官不同生育期中氮素含量与籽粒蛋白质含量相关性不明显，但有的品种在全生育期中各器官的含氮量均较多，其籽粒蛋白质含量也较高，这与品种特性有关。

籽粒蛋白质含量是由多种因素决定的，除了受遗传因素影响外，还受到外界生态环境及栽培措施的调节，合理增施氮肥可有效地提高籽粒蛋白质含量。

籽粒产量与籽粒蛋白质含量的关系较复杂，在本研究中二者呈微弱负相关（$r=-0.3$）。这与供试的品种特性有关。有报道认为在大量数据分析之后，籽粒产量和蛋白质含量之间的相关系数在$-0.61^{**} \sim +0.65^{**}$，可见这种关系不是固定的。不同品种及不同的栽培措施均可能导致二者的相关截然相反。这就需要育种工作者通过各种手段培育既高产又有较优良品质的品种，而栽培研究人员再努力通过合理的栽培措施使产量和品质协同提高。

根据高产小麦生长发育过程中植株体内氮素变化规律分析，以越冬前植株含氮量较高，而分蘖期含量最高，这时期植株氮素积累强度也达到一个高峰，因此为满足小麦生长的需要，促进分蘖生长，培育冬前壮苗，施足底肥是至关重要的，一般可施入计划全部施氮量的40%~50%。越冬期，植株生长缓慢，植株体内的含氮量保持一个低平稳状态，氮素积累强度处于低谷，此时需氮量不多，充足的底肥可以满足越冬期间植株缓慢生长的需要。返青期，植株体内含氮量开始增加，氮素积累强度亦有所增强，但为了控制群体和调节合理的株型结构，抑制基部节间过速伸长，仍以控制肥水为主，并以中耕松土提高地温促苗壮长为主攻目标。进入拔节期植株生长加快，但植株体内含氮量仍出现一个次高峰，随后植株氮素积累强度也出现高峰，表明此期是小麦生长需氮的高峰和关键时期，因此重施肥水是高产小麦生产管理的重要措施，此期可施入计划全部施氮量的45%~55%。扬花以后小麦茎叶的含氮量急剧降低，迅速向籽粒转移，茎叶的氮素积累强度出现负值，但籽粒的氮素积累却迅速增加，籽粒的氮素积累强度呈现低—高—低的变化，在籽粒灌浆中期氮素积累强度最大，表明此时仍需较多的氮素供应，因此在扬花灌浆初期施入计划全部施氮量的5%左右，以促进籽粒灌浆，力争粒大粒饱，提高产量，实现提高籽粒产量和改善品质的目标。

在目前生产中，有些地区春季施肥仍然偏早，甚至全部追肥一次施入，这对实现小麦高产是不利的。高产栽培的施肥应为施足底肥，返青不施肥，重施拔节孕穗肥，轻补开花灌浆肥。提倡春季追肥时间后移，追肥分次施入，前重后轻。

第五节　植株中氮素分配利用及施肥效应

氮素肥料是小麦的重要营养元素之一，对小麦的产量和品质均有重要影响，不同施氮处理对小麦产量和品质的作用不尽相同。一般在一定范围内随施氮量的增加，产量和品质均可提高，但二者并不完全同步，在施氮量相同的情况下，不同施氮时期以及不同其他肥料配合也会对产量和品质有明显的影响。而应用 ^{15}N 同位素示踪技术可以进一步研究小麦对肥料的吸收利用规律，对深入研究小麦高产条件下的合理施肥有重要意义。在小麦生产中，肥料的施用方法、时期、数量、种类等诸多因素对小麦的生长发育及产量和品质均有不同影响及交互作用，同时对肥料的吸收利用效率及肥料的生产率亦有很大影响。因而合理施肥，降低成本，提高利用率在小麦高产栽培研究中十分重要。通过利用同位素示踪技术，连续两年分别在不同地点对盆栽小麦的不同施肥处理，研究在小麦各部位的肥料分配和利用效率，为进一步研究小麦优质高产栽培理论与技术提供了依据。

应用同位素示踪技术通过对盆栽小麦的不同施肥处理，研究小麦不同部位对氮素肥料的分配利用规律和施肥效应，结果表明，小麦主茎穗籽粒的 NDFF（氮素含量来自肥料氮的百分比）为 28.59%，分蘖穗籽粒的 NDFF 为 29.30%，茎秆的 NDFF 为 26.02%，根系的 NDFF 为 32.16%，而土壤的 NDFF 仅 1.88%。从氮肥的利用率分析，籽粒的氮肥利用率为 19.552%，茎秆的利用率为 3.490%，根系的利用率为 0.674%，氮肥的回收率平均为 41.891%，不同施肥处理的上述各项指标亦有较大差异。籽粒蛋白质含量随追施氮肥比例的增加而提高。颖壳、根系、茎秆的含氮量也呈随追氮比例增加而提高的趋势，收获时植株各器官中，籽粒含氮量最多，依次为颖壳、叶片、茎秆、根系。在两种肥料的比较中，施用尿素比硫酸铵在植株营养器官中残留量少，而籽粒中氮素吸收量大。各器官 NDFF 随追肥比例增加而呈低—高—低的变化曲线。均可用 $Y=a+bx+cx^2$（$Y=NDFF$，x 为处理结果）方程表示。

第一试验年度试验供试小麦品种为温麦 6 号，所用肥料为（^{15}NH$_4$）$_2$SO$_4$，丰度为 11.58%。试验分 4 个处理：A 为每盆底施 4g 上述 ^{15}N 标记的硫酸铵，拔节期追施 3g 硫酸铵；B 为每盆底施 5g 硫酸铵，拔节期追施 2g 硫酸铵；C 为底施 6g 硫酸铵，拔节期追施 1g 硫酸铵；D 为底施 4g 硫酸铵配合 3g 硫酸钾和 3g 磷酸二氢钾，拔节期追肥 3g 硫酸铵。底肥均为把肥料施入盆中土表下 0~10cm 处，然后搅匀，追肥则为表施后立即浇水。播种期为 10 月 10 日，每盆留苗 10 株，每处理 3 次重复。

第二试验年度供试小麦品种为中优 9507（该品种在生产田中一般籽粒蛋白质含量为 16.5%~18.0%，经农业部谷物品质检测中心测定，各项品质指标达到优质强筋面包小麦标准），试验分两组，第一组为 ^{15}N 同位素试验，设 5 个处理，处理 1 为底施氮素和追施氮素比例（下同）为 10：0；处理 2 为 7：3；处理 3 为 5：5；处理 4 为 3：7；处理 5 为 0：10。追肥时期为拔节期（根据已往的试验结果在拔节期追肥对提高产量和改善品质均较有利），每盆总施氮量为 1.49g，所用肥料为（^{15}NH$_4$）$_2$SO$_4$，丰度 10.35%。第 2 组试验所用肥料为普通尿素，试验处理和施氮量同第一组。试验各处理的水分管理相同。两组试验均为 2 次重复。播种期为 9 月 25 日，每盆留苗 6 株。

收获时按盆连同根系取出全部植株，并把土壤过筛拣出根系。然后分株考种。按植株不同部位取样，于 80℃ 烘箱内烘至恒重，分样粉碎，由中国农业科学院原子能利用研究所用菲尼根 MAT-251 超精度气体同位素质谱仪测定各样品全氮及 ^{15}N 丰度。

一、小麦植株各部位的 NDFF 及施肥效应

从表 6-16 可见小麦植株各部位的 NDFF 有较大差异。其中以根系的 NDFF 为最高，这是由于土壤施肥必须经过根系吸收然后再输送到各部位，故留在根系中的肥料的氮素所占比例较高。土壤中的全氮含量中来自肥料的氮素所占的百分率仅有 1.88%，与植株各部位的 NDFF 有极显著差异。地上部分各部位的 NDFF 均低于根系。而茎秆的 NDFF 又显著低于籽粒，籽粒中分蘖籽粒比主茎穗籽粒的 NDFF 稍多，但差异不显著。

表 6-16　小麦各部位及土壤的 NDFF　　　　　（单位:%）

项目	含氮量	NDFF
主茎穗籽粒	2.315aB	28.59bB
分蘖穗籽粒	2.371aA	29.30bB
茎秆	0.328cC	26.02cC
根系	0.816bB	32.16aA
土壤	0.095dD	1.88dD

由于施肥处理不同，小麦各部位的氮素含量中来自肥料的百分率亦有差异。从表 6-17 可见，籽粒中以 D 处理（底施 4g 硫酸铵配合 3g 硫酸钾和 3g 磷酸二氢钾，拔节期追肥 3g 硫酸铵）的 NDFF 最高，这与 D 处理施肥时增施了磷、钾肥，有助于作物对施入氮肥的吸收；茎秆中的 NDFF 以 B 处理（每盆底施 5g 硫酸铵，拔节期追施 2g 硫酸铵）和 D 处理较高；而根系中以 C 处理（底施 6g 硫酸铵，拔节期追施 1g 硫酸铵）的 NDFF 较高，这与底肥所占比例较大有关。

表 6-17　不同处理对小麦各部位 NDFF 的影响　　　　　（单位:%）

处理	籽粒	茎秆	根系	平均
A	27.05	24.27	30.11	27.14
B	29.96	27.79	32.89	30.21

（续表）

处理	籽粒	茎秆	根系	平均
C	27.19	25.79	34.61	29.20
D	31.59	26.22	31.02	29.61

二、小麦植株—土壤系统氮素平衡

从全株的 NDFF 平均值分析，仍以处理 B（每盆底施 5g 硫铵，拔节期追施 2g）和 D（底施 4g 硫铵配合 3g 硫酸钾和 3g 磷酸二氢钾，拔节期追肥 3g 硫铵）较高，表明这种施肥方式有利于植株对氮素的吸收利用。从表 6-18 可见，小麦植株各部位中以分蘖穗籽粒的氮肥利用率最高，极显著高于其他各部位，分蘖穗籽粒的氮肥利用率高于主茎穗籽粒与前述分蘖 NDFF 较高有关，但更主要的是分蘖穗籽粒产量（此处的分蘖穗均在 2 个以上）明显高于主茎穗籽粒产量，故其氮肥利用率也较多。在植株各部位的氮肥利用率中，以根系最少，其次为茎秆。表明根系吸收的氮素肥料通过茎秆输送最终主要贮存在籽粒中，而根系和茎秆残留很少。在本试验研究中，植株各部位总利用率为 23.716%，土壤残留率为 18.176%，氮素肥料回收率为 41.892%，损失率为 58.108%。在不同的报道中，上述各项指标均有较大差异，这与具体的试验条件不同有关。

表 6-18 小麦各部位—土壤系统氮素平衡

项目	氮肥利用率（%）	土壤残留率（%）	氮肥回收率（%）	损失率（%）
主穗籽粒	7.984bB			
分蘖籽粒	11.568aA			
茎秆	3.490cC			
根系	0.674dC			
		18.176	41.892	58.108

不同的施肥处理对植株各部位的氮肥利用率有一定影响，从表 6-19 可见各处理均以分蘖穗籽粒的氮肥利用率高于主茎，这主要与分蘖籽粒产量高于主茎籽粒产量有关，处理 C（底施 6g 硫酸铵，拔节期追施 1g 硫酸铵）的籽粒氮肥利用率最高，达到 21.90%，这主要是由于此处理籽粒产量较高所致，在施氮总量相同的情况下，氮肥利用率与产量呈正相关。

表6-19　不同处理对小麦各部位肥料利用率的影响　　　　（单位：%）

处理	主茎籽粒	分蘖穗籽粒	茎秆	根系
A	8.995	10.083	2.901	0.606
B	7.303	11.819	3.567	0.688
C	9.296	12.604	4.665	0.755
D	6.343	11.765	2.826	0.645

　　从表6-20可见，不同处理中以C处理（底施6g硫酸铵，拔节期追施1g硫酸铵）的植株氮素总利用率最高，这主要与C处理的生物产量最高有关，因在施氮量相同的条件下肥料利用率主要受NDFF和植物全氮量影响，植株全氮量又主要受植株含氮量和生物产量制约，故生物产量对植株氮素总利用率有重要影响。土壤残留率以C处理最少，这与C处理主要是施用底肥，经过多次浇水，氮素受到淋溶下渗较多有关，另外还有部分空气逸失。从氮肥回收率分析，以处理D（底施4g硫铵配合3g硫酸钾和3g磷酸二氢钾，拔节期追肥3g硫铵）回收率最多，相对损失率也最少。不同处理的氮肥回收率在41.4%~44.5%，损失率在55.5%~58.6%，由于是在高产条件下试验，整个生育期经过3次灌水及多次降水，氮素淋溶下渗损失较大（试验用的塑料盆底部已打孔），向空气中的挥发损失也较多。而原有的土壤肥力较高，对施入氮素的利用率也有一定影响。

表6-20　不同处理植株—土壤系统的氮素平衡　　　　（单位：%）

处理	植株总利用率	土壤残留率	氮肥回收率	损失率
A	22.585	20.869	43.454	56.546
B	23.377	18.000	41.377	58.623
C	27.320	15.300	42.620	57.380
D	21.578	22.956	44.534	55.466

三、植株各器官含氮量及施肥效应

　　在总施氮量相同的情况下，不同的底肥和追肥比例处理对主茎穗籽粒蛋白质含量和分蘖穗籽粒蛋白质含量均有较大影响，但其影响的趋势是一致的，即均以A处理（每盆底施4g ^{15}N标记的硫酸铵，拔节期追3g硫酸铵）的蛋白质含量最高，C处理（底施6g硫酸铵，拔节期追施1g硫酸铵）的蛋白质含量最低（表6-21），可见加大追肥的比例对提高籽粒蛋白质含量是有利的。以前的试验结果证实适当推迟施氮时期可以有效地提高蛋白质含量，本试验研究中加大追肥比例亦即增加了中后期施肥，故有效地提高了蛋白质含量。在主茎穗籽粒和分蘖穗籽粒的分析比较中，除 C 处理相同外，其余各处理均以分蘖籽粒蛋白质含量高于主茎穗籽粒蛋白质含量。

表 6-21　不同处理对籽粒蛋白质含量的影响　　　　　（单位:%）

处理	主茎穗籽粒	分蘖穗籽粒	平均
A	13. 89	14. 25	14. 07 a
B	13. 63	13. 94	13. 79 a
C	12. 60	12. 60	12. 60 b
D	12. 66	13. 26	12. 96 a b
平均	13. 20	13. 60	13. 36

从表 6-22 中可见，不同底肥和追肥比例处理对籽粒产量有一定影响，两种肥料处理表现的趋势相似，在本试验中均表现为底肥和追肥各半时产量最高，再增加追肥比例，产量有下降的趋势。两种肥料不同处理的籽粒蛋白质含量均表现为随追肥比例增加而提高，二者呈正相关（用硫酸铵时追肥比例的增加与蛋白质含量 $r=0.84$；用尿素时，$r=0.99$），施用硫酸铵的不同处理，增幅为 2. 36%~7. 21%（增加 0. 51~1. 56 个百分点）；施用尿素的不同处理，增幅为 2. 24%~8. 97%（增加 0. 5~2. 0 个百分点），两种肥料处理的籽粒蛋白质含量的极差分别达到 1. 56 个和 2. 0 个百分点。表明在施氮量相同条件下，加大追施氮肥比例有明显提高籽粒蛋白质含量的作用。就两种肥料而言，尿素对提高籽粒蛋白质含量更为有利。本试验结果还表明，不同追肥比例对产量和品质的影响不尽相同。

表 6-22　不同处理的籽粒产量和蛋白质含量

底肥：追肥	硫酸铵		尿素	
	籽粒产量 （g/盆）	蛋白质含量 （%）	籽粒产量 （g/盆）	蛋白质含量 （%）
10：0	8. 3	21. 64	8. 6	22. 29c
7：3	8. 5	22. 15	8. 4	22. 79bc
5：5	9. 2	22. 75	9. 4	23. 20abc
3：7	8. 9	23. 20	8. 8	23. 79ab
0：10	8. 6	22. 73	7. 9	24. 29a

注：供试品种为强筋优质小麦品种中优 9507

据表 6-23 进行分析，不同底肥和追肥比例的处理对收获期植株各器官的含氮量亦有不同影响。其中颖壳、根系、茎秆中的含氮量随追肥比例的增加而呈明显提高的趋势，底肥和追肥比例为0：10的处理，其颖壳、根系、茎秆的含氮量显著高于底肥和追肥比例为10：0的处理，但各处理间叶片中的含氮量无明显差异。颖壳的平均含氮量最高，其次为叶片，再次为茎秆，根系含氮量最低。从两种肥料的比较分析可以看出，施用硫酸铵不同处理的颖壳、根系、叶片、茎秆的含氮量均比施用尿素的各处理相应器官的含氮量高，与前述施用硫酸铵的处理比施尿素的籽粒含氮量低的结果相反，表明在相同施氮量条件下，施用尿素处理，茎秆、叶片、颖壳、根系中的残留量少，而籽粒的吸收量大。从籽粒的氮素利用率来考虑，施用尿素比硫酸铵更为经济有效。

表6-23　不同处理的植株各器官含氮量　　　　　（单位：%）

底肥：追肥	硫酸铵				尿素			
	颖壳	根系	叶片	茎秆	颖壳	根系	叶片	茎秆
10：0	2.018b	1.478b	2.076a	1.627b	1.825b	1.45b	2.07a	1.690b
7：3	2.441ab	1.476ab	2.072a	1.695b	2.430ab	1.61a	2.11a	1.840ab
5：5	2.437ab	1.706ab	2.086a	1.890ab	2.305ab	1.61a	2.02a	1.775ab
3：7	2.514ab	1.648ab	2.086a	2.010a	2.240a	1.61a	2.04a	1.860ab
0：10	2.984a	1.828a	2.058a	2.162a	2.625a	1.66a	2.01a	1.840a

四、不同追氮比例处理对 NDFF 的影响

对表6-24进行分析，可见在相同施氮量情况下，不同底肥和追肥比例处理中小麦各器官的 NDFF（植物各器官从肥料吸收的氮素百分数）变化较大，其中籽粒随追肥比例提高 NDFF 逐渐增加，并以底肥和追肥比例为3：7处理的 NDFF 最高。不施底肥而全部追施的0：10处理 NDFF 又有所降低，其余各器官的 NDFF 均以底追各半的处理最高（其中颖壳、叶片、茎秆的 NDFF 显著多于底追比例10：0的处理），从底追比例10：0至底追比例0：10的5个处理的 NDFF 呈低—高—低的抛物线型变化，可用 $Y=a+bx+cx^2$（$Y=NDFF$，$x=$处理代号）方程描述。各器官 NDFF 与处理的回归方程为：

籽粒：$NDFF=6.54+17.94X-2.51X^2$　　（$F=146.38^{**}$）

颖壳：$NDFF=6.39+17.59X-2.41X^2$　　（$F=75.30^{*}$）

根系：$NDFF=11.39+11.11X-1.63X^2$　　（$F=8.53$）

叶片：$NDFF=9.19+15.7X-2.33X^2$　　（$F=24.38^{*}$）

茎秆：$NDFF = 8.09 + 15.36X - 2.08X^2$ （$F = 8.62$）

表6-24 不同底肥和追肥比例处理植株各器官的 NDFF

底肥：追肥（代号）	籽 粒	颖 壳	根 系	叶 片	茎 秆
10：0（1）	22.31 b	21.85 b	20.60 a	22.88 b	21.98 b
7：3（2）	31.62 ab	30.97 ab	27.05 a	30.34 ab	28.24 ab
5：5（3）	37.92 a	38.30 a	31.48 a	37.16 a	38.32 a
3：7（4）	38.64 a	38.02 a	27.86 a	33.79 ab	34.66 ab
0：10（5）	33.23 ab	34.11 ab	26.95 a	30.03 ab	33.25 ab
平均	32.74	32.65	26.79	30.84	31.29
CV（%）	20.02	20.7	14.64	17.23	20.25

从上述结果还可看出，在氮肥全部底施的处理1中，各器官的 NDFF 明显低于其他有追肥的处理。从表6-24不同处理各器官 NDFF 的变异系数分析，表明籽粒、颖壳和茎秆的变异系数接近，不同底肥和追肥处理对上述器官的 NDFF 影响相似，而对叶、根的影响则相对较小。从不同处理各器官的 NDFF 比较分析可以看出，不同处理籽粒的 NDFF 平均值最高，根系最低，颖壳、茎秆和叶片的 NDFF 平均值依次降低，但在不同处理中略有变化，具体表现为底肥比例大的处理1（10：0）和处理2（7：3）叶片的 NDFF 略大于茎秆，而追肥和底肥比例相等或追肥比例大的另3个处理茎秆的 NDFF 大于叶片。

关于小麦的肥料利用率问题已有很多人进行过研究，但是由于土壤肥力基础、施肥数量、产量水平以及研究方法和测试手段的差异，导致其结果不尽相同。陈子元等人（1983）报道燕麦对不同肥料、不同施肥量的氮肥利用率从31%~54%不等。陈清等人（1997）报道在灌溉条件下3种不同施氮水平的冬小麦氮素利用效率分别为38.5%，32.3%和22.4%。在本研究中4种不同的施氮处理，小麦植株利用率分别为21.6%、22.6%、23.45和27.4%。可见，在不同处理中肥料利用率有一定差异，而不同研究人员在不同的试验中所得出的肥料利用率差异更大。因此认为肥料利用率是一个较复杂的问题，在实际应用中，只能是相对而言提高利用率，在同一生产条件下通过合理施肥或其他栽培措施来提高肥料利用率，进而提高产量。

关于冬小麦不同部位的氮素分配和利用问题不同研究结果也不尽相同。小麦各器官的氮素含量有很大差异，而在不同生育时期各器官的含氮量也是在不断变化的。不同的研究人员对小麦不同部位（器官）的氮素吸收或分配及利用问题表述不一，但都说明在小麦不同部位（器官）氮素含量有一定的差别。陈清等（1997）报道在最适施氮水平下，籽粒对氮素吸收最多，而在超量施氮水平下，茎秆对氮素的吸收量最高。田奇卓等（1997）报道免耕稻茬麦的地上部分氮肥利用率平均为 45.98%。整株的利用率为 47.22%，实际上根系的利用率很低。李贵宝等（1997）报道在不同类型的土壤中各器官的氮肥利用率有较大的差别。在本试验中小麦各部位氮素利用率以籽粒最多，其次为茎秆，再次为根系。籽粒中以分蘖穗籽粒的氮肥利用率高于主茎穗籽粒，这除了与分蘖穗籽粒的 NDFF 略高有关外，更主要的是由于分蘖穗多于主茎穗，分蘖籽粒产量高于主茎籽粒产量而造成的，若以主茎和分蘖的单穗肥料利用率分析则情况会另有不同。

关于籽粒产量和蛋白质含量与施肥处理的关系有很多研究，一般认为在一定范围内增施氮肥可以有效地提高产量和蛋白质含量，在施氮总量相同的情况下，不同的底肥和追肥比例对小麦籽粒蛋白质含量有一定影响。本研究第一试验年度的结果表明，适当增加追肥比例有利于提高籽粒蛋白质含量。小麦主茎穗籽粒和分蘖穗籽粒的蛋白质含量有一定差异，在不同的处理中表现出一致的变化趋势，即分蘖穗籽粒蛋白质含量高于主茎穗籽粒蛋白质含量。第二试验年度中也表现为籽粒蛋白质含量随追氮比例的增加而提高。这是由于足够的追肥满足了籽粒灌浆期对氮肥的需求，而促进了籽粒蛋白质含量的提高，在 2 种肥料的处理中，施用尿素的处理均比相应施用硫酸铵处理的籽粒蛋白质含量有所增加，而营养器官的氮素残留量均比施硫酸铵的处理低，表明施用尿素对提高籽粒蛋白质含量比施用硫酸铵更为有利。

各器官的 NDFF 均随追施氮肥比例的增加而变化。在相同施氮量的条件下，收获时小麦各器官的 NDFF 均随追施氮肥比例的增加，出现低—高—低的变化，但均可用 $Y=a+bx+cx^2$ 的曲线方程表示，且与实测值的拟合程度较好。从不同器官分析，不同处理的 NDFF 均以根系和叶片的变异系数较小，表明氮素不同底施和追施比例对这两个器官的 NDFF 影响相对较小。籽粒的 NDFF 在不同处理中均为最高，根系的 NDFF 均最低，这与石岩的试验结果相似，但也有人试验曾出现根系的 NDFF 较高的现象。其他器官的 NDFF 在不同的试验中也不尽相同，这与供试品种的品质特性、土壤基础肥力、施肥数量、施肥时期等其他试验条件有关。

第七章　栽培措施对小麦产量和品质的影响

第一节　土壤施肥对小麦产量和品质的影响

栽培措施对小麦产量和品质有很大影响，这是高产优质栽培技术的依据。对提高产量和改善小麦品质有明显效果的措施主要是施肥和灌水，而肥料中又以氮肥的效果最突出，磷、钾肥及其他微量元素对小麦产量和品质也有一定影响。小麦生长发育及籽粒形成所需的氮素主要是从土壤施氮中获得的。土壤施氮是最常用的施氮方法，对小麦籽粒产量和品质的影响非常明显。

一、基施氮量对强筋小麦产量和品质的影响

本研究利用 7 个强筋小麦品种分别以不同施氮量处理，研究了其对小麦植株性状、籽粒产量和品质的影响。从表 7-1 可见，施氮的处理比对照明显增加千粒重。在每公顷 0~300kg 施氮范围内，随施氮量增加产量逐渐提高，处理间差异显著，施氮处理依次比对照增产 54.1%、79.9% 和 85.1%。但每公顷施 300kg 氮和施 225kg 氮的处理差异不显著。因此在中高产栽培条件下，以每公顷施氮量 225kg 左右为宜。随施氮量增加，籽粒容重有降低的趋势。其中，每公顷施氮量在 225kg 以上时容重显著降低。籽粒蛋白质含量随施氮量增加而提高，处理间差异极显著，极差达到 3.99 个百分点。

表 7-1　不同施氮量处理小麦产量性状籽粒蛋白质含量

施氮量 （kg/hm²）	穗粒数 （粒）	产量 （kg/hm²）	容重 （g/L）	千粒重 （g）	蛋白质含量 （%）
300	31.90	5 401.8aA	795.10bB	48.97	15.26aA
225	31.33	5 240.0aA	798.36bB	49.70	15.21aA
120	30.05	4 483.7bA	807.64aA	49.64	13.54bB
0（对照）	22.08	2 918.4cB	806.19aA	47.26	11.27cC
CV（%）	15.85	25.15	0.76	2.33	13.59

表 7-2 显示，在不考虑施氮肥处理的条件下，即从不同施氮处理的平均值分析，各供试小麦品种的千粒重和产量的变异系数较大，表现出品种的产量潜力不同，这主要受品种的基因型影响。品种间容重变异系数较小，但其绝对值变化较大，品种间差异显著。千粒重以豫麦 34 和烟农 19 较高，属大粒品种，其余均为中粒型品种，产量以济麦 20 表现最好，陕 253 较低。

表 7-2 不同品种产量性状比较

品种	穗粒数（粒）	产量（kg/hm²）	容重（g/L）	千粒重（g）
藁 8901	30.20	4 561.5bAB	815aA	37.86fE
豫麦 34	25.58	4 512.0bB	796cBC	48.29aA
烟农 19	27.05	4 746.0abAB	797cBC	48.15aA
济麦 20	28.48	5 098.5aA	805bAB	43.14cC
皖麦 38	29.45	4 603.5bAB	797cBC	42.01dC
陕 253	30.95	3 538.5cC	811abA	40.01eD
临优 145	30.18	4 516.5bB	792cC	44.75bB
CV（%）	6.70	10.54	1.07	9.03

各品种的籽粒蛋白质含量对氮肥反应都很敏感，其中不同施肥处理间差异明显，各品种籽粒蛋白质含量均随施氮量增加而呈提高趋势，各品种不同施氮处理之间籽粒蛋白质含量的极差均在 3 个百分点以上，其中临优 145 籽粒蛋白质含量的极差达到 5.47 个百分点。表明施用氮肥对籽粒蛋白质含量有显著的影响（表 7-3）。

表 7-3 不同施氮量对不同品种籽粒蛋白质含量的影响

施氮量（kg/hm²）	籽粒蛋白质含量（%）						
	藁 8901	豫麦 34	烟农 19	济麦 20	皖麦 38	陕 253	临优 145
0	11.87c	10.96c	11.99c	10.25c	10.82c	11.83c	11.15c
150	13.67b	14.02b	12.91b	12.32b	12.54b	15.32ab	13.96b
225	15.40a	15.00a	15.44a	14.15a	15.68a	14.98b	15.76a
300	15.66a	14.87a	14.86a	14.23a	14.56a	16.00a	16.62a

在一定条件下，超过一定范围的施氮量可能使籽粒蛋白质含量有下降的趋势。至于施氮量以多少为宜，需视地力、品种及其他栽培条件而定。在相同施氮量的情况下，随施氮时期推迟，其籽粒蛋白质含量也相应有所提高。各处理中赖氨酸含量与施氮量和施氮时期的关系，与蛋白质有相同的趋势。

在另外用济麦 20 做供试材料，进行不同施氮量处理，结果表明施氮量对籽粒蛋白质及其各组分含量均有不同程度的影响（表 7-4）。醇溶蛋白、谷蛋白和总蛋白含量均随施氮量增加逐渐提高，其中谷蛋白和总蛋白含量在施氮水平间差异显著。清蛋白和球蛋白含量分别以施氮量 300kg/hm² 和 225kg/hm² 的处理最高，在施氮水平间差异显著。

表 7-4 不同施氮量对蛋白质组分的影响

施氮量 （kg/hm²）	清蛋白 （%）	球蛋白 （%）	醇溶蛋白 （%）	谷蛋白 （%）	总蛋白 （%）
150	2.45aA	1.44abA	3.54aA	4.99bB	13.94bB
225	2.37bB	1.49aA	3.55aA	5.37aAB	14.40aA
300	2.46aA	1.41bA	3.58aA	5.54aA	14.55aA

从各种蛋白组分之间的相关性分析可见表 7-5，清蛋白与醇溶蛋白含量均呈正相关，但差异不显著。球蛋白与醇溶蛋白呈显著正相关，谷蛋白与其他 3 种蛋白组分均呈负相关，但未达显著水平，总蛋白含量与各蛋白组分含量均呈正相关，其中与醇溶蛋白相关显著，与其他组分相关未达到显著水平。可溶性蛋白（清蛋白+球蛋白）占总蛋白含量的 27.05%，与总蛋白含量呈不显著的正相关（$r=0.383$），贮藏蛋白（醇溶蛋白+谷蛋白）占总蛋白含量的 61.93%，与总蛋白含量呈显著正相关（$r=0.810^*$），可见贮藏蛋白对总蛋白含量有重要影响。清蛋白、球蛋白、醇溶蛋白和谷蛋白占总蛋白比率分别为 16.97%、10.08%、24.88% 和 37.05%，剩余蛋白占 11.02%。

表 7-5 蛋白质组分间的相关性分析

蛋白质组分	清蛋白	球蛋白	醇溶蛋白	谷蛋白	总蛋白
清蛋白	1				
球蛋白	-0.187	1			
醇溶蛋白	0.447	0.599*	1		
谷蛋白	-0.464	-0.067	-0.233	1	
总蛋白	0.265	0.223	0.576*	0.428	1

用强筋小麦济麦做供试材料进行不同施肥处理，研究其对加工品质指标的影响，结果表明（表 7-6），随施氮量的增加，湿面筋含量逐渐提高，中水平和高水平施氮处理的面团形成时间和稳定时间均比低水平施氮处理的时间长。面包体积和评分亦表现为随施氮量增加而提高。可见，在一定施氮量范围内，增施氮肥可以有效改善小麦营养品质和加工品质。

表7-6　施氮量对强筋小麦加工品质的影响

施氮量 （kg/hm²）	湿面筋含量 （%）	沉淀值 （ml）	形成时间 （min）	稳定时间 （min）	面包体积 （ml）	面包评分
150	28.9	32.8	9.5	15.0	884.2	93.2
210	31.1	34.5	10.6	17.3	933.7	94.0
270	31.5	35.1	9.8	16.2	947.5	94.9

二、基施氮量对不同筋型小麦蛋白组分的影响

小麦籽粒蛋白质含量及其组分的含量和比例是小麦营养品质中最重要的指标，在小麦品质研究中占有重要地位。为研究高有机质（0~20cm 土层土壤有机质含量3.09%）土壤条件下施氮量对不同品质类型冬小麦籽粒蛋白质及其组分含量和比例的影响，以强筋小麦品种临优 145 和郑麦 9023 及弱筋小麦品种宁麦 9 号和宝丰 949 为材料进行了不同施氮量的试验。结果表明，增施氮肥可以提高籽粒蛋白质及其各组分的含量。总蛋白质、球蛋白、醇溶蛋白和谷蛋白含量均随着施氮量的增加显著提高，150kg/hm² 的施氮处理较不施氮处理分别提高 0.78 个、0.12 个、0.31 个和 0.35 个百分点；清蛋白含量也随施氮量的增加而提高，但不同施氮处理间差异不显著。强筋小麦和弱筋小麦贮藏蛋白含量差异显著，但可溶性蛋白含量差异不显著。随着施氮量的增加，品种间可溶性蛋白含量差异加大，但贮藏蛋白含量差异减小。氮肥施用量对小麦籽粒各蛋白组分在总蛋白中所占的比例影响不大，不同品种籽粒中各蛋白组分在总蛋白中所占比例受施氮量的影响也不同。

在高有机质含量的土壤环境下，施氮量对强、弱筋小麦籽粒蛋白质含量均有很大影响。从表 7-7 可以看出，增施氮肥有利于提高籽粒蛋白质含量。3 个施氮水平下，籽粒蛋白质含量的差异显著，N0（不施氮）和 N150（150kg/hm²）两种施氮水平下，籽粒蛋白质含量的差异达到极显著水平。小麦籽粒蛋白质主要是由清蛋白、球蛋白、醇溶蛋白和谷蛋白 4 种成分组成，其中醇溶蛋白和谷蛋白所占比例较大。清蛋白和球蛋白是小麦种子中的可溶性蛋白质，主要沉积在胚、糊粉层中，少部分存在于胚乳；醇溶蛋白和谷蛋白是小麦的贮藏蛋白质，存在于小麦胚乳中。籽粒中各蛋白组分含量也表现为随施氮量增加而提高。增加氮肥施用量，有增加清蛋白含量的趋势，但差异不显著；籽粒中球蛋白、醇溶蛋白和谷蛋白含量随施氮量的增加显著提高，其中醇溶蛋白含量受氮肥施用量的影响最显著。3 种施氮处理间，籽粒中醇溶蛋白含量的差异均达到极显著水平；球蛋白和谷蛋白含量在 N0 和 N300（300kg/hm²）处理间差异极显著，N150 和 N300 处理间差异不显著。结果表明，随着氮肥施用量的增加，籽粒中蛋白质含量的提高是籽粒中各蛋白组分含量共同提高的结果。不同品质类型小麦间除

球蛋白外，籽粒总蛋白质及其余各蛋白组分含量均表现为强筋小麦高于弱筋小麦，差异显著。其中，籽粒总蛋白质含量差异达极显著水平，清蛋白含量差异不显著，球蛋白含量差异不显著，醇溶蛋白含量差异显著，谷蛋白含量差异极显著，表明强筋小麦和弱筋小麦蛋白质含量的差异主要是贮藏蛋白含量的差异造成的。两个弱筋小麦的蛋白质含量均超过了弱筋小麦蛋白质含量标准（小于11.5%），比在原种植地区（黄淮冬麦区）高出2~3个百分点，说明生态环境和栽培条件对小麦籽粒蛋白质含量具有很大影响。

表7-7 品质类型、施氮量、品种对籽粒蛋白质含量及其组分含量的影响 （单位:%）

变因	变因水平	蛋白质	清蛋白	球蛋白	清蛋白+球蛋白	醇溶蛋白	谷蛋白	醇溶蛋白+谷蛋白
品质类型	强筋	15.33aA	2.59aA	1.61aA	4.20aA	3.31aA	5.97aA	9.28aA
	弱筋	13.62bB	2.46aA	1.65aA	4.11aA	3.08bA	4.91bB	7.99bB
施氮量	0kg/hm²	14.08cB	2.50aA	1.57cB	4.07bB	3.04cC	5.26bB	8.30cB
	150kg/hm²	14.49bAB	2.51aA	1.63aAB	4.14abAB	3.19bB	5.45abAB	8.64bA
	300kg/hm²	14.86aA	2.57aA	1.69aA	4.26aA	3.35aA	5.61aA	8.96aA
品种	临优145	16.21aA	2.72aA	1.62aA	4.34aA	3.58aA	6.36aA	9.94aA
	郑麦9023	14.46bB	2.47bBC	1.62aA	4.09bBC	3.03cC	5.58bB	8.61bB
	宁麦9	13.65cC	2.34cC	1.61aA	3.95bC	3.40bB	4.71abAB	8.11cC
	宝丰949	13.59cC	2.57bAB	1.67aA	4.24aAB	2.77dD	5.10dD	7.87cC

强筋小麦临优145的清蛋白含量最高，与其他品种的清蛋白含量的差异达到极显著水平。强筋小麦郑麦9023与弱筋小麦宝丰949的清蛋白含量的差异也达到了极显著水平，但与宁麦9号的清蛋白含量的差异不显著。品种间、品质类型间球蛋白含量的差异均不显著，弱筋小麦的球蛋白含量高于强筋小麦，宝丰949籽粒中球蛋白含量最高。各品种间醇溶蛋白和谷蛋白含量的差异均达到极显著水平，强筋小麦的谷蛋白含量明显高于弱筋小麦，而强筋小麦郑麦9023的醇溶蛋白含量显著比弱筋小麦宁麦9号的低。以上的试验结果表明品种间籽粒蛋白质含量的差异主要是由于醇溶蛋白和谷蛋白含量的差异造成的。

从表7-8可以看出，氮肥施用量对清蛋白和醇溶蛋白在总蛋白中所占的比例有显著影响。不同品质类型的小麦，球蛋白、醇溶蛋白和谷蛋白在籽粒总蛋白中所占比例的差异达到极显著水平，清蛋白在总蛋白中所占比例的差异不显著。弱筋小麦中清蛋白、球蛋白和醇溶蛋白在籽粒总蛋白中所占的比例均显著高于强筋小麦，分别比强筋小麦高1.11个、1.56个和1.06个百分点。强筋小麦的谷蛋白在籽粒总蛋白中所占的比例远远高于弱筋小麦，达到3.72个百分点。

表7-8　品质类型、施氮量、品种对小麦籽粒蛋白质组分占总蛋白比例的影响

（单位：%）

变因	变因水平	清蛋白	球蛋白	清蛋白+球蛋白	醇溶蛋白	谷蛋白	醇溶蛋白+谷蛋白
品质类型	强筋	19.24aA	12.04aA	31.29aA	24.46aA	44.25aA	68.71aA
	弱筋	20.35aA	13.60bB	33.95bA	25.52bA	40.53bB	66.05bA
施氮量	0kg/hm²	20.28aA	12.76aA	33.04aA	24.61bA	42.35aA	66.96aA
	150kg/hm²	19.69abA	12.84aA	32.53aA	24.98abA	42.49aA	67.47aA
	300kg/hm²	19.43bA	12.86aA	32.29aA	25.39aA	42.33aA	67.71aA
品种	临优145	19.02bB	11.31cC	30.33cC	25.11bB	44.56aA	69.67aA
	郑麦9023	19.47bB	12.78bB	32.24bB	23.82cC	43.94aA	67.76bB
	宁麦9	19.43bB	13.39aAB	32.82bB	28.19aA	38.99cC	67.18bB
	宝丰949	21.28aA	13.81aA	35.08aA	22.85dC	42.07bB	64.92cC

品种间各蛋白质组分在籽粒总蛋白中所占的比例的差异显著，蛋白质含量越高的品种，谷蛋白在籽粒总蛋白中所占的比例越高。临优145的蛋白质含量最高，其谷蛋白在籽粒总蛋白中所占的比例高达44.56%；蛋白质含量越高的品种，其贮藏蛋白在籽粒总蛋白中所占的比例越大，表明籽粒蛋白质含量的差异主要是由于贮藏蛋白含量的差异造成的。

不同的施氮水平下，球蛋白和谷蛋白在籽粒总蛋白中所占比例的差异均不显著；清蛋白和醇溶蛋白在籽粒总蛋白中所占的比例在N0和N300两个水平下差异达到显著水平。

从不同施氮水平下各蛋白组分在籽粒总蛋白中所占的比例变异系数分析（表7-9），随着施氮水平的提高，品种间可溶性蛋白质和贮藏蛋白质在籽粒总蛋白中所占比例的差异减小。

表7-9　不同施氮量下小麦籽粒蛋白质组分占总蛋白比例的变化　（单位：%）

施氮量（kg/hm²）	品种	清蛋白	球蛋白	清蛋白+球蛋白	醇溶蛋白	谷蛋白	醇溶蛋白+谷蛋白
0	临优145	19.11bB	11.16bB	30.28cB	24.63bB	45.09aA	69.72aA
	郑麦9023	20.12bB	12.69aA	32.81bAB	22.51cC	44.68aA	67.19bAB
	宁麦9	19.58bB	13.75aA	33.34bA	27.93aA	38.74cB	66.66cB
	宝丰949	22.31aA	13.42aA	35.73aA	23.37cBC	40.90bB	64.27cB
	CV	6.98	4.48	6.77	9.66	7.22	3.34

（续表）

施氮量（kg/hm²）	品种	清蛋白	球蛋白	清蛋白+球蛋白	醇溶蛋白	谷蛋白	醇溶蛋白+谷蛋白
	临优145	18.83bB	11.05cB	29.88cB	25.58bB	44.54aA	70.12aA
	郑麦9023	19.44abA	12.84bA	32.28bAB	23.81cC	43.92aA	67.72bAB
150	宁麦9	19.49abA	13.53abA	33.02abA	28.49aA	38.49bB	66.98bcB
	宝丰949	21.00aA	13.95aA	34.94aA	22.03dD	43.03aA	65.06cB
	CV	4.69	9.96	6.43	11.03	6.45	3.10
	临优145	19.12bB	11.71cB	30.83bB	25.13bB	44.04aA	69.17aA
	郑麦9023	18.84abA	12.80bAB	31.64bAB	25.13bB	43.23aA	68.36aAB
300	宁麦9	19.22abA	12.89bAB	32.12bAB	28.14aA	39.75bB	67.88aAB
	宝丰949	20.52aA	14.04aA	34.56aA	23.14cC	42.30aAB	65.44bB
	CV	3.85	7.40	4.97	8.13	4.40	2.37

从表7-10可见，除了郑麦9023和宁麦9号的醇溶蛋白在籽粒总蛋白中所在的比例受施氮量的影响表现为差异显著外，在不同施氮水平下，各品种籽粒中各蛋白组分在总蛋白中所占的比例的差异均不显著。各品种籽粒中可溶性蛋白质和贮藏蛋白质在籽粒总蛋白中所占的比例的差异均未达到显著水平，在3种施氮水平下，参试的4个品种可溶性蛋白质在籽粒总蛋白中所占比例的变异系数均在1.5%～2%，贮藏蛋白质在籽粒总蛋白中所占比例的变异系数均在0.5%～1%。且在不同的施氮水平下，蛋白质含量越高的品种，其贮藏蛋白质在总蛋白中所占比例的变异系数越小。这些结果说明各蛋白组分在总蛋白中所占的比例是相对稳定的，当外界环境引起蛋白质含量改变时，各蛋白组分都发生相应的改变，各蛋白组分在总蛋白中所占的比例变化不大。

表7-10 不同品种小麦籽粒蛋白质组分占蛋白质总量比例的变化 （单位:%）

品种	施氮量（kg/hm²）	清蛋白	球蛋白	清蛋白+球蛋白	醇溶蛋白	谷蛋白	醇溶蛋白+谷蛋白
	0	19.11aA	11.16aA	30.28aA	24.63aA	45.09aA	69.72aA
临优145	150	18.83aA	11.05aA	29.88aA	25.58aA	44.54aA	70.12aA
	300	19.12aA	11.71aA	30.83aA	25.13aA	44.04aA	69.17aA
	CV	0.87	3.13	1.57	1.89	1.18	0.68
	0	20.12aA	12.69aA	32.81aA	22.51bA	44.68aA	67.19aA
郑麦9023	150	19.44aA	12.84aA	32.28aA	23.81abA	43.92aA	67.72aA
	300	18.84aA	12.80aA	31.64aA	25.13aA	43.23aA	68.36aA
	CV	3.29	0.61	1.82	5.50	1.65	0.86

（续表）

品种	施氮量 （kg/hm²）	清蛋白	球蛋白	清蛋白+ 球蛋白	醇溶蛋白	谷蛋白	醇溶蛋白+ 谷蛋白
宁麦9	0	19.58aA	13.79aA	33.34aA	27.93aA	38.74aA	66.67aA
	150	19.49aA	13.53aA	33.02aA	28.49aA	38.49aA	66.98aA
	300	19.22aA	12.89aA	32.12aA	28.14aA	39.75aA	67.88aA
	CV	0.96	3.34	1.93	1.00	1.71	0.94
宝丰949	0	22.31aA	13.42aA	35.73aA	23.37aA	40.90aA	64.28aA
	150	21.00aA	13.95aA	34.94aA	22.03bA	43.03aA	65.06aA
	300	20.52aA	14.04aA	34.56aA	23.14aA	42.30aA	65.44aA
	CV	4.35	2.43	1.70	3.14	2.57	0.92

从不同施氮水平下品种间籽粒蛋白质及其组分含量的变异系数分析（表7-11），品种间蛋白质含量的差异有随着施氮量的增加而加大的趋势，说明随着施氮量的增加可以拉大品种间籽粒蛋白质含量的差距，进一步说明小麦品质的栽培可塑性。

清蛋白和球蛋白是小麦种子中的可溶性蛋白质，主要沉积在胚、糊粉层中，少部分存在于胚乳；醇溶蛋白和谷蛋白是小麦的贮藏蛋白质，存在于小麦胚乳中。随着施氮量的增加，品种间可溶性蛋白质含量的变异系数增加，贮藏蛋白质含量的变异系数减小（表7-11），说明增施氮肥可以加大品种间可溶性蛋白质含量的差距，减小贮藏蛋白质含量的差距。清蛋白和球蛋白（可溶性蛋白质）的变异系数比醇溶蛋白和谷蛋白（贮藏蛋白质）的变异系数小，说明籽粒中清蛋白和球蛋白含量相对比较稳定。

表7-11　不同施氮量下小麦籽粒蛋白质含量及其组分含量的变化　（单位:%）

施氮量 （kg/hm²）	品种	蛋白质	清蛋白	球蛋白	清蛋白+ 球蛋白	醇溶蛋白	谷蛋白	醇溶蛋白+ 谷蛋白
0	临优145	15.64aA	2.65aA	1.577aA	4.20aA	3.417aA	6.26aA	9.68aA
	郑麦9023	14.12bB	2.50aAB	1.550aA	4.08abA	2.797bB	5.55bB	8.35bB
	宁麦9	13.26cC	2.29bB	1.606aA	3.89bA	3.263aA	4.53cC	7.79cBC
	宝丰949	13.31cC	2.54aAB	1.530aA	4.07abA	2.670bB	4.68cC	7.36cC
	CV	7.89	6.15	2.12	3.11	11.83	15.37	12.20
150	临优145	16.12aA	2.69aA	1.577bA	4.26aA	3.647aA	6.35aA	10.00aA
	郑麦9023	14.57bB	2.47bAB	1.626abA	4.10abA	3.020cB	5.57bB	8.59bB
	宁麦9	13.69cC	2.35bB	1.630abA	3.98bA	3.437bA	4.65cC	8.08cB
	宝丰949	13.58cC	2.55abAB	1.697aA	4.24abA	2.673dC	5.23bB	7.90cB
	CV	8.11	5.60	3.02	3.17	13.61	13.04	10.95

（续表）

施氮量 （kg/hm²）	品种	蛋白质	清蛋白	球蛋白	清蛋白+ 球蛋白	醇溶蛋白	谷蛋白	醇溶蛋白+ 谷蛋白
	临优145	16.85aA	2.81aA	1.723abAB	4.53aA	3.690aA	6.47aA	10.16aDWA
	郑麦9023	14.70bB	2.44bcB	1.660bcAB	4.11bBC	3.260bB	5.61bB	8.87bB
300	宁麦9	14.00cB	2.39cB	1.603cB	4.00bC	3.503aAB	4.96cC	8.47bB
	宝丰949	13.86cB	2.62abAB	1.790aA	4.41aAB	2.953cC	5.39bBC	8.34bB
	CV	9.29	7.36	4.77	5.88	9.51	11.27	9.25

　　各参试品种籽粒蛋白质及其组分的含量均随施氮量的增加而提高（表7-12），进一步说明籽粒蛋白质含量的提高是各组分含量同时提高的结果。从不同施氮量下各品种籽粒蛋白质含量的变异系数分析，不同品质类型的小麦籽粒蛋白质及其组分含量的稳定性有较大差异，即使是同一品质类型的不同品种籽粒蛋白质及其组分含量的稳定性也不相同。强筋小麦的醇溶蛋白含量受施氮量的影响较大，谷蛋白含量相对比较稳定。而弱筋小麦的醇溶蛋白含量较谷蛋白含量稳定。强筋小麦和弱筋小麦蛋白质含量的差异主要是谷蛋白含量的差异造成的。强筋小麦临优145籽粒中清蛋白和谷蛋白含量相对比较稳定，施氮处理间差异不显著，但有随施氮量增加而提高的趋势；总蛋白、球蛋白和醇溶蛋白含量在不同施氮处理间差异达到显著或极显著水平。强筋小麦郑麦9023籽粒中醇溶蛋白含量可塑性较强，3种施氮处理间差异达到极显著水平，总蛋白和其他蛋白组分含量比较稳定，各施氮处理间差异不显著。弱筋小麦宁麦9号在N0和N300处理间总蛋白含量差异显著，其各蛋白组分随施氮量增加呈逐渐提高的趋势，但未达到显著水平；弱筋小麦宝丰949总蛋白和清蛋白含量随施氮量增加而呈提高趋势，但处理间差异不显著，其他蛋白组分含量处理间差异达到显著或极显著水平。

表7-12　不同品质类型小麦籽粒蛋白质含量及其组分含量的变化　（单位:%）

品种	施氮量 （kg/hm²）	蛋白质	清蛋白	球蛋白	清蛋白+ 球蛋白	醇溶蛋白	谷蛋白	醇溶蛋白+ 谷蛋白
	0	15.64bB	2.65aA	1.55bB	4.20aA	3.42bB	6.26aA	9.68aA
临优145	150	16.12bAB	2.69aA	1.58bAB	4.27aA	3.65aA	6.35aA	10.00aA
	300	16.85aA	2.81aA	1.72aA	4.53aA	3.69aA	6.47aA	10.16aA
	CV	3.75	3.03	5.76	4.04	4.10	1.63	2.42
	0	14.12bA	2.44aA	1.58aA	4.02aA	2.80cC	5.55aA	8.35bB
郑麦9023	150	14.57aA	2.47aA	1.63aA	4.10aA	3.02bB	5.57aA	8.59bAB
	300	14.70aA	2.50aA	1.66aA	4.16aA	3.26aA	5.61aA	8.87aA
	CV	2.13	1.15	2.59	0.82	7.65	0.48	3.03

（续表）

品种	施氮量 （kg/hm²）	蛋白质	清蛋白	球蛋白	清蛋白+ 球蛋白	醇溶蛋白	谷蛋白	醇溶蛋白+ 谷蛋白
宁麦9	0	13.26bA	2.29aA	1.60aA	3.89aA	3.26aA	4.53aA	7.79aA
	150	13.69abA	2.35aA	1.61aA	3.96aA	3.44aA	4.65aA	8.09aA
	300	14.00aA	2.39aA	1.63aA	4.02aA	3.51aA	4.96aA	8.47aA
	CV	2.72	2.30	0.90	1.33	3.64	4.78	4.22
宝丰949	0	13.32aA	2.54aA	1.53cB	4.07bA	2.67bB	4.68bB	7.35bA
	150	13.59aA	2.55aA	1.70bAB	4.24abA	2.68bB	5.23aA	7.91abA
	300	13.86aA	2.62aA	1.79aA	4.41aA	2.95aA	5.39aA	8.34aA
	CV	2.02	1.65	7.89	3.97	5.87	7.32	6.28

施氮量对强筋小麦和弱筋小麦籽粒蛋白质及其组分含量的动态变化有一定影响。开花后强筋小麦和弱筋小麦籽粒蛋白质含量动态变化趋势基本一致，都表现为"高-低-高"的变化特征，即在灌浆前期籽粒蛋白质含量最高，之后逐步下降，在灌浆中后期降至最低，以后又逐步升高，直至成熟。前期下降的速度较快，后期上升的速度较慢。处理之间，强筋小麦临优145和弱筋小麦宝丰949各时期蛋白质含量均表现为随施氮量增加而提高，但在整个籽粒发育过程中临优145籽粒中蛋白质含量受氮肥施用量的影响都较大，而宝丰949在籽粒发育前期受施氮量的影响较小，籽粒发育中后期受施氮量的影响较大。各时期各氮肥水平下，强筋小麦蛋白质的含量均极显著高于弱筋小麦。

从小麦籽粒发育过程中各种蛋白组分的总体变化趋势分析（图7-1、图7-2），强筋小麦临优145和弱筋小麦宝丰949各蛋白组分的变化趋势基本相同。清蛋白含量随籽粒发育进程呈逐渐降低趋势；球蛋白含量在籽粒发育过程中变化平缓；醇溶蛋白含量随籽粒发育逐渐增加，但增幅较小；谷蛋白含量呈逐渐增加趋势，在籽粒发育中期以后增幅较大。

在籽粒发育过程中各种蛋白组分的变化趋势不受施氮量处理的影响，但其绝对值均表现为随施氮量的增加而提高。

三、基施氮量对不同筋型小麦产量和品质的影响

为了明确施氮量与不同品质类型小麦的产量和品质的关系，选用强筋小麦济麦20、皖麦38和中筋小麦京冬8、中麦8共2种品质类型4个小麦品种，研究了施氮量对其产量性状和加工品质的影响。结果表明，在施氮量0~360kg/hm²的范围内，增加氮肥用量可以有效缓解叶绿素降解，抑制旗叶全氮含量降低，缓解叶片衰老，延长旗叶功能期；强筋小麦品种比中筋小麦品种旗叶叶绿素含量和氮素含量下降缓慢。籽

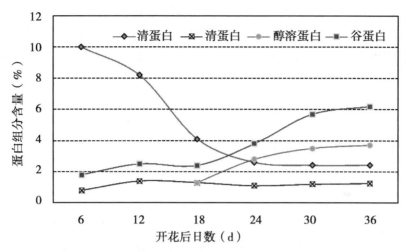

图 7-1　强筋小麦临优 145 籽粒蛋白组分含量动态变化

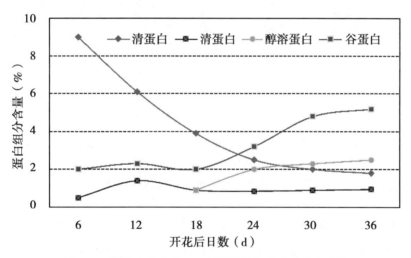

图 7-2　弱筋小麦宝丰 949 籽粒蛋白组分含量动态变化

粒产量和蛋白质产量随施氮量的增加逐渐提高，施氮 270kg/hm² 时达到最大值，增加到 360kg/hm² 时籽粒产量和蛋白质产量均开始下降。强筋小麦蛋白质产量和籽粒产量高，中筋小麦穗数、穗粒数多，千粒重高。施氮有利于籽粒出粉率、硬度、蛋白质含量和沉淀值的提高。施氮 180kg/hm² 时可以显著延长面团形成时间和稳定时间，降低吸水率，面包总体评分最高。强筋小麦籽粒硬度大，蛋白质含量、出粉率和沉淀值高，面团形成时间和稳定时间长，面包体积大、评分均高于中筋小麦。

　　施氮量对植株旗叶叶绿素含量有显著影响。各施氮处理叶绿素含量明显高于对照（N0，不施氮肥），最高值出现在旗叶展开后 14 天，之后逐渐下降，表现为处理 N360（施氮量 360kg/hm²）＞N270（施氮量 270kg/hm²）＞N180（施氮量 180kg/hm²）

>N90（施氮量 90kg/hm²）>N0（不施氮），成熟期表现为处理 N270>N360>N180>N90>N0（图 7-3）。表明在一定范围内，随施氮量的增加旗叶叶绿素含量提高，增加氮肥施用量可以有效缓解叶绿素降解，延长叶片功能期。品种间比较，各小麦品种叶绿素含量最高值均出现在旗叶展开后 14 天，然后逐渐下降，之前表现为中筋品种（京冬 8 和中麦 8）高于强筋品种（济麦 20 和皖麦 38），之后表现为强筋品种（济麦 20 和皖麦 38）高于中筋品种（京冬 8 和中麦 8）。强筋小麦在旗叶展开 14 天之前叶绿素含量较低，之后则下降缓慢，有利于后期产量和品质的提高，中筋小麦则与此相反（图 7-4）。

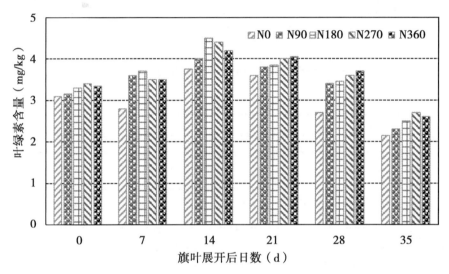

图 7-3　施氮量对旗叶叶绿素含量的影响

施氮量对不同小麦品种旗叶氮素含量有很大影响。不同施氮量比较，旗叶展开后氮素含量逐渐下降，各处理旗叶氮素量均明显高于对照，旗叶展开后 7~35 天表现为 N360>N270>N180>N90>N0（图 7-5）。在一定范内，随施氮量的增加氮素含量下降变慢，增加施氮量可以有效抑制旗叶氮素含量下降，延长叶片功能期。品种间比较，不同品种旗叶氮素含量均表现为逐渐下降趋势。旗叶展开和展开后 7 天中筋品种（京冬 8 和中麦 8）旗叶氮素含量高于强筋品种（济麦 20 和 38），从旗叶展开 14 天开始表现为强筋品种高于中筋品种（图 7-6），可见强筋小麦品种在旗叶展开初期氮素含量比中筋小麦低，但后期旗叶氮素含量下降缓慢，有效缓解了叶片衰老，延长了旗叶功能期，中筋品种与此相反。

施氮量对不同小麦品种产量因素有重要影响，由表 7-13 可见，按照施氮因素的独立效应分析，各品种的穗数、穗粒数、籽粒产量和蛋白质产量均高于对照，且随施氮量的增加逐渐提高，穗粒数在施氮 180kg/hm² 时达到最高值，其他 3 项在施氮

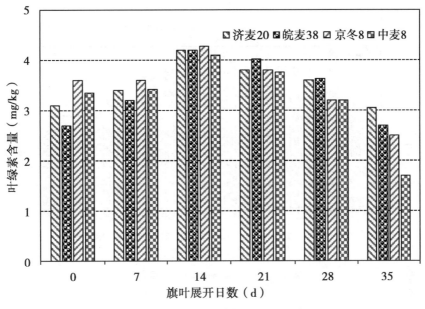

图 7-4　不同品种旗叶叶绿素含量变化

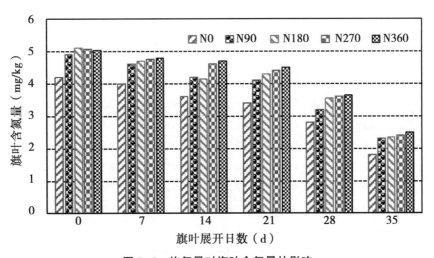

图 7-5　施氮量对旗叶含氮量的影响

270kg/hm² 时达到最高值，当施氮量增加到 360kg/hm² 时开始下降，表明施氮处理能有效增加小麦穗数、穗粒数，提高籽粒产量和蛋白质产量，施氮 270kg/hm² 是改善各产量因素的最适施氮量，施氮过量则不利于各产量因素的提高，还会造成肥料浪费和环境污染。品种间比较，不同氮肥用量对四个小麦品种各产量因素均有显著影响：济麦 20 蛋白质产量最高；皖麦 38 籽粒产量最高；京冬 8 的穗数和千粒重最高；中麦 8 穗粒数最多。

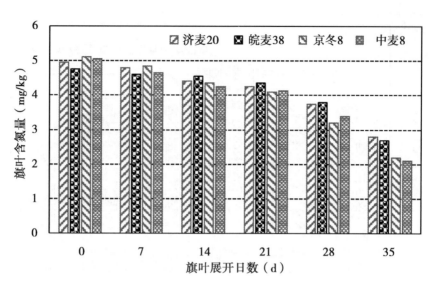

图 7-6　不同品种旗叶含氮量变化

表 7-13　施氮量对产量因素的影响

处理		穗数 （万/hm²）	穗粒数 （粒）	千粒重 （g）	籽粒产量 （kg/hm²）	蛋白质产量 （kg/hm²）
施氮量	N0	619.95a	34.37a	42.14a	6 774.48b	871.35b
	N90	634.95a	35.08a	42.15a	8 017.49a	1 153.90a
	N180	677.55a	36.13a	41.39a	8 049.15a	1 160.90a
	N270	705.75a	35.19a	41.66a	8 194.04a	1 224.00a
	N360	658.80a	35.78a	41.62a	8 073.70a	1 200.80a
品种	济麦20	670.95ab	35.27b	42.11ab	7 839.02a	1 186.50a
	皖麦38	654.00ab	34.97b	41.82b	8 019.50a	1 171.25a
	京冬8	712.95a	29.27c	42.79a	7 583.74a	1 071.10b
	中麦8	604.95b	41.72a	40.43c	7 844.83a	1 059.77b
F 值						
施氮量		1.52	1.06	0.011	7.98**	48.37**
品种		2.87	73.66**	0.11	0.93	12.83**
施氮量×品种		0.7	0.80	79.14**	2.51*	0.97

　　注：N0、N90、N180、N270、N360 分别表示每公顷施氮 0kg、90kg、180kg、270kg、360kg。表 7-14、表 7-15 同

　　由表 7-13 还可以看出，不同氮肥处理对籽粒产量和蛋白质产量的调控作用达到极显著水平，而对产量构成三因素的调控效果均不显著；品种间穗粒数和蛋白质产量差异显著，不同施氮量和品种的互作效应对千粒重、籽粒产量均有显著影响。

施氮量对不同小麦品种一次加工品质有重要影响。由表 7-14 可见，各施氮处理的出粉率、硬度和籽粒蛋白质含量均显著高于对照，N270 处理的硬度和蛋白质含量最高；N360 处理的出粉率最高；容重则表现为不施氮处理 N0 最高。品种间比较，济麦 20 硬度最大、蛋白质含量最高；皖麦 38 出粉率最高；京冬 8 的容重最高。籽粒蛋白质含量对氮肥调控反应敏感，其他一次加工品质指标受氮素调控不明显；品种间出粉率、硬度和蛋白质含量差异显著；氮肥和品种的互作效应对一次加工品质指标影响较大。

施氮量对不同小麦品种二次加工品质也有重要影响，由表 7-15 可以看出，不同施氮量处理比较，施氮 180kg/hm² 可以显著延长面团形成时间和稳定时间，改善小麦二次加工品质；随施氮量的增加沉淀值增大，施氮 360kg/hm² 处理最高（37.56），面包体积达到最大值，而施氮量为 180kg/hm² 时面包评分最高，可见在一定范围内增加施氮量可以增加面包体积、提高面包评分，但不施氮肥和施氮量过高（360kg/hm²）均不利于改善面包烘焙品质。品种间比较，不同小麦品种的沉淀值、面团形成时间和稳定时间、面包体积、面包评分由高到低依次为济麦 20、皖麦 38、京冬 8、中麦 8，并差异显著。湿面筋含量和吸水率则表现为由高到低依次是京冬 8、皖麦 38、济麦 20、中麦 8。

沉淀值和湿面筋含量受氮素调控显著；二次加工品质各项指标受小麦品种遗传特性以及氮肥和品种互作效应影响显著。

表 7-14　施氮量对一次加工品质的影响

处理		容重 （g/L）	出粉率 （%）	硬度	蛋白质含量 （%）
施氮量	N0	804.94a	61.2b	63.65b	12.84b
	N90	799.48c	62.09ab	62.36a	14.42a
	N180	800.92bc	62.53a	62.27a	14.42a
	N270	799.27c	62.58a	62.56a	14.95a
	N360	803.52ab	62.78a	62.33a	14.89a
品种	济麦 20	798.54b	63.72b	63.46a	14.14b
	皖麦 38	805.83a	64.7a	61.4b	14.58b
	京冬 8	806.92a	57.25c	62.04b	15.06a
	中麦 8	795.21b	63.27b	63.1a	13.45c
		F 值			
施氮量	A	0.04	0.47	2.42	10.91**
品种	B	0.28	4.95*	87.3**	8.75**
施氮量×品种	A×B	83.71**	3.28**	2.82**	3.76**

施氮量对不同小麦品种二次加工品质有重要影响。由表 7-15 可见，不同施氮量比较，施氮 180kg/hm² 可以显著延长面团形成时间和稳定时间，降低吸水率，提高小麦加工品质；随施氮量的增加沉淀值增大，处理 A4 最高（37.56ml）；面包体积在施氮量为 360kg/hm² 达到最大值（719.79ml），而施氮量为 180kg/hm² 时面包评分最高，可见在一定范围内增加施氮量可以改善面包烘焙品质，增加面包体积，提高面包评分。湿面筋含量也表现为受氮素调控显著；品种间比较，不同小麦品种的沉淀值、面团形成时间和稳定时间、面包体积、面包评分由高到低依次为济麦 20、皖麦 38、京冬 8、中麦 8，差异显著。湿面筋含量和吸水率则表现为由高到低依次是京冬 8、皖麦 38、济麦 20、中麦 8。综合分析表明，二次加工品质指标受小麦品种遗传特性、氮肥处理和氮肥×品种互作效应影响显著。

表 7-15　施氮量对二次加工品质的影响

处理		沉淀值（ml）	湿面筋（%）	吸水率（%）	形成时间（min）	稳定时间（min）	面包体积（ml）	面包评分（分）
施氮量	N0	33.53c	30.11b	58.76bc	6.58c	18.28a	662.75c	75.13b
	N90	35.05bc	36.03a	58.41c	8.09b	15.79b	688.58bc	79.42a
	N180	37.02a	34.79a	58.43c	10.89a	19.95a	700.58ab	80.92a
	N270	36.65ab	35.9a	59.31a	7.45b	19.11a	686.67bc	80.08a
	N360	37.56a	35.84a	59.14ab	10.43a	19.43a	719.79a	78.17ab
品种	济麦 20	40.63a	31.67c	57.17b	13.89a	29.77a	803.4a	91.23a
	皖麦 38	39.04b	36.18b	60.75a	8.89b	22.52b	706.2b	83.17b
	京冬 8	36.28c	40.10a	60.97a	9.34b	16.35c	669.0c	76.43c
	中麦 8	27.90d	30.19c	56.35c	2.63c	5.41d	588.1d	64.13d
F 值								
施氮量		6.65**	9.48**	2.92	0.397	0.462	1.78	2.84
品种		97.83**	37.79**	125.58**	2.98*	22.92**	31.36**	84.72**
施氮量×品种		2.59*	2.68**	4.33**	239.57**	29.76**	60.57**	4.82**

综上所述，研究表明施氮量对不同小麦品种部分生理指标有重要影响。旗叶是小麦后期冠层的主要构成者，其对籽粒产量的贡献可达 40% 以上，而后期功能叶片的光合产物对籽粒的贡献可达 80% 以上。在一定范围内，施氮可以增加旗叶叶绿素相对含量。通过试验表明，在施氮量为 0～360kg/hm² 的范围内，增加氮肥施用量可以有效缓解叶绿素降解，延长叶片功能期。强筋小麦旗叶展开后期叶绿素含量则下降缓慢，抑制了叶片衰老，中筋小麦则相反，这主要是不同品质类型的小麦遗传

因素造成的。研究明确了施氮量对不同品质类型小麦旗叶叶绿素含量的影响,对指导生产具有应用价值。旗叶全氮含量变化规律是衡量小麦生育后期旗叶功能期长短的重要指标之一,叶片养分含量明显受氮素的调控,叶片氮素含量随氮量增加而提高。增加施氮量可以有效抑制旗叶氮素含量下降,延长叶片功能期。强筋小麦品种在旗叶展开初期氮素含量比中筋小麦低,但后期旗叶氮素含量下降缓慢,有效缓解了叶片衰老。

施氮量对各产量因素均有影响,在施氮 0~360kg/hm² 范围内,穗数、穗粒数、籽粒产量和蛋白质产量随施氮量的增加逐渐提高,施氮 270kg/hm² 时达到最高值,当增加到 360kg/hm² 时均开始下降。品种间各产量因素的差异除受施氮调控以外,还与其品种自身的遗传特性有关。不同氮肥用量对 4 个小麦品种各产量因素有显著影响,济麦 20 蛋白质产量最高;皖麦 38 籽粒产量最高;京冬 8 的穗数和千粒重最高;中麦 8 穗粒数最多。穗粒数、籽粒产量和蛋白质产量对氮素调控反应敏感,品种间穗粒数和蛋白质产量差异显著,不同施氮量和品种的互作效应对千粒重、籽粒产量均有显著影响。

加工品质分为一次加工品质和二次加工品质,其中一次加工品质包括出粉率、容重、籽粒硬度、面粉白度和灰分含量等。二次加工品质主要包括面筋含量、面筋质量、吸水率、面团形成时间、稳定时间、沉淀值、软化度、评价值等多项指标。小麦品质性状受氮素调控差异显著,同时因小麦品质类型的差异表现不同。增施氮肥能够提高面粉的沉淀值、湿面筋含量、提高面团吸水率、稳定时间、形成时间、面包体积和面包评分。本研究明确了施氮处理对不同品质类型小麦一次加工品质和二次加工品质的影响,试验结果表明,施氮有利于籽粒出粉率、硬度和蛋白质含量的提高。济麦 20 硬度最大、蛋白质含量最高;皖麦 38 出粉率最高;京冬 8 的容重最高。籽粒蛋白质含量对氮肥调控反应敏感;品种间出粉率、硬度和蛋白质含量差异显著;氮肥和品种的互作效应对各籽粒品质指标影响较大。高氮处理可以增加沉淀值,施氮 180kg/hm² 可以显著延长面团形成时间和稳定时间,提高小麦加工品质。面包体积在施氮量为 360kg/hm² 时达到最高值,而施氮量为 180kg/hm² 时面包总体评分最高,可见在一定范围内增加施氮量可以增加面包体积,提高面包评分。试验品种间比较,沉淀值、面团形成时间和稳定时间、面包体积、面包评分存在很大差异,由高到低依次为济麦 20、皖麦 38、京冬 8、中麦 8,且差异显著。湿面筋含量和吸水率则表现为由高到低依次是京冬 8、皖麦 38、济麦 20、中麦 8。沉淀值和湿面筋含量受氮素调控显著;各加工品质指标受小麦品种遗传特性和氮肥×品种互作效应影响显著。生产中可以根据需要通过选良种和合理施肥的方式改善小麦加工品质,同时节约肥料,减少环境污染。各品种间比较,京冬 8 的容重和蛋白质含量最高,皖麦 38 出粉率最高,济麦 20 硬度最大。施氮量控制在 180~270kg/hm² 的范围内，可以有效提高产量和改善小麦品质。

四、追施氮量对不同筋型小麦产量和品质的调节

以不同品质类型的 4 个小麦品种为试验材料，采用二因素随机区组设计，研究品种和氮肥运筹对产量和品质的影响。结果表明，在底肥相同的条件下，在一定范围内增加追施氮肥，产量显著提高。增施氮肥可显著提高各品种籽粒蛋白质含量。除吸水率外，不同品种各项品质指标均随施氮量增加而提高或改善，处理间差异显著。增加追施氮肥处理的拉伸度、拉伸面积、面包体积和面包评分均显著优于未追施氮肥的处理。籽粒蛋白质含量与其他 14 项品质指标呈正相关。吸水率、沉淀值、形成时间、稳定时间、拉伸阻力、拉伸比值、最大拉伸阻力、最大拉伸比值、拉伸面积、面包体积、面包评分等 11 项指标间存在显著或极显著的正相关关系。强筋小麦品种并非各项品质性状均优于中筋小麦品种。

试验为 2 因素随机区组设计，A 因素为不同品质类型小麦品种，A1 为京冬 8 号（中筋），A2 为石 4185（中筋），A3 为济麦 20（强筋），A4 为皖麦 38（强筋）。B 因素为氮肥处理，B1 为底施氮素 120kg/hm²，B2 为底施氮素 120kg/hm² + 追施氮素 120kg/hm²，B3 为底施氮素 120kg/hm² + 追施氮素 240kg/hm²，追肥时期统一在拔节期（春 5 叶）。播种前施入 P_2O_5 及 K_2O 各 120kg/hm²；基本苗为 225 万/hm²，

试验结果表明，不同品种的籽粒产量、蛋白质含量和面团品质差异均极显著（表 7-16），籽粒产量以中筋品种石 4185 最高，显著高于皖麦 38；强筋品种济麦 20 产量高于中筋品种京冬 8，可见在相同条件下并非中筋品种的产量一定高于强筋品种。蛋白质含量以济麦 20 最高，极显著高于其他 3 个品种。济麦 20 的湿、干面筋含量均显著高于京冬 8 和皖麦 38，与石 4185 差异不显著。值得注意的是本试验中京冬 8 的蛋白质含量与皖麦 38 差异不显著，但其吸水率、沉淀值、形成时间、稳定时间均显著低于皖麦 38，可见其蛋白质的质量较差；石 4185 湿、干面筋含量显著高于皖麦 38，并与济麦 20 差异不显著，但吸水率、沉淀值、形成时间、稳定时间均显著低于皖麦 38 和济麦 20，可见强筋小麦并非各项品质指标均优于中筋小麦。

在底肥相同的条件下，增加追施氮量，产量显著提高（表 7-16），其中以 B2（底施氮素 120kg/hm² + 追施氮素 120kg/hm²）产量最高，但与 B3（底施氮素 120kg/hm² + 追施氮素 240kg/hm²）差异不显著。可见过多追施氮肥对提高产量是不利的。除吸水率外，不同施氮处理的各项品质指标均随追氮量增加而提高，处理间差异显著。B3 处理吸水率显著高于其他两个处理，B2 和 B1（底施氮素 120kg/hm²）差异不显著，可见增加追施氮肥对提高籽粒蛋白质含量和改善面团品质均有良好效果。

表 7-16　不同品种和施肥处理对籽粒产量蛋白质及面团品质的影响

处理	产量 （kg/hm^2）	粗蛋白 （%）	湿面筋 （%）	干面筋 （%）	吸水率 （%）	沉淀值 （ml）	形成时间 （min）	稳定时间 （min）
A1	6 218abA	14.4bcB	33.6cC	12.2cC	61.4bB	36.2cC	4.3cC	6.2cC
A2	6 396aA	14.3cB	43.3aA	15.8aA	61.8bB	32.3dD	3.4dD	2.9dD
A3	6 348aA	15.8aA	44.5aA	15.3aA	66.5aA	45.7aA	10.1aA	22.0aA
A4	6 029bA	14.8bB	37.9bB	13.2bB	65.6aA	42.2bB	8.8bB	18.2bB
B1	6 095bA	13.9cC	38.2bB	13.2bB	63.4bA	36.5bB	5.1cB	11.5bB
B2	6 339aA	15.0bB	39.8abAB	14.3abA	63.3bA	40.3aA	7.1bA	12.2abAB
B3	6 308abA	15.6aA	41.5aA	14.9aA	64.7aA	40.4aA	7.7aA	13.2aA

不同品种和不同施氮处理（组合）对籽粒产量、蛋白质含量及面团品质均有显著影响（表 7-17）。以 A3B2（济麦 20，底施和追施氮素各 120kg/hm^2）产量最高，显著高于 A1B1（京冬 8 号，底施 20kg/hm^2，不追施氮素）、A3B1（济麦 20，底施 20kg/hm^2，不追施氮素）、A4B2（皖麦 38，底施和追施氮素各 120kg/hm^2）和 A4B3（皖麦 38，底施 120kg/hm^2，追施氮素 240kg/hm^2）。除石 4185 外，其余品种追肥处理间产量差异显著。不同品种籽粒蛋白质含量均随追氮量增加逐渐提高，以 A3B3（济麦 20，底施氮素 120kg/hm^2，追施氮素 240kg/hm^2）处理最高。湿、干面筋含量及吸水率也表现出相似的趋势。沉淀值除济麦 20（A3）外，其余品种亦均表现为随追氮量增加逐渐提高，面团形成时间不同处理间差异显著，不同品种的施肥处理效果有差异，如京冬 8 不同施肥处理间差异不显著，石 4185（B3）处理的形成时间显著长于其他两个处理，济麦 20（A3）和皖麦 38（A4）不同施肥处理差异均显著。稳定时间不同处理间差异显著。

表 7-17　不同处理对籽粒产量、蛋白质及面团品质的影响

处理	产量 （kg/hm^2）	粗蛋白 （%）	湿面筋 （%）	干面筋 （%）	吸水率 （%）	沉淀值 （ml）	形成时间 （min）	稳定时间 （min）
A1B1	5 975cdAB	13.8fgEF	32.0eE	11.4fD	60.9cB	34.1eDE	4.5eDE	6.6eE
A1B2	6 407abcAB	14.8cdeCDE	33.8eDE	12.2efCD	60.9cB	37.0dCD	4.1eDE	6.6eE
A1B3	6 270abcdAB	15.2cdBCD	35.1deDE	13.0deCD	62.4cB	37.4dC	4.3eDE	5.4eEF
A2B1	6 197abcdAB	13.3gF	42.4abABC	15.0bcAB	61.8cB	30.2fF	3.2fE	2.8fF
A2B2	6 474abcAB	14.5defCDE	41.7abABC	15.8abA	61.0cB	33.2eEF	3.2fE	2.6fF
A2B3	6 518abAB	15.2cdBCD	45.7aA	16.8aA	62.5cB	33.5eE	3.8eDE	3.2fF

（续表）

处理	产量 （kg/hm²）	粗蛋白 （%）	湿面筋 （%）	干面筋 （%）	吸水率 （%）	沉淀值 （ml）	形成时间 （min）	稳定时间 （min）
A3B1	6 074bcdAB	14.3efCDEF	42.5abABC	13.7dBC	65.6bA	42.9bcB	4.9eD	18.7cBC
A3B2	6 608aA	16.0bAB	45.3aAB	16.3abA	66.1abA	49.1aA	13.4aA	24.7aA
A3B3	6 363abcdAB	17.0aA	45.7aA	15.9abA	67.1aA	45.2bB	10.8cB	22.4bA
A4B1	6 134abcdAB	14.1efgDEF	35.7cdeDE	12.7deCD	65.3bA	39.0dC	7.9dC	17.8cCD
A4B2	5 871dB	14.9cdeCDE	38.3bcdCD	13.0deCD	65.3bA	42.5cB	7.8dC	15.0dD
A4B3	6 081bcdAB	15.4bcBC	39.5bcBCD	13.8cdBC	66.1abA	45.2bB	10.8cB	21.7bAB

粗蛋白、沉淀值、面团形成时间和稳定时间的品种和施肥处理交互作用显著，从表 7-17 中可见，各品种均以 B3 施肥处理的粗蛋白含量最高，但施肥处理间的差异显著性不同。除济麦 20（A3）沉淀值以 B2 处理最高外，其余品种均以 B3 处理最高。除京冬 8（A1）施肥处理间形成时间差异不显著外，其余品种施肥处理间差异均显著，但程度有所不同。京冬 8（A1）和石 4185（A2）的稳定时间施肥处理间差异不显著，另 2 个品种的施肥处理间差异显著。

不同品种的加工品质指标差异显著（表 7-18），除拉伸度外，济麦 20（A3）和皖麦 38（A4）的各项拉伸指标和面包烘焙品质均极显著优于京冬 8（A1）和石 4185（A2），其中皖麦 38 的拉伸阻力和拉伸比值及最大拉伸比值显著大于济麦 20；京冬 8 的拉伸阻力、拉伸比值、最大拉伸阻力、最大拉伸比值均显著大于石 4185，但石 4185 的面包体积显著大于京冬 8，可见，一些品质指标在强筋或中筋小麦品种间亦有显著差异。不同施肥处理间加工品质指标除拉伸阻力外，均有显著差异，但 B2 与 B3 除最大拉伸阻力和最大拉伸比值外均无显著差异。

表 7-18　不同品种和施肥处理对拉伸及烘焙品质的影响

处理	拉伸阻力 （EU）	拉伸 比值	最大 拉伸阻力 （EU）	最大拉伸 比值	拉伸度 （mm）	拉伸面积 （cm²）	面包体积 （cm³）	面包评分 （分）
A1	318.3cC	1.9cC	366.1bB	2.1cC	174.1cC	93.6bB	606.7cB	70.8bB
A2	200.2dD	0.9dD	257.2cC	1.1dD	233.1aA	91.2bB	627.2bB	70.2bB
A3	445.6bB	2.2bB	819.1aA	4.0bB	206.1bB	210.6aA	750.3aA	82.6aA
A4	500.7aA	2.7aA	846.5aA	4.6aA	186.0cC	203.4aA	761.7aA	84.3aA
B1	376.7aA	2.1aA	550.0bB	3.1aA	186.8bB	131.8bB	660.8bB	75.0bB
B2	362.7aA	1.8bB	598.8aA	3.0aAB	203.3aA	158.6aA	692.1aA	77.7aA
B3	359.3aA	1.8bB	567.2bAB	2.8bB	209.4aA	158.7aA	706.5aA	78.1aA

从表7-19可见，不同处理的面团拉伸试验和面包烘焙品质指标均有显著差异，其中济麦20和皖麦38的各施肥处理的拉伸阻力、最大拉伸阻力、最大拉伸比值和拉伸面积均显著大于京冬8和石4185的各施肥处理。济麦20和皖麦38的各施肥处理的拉伸比值亦显著大于除A1B1外的其余处理。不同处理拉伸度的变化小于其他指标，处理间亦有显著差异。

拉伸面积、拉伸比值、面包体积和面包评分的品种和施肥处理交互作用显著，济麦20（A3）的拉伸面积B3和B2显著大于B1，皖麦38的拉伸面积B3显著大于B1，其余2个品种的施肥处理间差异不显著。拉伸比例和面包体积除石4185（A2）外，其余3品种施肥处理间差异均显著。各品种不同施肥处理间的面包评分差异均显著，但程度有所不同。

表7-19 不同处理对拉伸及烘焙品质的影响

处理	拉伸阻力（EU）	拉伸比值	最大拉伸阻力（EU）	最大拉伸比值	拉伸度（mm）	拉伸面积（cm²）	面包体积（cm³）	面包评分（分）
A1B1	330.0dD	2.1cC	357.3dC	2.2eD	162.7eC	96.7eD	552.5eD	65.8eD
A1B2	323.7dD	1.8dcC	379.3dC	2.1eD	176.7deC	92.3eD	618.3dC	72.5cdC
A1B3	301.3dD	1.7dC	364.7dC	2.0eD	183.0deC	91.7eD	649.2dC	74.0cC
A2B1	180.3eE	0.8eD	241.7eD	1.1fE	226.7bcA	80.3eD	622.5dC	69.3dCD
A2B2	206.0eE	0.9eD	278.0eD	1.2fE	228.7abA	92.0eD	624.2dC	71.0cdC
A2B3	214.3eE	0.9eD	252.0eD	1.0fE	244.0aA	101.3eD	635.0dC	70.2dCD
A3B1	478.7abABC	2.6bB	771.3cB	4.2bcBC	185.7deBC	167.7dC	738.3bcB	82.7bAB
A3B2	436.0bcBC	2.0cC	882.7aA	4.1cdBC	216.7bcAB	241.3aA	759.2abcAB	83.5abAB
A3B3	422.0cC	2.0cC	803.3bcAB	3.7dC	216.0bcAB	222.7abAB	753.3bcAB	81.5bB
A4B1	517.7aA	3.0aA	829.7abcAB	4.8aA	172.0deC	182.7cdBC	730.0cB	82.2bAB
A4B2	485.0aAB	2.6bB	858.3abA	4.5abAB	191.3dBC	208.7bcAB	766.7abAB	83.8abAB
A4B3	499.3aA	2.6bB	848.7abAB	4.4bcAB	194.7cdBC	219.0abAB	788.5aA	86.8aA

通过对不同品质指标的相关性分析（表7-20）可见，籽粒蛋白质含量与其他14项品质指标呈正相关，其中与吸水率、形成时间、稳定时间、拉伸面积相关显著，与沉淀值相关极显著，可认为是最重要的品质指标。其他品质指标之间除存在少数微弱负相关外，均呈正相关。

施氮运筹对产量和品质调节效应的研究很多，有研究认为，施氮量由120kg/hm²增加至240kg/hm²，籽粒蛋白质含量增加，面团稳定时间降低。也有试验认为在施氮量120~180kg/hm²范围内，籽粒蛋白质含量、干面筋含量、沉淀值和稳定时间、粉质

表7-20 不同品质指标的相关系数

品质性状	粗蛋白	湿面筋	干面筋	吸水率	沉淀值	形成时间	稳定时间	拉伸阻力	拉伸比值	最大拉伸阻力	最大拉伸比值	拉伸度	拉伸面积	面包体积	面包评分
粗蛋白	1														
湿面筋	0.46	1													
干面筋	0.46	0.94**	1												
吸水率	0.59*	0.45	0.23	1											
沉淀值	0.69**	0.28	0.11	0.88**	1										
形成时间	0.68*	0.32	0.23	0.84**	0.90**	1									
稳定时间	0.56*	0.29	0.08	0.94**	0.95**	0.91**	1								
拉伸阻力	0.31	-0.1	-0.32	0.81**	0.82**	0.71**	0.88**	1							
拉伸比值	0.12	-0.34	-0.55	0.65*	0.66*	0.54	0.74**	0.96**	1						
最大拉伸阻力	0.46	0.17	-0.04	0.93**	0.91**	0.85**	0.96**	0.95**	0.83**	1					
最大拉伸比值	0.31	-0.01	-0.23	0.86**	0.84**	0.76**	0.91**	0.99**	0.92**	0.98**	1				
拉伸度	0.27	0.86**	0.95**	0.01	-0.14	0	-0.17	-0.53	-0.72**	-0.26	-0.43	1			
拉伸面积	0.61*	0.36	0.18	0.95**	0.93**	0.94**	0.96**	0.84**	0.68*	0.96**	0.89**	-0.04	1		
面包体积	0.54	0.4	0.21	0.95**	0.87**	0.80**	0.88**	0.81**	0.63*	0.92**	0.86**	0.02	0.93**	1	
面包评分	0.49	0.26	0.06	0.92**	0.89**	0.79**	0.90**	0.88**	0.73**	0.95**	0.91**	-0.13	0.92**	0.98**	1

质量指数均随施氮量的增加而提高。本研究表明在底施氮素（120kg/hm²）相同的条件下，随拔节期追施氮素数量增加，蛋白质含量、面筋含量、沉淀值、面团形成时间、稳定时间、拉伸度、面包体积、面包评分等指标均有所提高，但产量以追施氮素120kg/hm²的处理最高，与仅施底肥不追施氮素的处理差异显著，与追施氮素240kg/hm²的处理无明显区别，可见提高产量与改善品质对氮肥的反应并不同步，对改善品质的施氮量往往多于提高产量的施氮量。随施氮量增加，面团品质和烘焙品质性状的改善主要与蛋白质含量的提高有关。强筋小麦品种在相同施氮处理下主要品质指标均显著优于中筋品种，明显表现出品质的基因型效应，但适当增施氮肥均可改善不同品质类型小麦的品质，不同的施氮处理还可使中筋小麦品种某些品质指标优于强筋小麦品种，表现出小麦品质的栽培可塑性。

有研究认为总蛋白质、贮藏蛋白、谷蛋白、HMW-GS 和 LMW-GS 含量均与面团形成时间、稳定时间和沉淀值呈显著或极显著正相关。面筋指数与面包体积和面包评分均呈极显著正相关。本试验结果表明总蛋白与所测定的其余 14 项品质指标均呈正相关，其中与吸水率、沉淀值、面团形成时间、稳定时间、拉伸面积相关显著或极显著。由于测定的品质指标较多，试验条件、品种类型有差别，各品质指标之间的相关性在不同试验中不尽相同。在很多试验中表明蛋白质含量与多数加工品质指标呈正相关，随着品质检测技术的提高，测定的品质指标越来越多，但是蛋白质含量仍然是最重要的品质指标之一。本试验中面团稳定时间与拉伸阻力、拉伸比值、最大拉伸阻力、最大拉伸比值、拉伸面积、面包体积、面包评分均呈极显著的正相关，尤其对烘焙品质影响很大，表明面团稳定时间是十分重要的加工品质指标。在综合平衡试验条件、时间、经费等多种因素时，可考虑挑选相关性最强的品质指标进行检测。一般研究和生产中应以测定籽粒蛋白质含量、沉淀值、面团稳定时间等为主要的品质指标。

五、追氮时期对小麦生理指标及产量品质的影响

研究表明，生产中常用的普通小麦旗叶叶绿素含量在旗叶展开后的 35 天内呈现出一个先升后降的抛物线型变化，其中以旗叶展开 21 天左右叶绿素含量最高，到旗叶展开 28 天后迅速下降（图 7-7），其理论方程为 $Y = -0.1109X^2 + 0.5782X + 3.1862$（$R^2 = 0.8846$）。

不同时期追施氮素对小麦旗叶叶绿素含量有显著影响。由表 7-21 可知，春 2 叶、春 3 叶和春 4 叶追肥处理的叶绿素含量在旗叶展开 21 天时达到最大值，之后呈逐渐下降趋势，而春 5 叶、春 6 叶和开花期追肥处理的叶绿素含量在旗叶展开 28 天时达到最大值，28 天后明显下降。在前 3 个处理中，春 4 叶追肥处理的叶绿素含量一直保持较高的水平；在后 3 个处理中，开花期追肥处理的叶绿素含量在追肥以后一直保

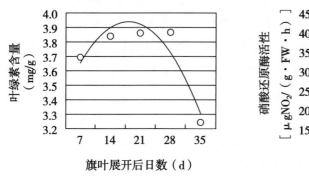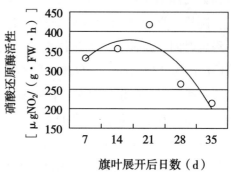

图 7-7 小麦旗叶叶绿素含量和硝酸还原酶活性的动态变化

持在最高。说明追氮有利于延缓旗叶的衰老，延长其功能期，前期处理以春 4 叶追氮为佳，后期处理以开花期追氮最好。追氮时期对旗叶硝酸还原酶活性有很大影响，由图 7-7 可见，自旗叶展开后，各处理的硝酸还原酶活性的变化趋势与叶绿素相似，在旗叶展开 21 天时达到最高，其后迅速下降，总体亦呈抛物线型变化，其理论方程为 $Y = -25.946X^2 + 123.31X + 231.75$（$R^2 = 0.795$）。从表 7-21 分析可知，所有处理的硝酸还原酶活性均在 14 天左右达到最大值，这时正处于开花期。前期 3 个处理对旗叶硝酸还原酶活性的影响表现为春 4 叶追肥处理>春 3 叶追肥处理>春 2 叶追肥处理；后期 3 个处理对旗叶硝酸还原酶活性的影响表现为开花期追肥处理>春 6 叶追肥处理>春 5 叶追肥处理。在旗叶展开后 28~35 天，春 2 叶（展开）、春 3 叶（展开）和春 4 叶（展开）追肥处理的硝酸还原酶活性呈下降趋势，而春 5 叶（展开）、春 6 叶（展开）和开花期追肥处理的硝酸还原酶活性在此时仍能保持在一个相对较高的水平，其中以开花期追肥处理最为突出。这表明后期追氮，尤其是开花期追氮，有利于旗叶硝酸还原酶活性处于一个较高的水平，并且使活性保持相对较长的时间。

表 7-21　不同追氮时期的小麦旗叶叶绿素含量和硝酸还原酶活性测定结果

挑旗后日数 (d)	叶绿素含量（mg/g）						硝酸还原酶活性 [$\mu gNO_2 / (g \cdot FW \cdot h)$]					
	tr1	tr2	tr3	tr4	tr5	tr6	tr1	tr2	tr3	tr4	tr5	tr6
7	3.690	3.675	3.699	3.710	3.743	3.642	327.1	317.8	327.6	337.9	346.9	326.2
14	3.812	3.837	3.845	3.844	3.850	3.851	328.6	355.9	362.7	364.5	373.6	346.5
21	3.789	3.922	3.865	3.814	3.862	3.917	399.0	400.4	415.4	424.6	429.4	434.6
28	3.735	3.807	3.858	3.875	3.916	4.002	228.0	224.0	249.0	273.4	288.5	319.0
35	3.247	3.104	3.298	3.282	3.161	3.371	199.1	204.0	198.6	199.5	209.9	275.9
均值	3.656	3.669	3.713	3.705	3.706	3.757	296.4	300.4	310.7	320.0	329.7	340.4

　　注：tr1、tr2、tr3、tr4、tr5、tr6 分别表示在春 2 叶、春 3 叶、春 4 叶、春 5 叶、春 6 叶和开花期追施氮肥，下表同

追氮时期对小麦籽粒总蛋白质及其组分含量有显著的影响。从表7-22可以看出，小麦籽粒总蛋白质的含量随着追氮时期的后移而增加。追氮时期与籽粒总蛋白质的含量呈显著正相关。拟合方程为：$Y = 0.0015X + 0.1508$（$R^2 = 0.9575$）。籽粒中各蛋白组分含量随施氮时期的后移而呈上升趋势。除清蛋白外，其他籽粒蛋白组分的含量在不同处理间均存在显著差异。后期三个处理的球蛋白和醇溶蛋白含量要高于前3个时期处理。由此可见，籽粒总蛋白质及组分的含量均随着追氮时期的后移而增加。

表7-22　追氮时期对小麦籽粒总蛋白质及其组分含量的影响　　（单位：%）

追氮时期	总蛋白	清蛋白	球蛋白	醇溶蛋白	谷蛋白
春2叶	15.26cC	2.85aA	1.65bBC	3.76cBC	5.27cA
春3叶	15.41bcBC	2.77aA	1.62bC	3.73cC	5.35bcA
春4叶	15.44cBC	2.82aA	1.56bBC	3.72cC	5.66abA
春5叶	15.75abAB	2.82aA	1.86aA	3.82cBC	5.62abcA
春6叶	15.81abAB	2.89aA	1.81aAB	4.07bB	5.82aA
开花期	16.05aA	2.90aA	1.81aAB	4.47aA	5.39bcA

注：供试品种济麦20

追氮时期对小麦产量及相关指标有显著影响。由表7-23可以看出，籽粒产量有两个高峰，从春2叶追氮处理到春4叶追氮处理呈递增趋势，第一个产量高峰出现在春4叶追氮处理；从春5叶追氮处理到开花期追氮处理的籽粒产量递增，在开花期追氮处理出现第2个产量高峰。蛋白质产量与籽粒产量的变化趋势一致。千粒重、容重和穗粒数对于追氮时期反应不尽相同。综合分析，开花期追施氮肥有利于籽粒产量和籽粒蛋白质产量的协同提高。

表7-23　不同追氮时期的小麦产量及其构成

处理	穗粒数（个）	千粒重（g）	容重（g/L）	籽粒产量（kg/m²）	蛋白质产量（kg/m²）
春2叶	58.7b	31.4c	731.9c	5 037.8c	758.1c
春3叶	61.1b	34.5a	757.2a	5 381.2b	823.6a
春4叶	64.2a	34.1a	750.3ab	5 530.4a	838.8a
春5叶	59.3b	32.0bc	734.5bc	5 097.5c	791.9b
春6叶	59.6b	33.2ab	746.5abc	5 246.8b	818.4ab
开花期	57.3b	33.2ab	746.7abc	5 320.0b	842.2a

小麦旗叶生理指标与产量和品质指标有显著相关性。施氮能促进叶片叶绿素的合成，延缓叶绿素降解，增强光合作用。因此旗叶叶绿素含量对小麦产量及其构成因素

有重要影响。由表 7-24 可见，在旗叶展开 21 天时叶绿素的含量与千粒重和容重达显著正相关，与产量、穗粒呈正相关，但未达显著水平。由此可以看出，旗叶展开 21 天时，叶绿素含量与千粒重、容重的关系较为密切。旗叶展开 28 天后，旗叶的叶绿素含量仍与千粒重、容重及籽粒产量呈正相关。而旗叶展开 35 天时，叶绿素含量与千粒重、容重、穗粒数和产量均呈微弱负相关。

表 7-24　小麦旗叶叶绿素含量与产量相关指标的相关系数

挑旗后日数（d）	千粒重	容重	穗粒数	籽粒产量
7	−0.14787	−0.20816	0.04525	−0.20576
14	0.50243	0.47954	0.24807	0.51711
21	0.83871*	0.89472*	0.25373	0.64424
28	0.23952	0.26151	−0.05706	0.30773
35	−0.33822	−0.37933	−0.02029	−0.00460

旗叶硝酸还原酶活性与籽粒蛋白及其组分有显著的相关性。由表 7-25 可以看出，在挑旗后 21~28 天，旗叶硝酸还原酶活性与籽粒总蛋白及贮藏蛋白（醇溶蛋白+谷蛋白）含量分别达极显著正相关，与非贮藏性蛋白（清蛋白+球蛋白）含量呈显著正相关。进一步分析表明，在旗叶展开 21~28 天时，旗叶硝酸还原酶活性能较好地预测籽粒蛋白质及其组分含量的状况。

表 7-25　挑旗后旗叶硝酸还原酶活性与籽粒蛋白及其组分的相关系数

挑旗后日数（d）	清蛋白+球蛋白	醇溶蛋白+谷蛋白	总蛋白
7	0.68154	0.62091	0.43627
14	0.20358	0.50690	0.38274
21	0.81136*	0.95584**	0.94776**
28	0.85005*	0.94164**	0.97299**
35	0.52163	0.62124	0.75568

综上所述，施氮可提高小麦旗叶叶绿素含量和光合效率，延长旗叶光合效率高值持续期，有利于粒重的提高。不同施氮水平下的叶绿素含量均以孕穗期或挑旗期较高，拔节期和灌浆期较低。特别是开花期施氮，能延缓小麦旗叶叶绿素的降解。试验结果表明，对所选用的济麦 20 品种而言，旗叶展开 3 周后，叶片中的叶绿素含量与千粒重、容重等粒重因素呈正相关。硝酸还原酶是小麦植株体内氮代谢的关键酶，小

麦旗叶硝酸还原酶的活性的高低能反应植株体内氮素代谢水平，根据硝酸还原酶的活性可以判断小麦植株氮素代谢水平和籽粒品质的关系。春 5 叶至开花期施氮能使旗叶硝酸还原酶的活性处于一个较高的水平，并能使之持续相对较长的时间，其中开花期施氮的作用最大。在旗叶展开 3 周后，硝酸还原酶的活性与籽粒蛋白含量呈现出较好的相关性。追氮时期对小麦籽粒总蛋白质及其组分含量有显著影响。随施氮时期的后移，籽粒蛋白质含量呈增加的趋势，其最大值出现在开花期。

六、追氮时期对不同粒色小麦产量及品质的影响

随着生活水平的日益提高，人们对饮食品质有了更高的要求，使得小麦的消费向多元化发展。有色小麦因其可开发成不含任何人工色素的纯天然保健食品，所以日益受到人们的重视。在育种工作中，科研工作者利用这类小麦的特殊颜色作为基因标记，可用于自然异交率的测定和花培后代的鉴定。在开发和利用方面，黑粒小麦的研究相对较多。黑粒小麦含有丰富的钙、铁、磷、硒等元素，蛋白质和氨基酸的含量高于普通小麦。应用适量的黑小麦粉生产面条和面包不仅能提高其营养价值，而且对制品品质影响不大。黑粒小麦是酿造优质酱油的良好原料，具有的天然黑色素和高蛋白含量对提高酱油的品质有良好的效果，而且由于不用添加人工合成酱色物质，对人体的安全性高。氮素是影响小麦籽粒产量和品质最活跃的因素，它不仅是小麦获得高产优质所必需的营养元素，也是最重要的养分限制因子。施用氮肥直接影响小麦体内的叶绿素、蛋白质、淀粉、可溶性糖等的含量，进而影响产量和品质。所以，氮肥的合理运筹是对提高小麦产量和改善小麦质量都有重要意义。本研究以普通白粒、红粒小麦、黑粒小麦（2 个）、绿粒小麦（2 个）共 6 个品种为材料在大田里进行不同追肥时期的试验。研究了追氮时期对不同粒色小麦产量和品质的影响，结果表明：绿色和黑色小麦的籽粒蛋白质含量显著高于普通白粒或红粒小麦，二者籽粒蛋白质含量差异主要是可溶性蛋白的差异造成的。和春 2 叶（展开）追氮相比，春 5 叶（展开）追氮的籽粒蛋白质及其组分含量更高。有色小麦的籽粒产量与普通白粒或红粒小麦存在着一定的差距，但黑粒小麦的产量及其相关指标要优于绿粒小麦。绿粒小麦和普通白粒或红粒小麦的籽粒产量、蛋白产量受追氮时期的影响相对较大，后期追氮能提高绿粒小麦和普通白粒或红粒小麦的产量。有色（指绿粒和黑粒，下同）小麦的面筋含量、粉质参数均和普通白粒或红粒小麦存在显著差异。黑粒小麦有较好的加工品质，但绿粒小麦的粉质参数不佳。追氮时期对不同粒色小麦加工品质有一定影响，春 5 叶追氮处理的结果略高于春 2 叶，但对粉质参数的影响相对较小。

追氮时期对不同粒色小麦籽粒蛋白质及其组分含量有显著影响。由表 7-26 可以看出，绿粒小麦、黑粒小麦的籽粒蛋白质含量高于普通（指白粒或红粒，下同）小

麦，差异达极显著水平。3个小麦类型中，清蛋白和球蛋白含量差异显著，醇溶蛋白和谷蛋白含量差异不显著。除清蛋白外，绿粒小麦的其余3个蛋白质组分含量均高于黑粒小麦和普通小麦。6个小麦品种中，籽粒总蛋白质含量最高的是绿粒小麦绿麦2号。清蛋白含量以黑粒小麦漯珍1号为最高，与其他品种达极显著差异；黑粒小麦KZ6061和绿粒小麦绿麦1号的球蛋白含量高于其他几个品种；绿麦2号的醇溶蛋白含量最高，与其他品种达极显著差异；除普通白粒小麦品种皖麦38和红粒小麦品种京冬8号的谷蛋白含量明显偏低外，其他品种的谷蛋白含量差异不显著。可见，绿粒小麦、黑粒小麦的籽粒蛋白质含量显著高于普通小麦。3个小麦类型的可溶蛋白含量差异显著，贮藏蛋白含量差异不显著，表明绿粒小麦、黑粒小麦和普通白粒小麦的籽粒蛋白质含量差异主要是可溶性蛋白的差异造成的。后期追氮有利于提高籽粒蛋白质及组分含量。两个追氮处理间，籽粒总蛋白质含量差异达到极显著水平。除球蛋白外，清蛋白、醇溶蛋白和谷蛋白含量均随着追氮时期的后移而显著提高，其中清蛋白和醇溶蛋白的含量差异达到极显著水平。结果表明，和春2叶追氮相比，春5叶追氮的籽粒蛋白质及其组分含量更高。

表7-26　不同追氮时期下不同粒色小麦籽粒总蛋白质及其组分含量的多重比较

(单位:%)

变因	变因水平	总蛋白	清蛋白	球蛋白	醇溶蛋白	谷蛋白
粒色	白（红）	13.56cC	2.71cB	1.47cC	3.94bB	4.88aA
	黑	14.99bB	3.28aA	1.57bB	3.95bB	4.73bB
	绿	15.76aA	3.20bA	1.69aA	4.39aA	4.93aA
品种	皖麦38	14.13cC	2.51eE	1.49cC	3.90cCD	4.73bB
	京冬8	12.99dD	2.92cCD	1.45cdCD	3.98cBC	5.02aA
	KZ6061	14.85bB	2.81dD	1.39dD	4.23bB	4.97aA
	漯珍1号	15.12bB	3.74aA	1.75aA	3.67dD	4.48cC
	绿麦1号	15.71aA	3.43bB	1.72abAB	4.05bcBC	4.92aA
	绿麦2号	15.80aA	2.96cC	1.67bB	4.73aA	4.93aA
处理	春2叶追氮	14.60bB	3.01bB	1.56aA	4.00bB	4.79bA
	春5叶追氮	14.94aA	3.11aA	1.60aA	4.20aA	4.90aA

由表7-27可以看出，随追氮时期的后移，各类型小麦间籽粒总蛋白含量和醇溶蛋白含量的变异系数变大，而清蛋白、球蛋白、谷蛋白含量的变异系数则变小。由此可见，追氮时期的后移可以拉大各类型小麦间籽粒总蛋白以及醇溶蛋白含量的差距，缩小可溶性蛋白和谷蛋白的差距。4种蛋白组分中，清蛋白含量受小麦的类型影响最大，谷蛋白含量受小麦类型的影响最小。

表 7-27　追氮时期对不同粒色小麦籽粒总蛋白质及其组分含量的影响

（单位:%）

追氮时期	粒色	总蛋白	清蛋白	球蛋白	醇溶蛋白	谷蛋白
春 2 叶	白（红）	13.42cB	2.66bB	1.44cB	3.88bA	4.85aA
	黑	14.82bA	3.21aA	1.56bAB	3.87bA	4.66bB
	绿	15.56aA	3.17aA	1.69aA	4.20aA	4.86aA
	CV	6.66	9.03	7.08	4.58	2.21
春 5 叶	白（红）	13.70cB	2.76bB	1.50cB	4.00bB	4.90abA
	黑	15.15bA	3.34aA	1.59bB	4.02bB	4.80bA
	绿	15.96aA	3.23aA	1.70aA	4.58aA	4.99aA
	CV	6.80	8.84	5.83	7.00	2.11

　　由表 7-28 可以看出，绿粒小麦、黑粒小麦和普通（指白粒或红粒，下同）小麦的籽粒产量差异达到极显著水平，普通小麦的籽粒产量最高，黑粒小麦居中，绿粒小麦最低。三种类型小麦的千粒重、容重及蛋白质产量与籽粒产量的趋势一致，其中千粒重和容重差异显著，蛋白质产量的差异则未达显著水平。6 个小麦品种的千粒重差异显著，京冬 8 号最高，其籽粒产量和容重也显著的高于其他 5 个品种；KZ6061 的蛋白质产量最高，品种间达到极显著差异水平。籽粒产量、蛋白质产量、千粒重、容重都随追氮时期的后移而提高，处理间差异达显著水平。结果说明，普通小麦的产量及其相关指标要普遍优于有色小麦，黑粒小麦优于绿粒小麦。

表 7-28　不同追氮时期下不同粒色小麦产量及相关指标的多重比较

变因	变因水平	籽粒产量（kg/hm²）	蛋白质产量（kg/hm²）	千粒重（g）	容重（g/L）
粒色	白（红）	5 858.7aA	793.9aA	38.0aA	796.3aA
	黑	5 201.9bB	779.0aA	32.2bB	763.7bB
	绿	3 709.3cC	584.9bB	29.8cC	753.4cB
品种	皖麦 38	5 642.3bA	797.7bB	32.6cC	770.9bB
	京冬 8	6 075.1aA	790.1bB	43.5aA	821.7aA
	KZ6061	6 067.7aA	902.5aA	37.1bB	809.0aA
	漯珍 1 号	4 336.2cB	655.4cC	27.3fE	718.4dC
	绿麦 1 号	3 724.2dC	585.7cC	28.6eE	734.9cC
	绿麦 2 号	3 694.3dC	585.7cC	31.0dD	772.0bB
处理	春 2 叶追氮	4 796.4bA	692.6bA	32.9bA	766.7bA
	春 5 叶追氮	5 050.2aA	745.9aA	33.7aA	775.5aA

　　由表 7-29 可以看出，普通小麦（粒色白或红）和绿粒小麦的籽粒产量受追氮时期的影响显著，黑粒小麦则未达显著水平。两个追氮时期下，各类型的蛋白质产量均

达显著差异水平；普通小麦和绿粒小麦的千粒重达显著差异水平，黑粒小麦的千粒重差异不显著；绿粒小麦的容重在处理间达到显著差异水平。结果说明，绿粒小麦和普通小麦的籽粒产量、蛋白产量和粒重受追氮时期的影响相对较大，后期追氮能提高绿粒小麦和普通小麦的产量。

表 7-29　追氮时期对不同粒色小麦产量及相关指标的影响

粒色	处理时期	产量 （kg/hm²）	蛋白质产量 （kg/hm²）	千粒重 （g）	容重 （g/L）
白（红）	春 2 叶追氮	5 679.6ba	761.1bB	37.3bA	792.0aA
	春 5 叶追氮	6 037.8aA	826.7aA	38.7aA	800.6aA
黑	春 2 叶追氮	5 134.8aA	760.1bB	32.3aA	763.5aA
	春 5 叶追氮	5 269.1aA	797.8aA	32.0aA	763.9aA
绿	春 2 叶追氮	3 574.9bA	556.5bA	29.2bA	744.7bA
	春 5 叶追氮	3 843.6aA	613.2aA	30.4aA	762.1aA

由表 7-30 可以看出，除沉淀值外，绿粒小麦、黑粒小麦和普通小麦的其他加工品质的指标差异均达到极显著水平。在三个小麦类型中，普通小麦的出粉率最高；绿粒小麦的沉淀值和干湿面筋含量最高；黑粒小麦的吸水率最高，形成时间和稳定时间最长。除出粉率外，黑粒小麦的加工品质指标均优于普通小麦；而绿粒小麦的沉淀值、干湿面筋含量和吸水率均优于普通小麦，但它的形成时间和稳定时间相对要短很多。6 个小麦品种中，出粉率最高的是京冬 8 号；沉淀值最高的是绿麦 1 号，差异达到极显著水平；绿麦 2 号的干、湿面筋含量最高；吸水率以 KZ6061 最高，达到了极显著差异水平；漯珍 1 号的面团形成时间和稳定时间明显高于其他 5 个品种。结果说明，绿粒小麦、黑粒小麦加工品质的各项指标和普通小麦存在着显著差异。黑粒小麦，尤其是 B2，有较好的加工品质，但绿粒小麦的粉质参数不佳。追氮时期对不同粒色小麦加工品质有一定影响。两个处理的出粉率、沉淀值和湿面筋含量的差异均达到了显著水平，其他几个指标在施氮处理间差异不显著，但春 5 叶追氮处理的结果略高。

表 7-30　不同追氮时期下不同粒色小麦加工品质的多重比较

变因	变因水平	出粉率 （%）	沉淀值 （ml）	干面筋 （%）	湿面筋 （%）	吸水率 （%）	形成时间 （min）	稳定时间 （min）
粒色	白（红）	69.2aA	32.9bB	13.2cC	39.9cC	63.7cC	4.8bB	6.1bB
	黑	64.1bB	33.0bB	15.1bB	44.3bB	67.1aA	5.4aA	8.6aA
	绿	62.6cC	36.6aA	18.1aA	51.3aA	64.9bB	3.5cC	2.6cC

（续表）

变因	变因水平	出粉率（%）	沉淀值（ml）	干面筋（%）	湿面筋（%）	吸水率（%）	形成时间（min）	稳定时间（min）
品种	皖麦38	64.3cC	32.9cC	12.7cC	38.4eC	65.1cdB	5.6bB	8.1bB
	京冬1号	74.1aA	32.9cC	13.8cC	41.3dC	62.4eC	4.0cC	4.1cC
	KZ6061	66.6bB	30.6dD	17.1bB	50.5bB	67.5aA	3.1dD	2.1dD
	漂珍1号	61.5dD	35.4bB	13.1cC	38.0eC	66.6bA	7.7aA	15.0aA
	绿麦1号	62.5dD	40.5aA	17.1bB	47.5cB	65.4cB	4.2cC	3.3cCD
	绿麦2号	62.8dD	32.8cC	19.2aA	55.1aA	64.5dB	2.8dD	1.9dD
处理	春2叶追氮	64.9bB	33.7bB	15.2aA	44.2bA	65.2aA	4.6aA	5.7aA
	春5叶追氮	65.7aA	34.6aA	15.7aA	46.1aA	65.3aA	4.6aA	5.8aA

通过上述研究可以看出施氮时期对不同粒色小麦籽粒蛋白质及组分含量有重要影响。前人对绿粒小麦籽粒蛋白质研究较少，而对于黑粒小麦的研究相对较多。一般认为黑粒小麦粗蛋白含量高于普通小麦，有色小麦籽粒可溶性蛋白、粗蛋白含量高于普通白粒小麦。本试验研究表明，绿粒小麦、黑粒小麦的籽粒蛋白质含量显著高于普通小麦。3个小麦类型的可溶蛋白含量差异显著，贮藏蛋白含量差异不显著。绿粒小麦、黑粒小麦和普通小麦的籽粒蛋白质含量差异主要是可溶性蛋白的差异造成的。一般认为随施氮时期的后移，籽粒蛋白质含量呈增加的趋势。本研究表明，和春2叶追氮相比，春5叶追氮的籽粒蛋白质及其组分含量更高。追氮时期的后移可以拉大各类型小麦间籽粒总蛋白以及醇溶蛋白含量的差距，缩小可溶性蛋白和谷蛋白的差距。

施氮时期对不同粒色小麦产量及相关指标有重要影响。本研究表明，有色小麦的籽粒产量与普通小麦存在着一定的差距，但黑粒小麦的产量及其相关指标要普遍优于绿粒小麦。绿粒小麦和普通小麦的籽粒产量、蛋白产量和粒重受追氮时期的影响相对较大，后期追氮能提高绿粒小麦和普通小麦的产量。这表明有色小麦要想实现产业化发展，产量的提高是个亟待解决的问题。黑粒小麦因其拥有较高的产量，所以更容易实现规模化种植。绿粒小麦受追氮时期的影响相对较大，可以通过追氮时期的适当后移来提高其产量。

施氮时期对不同粒色小麦加工品质有重要影响。本研究表明，绿粒小麦、黑粒小麦的沉淀值、干湿面筋、粉质参数均和普通小麦存在显著差异。黑粒小麦有较好的加工品质，以漂珍1号最为突出，但绿粒小麦的粉质参数不佳。一般认为施氮期后移，对生产中的普通小麦蛋白质含量、湿面筋含量、沉淀值和面包体积都有所增加，面团稳定时间有所延长。追氮时期对不同粒色小麦加工品质均有一定影响，春5叶追施氮肥处理的各项加工品质指标均优于春2叶追施氮肥的处理，氮肥运筹对不同粒色小麦加工品质的改善均有重要意义。

七、氮磷钾肥对小麦产量和品质的综合效应

氮磷钾的协调运筹对小麦产量和品质有重要影响。以强筋小麦济麦 20 和中筋小麦中麦 175 为试验材料，研究氮磷钾运筹对小麦植株和产量性状、蛋白质和面筋含量、面团品质和烘焙品质的影响。结果表明，施氮或氮磷、氮钾、氮磷钾配合施用，比单施磷、单施钾、或磷钾配合以及不施肥料的处理显著增产，并改善了植株性状。施肥处理对籽粒蛋白质含量、面团品质和烘焙品质影响显著，表现出栽培可塑性。籽粒产量性状和不同品质指标对施肥处理的反应有别，如施肥处理对产量、面团形成时间、稳定时间、拉伸面积影响较大，对容重、吸水率影响较小。不同品种的产量及品质指标对施肥处理的反应亦有差别，如中麦 175 的籽粒产量、面团拉伸阻力、拉伸比值、最大拉伸阻力、最大拉伸比值、面包体积和面包评分对施肥处理的反应敏感，其变异系数大于济麦 20，而济麦 20 的面团形成时间、稳定时间对施肥处理的反应敏感，其变异系数大于中麦 175。施氮对改善籽粒产量及主要品质性状的效果优于单施磷或单施钾处理。

不同氮磷钾肥料运筹对不同品质类型小麦的植株及产量性状有很大影响。从表 7-31 可见，强筋小麦济麦 20 和中筋小麦中麦 175 两个品种间除穗粒数外，各性状差异均显著。不同施肥处理间各性状差异显著，其中株高、穗长、穗粒数 3 个性状在有施氮的 4 个处理间差异不显著，但均显著高于不施氮的另 4 个处理（不施肥；单施磷、单施钾或磷钾配施）。施肥处理间穗粒数和产量的变异系数分别达到 24.88%、34.60%，可见施肥处理对穗粒数和产量影响之大。氮磷配合（B1）及氮磷钾配合（B3）施用的处理产量显著高于其他处理，值得注意的是，不施肥的处理（B8）产量显著高于仅施钾（B6）和磷钾配合（B7）的处理，这是供试土壤含钾量较高（0~20cm 土层土壤速效钾 177mg/kg），在不施氮肥的条件下，施钾容易造成土壤中养分失衡，致使产量显著降低。施氮（B2）与施磷（B5）、施钾（B6）的处理比较，显著提高了株高、穗长、穗粒数和产量，可见施氮比仅施磷、钾对改善植株和产量性状有更大作用。

表 7-31　不同处理对植株及产量性状的影响

处理	株高（cm）	穗长（cm）	穗粒数（粒）	千粒重（g）	容重（g/L）	产量（kg/hm^2）
A1 济麦 20	62.1b	6.3a	25.4a	39.2b	782.5b	4 618.5b
A2 中麦 175	64.9a	5.5b	23.4a	41.4a	793.2a	4 885.5a
B1（NP）	69.8a	6.5a	29.5a	39.7bc	786.6ab	6 555.0a

（续表）

处理	株高 （cm）	穗长 （cm）	穗粒数 （粒）	千粒重 （g）	容重 （g/L）	产量 （kg/hm²）
B2（N）	66.9a	6.6a	30.3a	40.7ab	790.5a	5 872.5b
B3（NPK）	68.8a	6.8a	31.4a	39.7bc	785.3ab	6 495.0a
B4（NK）	66.7a	6.8a	28.3a	39.6bc	793.8a	5784.0b
B5（P）	62.1b	5.4b	21.3b	42.0a	787.4ab	3 958.5c
B6（K）	56.8c	5.3b	19.6b	39.2c	779.6b	2 679.0d
B7（PK）	55.1c	5.0b	16.8b	39.7bc	788.8ab	2 508.0d
B8（ck）	61.3b	4.9b	17.9b	42.1a	790.6a	4 161.0c
CV（%）	8.67	14.13	24.88	2.82	0.54	34.60

注：B1 为 NP 处理，全生育期施纯氮 270kg/hm²，底施和拔节期（春 5 叶露尖）追施各 50%，底施 P_2O_5 172.5kg/hm²，不施钾肥；B2 为 N 处理，氮肥施用同 B1，不施磷钾肥；B3 为 NPK 处理，氮肥施用同 B1，底施 P_2O_5 172.5kg/hm²、K_2O 120kg/hm²；B4 为 NK 处理，氮肥施用同 B1，底施 K_2O 120kg/hm²，不施磷肥；B5 为 P 处理，底施 P_2O_5 172.5kg/hm²，不施氮钾肥；B6 为 K 处理，底施 K_2O 120kg/hm²，不施氮磷肥；B7 为 PK 处理，底施 P_2O_5 172.5kg/hm²、K_2O 120kg/hm²，不施氮肥。B8 为对照，不施任何肥料

不同处理组合的植株及产量性状差异显著（表 7-32），其中产量以 A2B3 最高。两个品种均以单施钾（A1B6、A2B6）或磷钾配施（A1B7、A2B7）的处理产量最低，显著低于其他处理，这是由于土壤养分不平衡所致。从 2 个品种的施肥效应分析，济麦 20（A1）的氮磷配施（B1）、单施氮肥（B2）、氮磷钾配施（B3）、氮钾配施（B4）分别较对照增产 51.2%、47.9%、48.1% 和 32.9%，差异均显著；而单施磷肥（B5）减产 8.1%，与对照差异不显著；单施钾肥（B6）、磷钾配施（B7）分别减产 34.2%、35.0%，与对照差异显著。中麦 175（A2）氮磷配施（B1）、单施氮肥（B2）、氮磷钾配施（B3）、氮钾配施（B4）分别较对照增产 63.7%、41.2%、63.8% 和 44.9%，差异均显著；而单施磷肥（B5）、单施钾肥（B6）、磷钾配施（B7）分别减产 7.8%、37.0% 和 42.6%，其中 B6 和 B7 与对照差异显著。可见 2 个不同品质类型的品种对肥料处理的反应趋势相同，但中麦 175 的反应更大。

表 7-32　不同处理组合对植株及产量性状的影响

处理	株高 （cm）	穗长 （cm）	穗粒数 （粒）	千粒重 （g）	容重 （g/L）	产量 （kg/hm²）
A1B1	66.1bcd	7.1ab	28.7abc	37.8gh	770.7f	6 144.0b
A1B2	67.2abc	7.1ab	31.5ab	39.6defg	785.2cd	6 010.5b

（续表）

处理	株高 （cm）	穗长 （cm）	穗粒数 （粒）	千粒重 （g）	容重 （g/L）	产量 （kg/hm²）
A1B3	66.2bcd	7.5a	33.2a	36.6h	763.0f	6 016.5b
A1B4	67.2abc	7.1ab	27.7abcd	38.7fg	789.7bcd	5 400.0c
A1B5	59.8def	5.7cdef	23.6bcde	41.2bcde	789.3bcd	3 990.0d
A1B6	55.1f	5.6cdefg	20.9cde	39.1efg	780.3de	2 673.0e
A1B7	55.7f	5.4cdefg	18.6e	40.2cdef	790.3bcd	2 643.0e
A1B8	59.5def	5.3defg	19.2de	40.9bcde	791.5bcd	4 063.5d
A2B1	73.5a	6.0cde	30.2ab	41.6abcd	802.5ab	6 967.5a
A2B2	66.7abc	6.1bcd	29.1abc	41.9abc	795.8abc	6 010.5b
A2B3	67.2abc	6.2bcd	29.7abc	42.8ab	807.7a	6 973.5a
A2B4	66.3bcd	6.5abc	28.9abc	40.5cdef	798.0abc	6 168.0b
A2B5	64.4bcde	5.1efg	18.9e	42.9ab	785.5cd	3 927.0d
A2B6	58.4df	4.9fg	18.4e	39.3efg	778.8de	2 683.5e
A2B7	54.4f	4.6g	15.1e	39.3efg	787.3bcd	2 373.0e
A2B8	63.0cde	4.6g	16.6e	43.3a	789.7bcd	4 257.0d

注：处理代号见表 7-31 注释

　　不同氮磷钾处理对籽粒蛋白质及面团品质有重要影响。从表 7-33 可见，不同品种和不同施肥处理对籽粒蛋白质含量及面团品质均有显著影响。品种间各项品质指标差异显著。不同品质指标对施肥处理的反应有别，施肥处理间品质指标变异系数较大的反应敏感，如形成时间和稳定时间的变异系数分别为 57.46%、59.81%；变异系数小的品质指标对施肥处理反应迟钝，如吸水率的变异系数仅为 1.49%。施肥中有氮素的 4 个处理（B1、B2、B3、B4）籽粒蛋白质含量、湿干面筋含量、沉淀值、形成时间、稳定时间均显著高于其他 4 个处理，可见施氮对这些品质指标影响很大。不施肥的处理（B8）籽粒蛋白质和稳定时间均显著高于单施磷（B5）、单施钾（B6）或磷钾配施（B7）的处理。吸水率以单施钾（B6）处理显著低于其他处理，但施肥处理间变异系数较小。施肥处理间沉淀值、面团形成时间、稳定时间的变异系数较大，可见施肥处理对这些品质指标有显著影响。仅以 B2（单施氮）、B5（单施磷）、B6（单施钾）和 B8（对照，不施肥）比较，B2 处理显著提高了蛋白质含量、面筋含量和沉淀值，显著延长了形成时间和稳定时间，而 B5、B6 处理的各项指标均低于 B8 处理，有些达到显著差异水平，可见施氮对改善上述品质性状的效果优于单施磷或单施钾处理。

表 7-33　不同处理对籽粒蛋白质及面团品质的影响

处理	粗蛋白（%）	湿面筋（%）	干面筋（%）	吸水率（%）	沉淀值（ml）	形成时间（min）	稳定时间（min）
A1 济麦 20	13.0a	33.7a	12.0a	60.0a	39.6a	5.8a	14.8a
A2 中麦 175	12.4b	31.0b	11.3b	56.0b	26.1b	1.7b	2.1b
B1（NP）	14.1a	36.2ab	12.9a	58.0ab	36.0b	5.5a	12.0b
B2（N）	13.8a	35.3b	12.9a	58.4ab	39.7a	5.9a	13.9a
B3（NPK）	14.1a	37.9a	13.9a	58.6a	36.1b	5.4a	12.9b
B4（NK）	14.2a	35.5ab	13.2a	58.9a	37.7ab	6.2a	12.8b
B5（P）	11.6c	28.5c	10.2b	57.4b	30.0cd	1.7b	3.2d
B6（K）	10.8d	25.7d	9.1c	56.2c	23.6e	1.6b	3.0d
B7（PK）	10.5d	29.3c	10.6b	57.8ab	27.5d	1.7b	2.2d
B8（ck）	12.5b	30.4c	10.4b	58.5ab	32.2c	2.0b	7.5c
CV（%）	12.30	13.65	15.17	1.49	16.82	57.46	59.81

注：处理代号见表 7-31 注释

品种和施肥处理对品质性状的交互作用显著（表 7-34），其中以 A1B4 籽粒蛋白质含量最高，不同处理组合的蛋白质含量及面团品质性状差异显著。2 个供试品种的籽粒蛋白质含量均以有施氮处理的组合（A1B1、A1B2、A1B3、A1B4、A2B1、A2B2、A2B3、A2B4）显著高于单施磷、单施钾或磷钾配施的组合（A1B5、A1B6、A1B7、A2B5、A2B6、A2B7），济麦 20 的面筋含量、形成时间、稳定时间以 A1B1、A1B2、A1B3、A1B4 显著高于其余处理组合（A1B5、A1B6、A1B7、A1B8）。中麦 175 的湿、干面筋含量以 A2B1、A2B2、A2B3、A2B4 显著高于 A2B5、A2B6、A2B7、A2B8 处理组合，而形成时间及稳定时间在各处理间差异不显著。

表 7-34　不同处理组合对籽粒蛋白质及面团品质的影响

处理	粗蛋白（%）	湿面筋（%）	干面筋（%）	吸水率（%）	沉淀值（ml）	形成时间（min）	稳定时间（min）
A1B1	14.5a	37.9ab	13.6ab	59.6ab	45.2ab	9.1ab	22.1c
A1B2	13.5ab	36.9bc	12.8bc	61.2a	48.0a	9.8ab	25.1a
A1B3	14.5a	40.5a	15.0a	60.2ab	44.7ab	8.8b	23.9ab
A1B4	14.7a	36.5bc	13.9ab	60.5ab	43.1bc	10.5a	23.4bc
A1B5	11.7de	29.7fg	10.4d	59.7ab	34.8d	1.8c	4.2e
A1B6	11.1de	24.2h	8.2e	59.9ab	31.7de	1.8c	4.0ef
A1B7	11.3de	32.2def	11.2cd	59.1b	29.5ef	1.9c	2.9efg
A1B8	12.9bc	31.5ef	10.5d	59.5b	39.9c	2.3c	12.7d

（续表）

处理	粗蛋白 （%）	湿面筋 （%）	干面筋 （%）	吸水率 （%）	沉淀值 （ml）	形成时间 （min）	稳定时间 （min）
A2B1	13.7ab	34.5bcde	12.2bc	56.4cde	26.9fg	1.9c	2.0g
A2B2	14.1ab	33.7cde	13.0b	55.6de	31.4de	2.1c	2.7fg
A2B3	13.7ab	35.3bcd	12.8bc	57.0cd	27.4fg	2.0c	1.9g
A2B4	13.8ab	34.4bcde	12.4bc	57.2cd	32.3de	1.8c	2.2g
A2B5	11.5de	27.4gh	10.0d	55.2e	25.2g	1.6c	2.2g
A2B6	10.6ef	27.3gh	9.9d	52.5f	15.5h	1.5c	1.9g
A2B7	9.7f	26.3gh	9.9d	56.5cde	25.5fg	1.4c	1.6g
A2B8	12.2cd	27.2fg	10.4d	57.4c	24.5g	1.7c	2.4g

注：处理代号见表7-31注释

从不同品种的施肥处理间籽粒蛋白质含量和面团品质的变异系数（表7-35）分析，济麦20的面团形成时间和稳定时间的变异系数明显大于中麦175，表明济麦20面团形成时间和稳定时间对施肥处理反应敏感，处理间差异显著，施肥处理对其可塑性强。中麦175反应较为迟钝，处理间均无显著差异。根据表7-34和表7-35的数据分析，还可看出不同品质指标对施肥处理的反应有别。

表7-35　不同品种籽粒蛋白质及面团品质在施肥处理间的变异系数　（单位:%）

品种	粗蛋白	湿面筋	干面筋	吸水率	沉淀值	形成时间	稳定时间
济麦20	11.55	15.69	18.89	1.1	17.27	71.23	67.21
中麦175	13.48	13.02	12.3	2.85	19.7	14	16.09

不同氮磷钾运筹对拉伸及烘焙品质有重要影响。从表7-36可见，不同品种及不同施肥处理间面团拉伸试验指标和面包烘焙品质指标均有显著差异。施肥处理间拉伸阻力和最大拉伸阻力均以B4处理最高，B6、B7显著低于其他处理。拉伸比值和最大拉伸比值均以B5最大。拉伸度和拉伸面积及面包体积以B8最大、B6最小，面包评分B2最高、B6最低，有施氮素的处理（B1、B2、B3、B4）显著大于无施氮的4个处理。

表7-36　不同处理对拉伸及烘焙品质的影响

处理	拉伸阻力 （EU）	拉伸比值	最大 拉伸阻力 （EU）	最大拉 伸比值	拉伸度 （mm）	拉伸面积 （cm²）	面包体积 （cm³）	面包评分 （分）
A1	446.7a	2.4a	724.4a	3.8a	226.5a	183.4a	767.8a	87.1a

（续表）

处理	拉伸阻力（EU）	拉伸比值	最大拉伸阻力（EU）	最大拉伸比值	拉伸度（mm）	拉伸面积（cm²）	面包体积（cm³）	面包评分（分）
A1	187.3b	0.8b	228.0b	1.0b	190.4b	74.8b	555.1b	53.2b
B1	320.5abc	1.6bc	508.5b	2.5ab	216.3b	138.7c	654.2bc	68.3cde
B2	318.7abc	1.5bc	524.0ab	2.4abc	231.7a	153.3ab	694.6ab	76.9a
B3	321.5abc	1.5bc	522.3ab	2.5ab	220.7ab	148.0bc	668.3abc	70.5bcd
B4	337.3a	1.5bc	541.8a	2.5ab	224.5ab	161.5a	702.9a	72.2abc
B5	331.3ab	1.8a	466.0c	2.6a	190.0c	112.8de	633.8cd	68.5cde
B6	303.0c	1.7b	409.7d	2.3cd	192.5c	101.5ef	596.7d	64.5e
B7	295.0c	1.6bc	381.8d	2.1d	193.0c	95.8f	630.0cd	66.3de
B8	308.3bc	1.6bc	455.7c	2.3bc	199.0c	120.8d	711.3a	74.2ab
CV（%）	4.47	6.68	12.20	6.68	7.97	19.18	6.09	5.88

注：处理代号见表7-31注释

　　面团拉伸和烘焙品质受品种和施肥处理的交互作用显著。从表7-37可见，不同处理组合的面团拉伸和面包烘焙品质指标差异均显著，其中拉伸阻力、拉伸比值、最大拉伸阻力、最大拉伸比值、拉伸面积、面包体积、面包评分在有济麦20（A1）的各处理组合中均显著优于有中麦175（A2）的各处理组合，可见品种的基因型在上述指标中具有重要作用。拉伸度以济麦20配合有施氮处理的组合（A1B1、A1B2、A1B3、A1B4）显著大于其他处理组合，但济麦20不施氮肥的处理组合拉伸度（A1B5、A1B6、A1B7、A1B8）与中麦175有施氮处理的组合（A2B1、A2B2、A2B3、A2B4）差异均不显著，可见施氮对调节拉伸度的效果明显。

表7-37　不同处理组合对拉伸及烘焙品质的影响

处理	拉伸阻力（EU）	拉伸比值	最大拉伸阻力（EU）	最大拉伸比值	拉伸度（mm）	拉伸面积（cm²）	面包体积（cm³）	面包评分（分）
A1B1	476.3a	2.5b	815.7a	4.2a	238.0b	206.3a	777.5ab	87.0a
A1B2	465.7a	2.3bc	825.7a	4.0a	256.7a	221.0a	784.2ab	88.7a
A1B3	475.7a	2.3bc	835.7a	4.1a	237.0b	222.3a	781.7ab	88.2a
A1B4	449.3ab	2.1d	766.3b	3.6b	238.0b	215.0a	794.2a	87.8a
A1B5	470.0a	2.8a	711.3c	4.2a	210.3cd	158.7bc	754.2ab	88.2a
A1B6	416.3bc	2.4bc	611.0d	3.5b	212.0c	142.7cd	732.5ab	84.0a
A1B7	406.7c	2.4bc	558.7e	3.2c	213.7c	131.7d	723.3b	83.3a
A1B8	413.3c	2.2cd	671.0c	3.5b	206.3cd	169.7b	795.0a	89.5a

（续表）

处理	拉伸阻力（EU）	拉伸比值	最大拉伸阻力（EU）	最大拉伸比值	拉伸度（mm）	拉伸面积（cm²）	面包体积（cm³）	面包评分（分）
A2B1	164.7f	0.7fg	201.3g	0.8f	194.7cd	71.0fg	530.8e	49.5de
A2B2	171.7ef	0.7fg	222.3g	0.9f	206.7cd	86.0f	605.0cd	65.2b
A2B3	167.3ef	0.7fg	209.0g	0.9f	204.3cd	73.7fg	555.0de	52.8cd
A2B4	226.0d	0.9fg	317.3f	1.3d	211.0c	108.0e	611.7cd	56.5cd
A2B5	192.7def	0.9fg	220.7g	1.0ef	169.7e	67.0g	513.3ef	48.8de
A2B6	189.7def	0.9fg	208.3g	1.0ef	173.0e	60.3g	460.8f	45.0e
A2B7	183.3ef	0.8efg	205.0g	1.0ef	172.3e	60.0g	536.7e	49.2de
A2B8	203.3de	1.0e	240.3g	1.2de	191.7d	72.0fg	627.5c	58.8bc

注：处理代号见表7-31注释

从表7-38可见，济麦20的拉伸和烘焙品质指标在施肥处理间的变异系数均小于中麦175，表明济麦20的这些品质指标对施肥处理的反应较中麦175迟钝，不同品种的品质指标对施肥处理的反应有别。

表7-38　不同品种拉伸及烘焙品质在施肥处理间的变异系数　　（单位：%）

品种	拉伸阻力	拉伸比值	最大拉伸阻力	最大拉伸比值	拉伸度	拉伸面积	面包体积	面包评分
济麦20	6.70	8.93	14.39	10.12	8.06	20.17	3.62	2.58
中麦175	10.97	14.12	16.74	16.22	8.79	21.10	10.21	12.35

不同土壤条件下小麦对施肥的反应有很大差异，在土壤营养极度匮乏的条件下，磷素是产量与品质形成的第一限制因素，磷对氮的效应远大于氮对磷的效应。也有研究认为在低钾土壤上，氮肥的产量效应均大于钾肥，氮钾对小麦产量表现出极显著的正交互作用。在一定范围内籽粒蛋白质含量则均随施氮量增加而提高，当施氮量增加到一定量后，籽粒蛋白质含量不再随施氮量增加而提高，可见产量和籽粒蛋白质含量对氮肥的反应并不同步。在土壤中氮磷含量较少、钾含量较多的条件下表现为施氮或氮磷、氮钾、氮磷钾配合施用，比单施磷、单施钾、或磷钾配合及不施肥的处理显著增产，并改善了植株性状。有施氮素处理的籽粒蛋白质含量、湿面筋含量、干面筋含量、沉淀值、形成时间、稳定时间均显著高于不施氮的处理，可见氮肥在土壤中氮磷含量较少的条件下对产量和品质均有很大的正向效应。

籽粒产量性状和不同品质指标对不同氮磷钾施肥处理的反应有别，在土壤中氮磷含量较少而钾含量较高的条件下，有氮素的处理组合对产量、面团形成时间、稳定时间、拉伸面积等指标均有正向影响，表现施氮对改善籽粒产量及主要品质性状的效果优于单施磷或单施钾处理，可见小麦产量和品质均有较强的栽培可塑性；肥料处理对容重、吸水率影响较小，表明这两个指标稳定性较强。不同品种的产量及品质指标对施肥处理反应亦有差别，试验结果表明，中麦175的籽粒产量、面团拉伸阻力、拉伸比值、最大拉伸阻力、最大拉伸比值、面包体积和评分对施肥处理反应敏感，其变异系数大于济麦20，而济麦20的面团形成时间、稳定时间对施肥处理的反应敏感，其变异系数大于中麦175。在土壤中钾元素较多的条件下，施用钾肥的效果较差，还可能致使土壤养分不平衡而造成减产。

在利用盆栽进行的试验中，考察了不同氮磷钾元素处理对小麦籽粒产量和蛋白质含量的影响。试验用基质为建筑用粗砂并用自来水反复洗去砂中泥土后装盆，然后按试验设计分别施入氮磷钾肥。设氮磷钾和喷氮4个因素，各2个水平，高氮75mg/kg（施入的氮素占盆中粗砂的重量的比例，下同），低氮25mg/kg；高磷30mg/kg（施入的磷素占盆中粗砂的重量的比例，下同），低磷10mg/kg；高钾90mg/kg（施入的钾素占盆中粗砂的重量的比例，下同），低钾30mg/kg；乳熟中期进行叶面喷施5%尿素溶液每盆10ml，不喷做对照。

试验结果表明，不同水平的各因素对产量和千粒重均有重要影响。首先分析单因素的效应，小麦在生长发育过程中，从土壤溶液中不断地吸收各种营养元素，其中氮、磷、钾是吸收量最多而不可缺少的3个元素，但这3个元素不同用量的作用有一定差别。从试验结果（表7-39）看出，高氮素处理的产量比低氮素处理提高29.6%，增产极显著。千粒重只增加2.2%，差异不显著。在本研究中增施氮素还表现为增加穗数和穗粒数，从而获得较高增产。高磷处理的产量和千粒重比低磷处理分别提高28.7%、16.8%，差异均达到极显著水平，表明增施磷素能够很好地提高千粒重，从而取得高产。高钾素处理的产量和千粒重与低钾素处理没有显著差别，在3个元素中它的效应最差。喷氮素处理的产量和千粒重比不喷氮素处理分别提高7.4%、2.3%，虽有提高的效应，但差别不明显。

表7-39　单因素对千粒重和产量的影响

处理	千粒重(g)	产量(g/盆)	处理	千粒重(g)	产量(g/盆)	处理	千粒重(g)	产量(g/盆)	处理	千粒重(g)	产量(g/盆)
高氮	37.06aA	6.52aA	高磷	39.49aA	6.50aA	高钾	37.11aA	5.54aA	喷氮	37.07aA	5.98aA
低氮	36.25aA	5.03bB	低磷	33.82bB	5.05bA	低钾	36.20aA	6.00aA	不喷	36.24aA	5.57aA

对不同水平的任何2个因素组成的处理间效应进行分析（表7-40），氮、磷不同水平组成的4个处理中，高氮磷处理的产量和千粒重比低氮磷处理分别增加64%、

19%，综合效应极为显著；高氮低磷处理与低氮低磷处理的产量和千粒重无显著差异，低氮高磷处理的千粒重虽有极显著地提高，而产量却无显著差异；氮、钾不同水平组成的4个处理间千粒重差异均不显著，而产量在高氮配合的处理中有显著地增加；磷钾不同水平组成的4个处理中，有高磷和不同水平钾素组成的2个处理均能极显著地提高产量和千粒重，而低磷与不同水平钾素组成的2个处理间产量和千粒重不仅无明显区别，而且都较低；在叶面喷氮与否和不同水平氮、磷、钾中任何一元素组成的12个处理中，高氮和喷氮与否组成的2个处理比低氮和喷氮与否组成的2个处理都能明显地增产，但千粒重差异不显著；高磷和喷氮与否组成的2个处理比低磷和喷氮与否组成的2个处理既能极显著地增产，又可显著地增加千粒重；不同水平钾素和喷氮与否组成的4个处理间产量和千粒重均无明显差别。以上结果表明，增施氮素配合增施磷素，增施磷素配合一定钾素，增施磷素配合叶面喷氮等均有很好的增产和提高千粒重的综合作用，增施氮素配合一定钾素或增施氮素配合喷氮能够显著增产，但未能明显提高千粒重。

表 7-40　2 因素互作对千粒重和产量的影响

处理	千粒重（g）	产量（g/盆）	处理	千粒重（g）	产量（g/盆）	处理	千粒重（g）	产量（g/盆）
高氮高磷	40.64aA	7.56aA	高氮高钾	37.16aA	6.38aA	高氮喷氮	37.38aA	6.77aA
高氮低磷	33.48cB	5.40bB	高氮低钾	36.97aA	6.66aA	高氮不喷	36.74aA	6.28aAB
低氮高磷	38.34bA	5.45bB	低氮高钾	37.06aA	4.71bB	低氮喷氮	36.76aA	5.20bBC
低氮低磷	34.16cB	4.61bB	低氮低钾	35.44aA	5.35bB	低氮不喷	35.75aA	4.86bC
高磷高钾	40.11aA	6.29aAB	高磷喷氮	40.49aA	6.74aA	高钾喷氮	37.75aA	5.63aA
高磷低钾	38.88aA	6.71aA	高磷不喷	38.50bA	6.26aAB	高钾不喷	36.47aA	5.46aA
低磷高钾	34.11bB	4.80bC	低磷喷氮	33.65cB	5.22bBC	低钾喷氮	36.39aA	6.33aA
低磷低钾	33.53bB	5.30bBC	低磷不喷	33.99cB	4.87bC	低钾不喷	36.02aA	5.68aA

分析3个因素对千粒重和产量的综合效应可以看出（表7-41），在氮、磷、钾不同用量组成的8个处理中，以高氮、磷、钾和高氮、高磷、低钾2个处理具有显著增产的综合作用，其千粒重比其他处理也有较大提高；以低氮、磷、钾处理的产量和千粒重最低，综合效应最差。喷氮与否和不同用量氮、磷组成的8个处理中，高氮磷配合喷氮的处理产量和千粒重均最高。有高磷配合应用的高氮磷不喷氮、低氮高磷喷氮、低氮高磷不喷氮等3个处理比其余4处理都极显著地提高了千粒重，产量也较高。施用较少的磷素即使配合应用了高氮高钾素或喷氮的处理产量和千粒重也不高。在喷氮与否和不同用量磷、钾组成的8个处理中，高磷配合应用不同用量钾素和喷氮

与否组成的 4 个处理，其千粒重比其余处理均有极显著提高，产量也较高。在喷氮与否和不同用量氮、钾组成的 8 个处理间千粒重有差别，其中低氮低钾喷氮和低氮低钾不喷氮的 2 个处理千粒重显著低于其他处理，产量则以有高氮配合的 4 个处理显著高于其他处理。从以上结果看出，在高氮、高磷、高钾和喷氮 4 个因素中，任何 3 个因素配合应用对产量和千粒重都有明显的正向综合效应。增施磷素配合应用不同量的氮钾或喷氮能够显著地提高千粒重。没有高氮磷的配合应用增施钾肥和喷氮，其增产和增千粒重的综合作用则较小。

表 7-41　3 因素互作对千粒重和产量的影响

处理	千粒重（g）	产量（g/盆）	处理	千粒重（g）	产量（g/盆）
高氮高磷高钾	41.36aA	7.23aAB	高氮高磷喷氮	41.90aA	7.88aA
高氮高磷低钾	39.93abA	7.88aA	高氮高磷不喷	39.38abAB	7.24aAB
高氮低磷高钾	32.95dD	5.54bBC	高氮低磷喷氮	32.87dD	5.66bBC
高氮低磷低钾	34.01cC	5.44bcBC	高氮低磷不喷	34.10cCD	5.32bC
低氮高磷高钾	38.85abAB	5.35bcBC	低氮高磷喷氮	39.08abAB	5.61bBC
低氮高磷低钾	37.83bcBC	5.54bBC	低氮高磷不喷	37.61bB	5.29bC
低氮低磷高钾	35.27cdCD	4.03cC	低氮低磷喷氮	34.43cCD	4.79cC
低氮低磷低钾	33.05dD	5.15bcC	低氮低磷不喷	33.88cCD	4.43cC
高氮高钾喷氮	37.90aA	6.53aA	高磷高钾喷氮	41.16aA	6.38abAB
高氮高钾不喷	36.41aA	6.24abAB	高磷高钾不喷	39.05abA	6.20abcABC
高氮低钾喷氮	36.87aA	7.00aA	高磷低钾喷氮	39.82abA	7.10aA
高氮低钾不喷	37.07aA	6.33abAB	高磷低钾不喷	37.94bA	6.33abABC
低氮高钾喷氮	37.61aA	4.73cC	低磷高钾喷氮	34.34cB	4.88cBC
低氮高钾不喷	36.52aAB	4.68cC	低磷高钾不喷	33.88cB	4.72cC
低氮低钾喷氮	35.91bB	5.66cB	低磷低钾喷氮	32.96cB	5.56bcABC
低氮低钾不喷	34.97bB	5.03cC	低磷低钾不喷	34.10cB	5.03bcBC

　　分析 4 个因素对千粒重和产量的综合效应可以看出（表 7-42），在 16 个不同处理中，高氮磷配合应用不同水平钾和喷氮与否的 4 个处理，其千粒重和产量在表中居前 4 位。产量比其他 12 个处理有较明显的增加，平均提高 45.8%，千粒重也有较大提高，表明这 4 个处理有较好的综合效应。在高磷配合其他三因素的另外 8 个处理中千粒重比低磷配合其他因素组成的 8 个处理有明显的提高，其中有的达到显著或极显著差异水平，表明充足的磷肥供应配合其他因素对提高千粒重有明显的综合作用。产量分析表明，有高氮或高磷配合应用的处理产量均较高，说明高氮、高磷在 4 个因素配合应用的综合作用中有重要的意义。而适当配以钾肥和叶面喷氮处理对提高千粒重

和产量更为有利。

表 7-42　3 因素互作对千粒重和产量的影响

处理	千粒重（g）	产量（g/盆）
高氮高磷高钾喷氮	43.17aA	7.30abAB
高氮高磷高钾不喷	39.55abcABC	7.16abAB
高氮高磷低钾喷氮	40.64abAB	8.45aA
高氮高磷低钾不喷	39.22abcABC	7.31abAB
低氮高磷高钾喷氮	39.16abcdABC	5.46bcBC
低氮高磷高钾不喷	38.55bcdeABCD	5.24bcbC
低氮高磷低钾喷氮	39.00bcdABC	5.75bcBC
低氮高磷低钾不喷	36.67bcdefBCDE	5.34bcBC
高氮低磷高钾喷氮	32.63fE	5.76bcBC
高氮低磷高钾不喷	33.28fDE	5.31bcBC
高氮低磷低钾喷氮	33.10fDE	5.55bcBC
高氮低磷低钾不喷	31.92defCDE	5.34bcBC
低氮低磷高钾喷氮	36.05cdefBCDE	4.00cC
低氮低磷高钾不喷	34.40efCDE	4.12cC
低氮低磷低钾喷氮	32.82fE	5.57bcBC
低氮低磷低钾不氮	33.28fDE	4.73cBC

从不同水平因素对籽粒蛋白质含量的作用进行分析，在单因素的效应中，氮是合成蛋白质的重要元素，因此一般认为合理增施氮肥有益于提高小麦籽粒蛋白质含量。由于磷和钾不直接参与合成蛋白质，不少研究认为增施磷钾肥对籽粒蛋白质含量基本无影响或有所降低，但也有不同的研究报道。从表 7-43 看出，氮磷钾 3 个元素的不同水平和叶面喷氮与否的各处理对籽粒蛋白质含量均有一定影响。方差分析表明，不同水平各因素对蛋白质含量的影响依次为氮>叶面喷氮>磷>钾。高氮或高磷处理分别比低氮和低磷处理极显著地提高了蛋白质含量。乳熟中期叶面喷氮处理比对照（不喷）的籽粒蛋白质含量也有极显著的提高。但是高钾和低钾处理的籽粒蛋白质含量差异不显著，二者的绝对数量也很接近，可见增施钾肥对籽粒蛋白质含量的影响甚微。

表 7-43　单因素对籽粒蛋白质含量的影响　　　　　（单位：%）

处理	蛋白质含量	处理	蛋白质含量	处理	蛋白质含量	处理	蛋白质含量
高氮	16.14aA	高磷	14.83aA	高钾	14.52aA	喷氮	15.62aA
低氮	12.70bB	低磷	13.94bB	低钾	14.24aA	不喷	13.18bB

分析两个因素对籽粒蛋白质含量的综合效应（表7-44）可以看出，在参试的不同水平4因素中，任意2因素组成的处理间籽粒蛋白质含量均有一定差异。高氮在其中组成的所有2因素处理比低氮在其中组成的处理极显著地提高了蛋白质含量，而且高氮和高磷配合的处理以及高氮和喷氮配合的处理比各自相应处理均极显著地增加了籽粒蛋白质含量。高氮和高钾配合应用的综合效应也较好。高磷或喷氮在其中组成的处理大多数分别比各自相应处理显著或极显著提高了籽粒蛋白质含量，而高钾在其中组成的处理与相应的处理间籽粒蛋白质含量有差异，但均不显著。参试的不同水平4因素中任何2因素的高水平（叶片喷氮因素的高水平为喷氮，下同。）相配合的综合效应均较好，其籽粒蛋白质含量的极差从1.17~5.78个百分点。

表7-44　2因素互作对籽粒蛋白质含量的影响 （单位:%）

处理	蛋白质含量	处理	蛋白质含量	处理	蛋白质含量
高氮高磷	17.12aA	高氮高钾	16.26aA	高氮喷氮	16.88aA
高氮低磷	15.19bB	高氮低钾	16.03aA	高氮不喷	15.44bB
低氮高磷	12.67cC	低氮高钾	12.87bB	低氮喷氮	14.41cC
低氮低磷	12.73cC	低氮低钾	12.53bB	低氮不喷	11.08dD
高磷高钾	15.07aA	高磷喷氮	16.23aA	高钾喷氮	15.81aA
高磷低钾	14.58bB	高磷不喷	15.02aAB	高钾不喷	13.28bB
低磷高钾	13.98cC	低磷喷氮	13.47bB	低钾喷氮	15.42aA
低磷低钾	13.90dC	低磷不喷	12.90bB	低钾不喷	13.09bB

分析3个因素对籽粒蛋白质含量的综合效应（表7-45）可以看出，在不同量氮磷钾3因素组成的8个处理中，以高氮磷钾处理的蛋白质含量最高，比低氮磷钾的处理增加4.82个百分点，差异极显著。在高氮和不同量磷、钾组成的4个处理与低氮和不同量磷、钾组成的4个处理间蛋白质含量差异极显著，平均相差3.46个百分点。在不同量氮、磷和喷氮与否3因素组成的8个处理中，以高氮高磷喷氮处理的蛋白质含量最高，为17.77%，极显著高于其他7个处理，而且在各处理中，凡有叶面喷氮的处理均比其相应的对照（不喷）极显著地提高了籽粒蛋白质含量。表明喷氮无论在高氮磷或低氮磷的配合下，均有明显的作用。在不同水平磷钾和喷氮与否组成的8个处理中，高氮高磷和喷氮处理的蛋白质含量极显著高于其他7个处理。凡喷氮结合不同量磷、钾组成的处理均比其相应的对照极显著提高了籽粒蛋白质含量。在不同水平氮钾和喷氮3因素组成的8个处理中，仍以高水平的3因素处理蛋白质含量极显著地多于其他7个处理，而低水平3因素处理蛋白质含量最少，二者相差6.03个百分点。在氮钾水平相同时配合叶面喷氮对提高籽粒蛋白质含量的效果十分显著。

表 7-45　三因素互作对籽粒蛋白质含量的影响　　　（单位:%）

处理	蛋白质含量	处理	蛋白质含量	处理	蛋白质含量	处理	蛋白质含量
高氮高磷高钾	17.42aA	高氮高磷喷氮	17.77aA	高氮高钾喷氮	17.01aA	高磷高钾喷氮	16.66aA
高氮高磷低钾	16.83aA	高氮高磷不喷	16.48bB	高氮高钾不喷	15.52bB	高磷高钾不喷	13.54cC
高氮低磷高钾	15.14bB	高氮低磷喷氮	15.98bB	高氮低钾喷氮	16.71aA	高磷低钾喷氮	15.81bB
高氮低磷低钾	15.25bB	高氮低磷不喷	14.44cC	高氮低钾不喷	15.37bB	高磷低钾不喷	13.40cC
低氮高磷高钾	12.87cC	低氮高磷喷氮	14.76cC	低氮高钾喷氮	14.66bcBC	低磷高钾喷氮	14.98bB
低氮高磷低钾	12.47cC	低氮高磷不喷	10.72cC	低氮高钾不喷	11.18dD	低磷高钾不喷	13.01cC
低氮低磷高钾	12.87cC	低氮低磷喷氮	14.08cC	低氮低钾喷氮	14.18cC	低磷低钾喷氮	15.01bB
低氮低磷低钾	12.60cC	低氮低磷不喷	11.44dD	低氮低钾不喷	10.98dD	低磷低钾不喷	12.80cC

　　综上所述，在参试的不同水平四因素中，任何 3 个高水平因素所组成的处理均有极显著增加蛋白质含量的综合效应。而且凡有高氮或喷氮配合的处理蛋白质含量均较高。

　　分析 3 个因素对籽粒蛋白质含量的综合效应（表 7-45）可以看出，在 4 个不同水平因素组成的 16 种处理中，籽粒蛋白质含量有较大差异。方差分析表明处理间的 F 值为 35.61（$F_{0.01} = 2.74$）差异极显著。从表 7-46 可见，处理间蛋白质含量的极差达 7.55 个百分点，并且以高氮磷钾加叶面喷氮处理的蛋白质含量最高。显著高于除高氮高磷低钾喷氮组成的处理以外的 14 个处理组合，表明这一处理四因素的综合作用对提高籽粒高蛋白质含量十分有利。其次为高氮高磷低钾喷氮的处理。此外，凡有高氮高磷或高氮加叶面喷氮同时出现的 4 个处理其籽粒蛋白质含量均在 15.82% 以上，明显较高。在 6 个仅有高氮或叶面喷氮单独出现的处理中，蛋白质含量在 13.98%～15.15%，显著高于这 2 因素都处于低水平的处理。表明在土壤含氮量较高时不喷氮或土壤含氮量较低时后期叶面喷氮有异曲同工之效，二者可以互补。而低氮和不喷氮同时出现的 4 个处理无论磷钾高低，其蛋白质含量仅在 10.69%～11.63% 范围内，均显著低于其他 12 个处理。表明在土壤含氮量较低的条件下，不进行叶面喷氮难以提高籽粒蛋白质含量。总之，肥料三要素充足和叶面喷氮四因素的综合作用能显著地提高籽粒蛋白质含量。适量的土壤施氮量配合适量磷、钾和叶面喷氮对提高籽粒蛋白质含量有较好的综合作用。

表 7-46　4 因素互作对籽粒蛋白质含量的影响　　　（单位:%）

处理	蛋白质含量	处理	蛋白质含量
高氮高钾高磷喷氮	18.24aA	高氮低磷低钾不喷	14.40eDE

（续表）

处理	蛋白质含量	处理	蛋白质含量
高氮高磷低钾喷氮	17.36abAB	低氮高磷低钾喷氮	14.38eE
高氮高磷高钾不喷	16.61bcABC	低氮低磷高钾喷氮	14.17eE
高氮高磷低钾不喷	16.36bcdBC	低氮高磷低钾喷氮	13.98eE
高氮低磷高钾喷氮	16.13bcdBCD	低氮低磷高钾不喷	11.63fF
高氮低磷低钾喷氮	15.82cdCDE	低氮低磷低钾不喷	11.27fF
低氮高磷高钾喷氮	15.15deDE	低氮高磷高钾不喷	10.75fF
高氮低磷高钾不喷	14.47eDE	低氮高磷低钾不喷	10.69fF

综上所述，充足的氮磷营养元素是提高千粒重的重要因素，试验结果表明磷有较大的作用。在参试的四因素的各种组合中，凡有高磷出现的处理千粒重均较高。丰富的磷素供应配合充足的氮、钾或叶面喷氮的处理对提高千粒重效果更好。

充足的氮磷供应能够显著地提高籽粒产量。试验结果表明，高氮高磷配合的处理或有高氮高磷之一的处理产量都有明显提高。钾因素的2个水平间产量差异不显著，但也不能忽视钾的作用。由于一般土壤含钾较多，因此生产上施用钾肥较少。叶面喷氮与氮、磷、钾不同水平配合的处理其中多数的产量较相应的对照有所提高，但差异不显著，叶面喷氮数量和时期对产量的影响不尽相同。

充足的氮、磷作基肥和后期叶面喷氮对小麦籽粒蛋白质含量均有显著的提高作用。增施氮肥可增加植株氮素营养，促进植株体内的氮同化作用，从而提高籽粒蛋白质含量。增施磷素营养可促进植株生长，进而改善了植株对氮素吸收，间接增加了籽粒蛋白质含量，但磷与氮素配合应用更好。高钾处理比低钾处理有提高籽粒蛋白质含量的趋势，这是由于充足的钾肥供应促进了植株氮代谢而提高籽粒蛋白质含量。在氮、磷、钾水平较低的条件下，叶面喷氮增加籽粒蛋白质含量的作用较大。

第二节　叶面喷肥对小麦产量和品质的影响

叶面施肥灵活简便，尤其在小麦生长后期，土壤施肥不适宜的情况下，可以用叶面喷肥的方法补充植株对养分的需求。叶面喷肥在浇水或不浇水的情况下均可进行，而且便于植物吸收，肥料利用率高，见效快，不失为一种提高产量、改善品质的有效方法。

一、对籽粒蛋白质含量的影响

1. 幼苗喷水的作用

在进行叶面喷肥时，必然要涉及肥料溶液中的水分。进行叶面喷水就可以探明叶面喷施的肥料溶液中水对籽粒蛋白质含量的作用。从表7-47分析，不同时期喷水（蒸馏水）的各处理与对照相比，其籽粒蛋白质含量差异均不显著。而且无论在水浇地或旱地上进行相同试验其结果一致。因此，可以说叶面喷水对籽粒蛋白质含量基本无影响。从而证明在叶面喷施肥料溶液对籽粒品质的影响主要取决于肥料，而不是水。

表7-47　不同时期喷水对籽粒蛋白质含量的影响　　　　　（单位:%）

喷氮时期	I	II	III	平均	差异显著性5%
对照（不喷）	12.87	13.57	12.98	13.07	A
挑旗	12.64	12.59	13.27	12.83	A
抽穗	12.62	13.06	12.65	12.78	A
半仁	12.98	12.84	12.92	12.91	A
乳中	12.56	13.01	13.23	12.93	A
乳末	13.04	12.92	12.80	12.92	A
糊熟	12.53	13.06	13.00	12.86	A

注：半仁即籽粒半仁期；乳中即籽粒乳熟中期；乳末即籽粒乳熟末期；糊熟即籽粒糊熟期。下同

2. 不同时期喷氮的效果

小麦从苗期到腊熟前都能吸收叶面喷施的氮素营养，但不同生育期所吸收的氮素对籽粒有不同的影响。陈清浩（1957）研究认为，小麦生长前期叶面喷氮有利分蘖，提高成穗率，增加穗数和穗粒数，从而提高产量，而在生长后期叶面喷氮则明显增加粒重，同时提高了籽粒蛋白质含量。Strong（1982）和Olson（1980）等人也都报道后期叶面施氮能明显提高籽粒蛋白质含量。本试验从挑旗期开始分不同时期进行叶面喷氮，结果表明，各时期叶面喷氮均有提高籽粒蛋白质含量的作用，但如图7-8所示，各品种籽粒蛋白质含量在籽粒发育过程中的变化趋势仍以半仁期含量较高，以后逐渐下降，乳熟末期以后则又上升。因此，可以认为合理地进行叶面喷氮可以有效地提高籽粒蛋白质含量，但不改变各品种固有的变化趋势。

在小麦生长后期的不同时期进行叶面喷氮，其提高籽粒蛋白质含量的效果不尽相同（表7-48）。喷氮以后，在籽粒发育的各个时期进行测定，其蛋白质含量均有所提高。在籽粒完熟期测定，各喷氮处理间籽粒蛋白质含量的高低顺序是乳熟中期、乳熟

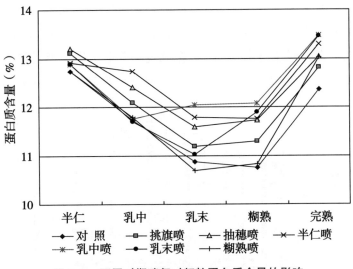

图 7-8　不同时期喷氮对籽粒蛋白质含量的影响

末期、半仁期、抽穗期、糊熟期、挑旗及对照。其中以半仁至乳熟末期喷氮的效果较好。在两年的多品种试验中，均表现相似的结果，表明在小麦生长后期喷氮较早期喷氮对提高籽粒蛋白质含量更为有利，但也不是越晚越好。因为在乳熟期以后，叶片逐渐衰老，功能叶片也逐渐减少，吸收能力减弱，从而导致叶面喷氮效果降低。

表 7-48　不同时期喷氮对小麦籽粒蛋白质含量的影响　（单位：%）

年份	喷氮时期	半仁	乳中	乳末	糊熟	完熟
1986 年	对照（不喷）	14.31a	12.32b	11.38d	12.06c	12.45c
	挑旗	14.48a	12.41b	11.44cd	12.38bc	12.90bc
	抽穗	14.52a	12.62b	11.79bc	12.55abc	13.11b
	半仁	14.40a	13.37a	12.17ab	12.59ab	13.24ab
	乳中	14.39a	12.47b	12.29a	13.04a	13.67a
	乳末	14.56a	12.16b	11.65cd	12.52bc	13.37ab
	糊熟	14.42a	12.22b	11.37cd	12.28bc	12.59c
1987 年	对照（不喷）	12.37c	11.73d	10.87de	10.75c	12.36e
	挑旗	13.11ab	12.09c	11.19c	12.29b	12.81d
	抽穗	13.20a	12.41b	11.60b	11.73a	13.04bcd
	半仁	12.92bc	12.74a	11.79ab	11.78a	13.29abc
	乳中	12.88c	11.75d	12.04a	12.08a	13.48a
	乳末	12.88c	11.70d	11.02cd	11.89a	13.46ab
	糊熟	12.74c	11.79cd	10.69e	10.83c	13.62cd

从完熟期各处理的籽粒蛋白质含量比对照增加百分率（图 7-9）分析，不同时期喷氮处理间有较大差异。第一年（1986 年）试验的增长幅度为 1.1%～9.8%，平均

增长 5.6%，第二年（1987 年）试验的增长幅度为 3.6%~9.1%，平均增长 6.7%，两年均以乳熟中期喷氮的籽粒蛋白质含量增长率最高，分别为 9.8% 和 9.1%。而且从处理 1 至处理 4 其增长率逐渐增加，此后又逐渐降低。进一步表明乳熟中期及其前后的半仁期和乳熟末期是较适宜的喷氮时期，而以乳熟中期喷氮效果最佳。

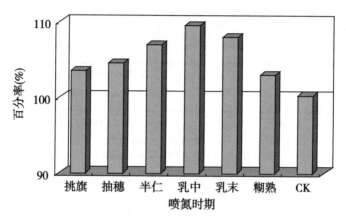

图 7-9　不同时期喷氮籽粒蛋白质增长率

进一步用 ^{15}N 研究小麦叶面喷氮的效应表明，在土壤氮素相同条件下，从旗叶展开（挑旗）开始，不同时期用 ^{15}N 标记的硫酸铵溶液喷洒旗叶，氮素均可被旗叶吸收输送到籽粒中，在各处理间，籽粒中 NDFF（氮素含量来自肥料氮的百分比）有较大差别（表 7-49），其中以挑旗后两周喷氮籽粒中 NDFF 最高，达 2.41%，极显著地高于其他各处理，次为挑旗后 3 周和 1 周喷氮处理，其余 3 个处理的籽粒中 NDFF 均较低。这一结果表明，旗叶展开 35 天内，不同时期喷氮籽粒中均有显著不同的 NDFF。并且，由于旗叶在不同时期叶片功能强弱不同，导致各处理间籽粒中 NDFF 由低到高再转低的变化。这一变化趋势对拟定叶面喷氮的适宜时期具有重要参考意义。

表 7-49　不同时期叶面喷氮的效应　　　　　　　　（单位：%）

喷氮时期	籽粒含氮量	NDFF*	NDFS**	籽粒蛋白质含量
挑旗当天	2.107	0.94	99.06	12.01
挑旗后 1 周	2.202	1.70	98.30	12.55
挑旗后 2 周	2.214	2.41	97.59	12.62
挑旗后 3 周	2.204	1.84	98.16	12.56
挑旗后 4 周	2.112	0.55	99.45	12.04
挑旗后 5 周	2.104	0.37	99.63	11.99
对照（不喷）	2.088	0.00	100	11.90

＊籽粒中来自肥料的氮；　＊＊籽粒中来自土壤的氮

就籽粒蛋白质与 NDFF 分析，6 个喷氮处理间的蛋白质含量变化，与籽粒中 NDFF 变化基本一致，即蛋白质含量随 NDFF 的增减而变化。

一般说来，随着叶片衰老，叶面吸收和转运氮素的能力逐渐减弱。至于挑旗当天叶面喷氮比挑旗后 1~3 周叶面喷氮的籽粒中 NDFF 低，是由于当时叶片吸收的氮素较多地用于合成叶绿素或运输到植株其他部位，而在挑旗后 1~3 周正值抽穗到籽粒形成时期，籽粒为生长中心，叶面吸收的氮素能较多地输向籽粒。

用不同种类的氮肥进行叶面喷施，其效果不尽相同。在本试验中，用尿素溶液和硫酸铵溶液进行叶面喷施，对提高籽粒蛋白质含量的适期范围稍有变动。高瑞玲等分别用 2% 的尿素溶液和 2% 的硫酸铵溶液在不同时期对小麦进行叶面喷施（表 7-50），结果表明，小麦后期喷施尿素或硫酸铵溶液，都能明显提高小麦籽粒蛋白质和赖氨酸含量，其中在灌浆期连续喷两次尿素的蛋白质含量两年分别比对照提高 2.60 个百分点、1.236 个百分点，赖氨酸含量分别提高 0.066 个百分点、0.0826 个百分点，喷硫酸铵的蛋白质含量两年分别提高 2.36 个百分点、0.746 个百分点，赖氨酸含量分别提高 0.0646 个百分点、0.0796 个百分点，对提高品质的效果非常明显。并且可以看出在灌浆盛期以前喷氮，其籽粒蛋白质和赖氨酸含量均有随喷肥时期的后延而逐渐增高的趋势，就两种肥料比较而言，喷施尿素溶液比硫酸铵溶液对提高品质的效果更好。

表 7-50　不同喷肥种类和时期对小麦籽粒品质的影响　　（单位:%）

年份	喷肥时期	2%尿素		2%硫酸铵	
		蛋白质含量	赖氨酸含量	蛋白质含量	赖氨酸含量
1986 年	孕穗+开花	12.6	0.375	12.51	0.373
	开花+灌浆初	13.00	0.378	12.60	0.378
	灌浆初+灌浆盛	14.20	0.417	13.90	0.409
	CK（清水）	11.60	0.348	11.60	0.345
1987 年	孕穗+开花	15.10	0.438	14.79	0.443
	开花+灌浆初	15.10	0.476	15.96	4.464
	灌浆初+灌浆盛	16.30	0.491	15.27	0.489
	CK（清水）	15.07	0.409	14.53	0.410

（高瑞玲，河南，1989）

在同一研究中，还表现出随喷氮时期推迟千粒重、容重和籽粒产量依次降低，但均比对照有所增加，籽粒蛋白质产量也均比对照有较大提高，而各项指标均表现为喷尿素溶液比硫酸铵溶液效果好。因此在生产上用尿素溶液进行叶面喷施更为适宜。

3. 不同喷氮量次数及浓度的效应

在氮肥溶液浓度和喷施时期相同的情况下，对同一品种进行叶面喷施不同数量的氮素溶液，在一定范围内，其籽粒蛋白质含量随喷氮数量的增加而提高，二者呈显著正相关。

从表7-51可见，两年试验各喷氮量处理均比对照显著地提高了籽粒蛋白质含量。其中以每667m²喷10kg纯氮的效果最好。但是若就提高蛋白质含量和经济效益权衡考虑，则喷氮数量不宜过多，因每千克纯氮所提高的籽粒蛋白质含量，有随喷氮数量的增加而减少的趋势（表7-52）。

表7-51　喷氮量对籽粒蛋白质含量的影响　　　　　　（单位:%）

喷氮量（kg/667m²）	1986 年	1987 年
对照（不喷）	13.47bB	12.34dD
2.5	14.19aAB	12.74cCD
5.0	14.32aAB	13.27bBC
7.5	14.50aAB	13.46bB
10.0	14.89aA	13.92aA

表7-52　每千克纯氮增加的蛋白质含量　　　　　　（单位:%）

喷氮量（kg/667m²）	1986 年	1987 年
对照（不喷）	—	—
2.5	0.288	0.160
5.0	0.170	0.186
7.5	0.138	0.150
10.0	0.142	0.158

在使用肥液浓度、数量相同的情况下，对同一品种在同一生育时期进行不同次数的叶面喷氮处理，于完熟期测定其籽粒蛋白质含量，各喷肥次数处理均较对照极显著地增多（表7-53），但不同喷肥次数处理之间差异不显著，两年的试验结果相同。可见在其他条件均相同时，叶面喷氮次数对小麦籽粒蛋白质含量基本无影响。有些研究中报道，在每次喷肥的浓度和数量相同的情况下，两次喷肥比一次喷肥对提高籽粒产量和品质效果更好，这主要是由于喷氮数量的增加引起的（表7-54）。也有报道指出，在数量和浓度相同时，分次喷肥比一次喷肥效果好，这主要是由于喷肥的时期不同造成的差异。

表 7-53　喷氮次数对籽粒蛋白质含量的影响　　　　　　（单位：%）

喷氮次数	1986 年	1987 年
对照（不喷）	13.25bB	11.80bB
1	14.40aA	12.91aA
2	14.39aA	12.97aA
3	14.57aA	13.11aA
4	14.23aA	13.30aA

表 7-54　喷氮次数对营养品质的影响　　　　　　（单位：%）

处理	蛋白质含量	赖氨酸含量
孕穗期喷清水（CK）	12.85b	0.310b
孕穗期喷 1.5% 尿素一次	14.79a	0.343ab
孕穗期、扬花期各喷 1.5% 尿素一次	15.18a	0.375a

（高瑞玲，河南）

　　在喷肥的数量、次数、时期等条件相同时，不同的喷氮浓度处理均比对照显著地提高了籽粒蛋白质含量。但各喷氮浓度处理间差异不显著（表 7-55）。

　　综上所述，在不同数量、次数、浓度的喷氮处理中，对增加籽粒蛋白质含量起作用的主要因素是喷氮数量，在其他条件相同时，喷氮次数和浓度的作用不明显。在实际应用中，喷氮浓度和数量不宜过高，应以不烧伤叶片为宜。

表 7-55　不同喷氮浓度对籽粒蛋白质含量的影响　　　　　　（单位：%）

喷氮浓度	1986 年	1987 年
对照（不喷）	13.27b	12.10b
6	14.28a	12.78a
10	14.14a	12.67a
20	14.31a	12.87a
30	14.28a	12.74a

　　4. 不同土壤肥力条件下叶面喷氮的效果

　　不同土壤肥力、不同喷氮处理以及二者间的互作，其籽粒蛋白质含量的差异均达显著水平（表 7-56）。在土壤中磷、钾含量相同的条件下，籽粒蛋白质含量随土壤中氮含量的增加而提高，其中高氮（75mg/kg）和中氮（50mg/kg）处理的籽粒蛋白质含量极显著地高于低氮（25mg/kg）处理。而高氮和中氮处理间差异不显著。表明土壤肥力在一定范围内对籽粒蛋白质含量有显著影响，当土壤肥力高到一定程度后对增加籽粒蛋白质含量的效果则较差。在三种不同土壤肥力条件下，叶面喷氮比不喷氮处理的平均籽粒蛋白质含量极显著的提高。但值得注意的是，在不同土壤肥力下叶面喷氮和对照（不喷）的籽粒蛋白质含量差异显著性不同。在高氮条件下叶面喷氮和对照的蛋白质含量差异不显著，而在中氮和低氮条件下二者的差异均达到极显著水平。在高氮条件下叶面喷氮比对照的蛋白质含量增加1个百分点，中氮条件下比对照增加1.98个百分点，低氮条件下增加3.18个百分点。即随着土壤含氮量的降低，叶面喷氮对增加籽粒蛋白含量的效果逐渐提高。

表 7-56　不同肥力下喷氮处理的籽粒蛋白质含量　　　　（单位：%）

处理	高氮	中氮	低氮	平均
喷氮	16.80aA	16.49aA	15.38aA	16.22aA
不喷	15.80aA	14.51bB	12.20bB	14.14bB
平均	16.30aA	15.49aA	13.76bB	

注：高氮、中氮、低氮的平均值为横向比较，其余为纵向比较

5. 不同水分状况下叶面喷氮的效应

小麦生长期间的水分状况与产量、品质有密切关系。Alston（1979）在三种水分状况下进行施肥研究，结果表明，产量均随水分增多而提高，但以叶面施肥的处理增产最多，达33.7%。籽粒蛋白质含量则因水分增加而有降低的趋势。在同样水分条件下，产量和品质均为"土壤施氮+叶面施氮"的处理优于"土壤施氮"。这一研究说明水分对肥效具有重要意义，特别对叶面施肥的作用更为明显。

在研究中，浇水和不浇水的条件下进行不同喷氮数量、喷氮次数、喷氮浓度的试验，在相同的喷氮处理中，正常浇水的处理和一直不浇水的干旱处理的籽粒蛋白质含量互有高低，但差异不显著（表7-57）。而在有些不喷氮的条件下干旱处理能提高籽粒蛋白质含量。但是土壤水分适宜时，叶片吸收氮素的能力更强，所以在土壤湿润的条件下进行叶面喷氮对提高籽粒产量和改善品质的效果更好。

表 7-57　不同水分处理下叶面喷氮的籽粒蛋白质含量　　　　（单位：%）

处理	不同喷氮数量	不同喷氮次数	不同喷氮浓度
浇水	13.38a	13.05a	12.59a
不浇水	12.89a	12.56a	12.67a

二、叶面喷氮对氨基酸含量的影响

土壤施氮和叶面施氮都可以改变小麦籽粒中氨基酸的组分。在小麦生长后期进行不同时期叶面喷氮处理对籽粒中必需和非必需氨基酸含量及 17 种氨基酸总量都较对照（不喷）有不同程度的增加（表 7-58）。其中以半仁至乳熟末期喷氮其籽粒中必需氨基酸含量提高较多，而乳熟中期喷氮，TA（氨基酸总量）、EA（必需氨基酸总量）和 NEA（非必需氨基酸总量）都增加最多。叶面喷氮各处理的平均值也均较对照有所提高，其中 TA 提高 6.98%，NEA 提高 5.15%，而 EA 提高的百分率最大，为 11.90%。在水浇地和旱地上的试验结果相似。

表 7-58　不同时期叶面喷氮对小麦籽粒中各种氨基酸含量的影响　（单位:%）

氨基酸	对照（不喷）	喷氮时期						喷氮处理平均比对照增加
		挑旗	抽穗	半仁	乳中	乳末	糊熟	
天门冬氨酸	0.5775	0.7468	0.6798	0.6528	0.6108	0.6680	0.6140	14.63
苏氨酸	0.3248	0.3825	0.3893	0.3678	0.3375	0.3473	0.3588	12.04
丝氨酸	0.5220	0.6260	0.5915	0.6200	0.5875	0.6190	0.6173	15.88
谷氨酸	3.6168	3.5020	4.0280	3.6783	4.0915	3.6770	3.9133	5.480
甘氨酸	0.4593	0.4970	0.5925	0.4333	0.4580	0.4288	0.5135	6.070
丙氨酸	0.4255	0.4720	0.4735	0.4708	0.4398	0.4495	0.4395	7.520
缬氨酸	0.4163	0.4833	0.5293	0.5323	0.5655	0.5393	0.4470	24.00
蛋氨酸	0.1273	0.1108	0.0833	0.1093	0.0878	0.1360	0.1045	−17.28
异亮氨酸	0.4315	0.4865	0.5058	0.4950	0.5205	0.5535	0.4468	16.18
亮氨酸	0.8095	0.9213	0.8960	1.0040	1.0385	0.9820	0.8693	17.58
酪氨酸	0.3168	0.3595	0.4050	0.3878	0.4105	0.4585	0.3730	25.98
苯丙氨酸	0.5593	0.5615	0.5470	0.5650	0.5918	0.5878	0.5508	1.430
组氨酸	0.1780	0.1598	0.1800	0.1350	0.1873	0.1155	0.1438	−13.76
赖氨酸	0.1590	0.1800	0.2053	0.1513	0.2150	0.1658	0.1730	14.34
精氨酸	0.2738	0.2925	0.1953	0.2543	0.3078	0.3210	0.2100	−3.76
脯氨酸	1.7005	1.6260	1.6563	1.5808	1.5655	1.6815	1.7158	−3.70
色氨酸	0.1658	0.1593	0.1665	0.1675	0.1608	0.1555	0.1635	−2.17
TA	11.0637	11.5668	12.1244	11.6053	12.1761	11.8862	11.6539	6.98
EA	2.9935	3.2852	3.3225	3.3922	3.5174	3.4674	3.1137	11.90
NEA	8.0702	8.2816	8.8019	8.2131	8.6587	8.4188	8.5402	5.150

喷氮对各种氨基酸含量的效应有一定差别。在 17 种氨基酸中，酪氨酸和缬氨酸在 6 个喷氮处理的平均值较对照增长率最多，分别为 25.95% 和 24.00%，其次为亮氨酸、异亮氨酸、丝氨酸、天门冬氨酸、赖氨酸和苏氨酸，比对照增长 12.04%～

17.58%，喷氮对增加这 8 种氨基酸含量有较好的作用。再次为丙氨酸、甘氨酸、谷氨酸和苯丙氨酸，增长 10% 以下，喷氮的作用较小。而蛋氨酸、组氨酸比对照却分别减少 17.28% 和 13.76%，精氨酸、脯氨酸和色氨酸的含量比对照减少 2.17%~3.76%。

从小麦籽粒蛋白质中各种氨基酸的百分含量分析（表 7-59），各喷氮处理均比对照提高了蛋白质中 EA/NEA 和 EA/TA 的比例。其中分别以半仁期、乳熟中期和乳熟末期喷氮处理提高较多。因此，适期叶面喷氮不仅可以显著地增加小麦籽粒蛋白质含量，而且可以有效地提高蛋白质的营养价值。

表 7-59　不同时期喷氮对籽粒蛋白质中氨基酸含量的影响　　　（单位:%）

氨基酸	对照（不喷）	喷氮时期					
		挑旗	抽穗	半仁	乳中	乳末	糊熟
天门冬氨酸	4.725	6.005	5.280	4.925	4.530	5.120	4.990
苏氨酸	2.655	3.065	3.000	2.805	2.505	2.660	2.910
丝氨酸	4.270	5.010	4.515	4.595	4.355	4.745	5.020
谷氨酸	29.58	27.90	31.345	27.875	30.59	28.250	31.785
甘氨酸	3.760	3.975	4.545	3.190	3.400	3.280	4.175
丙氨酸	3.480	3.800	3.630	3.500	3.260	3.445	3.565
缬氨酸	3.405	3.870	4.110	3.995	4.190	4.135	3.635
蛋氨酸	1.055	0.880	0.640	0.815	0.655	1.040	0.850
异亮氨酸	3.530	3.885	3.880	3.815	3.865	4.245	3.625
亮氨酸	6.625	7.365	6.910	7.500	7.720	7.525	7.245
酪氨酸	2.650	2.855	3.120	2.875	3.050	3.515	3.285
苯丙氨酸	4.540	4.475	4.215	4.190	4.395	4.500	4.480
组氨酸	1.455	1.275	1.390	1.015	1.385	0.885	0.965
赖氨酸	1.300	1.440	1.580	1.145	1.595	1.265	1.415
精氨酸	2.440	2.345	1.495	1.925	2.290	2.460	2.080
脯氨酸	13.905	13.00	12.74	11.855	11.580	12.855	13.975
色氨酸	1.320	1.270	1.285	1.260	1.190	1.190	1.250
EA/NEA	36.90	39.67	47.41	55.56	40.53	41.14	36.38
EA/TA	26.94	28.40	32.16	35.72	28.84	29.15	26.68

三、叶面喷氮对加工品质的影响

叶面喷氮不仅对籽粒蛋白质及氨基酸等营养品质有明显的影响，也有改善加工品质的作用。小麦加工品质的指标较多，现仅就较为重要和常用的一些指标进行分析。

从表7-60看出，叶面喷氮可以极显著地提高湿面筋和干面筋含量，沉淀值虽未达到显著水平，但也有所提高，表明小麦生育后期叶面喷氮能起到改善加工品质的作用。

表7-60　叶面喷氮对面筋及沉淀值的影响

处理	湿面筋（%）	干面筋（%）	沉淀值（ml）
喷氮	38.95aA	12.96aA	31.50aA
不喷	39.95bB	12.37bB	30.73aA

有报道指出面团品质与烘焙品质呈极显著相关。因此常把面团品质作为小麦加工品质研究的重要内容之一。从表7-61看出，叶面喷氮能显著提高面粉的吸水率，吸水率高的面粉做面包时加水多，既能提高单位重量面粉的出品率，也可做出质量优良的面包，而且面粉的吸水率与其他品质指标也有密切关系。叶面喷氮肥对面团的其他品质指标也均有改善，除软化度外，各项指标均达到显著或极显著差异水平。表明叶面喷氮对改善面团品质非常有效。

表7-61　叶面喷氮对面团品质的影响

处理	吸水率（%）	形成时间（min）	稳定时间（min）	断裂时间（min）	公差指数（E·u）	软化度（E·u）	评价值
喷氮	59.44aA	3.93aA	5.95aA	8.50aA	37.00bA	97.50aA	49.79aA
不喷	58.89bA	3.63bA	5.46bA	7.76bB	41.50aA	99.86aA	48.27bA

注：供试品种为中麦2号

面包烘焙品质也是研究小麦品质极其重要的内容。一般情况下，面包的烘焙品质与小麦籽粒蛋白质含量、面筋含量、沉淀值以及面团的各项品质指标均有密切的关系。在一定程度上，烘焙品质也是上述品质指标的综合反映。面包烘焙品质的具体指标较多，仅就叶面喷氮对面包体积、比容和面包评分等3项主要指标的作用进行分析。

面包体积是最直观、容易识别的指标。从表7-62中可见，叶面喷氮处理的小麦面包体积为700.80cm³（100g面粉烘焙面包的体积），比对照增加5.24%，达到极显著差异水平。叶面喷氮处理的小麦面包比容为4.48cm³/g，比不喷氮的增加3.94%，差异显著。试验表明，叶面喷氮处理的小麦面包综合评分为78.68分，比不进行叶面喷氮处理的提高4.66%，差异极显著。但是叶面喷氮对各品种的面包烘焙品质所改善的程度不尽相同，其中面包体积增加的幅度为2.5~102.5ml，面包评分提高的幅度为0.5~8.5分。综上所述，由于适期适量叶面喷氮有效的提高了蛋白质含量、面筋含量和质量，改善了面团的品质，因而有效地提高了面包的烘焙品质。

表 7-62　叶面喷氮对烘焙品质的影响

处理	面包体积（cm³）	比容（cm³/g）	面包评分（分）
喷氮	700.80aA	4.48aA	76.68aA
不喷	665.89bB	4.31bA	75.18bB

注：14 个供试小麦品种的平均值

　　小麦的磨粉品质也属于加工品质的范畴。磨粉品质的指标也有很多，现仅就主要指标列于表 7-63，从中可见，不同施肥处理的小麦出粉率虽不尽相同，差异不大，但仍表现出叶面喷氮处理的出粉率较高。而从籽粒硬度和面粉白度的测定结果看，各处理间略有差异，但均不显著，表明不同施肥法对小麦籽粒的磨粉品质影响不大，但叶面施氮处理有提高磨粉品质的趋势。

表 7-63　不同施肥法对磨粉品质的影响

处理	出粉率（%）	籽粒硬度（s）	面粉白度（%）
叶面喷氮	67.7a	17.1a	73.4a
土壤施氮	65.4ab	16.5a	73.6a
土施+叶施	64.7b	16.4a	73.1a
对照（不施）	66.1ab	16.9a	72.9a

注：施肥时期均为籽粒灌浆期，施氮量为 2kg/667m²

四、喷施不同营养元素对冬小麦产量和品质的影响

　　小麦生长发育所需的营养元素不仅可以底施和追施，还可以进行叶面喷施，小麦生长期间叶面喷施营养元素对小麦的植株性状、产量及其构成因素以及多项品质指标均有重要影响。小麦全生育期均能吸收根外施入的氮素营养，但不同时期吸收的根外氮素营养的作用各异，前期叶面喷氮有利于促进分蘖，增加成穗数，后期喷氮有利于改善品质，提高籽粒蛋白质含量。适期适量叶面喷氮可以提高籽粒中氨基酸总量，以及必需氨基酸含量与氨基酸总量的比例，从而提高蛋白质的营养价值。开花后叶面喷施混合肥料可使籽粒产量提高和部分品质指标有所改善。有研究表明，叶面施用尿素，尤其是氮、磷和钾配合施用可显著延缓小麦拔节以后根系活力的下降，延长叶片功能期；后期喷尿素和磷酸二氢钾能显著增加小麦的籽粒产量，并可提高小麦籽粒的蛋白质含量。这些研究对促进小麦高产优质生产及相关研究起到了积极作用，但有关叶面喷施营养元素效应的研究较少。本研究利用强筋小麦济麦 20 和中筋小麦中任 1

号做试验材料，研究了开花期叶面喷施不同营养元素（硼、锌、锰、铁、磷、钾、氮）对小麦籽粒产量、蛋白质含量、面团粉质指标、拉伸指标、烘焙品质指标以及籽粒中矿质元素含量的调节效应，结果表明，在底肥和追肥相同的条件下，品种间产量和品质差异显著。喷施不同营养元素处理的千粒重均比对照有所提高，喷施营养元素处理间产量差异显著，其中叶面喷施硼肥产量最高。叶面喷施营养元素对面团吸水率、形成时间、稳定时间、面包体积、面包评分有显著影响，对籽粒蛋白质含量影响不显著，但对不同蛋白组分有显著影响。叶面喷施铁和锌分别提高了籽粒中铁和锌的含量，但喷锰并未增加籽粒中锰的含量。

1. 不同处理对植株产量性状的影响

从表7-64可见，品种（A因素）间和喷肥（B因素）处理间小麦株高差异显著，但极差不大，不同喷肥处理间变异系数仅为2.39%。品种间和喷肥处理间穗长差异不显著。穗粒数在品种间差异显著，喷肥处理间无显著差异。品种间千粒重差异显著，中任1号比济麦20高4.5g；不同喷肥处理千粒重均比对照有所提高，但只有喷锌处理与对照的差异达到显著水平。济麦20容重显著高于中任1号，但不同喷肥处理间差异不显著，变异系数仅为0.22%。强筋品种济麦20产量显著高于中筋品种中任1号，可见适当的栽培条件和措施可以提高强筋小麦的产量。不同喷肥处理间产量差异也显著，其中开花期叶面喷施硼肥处理产量最高，显著高于喷磷、喷钾和对照处理。进一步分析表明，穗粒数、千粒重和容重的基因型效应较强，品种间不仅差异显著，而且极差较大，但在本试验中叶面喷肥对穗长、穗粒数、容重其调节效应较小。

表7-64 不同处理对植株及产量性状的影响

因素	处理	株高（cm）	穗长（cm）	穗粒数（粒）	千粒重（g）	容重（g/L）	产量（kg/hm²）
品种	济麦20	59.2b	7.0a	30.5a	43.8b	808.7a	6 779.1a
	中任1号	61.3a	7.3a	26.6b	48.3a	789.8b	6 047.7b
喷肥	喷硼	61.7ab	7.4a	28.7a	45.6ab	799.9a	6 717.3a
	喷锌	62.3a	7.4a	29.8a	47.1a	800.0a	6 604.1ab
	喷锰	59.9ab	7.1a	29.1a	46.2ab	801.1a	6 520.4ab
	喷铁	60.7ab	7.6a	27.8a	46.1ab	802.1a	6 688.5ab
	喷磷	61.0ab	7.0a	29.0a	46.2ab	798.4a	5 993.7d
	喷钾	58.7b	6.8a	27.6a	45.9ab	797.7a	6 071.6cd
	喷氮	59.0ab	7.4a	28.8a	46.0ab	797.3a	6 395.0abc
	喷水（CK）	58.4b	6.9a	27.3a	45.3b	797.7a	6 316.8bcd
	CV（%）	2.39	4.20	3.00	1.10	0.22	4.24

2. 不同处理对籽粒硬度及面筋品质的影响

品种间和处理间籽粒硬度差异均显著（表7-65）。品种间沉淀值、湿面筋、干面筋差异显著，但不同喷肥处理间无显著差异，表明本试验中这3项品质指标对喷肥处理不敏感，在其他试验中表现不尽相同，这与具体试验条件有关。品种间和喷肥处理间的面筋指数差异均显著，其中叶面喷施硼肥的面筋指数最高，表明喷肥对面筋质量有重要影响。

表7-65 不同处理对籽粒硬度及面筋品质的影响

因素	处理	硬度指数	沉淀值（ml）	湿面筋（%）	干面筋（%）	面积指数
品种	济麦20	63.3a	44.3a	41.8a	13.3a	97.3a
	中任1号	62.2b	24.4b	35.2b	12.4b	44.4b
喷肥	喷硼	62.4ab	34.2a	37.2a	12.5a	80.1a
	喷锌	62.0b	34.2a	39.6a	13.0a	78.8ab
	喷锰	62.7ab	34.0a	38.7a	13.3a	79.6ab
	喷铁	63.0ab	34.0a	37.6a	12.6a	73.8c
	喷磷	62.2ab	34.8a	39.6a	12.9a	74.9bc
	喷钾	63.1ab	34.6a	38.3a	12.7a	75.4abc
	喷氮	63.2ab	35.6a	38.3a	12.6a	75.0bc
喷水（CK）		63.5a	33.5a	38.7a	13.0a	76.2abc
CV（%）		0.80	1.85	2.21	2.11	3.15

3. 不同处理对面团及烘焙品质的影响

不同品种间的面团吸水率、形成时间、稳定时间、面包体积和面包评分均呈显著差异，表明基因型对上述指标影响很大（表7-66）。不同喷肥处理间吸水率表现为喷磷、喷钾、喷氮、喷水（对照）处理均显著高于喷硼、喷锌、喷锰和喷铁，表明本试验中喷施微量元素使面团吸水率显著降低，而喷施氮、磷、钾等大量元素使面团吸水率比对照有所提高，但未达到显著水平。不同喷肥处理均比对照的面团形成时间有所延长，其中喷硼、喷锌、喷锰、喷钾、喷氮处理与对照的差异均达到显著水平，不同喷肥处理间的面团形成时间变异系数较大，达到13.41%。喷磷钾肥对面团稳定时间不利，本试验中喷磷和喷钾处理使面团稳定时间减少，与喷硼处理差异显著。面包体积以喷锰处理的最大，显著大于除喷铁以外的其他喷施处理。面包评分处理间差异显著，仍以喷锰处理最高，显著高于除铁以外的其他喷施处理。

表7-66 不同处理对面团及烘焙品质的影响

因素	处理	吸水率（%）	形成时间（min）	稳定时间（min）	面包体积（ml）	面包评分（分）
品种	济麦20	67.0a	21.9a	31.3a	813.3a	85.6a
	中任1号	64.0b	2.3b	1.4b	542.7b	53.9b
喷肥	喷硼	64.4b	13.6a	17.4a	680.4cd	72.3bc
	喷锌	64.3b	12.5a	16.0ab	663.3cde	69.3cd
	喷锰	64.8b	13.5a	16.8ab	729.9a	76.7a
	喷铁	64.9b	11.6ab	16.4ab	720.8ab	75.6ab
	喷磷	66.5a	11.8ab	15.6b	649.2de	65.9de
	喷钾	66.5a	12.8a	15.9b	640.4de	64.4e
	喷氮	66.5a	12.7a	16.1ab	650.9de	65.0e
喷水（CK）		66.1a	8.5b	16.7ab	690.8bc	68.7d
CV（%）		1.51	13.41	3.56	4.95	6.78

4. 不同处理对籽粒蛋白质含量的影响

品种间籽粒蛋白质组分含量差异显著（表7-67），表明品种基因型对籽粒蛋白质含量影响很大。不同喷肥处理间籽粒蛋白质含量差异不显著，但喷氮、喷锌、喷锰处理的籽粒总蛋白含量有所提高。清蛋白含量以喷锌、喷铁处理最高，显著高于喷磷、喷氮及喷清水（对照）的处理。球蛋白含量以喷硼、喷锰处理最高，显著高于喷铁及喷清水（对照）的处理。醇溶蛋白含量以喷锌的处理最高，显著高于喷磷、喷钾及喷清水（对照）的处理。谷蛋白含量以喷氮处理最高，喷锌处理最低。可见不同蛋白组分对不同元素的敏感性有差异，相同元素对不同蛋白组分的影响也不尽相同。

表7-67 不同处理对籽粒蛋白质组分含量的影响 （单位：%）

因素	处理	总蛋白	清蛋白	球蛋白	醇溶蛋白	谷蛋白
品种	济麦20	15.49a	3.59a	1.83a	4.28a	5.06a
	中任1号	15.11b	2.67b	1.60b	4.16a	4.20b
喷肥	喷硼	15.24a	3.16ab	1.76a	4.28ab	4.53b
	喷锌	15.49a	3.24a	1.72ab	4.67a	4.19c
	喷锰	15.51a	3.08ab	1.80a	4.26ab	4.54b
	喷铁	15.12a	3.30a	1.63bc	4.35ab	4.59ab
	喷磷	15.29a	3.18ab	1.72ab	4.02b	4.77ab
	喷钾	15.08a	2.98b	1.73ab	3.95b	4.82ab
	喷氮	15.38a	2.97b	1.71abc	4.28ab	4.88a
喷水（CK）		15.27a	2.99b	1.63c	3.95b	4.64ab
CV		1.02	4.07	3.20	5.79	4.71

5. 不同处理对籽粒矿质元素含量的影响

籽粒中不同矿质元素在品种间差异显著，济麦 20 籽粒中的铜、铁、锌、锰含量均较高。不同喷肥处理间籽粒铜含量以对照最高，喷锌、喷锰、喷铁、喷磷的处理使籽粒中铜含量显著降低，其他喷肥处理籽粒含铜量也均比对照（喷水）有所减少，可见各种喷肥处理对籽粒中的铜含量均有不利影响（表 7-68）。籽粒中铁含量以喷铁处理最高，显著高于喷锰、喷锌、喷磷、喷钾、喷氮的处理，除喷铁处理其他各喷肥处理籽粒含铁量均比对照有所减少。籽粒中锌含量以叶面喷硼的处理最高，显著高于除喷锌以外的各个处理，喷锌处理显著高于除喷硼和喷氮以外的各个处理，喷钾和喷铁处理比对照显著降低了籽粒中锌含量，其他处理籽粒锌含量均比对照有所提高。籽粒中锰含量以喷磷、喷钾处理最高，显著高于喷硼、喷锰、喷铁、喷氮的处理。可见叶面喷肥对籽粒中矿质元素含量有显著影响，不同喷肥处理对同一种矿质元素影响不同，相同喷肥处理对不同矿质元素的影响亦存在差异。

表 7-68　不同处理对籽粒矿质元素的影响

因素	处理	Cu（mg/kg）	Fe（mg/kg）	Zn（mg/kg）	Mn（mg/kg）
品种	济麦 20	5.42a	48.61a	34.73a	51.49a
	中任 1 号	4.97b	44.58b	30.66b	48.79b
喷肥	喷硼	6.01a	48.08abc	40.19a	48.02cd
	喷锌	4.41d	50.35b	38.82ab	52.56ab
	喷锰	4.76cd	43.51cd	30.15de	50.46bc
	喷铁	4.66cd	55.65a	27.06ef	45.41d
	喷磷	5.08bc	40.47cd	32.73cd	54.57a
	喷钾	5.53ab	42.50cd	24.64f	54.57a
	喷氮	5.54ab	39.59d	35.88bc	50.00bc
	喷水（CK）	6.30a	52.61a	32.06d	52.18ab
	CV（%）	12.70	12.76	16.65	6.24

小麦叶面喷施营养元素的研究很多。裴雪霞等研究了小麦生育后期喷施氮、磷及微肥对产量及品质的影响，结果认为可显著提高千粒重、增加产量和改善品质；有微肥的处理比无微肥的处理产量、品质有所提高。一般认为适当喷施氮磷钾肥对籽粒产量和品质有正向调节作用，但在不同土壤肥力或不同生态环境以及不同品种的试验中会有差异。本试验中喷施微量元素使面团吸水率显著降低，而喷施大量元素使吸水率略有增加，但未达到显著差异水平，不同的研究结果不尽相同。叶面喷施不同营养元

素对面团形成时间及稳定时间存在不同的影响。

叶面喷施营养元素对籽粒中矿质元素影响的研究相对较少，本试验中喷施营养元素对籽粒中矿质元素含量有显著影响，其中喷铁使籽粒中铁元素在不同处理间达到最高，籽粒中锌含量以叶面喷硼和锌的处理最高，喷锰的处理籽粒中锰含量并不是最高，可见喷施营养元素对籽粒中矿质元素的影响比较复杂。有研究认为，小麦籽粒中的铁锌锰铜含量受遗传和环境条件共同调控，不同基因型间4种矿质元素含量差异显著。本试验中2个不同品质类型的供试品种籽粒中4种矿质元素含量差异均显著，可见籽粒中矿质元素含量受基因型制约程度很大。叶面喷施不同营养元素处理间籽粒蛋白质组分含量差异显著，不同蛋白质组分对各营养元素的反应有一定差别。

第三节　灌水对小麦产量和品质的影响

一、灌水时期与灌水量对小麦产量和品质的影响

一般认为在小麦生育期水分不足，产量下降，而籽粒蛋白质含量却随之增加，但最终蛋白质产量仍然不高。而灌溉小麦，产量可大幅度增加，蛋白质含量却不增加或有所降低，最终蛋白质产量仍可大幅度增加。一般南方因多雨，比干旱的北方小麦籽粒蛋白质含量低，水浇地小麦常比旱地小麦蛋白质含量低。水分是与营养元素特别是氮素共同对小麦品质起作用。在干旱的地区，如果土壤肥力很差尤其是氮素营养不足，产量下降，品质也不会好，而在旱肥地产量和品质均会有所提高。在水浇地上充足合理的氮素供应也可使产量提高，而品质不下降或有所提高。因此常出现一些灌水或干旱处理对品质影响不一致或完全相反的试验结果，这与试验中氮素营养的供应状况以及灌水技术有关。

还有报告指出，灌溉使一些品种的烘焙品质变坏，而使另一些品种变好。从表7-69可以看出，小麦品种豫麦2号随着灌水量的增大和灌水时间的推迟，其籽粒蛋白质和赖氨酸含量有降低的趋势，但籽粒产量和蛋白质产量却有大幅度增加。另外从后期干旱对小麦品质影响的试验结果分析，后期干旱条件下所形成的籽粒中蛋白质和干面筋含量均高于浇水处理，蛋白质含量高0.7~1.0个百分点，干面筋含量高0.9~3.9个百分点，而淀粉的含量则相反。干旱严重影响了淀粉的合成与积累。干旱处理的淀粉含量比浇水处理的少1.7~4.3个百分点。籽粒中淀粉含量的减少，相应提高了蛋白质的含量，但干旱处理的蛋白质产量仍然较低。

表 7-69　灌水时期与灌水量对小麦品质的影响

灌水期（月/日）	冬灌	4/11	4/19	4/25	5/15	灌水定额（m³/hm²）	耗水量（m³/hm²）	籽粒产量（kg/hm²）	蛋白质含量（%）	蛋白质产量（kg/hm²）	赖氨酸含量（%）
灌水量（m³/hm²）	750	0	0	0	0	750	1 775.9	2434.5	16.39	399.0	0.496
	750	195	195	195	0	1 335	2 156.0	4 407.8	16.22	715.5	0.432
	750	390	390	390	0	1 920	2 850.0	4 934.3	16.32	805.5	0.445
	750	585	585	585	0	2 505	3 428.6	5 855.3	15.46	907.5	0.403
	750	780	780	780	0	3 090	3 911.0	7 039.5	15.25	1 074.0	0.425
	750	975	975	975	645	4 320	4 803.9	6 579.0	15.13	996.0	0.393

（高瑞玲，河南，1986）

　　不同水文年份进行灌溉对产量和品质的影响有较大差异。石惠恩研究指出在干旱年份进行不同时期不同灌水量的处理，均比对照（不灌）明显提高了籽粒产量、蛋白质和赖氨酸含量以及蛋白质产量（表 7-70），且有随着灌水次数和灌水总量的增加而呈增长的趋势。可见灌水次数和灌水量对小麦品质的影响与水文年份有关。

表 7-70　干旱年份不同灌溉条件下的小麦产量和品质状况（1985 年）

处理	灌水定额（m³/hm²）	耗水量（m³/hm²）	千粒重（g）	籽粒产量（kg/hm²）	蛋白质含量（%）	蛋白质产量（kg/hm²）	赖氨酸含量（%）
对照（不灌水）	0	1 623.0	29.6	3 637.5	13.74	439.8	0.367
起身期灌 1 次	600	2 131.5	29.8	4 125.0	14.02	509.0	0.414
起身、拔节灌 2 次	1 200	2 628.0	32.5	3 730.5	14.05	461.3	0.419
冬前、起身、拔节灌 3 次	1 950	3 177.0	29.1	5 287.5	14.42	670.4	0.408
冬前、起身、拔、浆灌 4 次	2 550	4 156.5	31.4	5 587.5	14.55	716.0	0.444
冬前、起身、拔、浆、黄灌 5 次	3 150	4 087.5	32.5	5 809.5	14.64	748.4	0.478

注：1984—1985 年度小麦全生育期内仅降水 127.2mm，占常年平均值的 79%（石惠恩，1988）

　　在多雨年份进行的灌水试验结果表明，籽粒产量和蛋白质产量仍呈随灌水次数和数量增加而提高的趋势。但从蛋白质含量分析，除灌 1 次拔节水的处理蛋白质含量比对照有所提高外，其他各处理蛋白质含量均比不灌水的稍低，且有随灌水次数和数量的增多而递减的趋势（表 7-71）。可见灌水对品质的影响与降水量有很大关系，欠水年灌水可提高产量和品质，丰水年适当少灌也可提高籽粒蛋白质含量，但灌水过多则对品质不利。

表 7-71　多雨年份不同灌水条件下的小麦产量和品质

处理	灌水定额（m³/hm²）	耗水量（m³/hm²）	测坑试验			田间试验		
			籽粒产量（kg/hm²）	蛋白质含量（%）	蛋白质产量（kg/hm²）	籽粒产量（kg/hm²）	蛋白质含量（%）	蛋白质产量（kg/hm²）
对照（不灌水）	0	2 476.5	4 404.0	14.58	642.1	4 347.0	14.31	622.1
拔 1 水	600	3 199.5	5 031.0	15.12	760.6	5 125.5	14.48	742.2
冬、孕 2 水	1 500	3 882.0	5 838.0	14.56	850.0	5 577.0	14.27	795.8
冬、拔、孕 3 水	2 250	4 618.5	6 361.5	14.39	915.4	5 793.0	14.13	818.6
冬、拔、孕、浆 4 水	3 000	5 193.0	6 432.0	14.16	910.8	6 256.5	13.35	835.2
冬、返、拔、孕、浆 5 水	3 750	5 983.5	6 310.5	14.16	893.6	5 965.5	13.54	807.7

注：1986—1987 年度小麦全生育期内降水 184.2mm，为常年的 114%。

冬指冬前，返指返青，拔指拔节、孕指孕穗、浆指灌浆（石惠恩，河南，1988）

在不同肥力条件下灌水与干旱处理对籽粒产量和品质的影响有较大差异，在高、中肥力条件下，水分对蛋白质含量的影响较大，在低肥条件下，水分的影响甚小。利用盆栽并严格控制土壤肥力和土壤水分，结果表明，水肥及其互作对小麦籽粒产量、蛋白质含量和蛋白质产量均有较大影响。仅从水分处理的结果看，湿润处理的籽粒产量、蛋白质含量和蛋白质产量分别为 17.31g/盆、11.09% 和 1.96g/盆，干旱处理分别为 8.53g/盆、12.62% 和 1.10g/盆。湿润处理极显著提高了籽粒产量和蛋白质产量，干旱处理极显著提高了蛋白质含量。若仅从肥料处理看，高肥、中肥和低肥的籽粒产量分别为 15.31g/盆、13.57g/盆 和 9.77g/盆，蛋白质含量分别为 13.73%、11.92% 和 10.03%，蛋白质产量分别为 2.05g/盆、1.56g/盆 和 0.98g/盆。不同肥料处理间均达到显著差异水平。但是水分和肥料的配合处理对籽粒产量、蛋白质含量和蛋白质产量的影响却比较复杂，从表 7-72 可以看出，在湿润条件下，高肥比中、低肥处理极显著地提高了蛋白质含量，中肥虽比低肥高但差异不显著。在干旱条件下的高、中、低肥处理间，籽粒蛋白质含量的差异均极显著。表明肥量在不同水分条件下对籽粒蛋白质含量均有重要影响，而且在干旱条件下肥量增加籽粒蛋白质含量的作用比湿润条件下更大。

二、不同肥力条件下水分处理对小麦产量和品质的影响

在不同施肥量条件下，水分对籽粒蛋白质含量的影响有一定差别。如在高、中肥条件下干旱处理的籽粒蛋白质含量比湿润处理分别提高 2.29 个和 2.37 个百分点，差异均极显著。但是在低肥条件下，干旱处理的籽粒蛋白质含量比湿润处理仅提高 0.1

个百分点，差异甚小。表明水分只有在施肥量较高时才能明显地影响籽粒蛋白质含量，在缺少肥料的条件下，水分对蛋白质含量影响甚微。

表7-72 不同肥力条件下灌水对产量和品质的影响

处理	籽粒产量（g/盆）	蛋白质含量（%）	蛋白质产量（g/盆）
高肥湿润	21. 11aA	12. 62bB	2. 66aA
中肥湿润	18. 52bA	10. 76cC	1. 99bB
底肥湿润	12. 09cB	9. 98cC	1. 21cCD
高肥干旱	9. 52dBC	14. 91aA	1. 42cC
中肥干旱	8. 63dBC	13. 13bB	1. 13cCD
低肥干旱	7. 45dC	10. 08cC	0. 75dD

由于籽粒蛋白质产量受籽粒产量和蛋白质含量两项指标制约，而且籽粒产量受肥水的影响比蛋白质含量大，只要肥水管理得当就可以增加产量，相应地提高蛋白质产量。因此在肥水试验中，增加肥料和土壤水分均有效地提高了籽粒产量和蛋白质产量，二者随水肥的变化是一致的。

在施肥总量相同条件下，不同浇水施肥时期及数量的处理中，籽粒蛋白质含量、湿面筋含量、沉淀值、面团稳定时间及面包体积均有较大变化（表7-73），其籽粒蛋白质含量以浇2水且施肥后移的处理F2（浇2水，春5叶露尖时每公顷追施氮素142.2kg，开花期每公顷追施氮素41.1kg）最高。进一步分析表现为在同为浇2水的处理F1、F2（F1为浇2水，春2叶露尖和春5叶露尖时分别每公顷追施氮素82.8kg），氮肥后移的F2处理比F1处理蛋白质含量高，而且F2比浇3水和4水的氮肥前移的F3（F3为浇3水，春2叶露尖、春5叶露尖时分别每公顷追施氮素82.8kg）和F5（浇4水，春2叶露尖、春5叶露尖时分别每公顷追施氮素82.8kg）的籽粒蛋白质含量显著提高。在施肥处理相同的F1、F3、F5 3个处理中，浇2水的F1比浇3水的F3和浇4水的F5蛋白质含量高，在施肥后移的F2、F4、F6（F4为浇3水，春5叶露尖时每公顷追施尿素270kg，开花期每公顷追施尿素90kg；F6为浇4水，春5叶露尖时每公顷追施尿素270kg，开花期每公顷追施尿素90kg）3个处理中，浇2水的F2比浇3水F4和浇4水的F6蛋白质含量高。在同样浇3水的处理中（F3、F4），施氮后移的F4比F3蛋白质含量高，在同浇4水的处理中（F5、F6），施氮后移的F6比F5蛋白质含量高。总之，在浇水次数相同时，施肥后移的处理蛋白质含量高，在施肥处理相同时，浇水次数少的处理蛋白质含量高。在浇水次数相同时，氮肥后移的处理沉淀值、湿面筋含量均有所提高，同样浇2水或浇4水的处理中，氮肥后移处理的面团稳定时间有较大幅度延长。在浇水次数相同时，氮肥后移的处理面包体积有增加的趋势，在施肥处理相同时，有随浇水次数减少而面包体积增加的趋势。

表 7-73　不同处理对小麦品质的影响

处理号	灌水	施氮素（kg/hm²）			蛋白质含量（%）	沉淀值（ml）	湿面筋（%）	稳定时间（min）	面包体积（cm³）
		春2叶	春5叶	开花期					
F1	2水	82.8	82.8		16.17ab	43.5	36.2	7.6c	893ab
F2	2水		124.2	41.4	16.48a	45.3	36.7	9.0bc	920a
F3	3水	82.8	82.8		16.05b	43.3	35.8	10.6ab	823c
F4	3水		124.2	41.4	16.31ab	45.3	37.5	10.3ab	835bc
F5	4水	82.8	82.8		16.05b	43.5	35.9	7.6c	834bc
F6	4水		124.2	41.4	16.36ab	45.2	38.4	11.8a	827bc

注：F1为浇2水，春2叶露尖和春5叶露尖时分别每667m²施尿素12kg；F2为浇2水，春5叶露尖时每公顷追施尿素270kg，开花期每公顷追施尿素90kg；F3为浇3水，春2叶露尖、春5叶露尖时分别每667m²施尿素12kg；F4为浇3水，春5叶露尖时每公顷追施尿素270kg，开花期每公顷追施尿素90kg；F5为浇4水，春2叶露尖和春5叶露尖时分别每667m²施尿素12kg；F6为浇4水，春5叶露尖时每公顷追施尿素270kg，开花期每公顷追施尿素90kg

综上所述，水分对小麦品质的影响是复杂的。一般情况下灌水增加籽粒产量和蛋白质产量，而由于增加了籽粒产量对蛋白质的稀释作用使蛋白质含量有所下降。干旱在多数情况下会使蛋白质含量有所提高，却使籽粒产量和蛋白质产量降低。在肥料充足的条件下或在干旱年份，适当灌水可以使产量和品质同步提高，在较干旱时，肥料充足可使蛋白质含量提高，肥料不足时干旱或湿润都使蛋白质含量降低，二者无明显区别。

三、返青至孕穗期控水对小麦氮素吸收与运转的影响

为了解冬小麦合理控水与氮素高效利用的关系，以中麦8号为材料，通过盆栽试验，应用¹⁵N同位素示踪技术，研究了返青至孕穗期的土壤水分对冬小麦氮素吸收转运特性的影响。结果表明，小麦吸收的氮素中，来自土壤氮的占61.45%~65.33%，来自肥料氮的占34.67%~38.55%。中度土壤水分处理（相对含水量70%）的籽粒氮素积累量最高，氮肥生产效率最高；低土壤水分处理（相对含水量55%）的开花期营养器官氮素积累量最低，肥料氮的土壤残留量最高，营养器官转运氮对籽粒氮的贡献率最高，籽粒氮素积累量最低；高土壤水分处理（相对含水量85%）的开花前营养器官积累的氮素向籽粒的转运效率最低，氮素收获指数最小。由此得出，返青至孕穗期土壤水分亏缺和过多均不利于小麦高产和氮素的有效利用。

1. 控水对小麦各器官氮素分配的影响

开花期各处理植株氮素积累量均表现为叶>茎秆+叶鞘>穗>根，表明在不同水分

条件下叶片均为开花期主要氮素积累器官（表7-74）。开花期 W2（返青至孕穗期土壤相对含水量70%）、W3（返青至孕穗期土壤相对含水量85%）处理的各营养器官氮素积累量显著高于 W1（返青至孕穗期土壤相对含水量55%）处理，W2 处理除穗部氮素积累量显著低于 W3 处理外，其余各营养器官氮素积累量与 W3 无显著差异。开花期除 W2 处理穗部氮素分配比例显著低于 W3 处理外，其余器官的氮素分配比例在不同处理间差异不显著，表明返青至孕穗期土壤水分主要影响小麦植株对氮素的吸收量，而对氮素分配比例无明显效应，水分亏缺能显著降低植株对氮素的吸收，当水分充足时增加土壤水分含量对促进植株氮素吸收的作用不显著。成熟期 W3 处理各营养器官氮素残留量、分配比例和植株氮素总积累量均高于 W1 和 W2 处理，籽粒氮素积累量和分配比例显著低于 W2 处理，表明此时期高土壤水分含量会增加营养器官氮素残留量和分配比例，降低籽粒氮素分配比例。

表 7-74　不同水分条件下开花期和成熟期植株氮素积累与分配

时期	处理	叶		茎+叶鞘		颖壳+穗轴		籽粒		根		总量
		积累量（mg/株）	分配比例（%）	积累量（mg/株）	分配比例（%）	积累量（mg/株）	分配比例（%）	积累量（mg/株）	分配比例（%）	积累量（mg/株）	分配比例（%）	（mg/株）
开花期	W1	31.3b	38.05b	27.41b	33.30a	17.34c	21.14ab			6.16b	7.50a	82.16b
	W2	44.57a	40.4a	35.49a	32.08a	21.67b	19.62b			8.7a	7.90a	110.43a
	W3	43.79a	38.34ab	36.76a	32.17a	25.18a	22.04a			8.49a	7.40a	114.22a
成熟期	W1	8.47c	9.71b	7.9b	9.03a	10.11b	11.59b	57.07c	65.29a	3.83c	4.38b	87.39b
	W2	10.76b	8.49b	11.7a	9.22a	11.76b	9.25b	86.93a	68.57a	5.66b	4.47b	126.82a
	W3	13.39a	10.23a	13.35a	10.19a	23.87a	18.24a	73.49b	56.09b	6.86a	5.26a	130.97a

注：W1 为返青至孕穗期土壤相对含水量55%，W2 为返青至孕穗期土壤相对含水量70%，W3 为返青至孕穗期土壤相对含水量85%，表7-75、表7-76、表7-77同

2. 控水对小麦各器官不同来源氮素分配的影响

开花期和成熟期各器官中土壤氮的积累量和所占比例均高于肥料氮，表明土壤氮是植株氮素的主要来源（表7-75）。开花期各处理肥料氮和土壤氮积累量及其分配比例均为叶>茎+叶鞘>穗>根；W2、W3 处理各营养器官肥料氮和土壤氮积累量均高于 W1 处理，而 W2 处理除穗部的肥料氮和土壤氮积累量显著低于 W3 处理外，其余各器官与 W3 处理差异不显著。开花期各营养器官中肥料氮和土壤氮素的分配比例未表现出明显的规律，且大部分数值在处理间没有显著差异，表明返青至孕穗期土壤水分变化主要影响植株对不同来源氮素的吸收量，并不影响其分配比例。成熟期植株总土壤氮的比例较开花期有所提高，表明小麦开花后加大了对土壤氮的吸收。成熟期各处理营养器官残留氮量、植株中总肥料氮和土壤氮积累量均呈随土壤含水量的提高呈增

加的趋势，W2 处理籽粒肥料氮积累量显著高于 W1 处理，土壤氮积累量显著高于 W1 和 W3 处理。肥料氮和土壤氮分配比例在成熟期表现不一致。肥料氮在各营养器官的残留比例均为 W3 处理高于 W1、W2 处理；土壤氮除 W3 处理的颖壳+穗轴残留比例显著高于 W1 和 W2 处理外，其余营养器官在处理间差异不显著。综上所述，土壤氮为植株氮素的主要来源，说明培肥地力是小麦获得高产的关键，水分亏缺对植株吸收土壤氮和肥料氮均有不利影响，高土壤水分含量增加了各营养器官肥料氮以及颖壳+穗轴中土壤氮的残留比例。

3. 控水对小麦开花前营养器官贮存氮素转运的影响

从表 7-76 可见，小麦成熟后籽粒氮素积累量在不同处理间存在显著差异，表现为 W2>W3>W1，表明返青至孕穗期土壤水分过低或过高均不利于籽粒氮素的积累。W2 处理的营养器官花前贮存氮素在花后向籽粒的转运量显著高于 W1、W3 处理，W1、W2 处理的转运效率显著高于 W3 处理。结合开花期营养器官氮素累积结果来看，W1 处理籽粒氮素积累量低的原因主要是水分亏缺降低了花前营养器官氮素的积累量；W3 处理籽粒氮素积累量低，主要是由于高水分降低了营养器官积累氮素向籽粒中的转运。随着返青至孕穗期土壤水分含量的提高，营养器官转运氮对籽粒氮素的贡献率降低。

表 7-75　不同水分条件下开花期和成熟期植株氮素积累与分配

时期		处理	叶		茎+叶鞘		颖壳+穗轴		籽粒		根		植株	
			积累量(mg/株)	分配比例(%)	积累量(mg/株)	分配比例(%)	积累量(mg/株)	分配比例(%)	积累量(mg/株)	分配比例(%)	积累量(mg/株)	分配比例(%)	积累量(mg/株)	分配比例(%)
开花期	NDFF	W1	12.88b	15.71a	10.31b	12.53a	6.90c	8.41ab			1.81b	2.2a	31.90b	38.84a
		W2	17.87a	16.14a	13.64a	12.34a	8.48b	7.68b			2.36ab	2.15a	42.35a	38.36a
		W3	18.44a	16.20a	14.59a	12.76a	10.08a	8.82a			2.65a	2.32a	45.75a	40.03a
	NDFS	W1	18.36b	22.35b	17.09b	20.77a	10.44c	12.73a			4.35b	5.31ab	50.25b	61.16a
		W2	26.70a	24.21a	21.85a	19.74a	13.19b	11.94a			6.33a	5.75a	68.08a	61.64a
		W3	25.35a	22.20b	22.18a	19.41a	15.10a	13.23a			5.84a	5.12b	68.47a	59.97a
成熟期	NDFF	W1	2.45c	2.80b	2.65b	3.04b	3.59b	4.12b	20.53b	23.48ab	1.08c	1.23b	30.31b	34.67a
		W2	3.31b	2.61b	4.14a	3.26ab	4.39b	3.45b	33.55a	26.48a	1.71b	1.35b	47.11a	37.15a
		W3	4.58a	3.5a	5.08a	3.87a	9.32a	7.11a	29.48a	22.46b	2.10a	1.61a	50.56a	38.55a
	NDFS	W1	6.03c	6.90a	5.25a	6.00a	6.52b	7.47b	36.53c	41.81a	2.75c	3.14ab	50.08b	65.33a
		W2	7.46b	5.88a	7.56a	5.95a	7.37b	5.80c	53.38a	42.10a	3.95b	3.12b	79.72a	62.85a
		W3	8.81a	6.73a	8.27a	6.32a	14.55a	11.13a	44.01b	33.62b	4.76a	3.65a	80.41a	61.45a

注：NDFF 氮素含量来自肥料氮的百分含量，NDFS 氮素含量来自土壤氮的百分含量。下同

表 7-76   花后营养器官氮素向籽粒中的转移

处理	营养器官氮素积累量		籽粒氮素积累量（mg/株）	转移量（mg/株）	转移率（%）	贡献率（%）
	开花期（mg/株）	成熟期（mg/株）				
W1	82.16b	30.32c	57.07c	51.84b	63.04a	90.83a
W2	110.43a	39.89b	86.93a	70.54a	63.94a	81.46b
W3	114.22a	57.48a	73.49b	56.74b	49.65b	77.81b

4. 控水对小麦植株—土壤氮素平衡及氮素利用率的影响

不同处理开花期和成熟期植株—土壤氮素平衡规律一致，均表现为土壤中肥料氮素残留量随返青至孕穗期土壤含水量的提高而降低，且处理间差异显著（表 7-77）。随土壤水分含量的提高，植株肥料氮利用率均呈增加趋势，其中 W2 和 W3 处理显著高于 W1 处理。籽粒肥料氮利用率以 W2 处理最高，W2、W3 处理显著高于 W1 处理，表明水分亏缺严重影响植株对肥料氮的利用。高土壤水分虽然增加了小麦植株肥料氮利用率，但却降低籽粒肥料氮利用率，说明高土壤水分含量不利于植株花前积累的肥料氮向籽粒的转运。处理间氮肥回收率和损失率有一定差异，但均未达到显著水平。

表 7-77   小麦植株—土壤系统氮素平衡

处理		肥料氮残留量（mg/盆）	氮素回收率（%）	氮素损失率（%）	植株肥料氮利用率（%）	籽粒肥料氮利用率（%）	氮素生产效率（kg/kg）	氮素收获指数
开花期	W1	340.4a	66.98a	33.02a	32.40b			
	W2	260.6b	69.50a	30.50a	43.02a			
	W3	188.6c	65.63a	34.37a	46.47a			
成熟期	W1	296.6a	60.92a	39.08a	30.79b	20.86b	20.16b	0.65a
	W2	224.2b	70.63a	29.37a	47.85a	34.09a	26.89a	0.69a
	W3	173.0c	68.94a	31.06a	51.36a	29.95a	22.51b	0.56b

一般研究认为，小麦一生吸收的氮素 1/3 来自肥料氮，2/3 来自土壤氮。本试验结果表明小麦吸收的氮素中，土壤氮占 61.45% ~ 65.33%，肥料氮占 34.67% ~ 38.55%，水分影响土壤氮素的有效性和作物对氮素的吸收转运和同化。干旱胁迫不利于小麦植株对氮素的积累，适量灌溉是促进氮素吸收、提高氮素利用率的基础。随灌水量的增加，小麦植株氮素总积累量增加，但灌水量过多或过少时，氮素转运量和转运效率均降低，适当水分亏缺有利于提高营养器官氮素对籽粒氮素的贡献率。返青

至孕穗期土壤相对含水量70%为最佳水分处理。低土壤水分含量降低了花前植株氮素的积累量，从而降低了籽粒氮素积累量；高土壤水分含量增加植株氮素利用率，但降低籽粒氮素利用率及营养器官积累氮素向籽粒的转运，从而降低了籽粒氮素积累量；低土壤水分处理抑制了小麦植株对氮素的吸收，高土壤水分处理抑制了小麦对吸收氮素的有效利用。

在小麦生产过程中确保返青至孕穗期适宜的土壤水分含量，是小麦获得高产的关键，水分亏缺和过量均影响其对氮素的吸收利用，从而影响小麦生产。

四、拔节至开花期控水对冬小麦氮素吸收运转的影响

以中麦8号为试验材料，采用盆栽的试验方法，应用^{15}N同位素示踪技术，研究拔节至开花期不同土壤水分含量对小麦氮素吸收运转特性和氮肥回收利用的影响，以期为合理控水、提高氮肥利用率和降低氮肥损失提供理论依据。结果表明：在该试验条件下，小麦吸收的氮素中，肥料氮占34.69%～39.74%、土壤氮占60.26%～65.31%；中度水分处理（土壤相对含水量70%）籽粒氮素积累量最高，干旱处理（土壤相对含水量55%）开花期植株营养器官氮素积累量、籽粒氮素积累量最低，湿润处理（土壤相对含水量85%）开花期植株氮素积累量最高；与干旱和湿润处理相比，中度水分处理（土壤相对含水量70%）显著提高花后籽粒氮素同化量，减少了当季施入氮肥的土壤残留量；与干旱处理相比，中度水分处理和湿润处理均提高了氮肥利用率，降低了氮肥损失。综上所述，拔节至开花期中度水分处理为籽粒氮肥利用率最高的最佳处理。

1. 各器官不同来源氮素分配量及分配比例

由表7-78和表7-79可见，开花期和成熟期小麦植株各器官积累的氮素中，来自土壤氮的量显著高于来自肥料氮的量。开花期植株氮素积累量随土壤水分含量的增加而提高，表明拔节至开花期高土壤水分含量有利于植株对氮素的吸收与积累。W1处理（干旱处理，土壤相对含水量55%）下，氮素在不同器官中的积累量与比例为叶>茎+叶鞘>穗>根，W2（水分适宜，土壤相对含水量70%）和W3（湿润处理，土壤相对含水量85%）处理下氮素在不同器官中的积累量与分配比例为茎+叶鞘>叶>穗>根，表明干旱条件下叶片为开花期氮素积累量最大的器官，在水分适宜及湿润条件下，茎+叶鞘为氮素积累量最大的器官。

成熟期籽粒氮素积累量在3个处理间差异显著，W2>W3>W1，W2处理开花期到成熟期的氮素增加量明显高于W1和W3处理，表明W2处理花后仍有较强的氮素吸收同化能力，成熟期W2处理植株土壤氮比例明显高于开花期土壤氮比例，表明花后W2处理增加的氮主要来自土壤。

表 7-78　开花期不同来源的氮素在各营养器官中的积累与分配

处理		叶		茎+叶鞘		穗		根		植株	
		积累量 （mg/株）	分配 比例 （%）	积累量 （mg/株）	分配 比例 （%）	积累量 （mg/株）	分配 比例 （%）	积累量 （mg/株）	分配 比例 （%）	积累量 （mg/株）	分配 比例 （%）
肥料氮 NDFF	W1	10.92b	13.11a	11.11c	13.35b	6.35c	7.62a	2.11a	2.54a	30.48c	36.62b
	W2	13.87a	13.28a	16.23b	15.55ab	8.49b	8.13a	2.98a	2.86a	41.58b	39.82a
	W3	14.57a	11.02b	22.20a	16.73a	10.67a	8.04a	2.81a	2.13a	50.25a	37.91ab
土壤氮 NDFS	W1	18.73c	22.48a	18.08c	21.70b	10.94b	13.12a	5.06a	6.08a	52.80c	63.38a
	W2	22.05b	21.12a	22.71b	21.71b	11.84b	11.32b	6.30a	6.03a	62.89b	60.18b
	W3	24.21a	18.31b	34.72a	26.22a	16.83a	12.70a	6.40a	4.87a	82.16a	62.09ab
合计	W1	29.64c	35.60a	29.18c	35.04c	17.29c	20.74a	7.17a	8.62a	83.28c	—
	W2	35.92b	34.40a	38.94b	37.25b	20.33b	19.45a	9.28a	8.90a	104.46b	—
	W3	38.79a	29.33b	56.92a	42.94a	27.49a	20.74a	9.21a	6.99a	132.41a	—

注：W1 干旱处理，土壤相对含水量 55%，W2 水分适宜，土壤相对含水量 70%，W3 湿润处理，土壤相对含水量 85%。表 7-79、表 7-80、表 7-81 同

表 7-79　成熟期不同来源氮素在各器官中的积累与分配

处理		叶		茎+叶鞘		颖壳+穗轴		籽粒		根		植株	
		积累量 （mg/株）	分配 比例 （%）	积累量 （mg/株）	分配 比例 （%）	积累量 （mg/株）	分配 比例 （%）	积累量 （mg/株）	分配 比例 （%）	积累量 （mg/株）	分配 比例 （%）	积累量 （mg/株）	分配 比例 （%）
肥料氮 NDFF	W1	1.69a	2.02a	4.39b	5.20a	3.07b	3.65b	20.81b	24.70c	1.02b	1.22a	30.98b	36.79b
	W2	0.99b	0.69b	6.17a	4.25a	3.69b	2.55c	38.21a	26.31	1.30a	0.90b	50.37a	34.69c
	W3	1.55ab	1.16b	5.65ab	4.26a	6.67a	5.01a	38.17a	28.71a	0.80b	0.60c	52.84a	39.74a
土壤氮 NDFS	W1	3.07a	3.66a	10.88b	12.86a	4.88c	5.80b	32.08c	38.08b	2.35a	2.81a	53.27c	63.21b
	W2	2.11b	1.46b	13.27ab	9.15b	7.00b	4.84b	69.58a	47.93a	2.79a	1.93b	94.75a	65.31a
	W3	2.44b	1.83b	15.07a	11.34ab	9.56a	7.19a	50.72b	38.19b	2.26a	1.70b	80.05b	60.26c
合计	W1	4.76a	5.68a	15.27b	18.06a	7.96b	9.45b	52.89c	62.79c	3.37ab	4.03a	84.25c	—
	W2	3.11b	2.14b	19.44a	13.40b	10.69b	7.39c	107.79a	74.24a	4.10a	2.83b	145.12a	—
	W3	2.99ab	2.99a	20.73a	15.60ab	16.23a	12.20a	88.88b	66.90b	3.06b	2.30b	132.89b	—

2. 花后营养器官积累不同来源氮素的转移及对籽粒的贡献率

由表 7-80 可见，植株肥料氮和土壤氮的转移量均呈随拔节至开花期土壤水分含量的提高而增加的趋势，W1 和 W2 处理肥料氮和土壤氮的转移量均为叶>茎+叶鞘>

穗>根，W3 处理肥料氮和土壤氮的转移量均为茎+叶鞘>叶>穗>根，土壤氮均为叶>茎+叶鞘>穗>根，表明在拔节至开花期干旱处理和水分适宜条件下，叶片为氮素主要输出和贡献器官，湿润条件下茎+叶鞘为氮素主要输出器官。

表 7-80　花后营养器官氮素向籽粒中的转移

处理		叶 （mg/株）	茎+叶鞘 （mg/株）	穗 （mg/株）	根 （mg/株）	合计 （mg/株）
肥料氮 NDFF	W1	9.23b	6.72b	3.27b	1.09a	20.31c
	W2	12.88a	10.06b	4.80a	1.68a	29.42b
	W3	13.02a	16.54a	4.00b	2.01a	35.57a
土壤氮 NDFS	W1	15.65b	7.2b	6.06ab	2.70a	31.61c
	W2	19.93a	9.44b	4.84b	3.50a	37.71b
	W3	21.78a	19.65a	7.26a	4.14a	52.83a

由表 7-81 可见，W1 和 W3 处理转移肥料氮和土壤氮对籽粒的贡献率均显著高于W2 处理，表明拔节至开花期干旱和湿润条件下均能提高营养器官转移氮素对籽粒的贡献率。

表 7-81　开花后营养器官转移氮素对籽粒氮素的贡献率

处理		叶 （%）	茎+叶鞘 （%）	穗 （%）	根 （%）	合计 （%）
肥料氮 NDFF	W1	17.46a	12.73b	6.18a	2.06a	38.43a
	W2	12.00c	9.39b	4.44b	1.55a	27.38b
	W3	14.66b	18.56a	4.49b	2.26a	39.97a
土壤氮 NDFS	W1	29.60a	13.68b	11.42a	5.10a	59.80a
	W2	18.57c	8.81b	4.47c	3.24a	35.10b
	W3	24.51b	22.10a	8.16b	4.69a	59.46a

3. 氮素利用及回收

由表 7-82 可见，拔节至开花期干旱能够显著降低氮素生产效率、氮素利用率和氮素回收率，显著提高肥料氮土壤残留量，表明拔节至开花期的干旱条件不利于小麦植株对肥料氮的吸收利用，增加氮素的损失和土壤残留；湿润条件能够显著降低氮素损失率，显著提高氮素残留量，对氮素利用率的影响不显著，表明湿润条件降低氮素的损失主要是通过增加其氮素土壤残留量来实现的。湿润条件植株氮素利用率高于适宜水分处理，籽粒氮素利用率低于水分适宜的处理，表明湿润条件可提高小麦植株对氮素的利用，而适宜水分条件最适合籽粒对氮素的利用。

表 7-82　小麦氮素的回收利用

处理	氮肥生产效率（kg/kg）	籽粒氮素利用率（%）	植株氮素利用率（%）	氮素残留量（mg/盆）	氮素回收率（%）	氮素损失率（%）
W1	21.47b	21.14b	31.47b	28.15a	60.06c	39.94a
W2	32.40a	38.81a	51.17a	24.84b	76.40b	23.60b
W3	31.32a	38.77a	53.68a	29.58a	83.72a	16.28c

本研究结果表明，小麦吸收的氮素中土壤氮占 60.26%~65.31%，肥料氮占 34.69%~39.74%，说明培肥地力是小麦获得高产的基础。小麦拔节后生长迅速，氮素积累进入迅速增长阶段，随拔节至开花期土壤水分含量的提高，开花期植株氮素积累量增加，说明此时期的水分条件将直接决定小麦植株花前营养器官的氮素积累状况。

小麦籽粒积累氮素来源于花前营养器官贮存氮素的转移和花后植株对氮素的吸收同化。本研究得出，随着拔节至开花期土壤水分含量的增加，小麦植株营养器官贮存肥料氮和土壤氮的转移量增加，干旱和湿润环境均能提高转移氮素对籽粒氮素的贡献率，这是由于拔节至开花期的水分胁迫影响了花后植株对氮素的吸收同化而致。

施入土壤中的氮肥一部分被小麦植株吸收利用，一部分残留在土壤中供下季农作物利用，一部分由于挥发等原因而损失。氮肥过量施用造成环境污染和生产成本增加等问题已成为限制我国农业可持续生产的主要原因。在小麦拔节至开花期应当保持适宜的水分条件，土壤水分含量过低容易导致花前营养器官氮素积累量低，花后植株氮素同化能力减弱，与水分适宜相比拔节至开花期的干旱条件降低了氮肥利用率；土壤水分含量过高容易导致花后植株同化能力减弱，增加氮肥土壤残留。拔节至开花期土壤中度水分处理（相对含水量70%）为籽粒氮素利用率最高，湿润条件（相对含水量85%）有利于花前营养器官氮素的积累，干旱（相对含水量55%）和湿润均能提高花前营养器官积累氮素对籽粒氮素的贡献率，中度水分处理提高了花后籽粒氮素同化量，干旱处理增加了氮肥的损失和土壤残留，湿润条件则通过增加土壤残留量降低了氮肥的损失。

第四节　综合措施对小麦产量和品质的影响

一、多因素互作对小麦产量和品质的影响

提高产量和改善品质是小麦研究与生产永恒的课题之一，目前我国小麦生产的结

构调整从单纯注重产量转向产量和品质并重的阶段，特别强调要加强优质强筋小麦产量和品质协同提高，以增强国产小麦的市场竞争力。近年来，对于小麦产量和品质的研究取得了较大进展，尤其是品质研究，已由过去的注重籽粒营养品质或单纯对籽粒蛋白质含量的研究，向营养品质和加工品质并重的方向转变。小麦的产量和品质不仅受品种遗传特性的影响，而且与生态环境和栽培措施有密切关系。很多农业科技工作者进行过栽培措施对小麦产量和品质的影响做过试验研究。但由于品种特性和栽培条件的差异，其结果不尽一致。随着品种的不断更新，依据新品种的特性施行合理的栽培措施，是提高产量和改善品质的重要途径。前人进行栽培措施对小麦品质影响的研究，多集中于对籽粒蛋白质含量的影响，对面包烘焙品质的研究较少。本试验进行不同肥水及化控处理，研究其对优质小麦产量、蛋白质组分及面包加工品质的调控作用，以期为进一步深入小麦品质栽培研究和小麦优质高效生产提供理论依据和技术参考。

通过肥水及化控试验对优质面包小麦的产量和加工品质影响的研究，结果表明肥水措施对产量和品质均有重要影响，具体表现为在相同施氮量和相同浇水的条件下，施氮时期后移和重施拔节肥使产量明显增加，蛋白质含量、湿面筋含量、沉淀值和面包体积有所增加，面团稳定时间有所延长。随浇水次数增加产量有所提高，而籽粒蛋白质含量和面包体积有所减少。起身期适当叶面喷施壮丰安可以有效地降低株高，防止倒伏，而且主要是缩短穗下节间以下的节间，对穗下节间无明显影响，形成良好的株型，并可增加成穗数，但穗粒数有所减少。在一般中等土壤肥力条件下增施氮肥可以有效地增加产量，增施氮磷肥对面包体积有显著影响，并可有效地提高面包综合评分。在小麦生长中后期减少浇水次数，可以提高球蛋白、谷蛋白和总蛋白含量，并可提高沉淀值，延长面团形成时间和稳定时间，使面包体积有所增加。增施氮、磷肥使谷蛋白和总蛋白含量有所增加。适当叶面喷氮可以增加球蛋白、谷蛋白和总蛋白含量，并可提高籽粒硬度和湿面筋含量，增加面包体积和面包评分。叶面喷氮的合理配合有显著的增产作用。不同蛋白质组分对水肥的反应有一定差异，清蛋白对灌水处理反应敏感，对肥料处理反应迟钝；球蛋白对灌水和氮磷处理反应敏感，对钾处理反应迟钝；醇溶蛋白对水和氮处理反应敏感；谷蛋白随施氮量增加而提高。增施氮肥可提高吸水率，减少灌水次数可显著提高沉淀值，增施氮肥使湿面筋含量显著提高，形成时间和稳定时间随灌水次数减少而增加。适当的水肥处理对产量和品质均有利，本试验中以全生育期灌2次水，配合高氮磷钾处理的产量和品质均表现优良。

试验分3年分别在中国农业科学院作物研究所天津市宝坻县试验基地和河北省任丘市试验基地进行。第一试验年度在宝坻试验基地，试验地前茬为玉米，土质为重壤土，土壤肥力中等。第二试验年度在任丘市试验基地，试验地前茬为玉米，土质为壤土，土壤肥力中等，0~20cm 土层内，有机质含量 0.964%，氮含量 0.0878%，速效氮、磷、钾含量分别为 53mg/kg、6.4mg/kg、93mg/kg。第三试验年度在任丘市试验基地，试验地前茬为玉米，土质为壤土，土壤肥力中等。0~20cm 土层土壤有机质含量为 1.45%，全氮含量为 0.091%；速效氮、磷、钾含量分别为 74.84mg/kg、29.2mg/kg 和 115.0mg/kg。

3 个试验年度供试品种均为优质面包小麦中优 9507。

第一年度试验为 4 因素 3 水平正交试验设计（表 7-83），A 因素为施氮处理，A_1 为全生育期施氮 210kg/hm^2，A_2 为 270kg/hm^2，A_3 为 330kg/hm^2；B 因素为施磷处理，B_1 为底施 P_2O_5 150kg/hm^2，B_2 为 180kg/hm^2，B_3 为 210kg/hm^2；C 因素为施钾处理，C_1 为底施 K_2O 150kg/hm^2，C_2 为 180kg/hm^2，C_3 为 210kg/hm^2；D 因素为化控处理，D_1 为不化控，D_2 为用光合作用生物催化剂于起身期和抽穗期进行叶面喷施，每公顷用量为 150g，D3 为用壮丰安于起身期进行叶面喷施，每公顷用量为 600ml。试验设计见表 7-83。小区面积 12m^2，随机区组排列，3 次重复。基本苗 300 万/hm^2。两组试验均为 9 月 30 日播种，出苗后在小区设定样点，定期调查小麦生长情况，生长后期进行病虫害防治。

表 7-83　4 因素 3 水平试验设计表

处理代号	因素			
	A	B	C	D
H1	1	1	1	1
H2	1	2	2	2
H3	1	3	3	3
H4	2	1	2	3
H5	2	2	3	1
H6	2	3	1	2
H7	3	1	3	2
H8	3	2	1	3
H9	3	3	2	1

第二试验年度试验分 2 组进行。第 1 组试验为 4 因素 3 水平正交设计，M 因素为浇水处理，M1 为全生育期浇 1 次水（拔节水），M2 为 2 次水（拔节水、开花水），M3 为 3 次水（拔节、开花、灌浆）；N 因素为施氮量，N1 为全生育期施氮 180kg/hm^2，N2 为 240kg/hm^2，N3 为 300kg/hm^2；O 因素为施磷量，O1 为施 P_2O_5 75kg/hm^2，O2 为 10kg，O3 为 150kg/hm^2；P 因素为施钾量，P1 为施 K_2O 75kg/hm^2，

P2 为 150kg/hm²，P3 为 225kg/hm²。氮肥为底肥和追肥各 1/2，（追肥时间在拔节期，随水追施）。磷钾肥全部底施。第 2 组为化控试验。共设 4 个处理，K1 起身期喷施壮丰安，每小区喷 200 倍液壮丰安 500ml。并于拔节期每小区追施 217g 尿素；K2 为灌浆初期每小区喷 2% 尿素溶液 400ml，并于拔节期和开花期分别追尿素 109g；K3 喷尿素溶液同 K2，在拔节期追尿素 217g；K4 喷尿素溶液同 K2，在开花期每小区追尿素 217g。对照为不喷任何物质，追肥处理同 K1。以上两组试验各小区面积均为 6.66m²，各处理基本苗均为 300 万/hm²，3 次重复。播种日期为 10 月 11 日。出苗后，每小区选 2 个固定样点，定期调查小麦生长发育状况。生长期间进行除草和防治蚜虫 2 次。

第三试验年度为 4 因素 3 水平正交设计，S 因素为浇水处理，S1 为拔节期浇 1 次水；S2 为浇 2 次水（拔节期、开花期各浇 1 次水）；S3 为浇 3 次水（拔节期、开花期和灌浆期各浇 1 次水）。T 因素为拔节期随水追施氮肥处理（不施底氮肥），T1 追施氮素为 0，T2 为 150kg/hm²，T3 为 300kg/hm²。W 因素为底施磷肥处理，W1 为底施 P_2O_5 为 300kg/hm²，W2 为 150kg/hm²，W3 为 0；X 因素为底施钾肥处理，X1 底施 K_2O 为 0，X2 为 300kg/hm²，X3 为 150kg/hm²。试验共有 9 个处理组合，J1 为 S1T1W1X1，J2 为 S1T2W2X2，J3 为 S1T3W3X3，J4 为 S2T1W2X3，J5 为 S2T2W3X1，J6 为 S2T3W1X2，J7 为 S3T1W3X2，J8 为 S3T2W1X3，J9 为 S3T3W2X1。播期为 10 月 2 日，每公顷基本苗 300 万。小区面积 6.66m²，随机区组排列，3 次重复。生长期进行化学除草、人工锄草、防治蚜虫各 1 次。在小区内设 2 个样点，定期进行田间生育状况调查。

1. 施肥及化控处理对植株性状产量和品质的影响

从表 7-84 可见，不同肥料处理对株高影响不大，而叶面喷施壮丰安的处理可以有效地降低株高，比对照降低 8.35cm，差异极显著。增施钾肥和喷施壮丰安的处理使成穗数有所增加。增施氮肥使穗粒数有所增加，而叶面喷施壮丰安的处理使穗粒数略有减少，但均未达到显著差异水平。叶面喷施壮丰安处理的千粒重和容重均有所下降，这与其穗数较多有关。产量测定是栽培试验的重要目标之一，增施氮肥使产量提高，其中 A2 和 A3 均比 A1 极显著提高了产量。叶面喷施光合作用催化剂的处理比其余 2 个处理（D1 和 D3）显著增加了产量。表明在增施氮肥和叶面喷施光合作用催化剂对提高产量是有显著效果。适当施用壮丰安有延缓叶片衰老和延迟成熟的作用。

表 7-84　不同处理对植性状和产量的影响

处理	株高（cm）	成穗数（万/hm²）	穗粒数（粒）	千粒重（g）	容重（g/L）	产量（kg/hm²）
A1	80.32a	591.3	25.62	49.2	795.8	6 970.35bB

（续表）

处理	株高（cm）	成穗数（万/hm²）	穗粒数（粒）	千粒重（g）	容重（g/L）	产量（kg/hm²）
A2	81.22a	601.65	25.70	49.01	793.23	7 227.75aA
A3	79.76a	595.05	27.14	49.10	793.03	7 347.75aA
B1	80.86a	600.00	26.16	48.94	794.43	7 201.05a
B2	79.08a	594.15	26.10	48.92	792.06	7 107.75a
B3	81.68a	593.85	26.19	49.44	796.67	7 237.05a
C1	81.11a	582.15	26.19	49.25	794.90	7 227.75a
C2	79.86a	597.90	26.15	48.81	791.23	7 084.35a
C3	80.33a	607.80	26.12	49.25	797.03	7 233.75a
D1	83.39aA	584.40	26.07	49.90	797.33	7 112.70b
D2	82.87aA	594.45	26.55	49.79	797.67	7 329.45a
D3	75.04bB	609.15	25.84	47.62	788.20	7 103.70b

注：A1 为全生育期施氮 210kg/hm²，A2 为 270kg/hm²，A3 为 330kg/hm²；B1 为底施 P_2O_5 150kg/hm²，B2 为 180kg/hm²，B3 为 210kg/hm²；C1 为底施 K_2O 150kg/hm²，C2 为 180kg/hm²，C3 为 210kg/hm²；D1 为不化控，D2 为喷施光合作用生物催化剂，D3 为喷施壮丰安。表 7-85、表 7-86 同

从表 7-85 可见，不同化控处理对基部节间和穗下节间影响不大，喷壮丰安处理的株高显著降低，主要是中部 3 个节间明显缩短。如此株型，既可增强抗倒能力，又可使上部叶片分布合理，不致于因节间短而使旗叶和倒 2 叶密集，影响光合作用。因此对于植株较高的小麦品种，适时喷施植物生长延缓剂，对降低株高、防止倒伏是十分有效的措施。

表 7-85　化控处理对主茎高度及各节间长度的影响　（单位：cm）

处理	株高	节间				
		1	2	3	4	5
D1	84.36A	3.93	8.89	13.06	23.45	31.70
D2	83.76A	3.63	8.57	13.70	23.58	30.99
D3	76.68b	4.07	7.01	10.42	20.60	31.90

面包体积是小麦烘焙品质的最重要的指标之一。试验结果表明增施氮肥可以显著增加面包体积，从表 7-86 可见，A3 比 A1 面包体积增加 9.13%，比 A2 增加 4.43%，差异显著或极显著，面包综合评分 A3 和 A2 均比 A1 极显著地提高。增施磷肥对面包体积也有重要影响，B3 比 B2 的体积有所增加，但未达显著差异水平，比 B1 却是极显著增加面包体积，并极显著提高了面包综合评分。不同施钾和化控处理对面包体积和综合评分的影响较小。

表 7-86　各处理面包烘焙品质比较

处理	面包体积 （cm³）	面包评分 （分）	处理	面包体积 （cm³）	面包评分 （分）
A1	734cb	83.1bB	C1	776a	85.9aA
A2	767bAb	86.9aA	C2	768a	86.5aA
A3	801aA	88.0aA	C3	757a	85.6aA
B1	750bB	84.9bB	D1	775a	86.6aA
B2	764abAB	85.3bB	D2	754a	85.0bA
B3	788aA	87.7aA	D3	773a	86.3aA

2. 不同处理组合对植株性状产量及品质的影响

从表 7-87 和表 7-88 可以看出，浇 3 次水的处理组合均比浇 2 次水的组合产量高，浇 2 次水的组合又均比浇 1 次水的组合产量高，而浇水对穗粒数和籽粒容重的影响与此相似。进一步分析不同因素各水平间的差异，可以看出，浇水次数对产量有极显著的影响，随浇水次数增加，产量极显著地提高，其穗长、总小穗数、穗粒数、容重均有随浇水增加而增加的趋势。浇 1 次水的比浇 2 次水和 3 次水的处理株高降低 2.97~3.50cm。增施氮肥使穗长、穗粒数有增加的趋势，使产量有明显差异，其中 N3 处理比 N2 处理和 N1 处理显著增产，N2 处理比 N1 处理产量有所提高，并且产量有随磷钾肥的增加而提高的趋势。

表 7-87　不同处理组合的植株性状及产量

处理	株高（cm）	穗粒数	千粒重（g）	容重（g/L）	产量（kg/667m²）
M1N1O1P1	81.47	21.81	46.2	772	324.1d
M1N2O2P2	81.62	21.75	46.5	778	340.4cd
M1N3O3P3	85.32	22.15	46.6	776	358.9bc
M2N1O2P3	89.09	22.28	47.3	783	362.3bc
M2N2O3P1	84.24	22.89	46.2	776	364.1ab
M2N3O1P2	85.56	24.25	46.2	778	368.8ab
M3N1O3P2	86.42	23.7	46.9	783	379.9ab
M3N2O1P3	85.38	24.38	46.3	782	382.1ab
M3N3O2P1	85.51	23.45	46.3	781	387.4a

注：M 因素为浇水处理，M1 为全生育期浇 1 次水（拔节水），M2 为 2 次水（拔节水、开花水），M3 为 3 次水（拔节、开花、灌浆）；N 因素为施氮量，N1 为全生育期施氮 180kg/hm²，N2 为 240kg/hm²，N3 为 300kg/hm²；O 因素为施磷量，O1 为施 P_2O_5 75kg/hm²，O2 为 150kg/hm²，O3 为 225kg/hm²；P 因素为施钾量，P1 为施 K_2O 75kg/hm²，P2 为 150kg/hm²，P3 为 225kg/hm²。表 7-88、表 7-89、表 7-90、表 7-91、表 7-92 同

表 7-88　不同因素对植株性状及产量的影响

因素	株高（cm）	穗粒数	千粒重（g）	容重（g/L）	产量（kg/667m²）
M1	82.80	21.90	46.4	778	341.1c
M2	86.30	23.14	46.6	779	365.1b
M3	85.77	23.84	46.5	782	383.1a
N1	85.66	22.60	46.8	779	355.4b
N2	83.75	22.78	46.3	779	362.2b
N3	85.46	23.03	46.4	778	371.7a
O1	84.14	23.48	46.2	777	358.3a
O2	85.41	22.51	46.6	779	363.4a
O3	85.33	22.91	46.6	778	367.6a
P1	83.74	22.72	46.2	776	358.5a
P2	84.53	23.23	46.5	780	363.0a
P3	85.60	22.94	46.7	780	367.8a

从表 7-89 和表 7-90 可见，不同的水肥处理对蛋白组分有一定影响，其中受影响较大的是球蛋白和谷蛋白，清蛋白和醇溶蛋白相对较稳定，不同处理之间虽不尽相同，但差异不显著。随浇水次数的增多，球蛋白和谷蛋白有逐渐下降的趋势，水分胁迫可显著增加球蛋白和谷蛋白的含量。随施氮量和施磷量的增加，谷蛋白含量有提高的趋势。不同施磷处理间差异显著。就蛋白质总含量而言，在生长中后期增加浇水次数使蛋白总量显著降低。增施氮肥使蛋白总量提高，其中 N3 处理比 N1 处理显著提高，N2 处理比 N1 处理略有提高。增施磷钾肥也使籽粒蛋白总量有增加的趋势，但在以往的试验中，经常出现磷、钾肥对籽粒蛋白质含量无明显影响的结果，在部分实施的正交试验中，氮、磷、钾肥的交互作用是不十分清楚的。进一步分析表明，蛋白质总量与谷蛋白含量呈极显著正相关（$r = 0.89^{**}$），而与其他组分含量的相关程度则较小。

表 7-89　不同处理对蛋白组分含量的影响　　　　　　　　（单位：%）

处理	清蛋白	球蛋白	醇溶蛋白	谷蛋白	残留蛋白	总蛋白
M1N1O1P1	2.50a	1.68a	0.57a	10.24bc	0.98	15.98bc
M1N2O2P2	2.52a	1.61ab	0.60a	10.42ab	1.19	16.34b
M1N3O3P3	2.51a	1.57abc	0.61a	10.63a	1.82	17.15a
M2N1O2P3	2.53a	1.50bc	0.60a	10.20bc	1.24	16.10bc
M2N2O3P1	2.49a	1.56abc	0.58a	10.32abc	1.15	16.10bc
M2N3O1P2	2.52a	1.55abc	0.61a	10.28bc	1.18	16.14bc

（续表）

处理	清蛋白	球蛋白	醇溶蛋白	谷蛋白	残留蛋白	总蛋白
M3N1O3P2	2.54a	1.55abc	0.52a	10.27bc	1.16	15.68c
M3N2O1P3	2.54a	1.44c	0.58a	10.02c	1.19	15.71c
M3N3O2P1	2.47a	1.46bc	0.53a	10.21bc	1.22	15.89bc

表7-90　不同因素对蛋白组分含量的影响　　（单位:%）

因素	清蛋白	球蛋白	醇溶蛋白	谷蛋白	总蛋白
M1	2.51a	1.62a	0.59a	10.43a	16.49a
M2	2.52a	1.54ab	0.59a	10.27ab	16.11b
M3	2.51a	1.48b	0.54a	10.16b	15.78c
N1	2.53a	1.57a	0.57a	10.23a	15.92b
N2	2.52a	1.54a	0.58a	10.26a	16.07b
N3	2.50a	1.53a	0.58a	10.38a	16.39a
O1	2.52a	1.56a	0.59a	10.18b	15.96b
O2	2.51a	1.52a	0.57a	10.28ab	16.11ab
O3	2.51a	1.56a	0.57a	10.41a	16.31a
P1	2.49a	1.56a	0.56a	10.26a	15.99b
P2	2.53a	1.57a	0.58a	10.32a	16.05b
P3	2.53a	1.50a	0.60a	10.29a	16.34a

从表7-91和表7-92可见，在生长中后期增加浇水次数对沉淀值、形成时间和稳定时间有显著影响，表现为随浇水次数增加其上述3项逐渐降低，其中浇1次水的处理显著提高了上述3项指标，但在本试验中浇水次数对其他品质指标无明显的影响。湿面筋含量有随增施氮肥而提高的趋势。不同处理组合对湿面筋含量、沉淀值、稳定时间有明显影响，处理之间差异显著，对吸水率、形成时间、面包体积有不同影响，但差异不显著。进一步分析，可以看出水分胁迫对谷蛋白、沉淀值、形成时间、稳定时间和面包体积的调节效应趋势是一致的。

表7-91　不同处理对加工品质的影响

处理	湿面筋（%）	沉淀值（ml）	形成时间（min）	稳定时间（min）	面包体积（cm³）
M1N1O1P1	32.0b	52.5a	5.0a	10.8ab	852a
M1N2O2P2	32.7ab	53.4a	5.5a	11.3a	820a
M1N3O3P3	32.8ab	50.9abc	5.0a	9.30ab	834a

（续表）

处理	湿面筋（%）	沉淀值（ml）	形成时间（min）	稳定时间（min）	面包体积（cm³）
M2N1O2P3	33.2b	52.0ab	5.2a	9.00ab	833a
M2N2O3P1	34.9ab	52.8a	4.8a	9.70ab	823a
M2N3O1P2	35.1a	50.5abc	4.5a	9.70ab	843a
M3N1O3P2	34.0ab	45.6a	4.5a	8.50b	827a
M3N2O1P3	32.8ab	47.7bcd	4.5a	8.20b	823a
M3N3O2P1	34.4ab	47.2cd	4.2a	8.80ab	826a

表 7-92　不同因素处理对加工品质的影响

因素	湿面筋（%）	沉淀值（ml）	形成时间（min）	稳定时间（min）	面包体积（cm³）
M1	32.5a	52.3a	5.2a	10.5a	835a
M2	33.7a	51.8a	4.8ab	9.4ab	833a
M3	33.7a	45.9b	4.4b	8.5b	825a
N1	32.7a	50.0a	4.9a	9.4a	837a
N2	33.2a	50.4a	4.9a	9.7a	822a
N3	34.1a	49.5a	4.6a	9.3a	834a
O1	33.3a	49.3a	4.7a	9.6a	839a
O2	33.1a	50.8a	4.9a	9.7a	826a
O3	33.6a	49.8a	4.8a	9.2a	828a
P1	33.4a	50.8a	4.7a	9.8a	834a
P2	33.9a	49.8a	4.8a	9.8a	830a
P3	32.6a	49.3a	4.9a	8.8a	830a

3. 叶面喷施植物生长物质对植株性状、产量和品质的影响

起身期叶面喷施植物生长延缓剂壮丰安可使株高显著降低，从表 7-93 可见株高降低 7.71cm，这对植株较高的小麦品种提高抗倒能力是非常有效的。后期叶面喷施尿素溶液对株高及其他性状无明显影响。各处理产量不尽一致，其中 K4 处理追肥时期过晚，使穗粒数有所减少，致使产量降低，但各处理间产量差异均未达显著水平。喷施壮丰安虽使株高明显降低，但对照处理并未发生倒伏现象，因此，未能显出其防止倒伏而增产的效果。

表 7-93 化控处理对株高及产量的影响

处理	平均株高（cm）	产量（kg/667m²）
K1	78.61b	404.2a
K2	85.66a	409.2a
K3	85.32a	420.8a
K4	86.91a	394.4a
对照	86.32a	418.4a

注：K1 起身期喷施壮丰安，每小区喷 200 倍液壮丰安 500ml。并于拔节期每小区（6.67m²）追施 217g 尿素；K2 为灌浆初期每小区喷 2% 尿素溶液 400ml，并于拔节期和开花期每小区分别追尿素 109g；K3 喷尿素溶液同 K2，在拔节期每小区追尿素 217g；K4 喷尿素溶液同 K2，在开花期每小区追尿素 217g。对照为不喷任何物质，追肥处理同 K1。表 7-94、表 7-95 同

从表 7-94 可见，不同化控处理对蛋白组分的影响不尽相同，其中对球蛋白和谷蛋白的影响较大，处理之间差异显著。生长后期叶面喷氮可明显提高球蛋白、谷蛋白和总蛋白的含量。尤其是 K4，由于追氮肥时期的后移和叶面喷氮的双重作用，使球蛋白、谷蛋白及总蛋白含量比对照显著提高，叶面喷施壮丰安使各蛋白组分含量与对照无显著差异，但总蛋白含量有所降低。蛋白质总含量与谷蛋白含量显著正相关（$r=0.93^*$），与前述水肥试验中的结果一致。

表 7-94 化控处理对蛋白组分含量的影响 （单位：%）

处理	清蛋白	球蛋白	醇溶蛋白	谷蛋白	残留蛋白	总蛋白
K1	2.44a	1.61ab	0.55a	10.31c	1.08	15.99c
K2	2.39a	1.56b	0.59a	10.76b	1.90	17.22ab
K3	2.46a	1.52b	0.54a	10.83b	1.56	16.91b
K4	2.30a	1.79a	0.53a	11.46a	1.65	17.72a
对照	2.26a	1.47b	0.57a	10.54bc	1.83	16.67b

从表 7-95 可见，不同的叶面喷氮处理均使湿面筋含量比对照显著提高，增加幅度为 12.2%~13.5%；叶面喷氮还可以有效地提高籽粒硬度，喷氮处理比对照提高 5.1%~7.9%，不同处理之间差异显著；叶面喷氮使面包体积增加 32~48cm³，差异明显，但其沉淀值有所降低。叶面喷氮对吸水率、面团形成时间和稳定时间的影响不明显。叶面喷施壮丰安的处理籽粒硬度比对照有所降低，但其湿面筋、沉淀值和面包体积有所增加。结合表 7-94 分析，叶面喷氮对谷蛋白、总蛋白、湿面筋及面包体积的影响趋势一致，而叶面喷施壮丰安对蛋白组分和面包加工品质之间关系还不甚明了。

表 7-95　化控处理对加工品质性状的影响

处理	湿面筋（%）	沉淀值（ml）	面包体积（cm³）	面包评分	硬度指数
K1	35.8a	49.3a	846ab	90.8a	45.9c
K2	37.5a	46.9b	834ab	90.9a	51.2a
K3	37.1a	47.0b	848a	90.2a	51.7a
K4	36.7a	45.7c	832ab	90.3a	50.4ab
对照	32.7b	48.5a	806b	88.3a	47.9bc

4. 不同肥水组合处理对籽粒性状及产量的影响

从表 7-96 可见，不同处理组合对株高、千粒重、容重及产量均有较明显的影响，其中，以处理组合 J9 的产量最高，其次为处理组合 J6，表明增施氮肥和浇 2 次以上水增产效果较好。水肥互作的产量效应明显。表 7-97 列出了 4 个因素不同水平对株高、粒重、容重及产量的调节效应。从中可见水分处理对株高有显著影响，全生育期只浇一次水比浇 2 次水、3 次水处理的株高显著降低。浇水处理对千粒重、容重和产量有显著或极显著的效应，其中浇 3 次水比浇 1 次水的千粒重增加 3.03g，容重增加 8.2g，差异均达 5% 显著水平；产量增加 10.66%，差异极显著。浇 2 次水比浇 1 次水的产量达极显著差异水平。产量有随增施氮肥而提高的趋势。

表 7-96　不同处理对植株性状及产量的影响

处理	株高（cm）	千粒重（g）	容重（g/L）	产量（kg/hm²）
J1	78.0c	42.2b	775.8ab	5 004.0bc
J2	79.0bc	42.7b	770.7bc	4 998.0bc
J3	77.8c	42.8b	767.7c	4 948.5c
J4	83.9a	43.8ab	776abc	5 424.0abc
J5	83.1ab	43.5ab	771.3abc	5 401.5abc
J6	83.2ab	43.3ab	772abc	5 614.5a
J7	82.7ab	46.2a	781a	5 353.5abc
J8	83.1ab	45.2ab	777.7ab	5 467.5ab
J9	82.4ab	45.3ab	780.0ab	5 721.0a

注：J1 为 S1T1W1X1，J2 为 S1T2W2X2，J3 为 S1T3W3X3，J4 为 S2T1W2X3，J5 为 S2T2W3X1，J6 为 S2T3W1X2，J7 为 S3T1W3X2，J8 为 S3T2W1X3，J9 为 S3T3W2X1。S 因素为浇水处理，S1 为拔节期浇 1 次水；S2 为拔节期、开花期各浇 2 次水；S3 为拔节期、开花期和灌浆期各浇 3 次水。T 因素为拔节期随水追施氮肥处理（不施底氮肥），T1 追施氮素为 0，T2 为 150kg/hm²，T3 为 300kg/hm²。W 因素为底施磷肥处理，W1 为底施 P_2O_5 为 300kg/hm²，W2 为 150kg/hm²，W3 为 0；X 因素为底施钾肥处理，X1 底施 K_2O 为 0，X2 为 300kg/hm²，X3 为 150kg/hm²。表 7-97、表 7-98、表 7-99、表 7-100、表 7-101 同

表 7-97　不同因素处理对植株性状及产量的影响

因素代号	株高 (cm)	千粒重 (g)	容重 (g/L)	产量 (kg/hm²)
S1	78. 24b	42. 57b	771. 4b	4 983. 0bB
S2	83. 39a	43. 54b	773. 1b	5 479. 5aA
S3	82. 72a	45. 60a	779. 6a	5 514. 0aA
T1	81. 51a	44. 18a	776. 5a	5 260. 5a
T2	81. 71a	43. 81a	773. 2a	5 289. 0a
T3	81. 73a	43. 60a	773. 3a	5 427. 0a
W1	81. 16a	44. 07a	773. 3a	5 235. 0a
W2	81. 76a	43. 84a	775. 7a	5 380. 5a
W3	81. 42a	43. 81a	775. 2a	5 362. 5a
X1	81. 14a	43. 68a	775. 8a	5 376. 0a
X2	81. 59a	43. 97a	773. 8a	5 280. 0a
X3	81. 62a	44. 06a	774. 6a	5 322. 0a

从表 7-98 可见，不同水肥处理组合对籽粒总蛋白质及其组分含量有一定影响，处理间差异显著，其中，以 J6 处理组合的蛋白质含量最高；J4 处理组合的蛋白质含量最低。清蛋白含量以 J9 处理组合最高，且与 J2、J3 和 J4 处理组合差异显著；球蛋白含量以 J9 和 J6 两个处理组合显著高于其他处理。醇溶蛋白含量以 2 次水的 J6 处理组合最多，显著高于 J1 和 J4 两个处理组合。可见各处理组合对蛋白质组分的影响效果不同。

表 7-98　不同处理对蛋白组分含量的影响　　　　　（单位：%）

处理	清蛋白	球蛋白	醇溶蛋白	谷蛋白	总蛋白
J1	2. 60ab	2. 05b	3. 86abcd	7. 36b	15. 89de
J2	2. 56b	2. 06b	3. 93ab	7. 67ab	16. 74ab
J3	2. 56b	2. 04b	3. 92abc	8. 05a	16. 74ab
J4	2. 56b	2. 06b	3. 68cd	7. 40b	15. 73e
J5	2. 59ab	2. 06b	3. 73abcd	7. 88ab	16. 31bcd
J6	2. 72ab	2. 22a	3. 97a	7. 99a	16. 90a
J7	2. 74ab	2. 03b	3. 63d	7. 66ab	16. 13cde
J8	2. 74ab	2. 08b	3. 69bcd	8. 08a	16. 71ab
J9	2. 79a	2. 22a	3. 75abcd	7. 71ab	16. 48abc
平均	2. 65	2. 09	3. 80	7. 76	16. 40
CV	3. 56	3. 56	3. 31	3. 42	2. 53

不同处理因素对蛋白组分有较大影响（表7-99），就清蛋白而言，随浇水次数增加而含量逐渐提高，浇3水比浇1水的处理清蛋白差异极显著。球蛋白亦表现为随浇水次数及施氮、磷数量的增加而提高，且差异显著。醇溶蛋白随浇水次数增加而减少，随施氮量的增加而提高，不同因素水平间差异显著。谷蛋白随施氮量的增加而提高。总蛋白含量随施氮、钾量增加而提高。浇1次水比浇2次水和3次水的处理总蛋白含量略有提高，高施磷量比中磷和不施磷处理总蛋白含量略有增加。综合分析表明，清蛋白对浇水处理反应较明显，球蛋白对浇水及氮磷处理反应均较灵敏，醇溶蛋白对浇水及氮肥处理反应明显，谷蛋白仅对氮肥处理反应灵敏。各蛋白组分在不同处理组合中的变异系数不尽相同。在总蛋白含量中清蛋白、球蛋白、醇溶蛋白、谷蛋白分别占16.16%、12.74%、23.17%、47.32%。

表7-99　不同因素对蛋白组分含量的影响　（单位：%）

因素代号	清蛋白	球蛋白	醇溶蛋白	谷蛋白	总蛋白
S1	2.57bB	2.05bA	3.90aA	7.69a	16.47a
S2	2.62bAB	2.11aA	3.80abAB	7.76a	16.31a
S3	2.76aA	2.11aA	3.69bB	7.82a	16.44a
T1	2.63a	2.05bB	3.72b	7.47bB	15.92bB
T2	2.63a	2.07bB	3.79ab	7.88aA	16.59aA
T3	2.69a	2.16aA	3.88a	7.92aA	16.71aA
W1	2.63a	2.04bA	3.77a	7.86a	16.40a
W2	2.64a	2.11aA	3.79a	7.59a	16.31a
W3	2.69a	2.12aA	3.84a	7.81a	16.50a
X1	2.66a	2.11a	3.79a	7.65a	16.23a
X2	2.62a	2.06a	3.76a	7.84a	16.40ab
X3	2.67a	2.10a	3.84a	7.77a	16.59a

小麦的加工品质指标很多，此处仅对几种主要的指标进行分析，从表7-100可见，吸水率以有高氮的处理组合J6、J9和J3较高，表明在水分及氮磷钾不同水平的组合中，施氮量对吸水率的影响较大。沉淀值以浇1次水，高氮和中氮的处理组合J3、J2较高，表明减少浇水和增加施氮对提高沉淀值有利。湿面筋以浇3次水、高氮的处理组合J9最高，其次为浇2次水、高氮的处理组合J6，表明增施氮肥和适当灌水对提高湿面筋含量有一定效果。形成时间因氮磷钾施用量不同而异，但均为浇1次水的3个处理组合最长，表明浇水处理对形成时间的影响大于氮磷钾肥的处理。稳定

时间以浇 1 次水，不施氮、钾，高施磷的处理组合 J1 最长，而以浇 3 次水高氮、中磷、不施钾的处理组合 J9 最短，处理间差异显著。面包体积以浇 2 次水、高氮磷钾的处理组合 J6 最大，其次为浇 2 次水中氮、高磷、中钾的处理组合 J8。面包评分亦以处理 J6 最高，其次为处理 J8，且面包评分与面包体积的相关性极显著（r = 0.96 ** ）。从各项加工品质指标的变异系数分析，可见不同处理间稳定时间变异最大，其次为形成时间，再次为沉淀值，表明不同水肥处理对这些指标影响较大，而吸水率变异系数最小，肥水处理对其影响较小，相对比较稳定。湿面筋、面包体积和面包评分的变异系数接近。

表 7-100　不同处理对加工品质的影响

处理	沉淀值（ml）	湿面筋（%）	吸水率（%）	形成时间（min）	稳定时间（min）	面包体积（cm³）	面包评分（分）
J1	55.87ab	31.87b	56.0bc	7.0a	13.5a	773c	87.0c
J2	58.33a	33.77ab	56.7abc	7.0a	11.8abc	781c	88.3bc
J3	58.27a	33.20ab	57.3abc	7.0a	11.7abc	792bc	89.5bc
J4	52.10bcd	32.33b	55.8c	6.5ab	12.6abc	775c	87.0c
J5	51.47bcd	32.97ab	57.1abc	6.0ab	11.9abc	814abc	89.5bc
J6	52.53bc	34.63a	57.8a	6.3ab	11.5abcd	846a	94.0a
J7	49.00cd	33.30ab	56.8abc	6.3ab	10.4bcd	812bc	90.5b
J8	47.70d	33.93ab	56.6abc	5.2c	9.8cd	833ab	91.8ab
J9	49.63cd	35.00a	57.7ab	5.7c	9.4d	817abc	91.7ab
平均	52.77	33.44	56.9	6.3	11.4	805	90.4
CV（%）	7.42	3.03	1.21	10.35	11.57	3.23	3.32

表 7-101 显示了不同因素处理对加工品质的效应，从中可见吸水率有随施氮量的增加而提高的趋势，不同水平间差异显著，浇水和磷、钾处理对吸水率的影响不明显。沉淀值对浇水次数反应敏感，随浇水次数增多，沉淀值显著降低；随施氮、钾的增加，沉淀值有提高的趋势。湿面筋对氮肥处理反应较大，随施氮量增加湿面筋含量显著提高。在浇 1~3 次水的处理中，湿面筋有随浇水次数增多而提高的趋势。形成时间对浇水次数反应敏感，随浇水次数减少，形成时间显著延长。稳定时间对浇水和施氮肥反应也很敏感，浇 1 次水和 2 次水的处理稳定时间比浇 3 次水的处理极显著地延长。面包体积对四个因素均较敏感，其中浇 2 次水和 3 次水的处理面包体积极显著地大于浇 1 次水的处理；高氮磷钾的处理均使面包体积有所增加。面包评分与面包体积有较好的相关性，不同水肥处理对面包评分的影响与面包体积相似。

表 7-101　不同因素对加工品质的效应

因素代号	沉淀值 （ml）	湿面筋 （%）	吸水率 （%）	形成时间 （min）	稳定时间 （min）	面包体积 （cm³）	面包评分 （分）
S1	57.49aA	32.95a	56.7a	7.00aA	12.31aA	782bB	88.3bB
S2	52.03bB	33.31a	56.9a	6.27bAB	12.01aa	822aA	90.2aAB
S3	48.78cB	34.08a	57.0a	5.70bB	9.84bB	821aA	91.3aA
T1	52.32a	32.50bB	56.2b	6.57a	12.16a	787b	88.2b
T2	52.50a	33.56aA	56.8ab	6.06a	11.15ab	809ab	89.4b
T3	53.48a	34.28aA	57.6a	6.31a	10.86b	818a	91.7a
W1	52.91a	33.35a	57.1a	6.42a	11.31a	806ab	89.8ab
W2	53.35a	33.70a	56.7a	6.36a	11.58a	791b	89.0b
W3	52.03a	33.48a	56.8a	6.18a	11.60a	817a	90.9a
X1	52.32a	33.28a	56.9a	6.19a	11.59a	801a	89.4a
X2	52.69a	33.15a	56.6a	6.23a	11.35a	800a	89.4a
X3	53.29a	33.90a	57.1a	6.54a	11.22a	813a	90.9a

另据本试验用不同氮磷钾及灌水处理研究其对小麦籽粒蛋白组分含量的影响，表现为水分胁迫可显著增加球蛋白和谷蛋白的含量。随氮磷施用量的增加谷蛋白含量有提高的趋势。在生长中后期增加灌水次数使蛋白质总量显著降低。增施氮肥使蛋白质总量明显提高。增施磷钾肥也使籽粒蛋白质总含量有提高的趋势，进一步分析表明，蛋白质总量与谷蛋白含量呈极显著正相关（$r=0.89^{**}$），而与其他组分含量的相关程度则较小（表 7-102）。

表 7-102　不同因素对蛋白质组分含量的影响　　　　（单位：%）

处理	清蛋白	球蛋白	醇溶蛋白	谷蛋白	总蛋白
1 水	2.51a	1.62a	0.59a	10.43a	16.49a
2 水	2.52a	1.54ab	0.59a	10.27ab	16.11b
3 水	2.51a	1.48b	0.54a	10.16b	15.78c
N1	2.53a	1.57a	0.57a	10.23a	15.92b
N2	2.52a	1.54a	0.58a	10.26a	16.07b
N3	2.50a	1.53a	0.58a	10.38a	16.39a
P1	2.52a	1.56a	0.59a	10.18b	15.96b
P2	2.51a	1.52a	0.57a	10.28ab	16.11ab

处理	清蛋白	球蛋白	醇溶蛋白	谷蛋白	总蛋白
P3	2.51a	1.56a	0.57a	10.41a	16.31a
K1	2.49a	1.56a	0.56a	10.26a	15.99b
K2	2.53a	1.57a	0.58a	10.32a	16.05b
K3	2.53a	1.50a	0.60a	10.29a	16.34a

注：N1 表示施纯氮 180kg/hm^2，N2 为 240kg/hm^2，N3 为 300kg/hm^2；P1 为施 P_2O_5 75kg/hm^2，P2 为 150kg/hm^2，P3 为 225kg/hm^2；K1 表示施 K_2O 75kg/hm^2，K2 为 150kg/hm^2，K3 为 225kg/hm^2

综上所述，肥水对产量影响至关主要，在相同浇水条件下，重施拔节肥轻补开花肥对增加产量是有效的，因为中高产条件下，节省返青肥可以有效控制群体，减少无效分蘖，而重施拔节肥，可以有效地促进大蘗成穗和穗大粒多，轻补开花肥可以巩固粒数、促进灌浆、增加粒重、提高产量，因此是高产栽培的重要措施。在施肥时期和数量相同时，增加灌水次数可以明显提高产量，但从节约用水和经济效益综合考虑，一般以春季浇 2~3 次水获得高产是适宜的；浇水时期应掌握在拔节期，开花期或灌浆期初期，若从品质、产量、节水及经济效益全面平衡，应该是重点浇 2 次水，即拔节水（雌雄蕊分化至药隔期）和开花水，灌浆水可视天气降水情况而定，若能节省灌浆水会对提高品质更为有利。

肥水是品质的主要影响因素，这方面的研究很多，但一般多局限于肥水对籽粒蛋白质含量影响的研究，在一定范围内籽粒蛋白质含量随施氮量的增加而提高。在施氮量相同的情况下，随施氮时期后移而籽粒蛋白质含量、湿面筋含量、沉淀值等均有所提高，面团稳定时间有所延长，加工品质有所改善，多数面包体积有所增加，表明后期施氮较前期施氮对改善营养品质和加工品质是有利的。在施氮量和施肥时期相同时，适当减少浇水次数对提高蛋白质含量和增加面包体积是有利的。但对沉淀值和湿面筋含量的影响却不尽相同。

适当施用植物生长延缓剂对降低小麦株高，防止倒伏，是有效的，在本试验中，使小麦平均株高降低 8.35cm，与对照差异极显著，而且主要是缩短了穗下节以下的节间，对穗下节无明显影响。但喷施植物生长延缓剂应掌握合理的剂量，剂量大时则穗下节间也显著缩短，不利于光合作用及光合产物向籽粒的积累，还会造成贪青晚熟，从而使产量降低。在一般中上等肥力条件下，种植小麦植株偏高的品种，适当喷施植物生长延缓剂，可以减少倒伏减产的风险，是高秆小麦保证高产稳产的有效措施。但对一般植株较矮、倒伏风险小的品种则无需施用植物生长延缓剂。

在小麦生育期间降水严重不足的条件下，小麦生育中后期增加灌水对改善产量性状和提高产量是非常重要的。本试验中，在全生育期灌 1~3 水的情况下，产量随灌水次数增加而显著提高。增施氮肥的处理也使产量显著提高，增施磷钾肥的处理使产量略有提高，但差异不显著，这与土壤的基础养分含量及施用磷钾肥数量范围有关。小麦生育中后期灌水处理对产量和品质的影响截然不同。减少灌水次数使产量降低而使品质改善，灌水对蛋白质组分的影响不尽一致，其中对球蛋白和谷蛋白影响较大，处理间差异显著，对总蛋白含量也有显著影响。减少灌水次数显著提高了沉淀值，延长了面团形成时间和稳定时间，使面包体积也有所增加，增施氮磷钾肥均使蛋白质总含量有所提高。施磷肥仅使谷蛋白含量有所提高，其余均不明显。

小麦生育期叶面喷施氮素对提高球蛋白、谷蛋白和总蛋白含量有明显效果，而对清蛋白和醇溶蛋白的影响不大。对湿面筋、面包体积和籽粒硬度也有明显促进作用。而喷施壮丰安对蛋白组分的作用不明显，但使总蛋白含量降低。在小麦蛋白组分中，谷蛋白与总蛋白含呈量显著正相关。这与谷蛋白占总蛋白比例较大有关。在水肥试验中，谷蛋白占总蛋白的 62% ~ 65%。清蛋白占 14.6% ~ 16.2%，球蛋白占 9.6% ~ 10.5%，醇溶蛋白最少，占 3.3% ~ 3.8%。

在干旱或一般年份，适当增加浇水次数，明显改善小麦植株性状，提高千粒重、容重和产量，浇 3 次水比浇 1 次水的处理，千粒重、容重及产量均显著提高，其中，浇 2 次水和 3 次水的处理比浇 1 次水的极显著提高了产量。浇 3 次水、高氮和浇 2 次水、高氮的处理组合产量分别排列第 1、第 2 位，可见水氮互作效应显著，在生产中灌水与氮肥的适当配合对产量有明显的作用。不同蛋白组分对水肥的反应有一定差异，清蛋白对浇水处理反应敏感，而对不同氮磷钾处理反应迟钝；球蛋白对浇水和氮磷处理反应敏感，处理间差异显著，但对钾处理反应迟钝；醇溶蛋白对水和氮处理反应灵敏，而不同磷钾处理间差异不显著；谷蛋白随施氮增加而提高。可见，不同的蛋白组分对水肥的反应差别很大。此外，谷蛋白在蛋白组分中所占比例最大，与面包的品质关系密切，在不同的研究中，谷蛋白含量与面包体积和面包评分均呈显著正相关（相关系数分别为 0.727*、0.722*），而醇溶蛋白与面包品质相关性较小。

水肥互作对加工品质的影响较大，凡有高氮的处理组合其吸水率明显提高，表明增施氮肥对提高吸水率有一定效果。沉淀值对灌水处理最敏感，减少灌水次数可显著提高沉淀值。湿面筋对氮肥反应灵敏，增施氮肥使其显著增加。形成时间和稳定时间均随灌水次数减少而提高。试验结果表明，减少春季灌水次数对多项加工品质指标的改善均有利，但对产量显然是不利的。因此，在优质强筋小麦生产中既要考虑品质的改善，又要注意保证相对较高的产量水平，同时还要注意节约成本，这就需要不断探索在不同条件下各种栽培措施的综合优化组合，使产量和品质达到同步提高，实现最大的经济效益和最好的生态效益。面包品质是实现商品价值的重要因素，而面包评分是体现面包品质的综合指标。试验表明，面包评分与籽粒蛋白质含量、湿面筋含量、

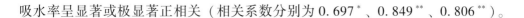

吸水率呈显著或极显著正相关（相关系数分别为 0.697^*、0.849^{**}、0.806^{**}）。

二、水氮互作对黑粒小麦氮素吸收及运转的影响

土壤施氮和花后土壤相对含水量对黑粒小麦氮素运转有重要影响。以黑粒小麦漂珍一号为供试材料，通过盆栽试验研究了不同施氮量及花后土壤相对含水量对'漂珍一号'植株氮素吸收、转运、分配以及籽粒蛋白质及其组分含量的影响。结果表明，相同施氮量下，黑粒小麦籽粒含氮量、蛋白质积累量随水分胁迫加剧而降低；各蛋白质组分含量的变化随施氮量的不同而存在差异，在低氮（施氮 $150kg/hm^2$）条件下，随水分胁迫加剧，清蛋白、球蛋白、醇溶蛋白含量升高，高氮（施氮 $300kg/hm^2$）条件下，清蛋白、球蛋白含量升高，而醇溶蛋白含量降低。相同水分胁迫条件下，籽粒氮素含量、籽粒中蛋白质的积累量随施氮量增加而提高；而充分供水（土壤相对含水量 75%～85%）时，中氮（施氮 $240kg/hm^2$）处理籽粒蛋白质积累量最高，同时营养器官贮藏氮素向籽粒的转运量、转运率均达最大值，对籽粒的贡献率也较高。充分供水处理时，清蛋白、球蛋白和醇溶蛋白含量随施氮量的增加而提高，麦谷蛋白在中氮处理时达最大值；而中度水分（土壤相对含水量 55%～65%）胁迫和重度水分胁迫（土壤相对含水量 35%～45%）处理情况下，中氮处理小麦中各蛋白质组分含量最高。研究表明，施氮量及花后土壤相对含水量对黑粒小麦氮代谢具有显著影响，施氮量过高或过低以及水分胁迫均不利于黑粒小麦氮代谢过程的有效进行，花后充分供水与中等施氮水平组合对黑粒小麦氮素吸收、转运和分配具有较好的调控作用。

1. 施氮量及花后控水对黑粒小麦花后籽粒蛋白质积累量的影响

由表 7-103 可知，随着生育进程推进，各处理籽粒蛋白质积累量均不断增加，在花后 35 天达到最大值。同一施氮量条件下，花后 7～21 天，随着水分胁迫加剧，籽粒蛋白质积累量增加；开花 28 天之后，随着水分胁迫加剧，籽粒蛋白质积累量反而下降，且差异显著。同一灌水量条件下，在花后 7～14 天时，中氮和高氮处理的籽粒蛋白质积累量均大于低氮处理，但处理间差异不显著；花后 21 天时，充分供水和中度水分胁迫条件下，低氮和高氮处理的籽粒蛋白质积累量高于中氮处理，重度水分胁迫时，随施氮量增加籽粒蛋白质积累量有所提高；花后 28 天时，在充分供水时，籽粒蛋白质积累量表现为中氮>低氮>高氮，在中度和重度水分胁迫时，籽粒蛋白质积累量表现为中氮、高氮>低氮处理；花后 35 天时，充分供水时，籽粒蛋白质积累量仍表现为中氮>低氮>高氮，而中度和重度水分胁迫时，随着施氮量的增加，籽粒蛋白质积累量显著增加。说明在灌浆后期，中度和重度水分胁迫条件下，增加施氮量能够显著提高籽粒蛋白质积累量，而水分充足条件下，中等施氮量能够有效提高蛋白质积累量，施氮量过低或者过高均可影响到植株中氮素的运转，而不利于籽粒蛋白质的

积累。

表 7-103　施氮量及花后控水对黑粒小麦花后籽粒蛋白质积累量的影响

（单位：mg/粒）

水分处理	施氮处理	花后天数（d）				
		7	14	21	28	35
充分供水	低氮	0.37e	1.90b	3.28cde	5.12ab	5.51ab
	中氮	0.63cd	2.50b	2.99e	5.47a	5.72a
	高氮	0.62d	2.06b	3.14de	4.72ab	5.32bcd
中度胁迫	低氮	0.62d	1.96b	3.58bc	5.29ab	5.31bcd
	中氮	0.55d	2.19b	3.37cde	4.57b	5.37abcd
	高氮	0.60d	2.11b	3.56bc	5.25ab	5.50abc
重度胁迫	低氮	0.72bc	2.11b	3.40cd	4.96ab	5.12d
	中氮	0.85a	2.27ab	3.91ab	4.75ab	5.14cd
	高氮	0.74b	2.72a	3.99a	4.96ab	5.35bcd
		平均值				
水分处理	充分供水	0.54b	2.00a	3.14c	5.10a	5.52a
	中度胁迫	0.59b	2.09a	3.50b	5.03a	5.39a
	重度胁迫	0.77a	2.37a	3.77a	4.89a	5.20b
施氮处理	低氮	0.57a	1.99b	3.42a	5.12a	5.31a
	中氮	0.67a	2.17a	3.42a	4.93a	5.41a
	高氮	0.65a	2.30a	3.56a	4.97a	5.39a

2. 施氮量及花后控水对黑粒小麦成熟期各器官氮素积累量的影响

从籽粒分析，同一施氮水平下，花后控水显著影响其氮素积累量，随着水分胁迫的加剧，氮素积累量呈下降趋势，表现为充分供水＞中度胁迫＞重度胁迫，籽粒氮素在植株总氮素含量中所占比例变化情况同籽粒氮素积累量变化；在 3 种控水处理平均的条件下，随着施氮量的增加，籽粒氮素积累量呈增加趋势，而其所占植株总氮素比例随之下降，表明增加施氮量能够提高籽粒中氮素的积累量，但施氮量过高不利于氮素向籽粒中的转运（表 7-104）。从成熟期营养器官来看，同一施氮量条件下，随着水分胁迫的加剧，茎鞘、叶片、穗轴+颖壳等营养器官中的氮素积累量呈增加趋势，占总氮素比例均随之提高，说明水分胁迫不利于营养器官中氮素向籽粒中的转运；同一控水条件来看，各营养器官中氮素积累量均随施氮量的提高而呈增加趋势，其占总氮素比例也随之增加，表明施氮过多使得氮素在营养器官中的积累量增加，而不利于其向籽粒中的转移。

表 7-104 不同施氮量及花后控水下黑粒小麦成熟期各器官氮素积累量及比例的影响

水分处理	施氮处理	籽粒 数量（mg/株）	籽粒 比例（%）	茎鞘 数量（mg/株）	茎鞘 比例（%）	叶片 数量（mg/株）	叶片 比例（%）	穗轴+颖壳 数量（mg/株）	穗轴+颖壳 比例（%）
充分供水	低氮	94.90a	76.90a	11.47b	9.29c	11.80cd	9.56d	5.25f	4.25e
	中氮	92.19bc	74.14bc	13.01a	10.86b	11.03d	9.21d	6.96cd	5.80c
	高氮	91.58b	73.57bc	13.62a	10.95b	13.16ab	10.59c	6.09e	4.90d
中度胁迫	低氮	89.95b	74.73b	11.40b	9.47c	11.92cd	9.91cd	7.10bcd	5.90bc
	中氮	86.50c	73.17cd	11.05b	9.34cde	13.42ab	11.35b	7.26bc	6.14bc
	高氮	96.57a	74.24bc	13.24a	10.17bc	12.63bc	9.70d	7.66ab	5.89bc
重度胁迫	低氮	78.52de	71.95d	10.62b	9.73c	13.08ab	11.99ab	6.91cd	6.33ab
	中氮	75.94e	69.02e	13.83a	12.56a	13.77a	12.51a	6.51de	5.92bc
	高氮	81.49d	69.98e	13.01a	11.19b	14.01a	12.04ab	7.91a	6.80a
平均值									
水分处理	充分供水	92.89a	74.87a	12.70a	10.36b	12.00b	9.79b	6.10c	4.98c
	中度胁迫	91.01a	74.04b	11.90b	9.66c	12.66b	10.32b	7.34a	5.98b
	重度胁迫	78.65b	70.31c	12.49b	11.16b	13.62a	12.18a	7.11b	6.35a
施氮处理	低氮	87.79b	74.53a	11.16b	9.50b	12.27b	10.49b	6.42b	5.49a
	中氮	84.87c	72.11b	12.63a	10.92a	12.74ab	11.02a	6.91ab	5.95a
	高氮	89.88a	72.60b	13.29a	10.77a	13.27a	10.78ab	7.22a	5.86a

3. 施氮量及花后控水对黑粒小麦开花前贮藏氮素向籽粒转运的影响

黑粒小麦籽粒氮素的 68.6%～89.3% 来自于花前营养器官贮藏氮素的转运（表7-105），施氮量及花后控水对营养器官贮藏氮素向籽粒的转运量、转运率均在充分供水和中氮处理时达最大值，同时转运氮素对籽粒的贡献率也相对较高，说明合理的水氮组合有利于营养器官贮藏氮素向籽粒中转运。在水氮组合为重度水分胁迫和高氮处理时，转运氮素对籽粒的贡献率最大，表明在重度水分胁迫时，高施氮量能够保证营养器官氮素较多的向籽粒中转运，但是由于重度水分胁迫下，营养器官中总氮素积累量相对较低，导致其转运量和转运率低于充分供水和中度水分胁迫处理。同一施氮处理间比较，低氮处理时，营养器官贮藏氮素转运量与转运率随着水分胁迫的加剧先升高后降低，表明施氮量较低时，适度水分胁迫有利于营养器官贮藏氮素向籽粒的转运；在中氮和高氮处理时，营养器官贮藏氮素转运量与转运率均随着水分胁迫的加剧不断下降，表现为充分供水>中度胁迫>重度胁迫。随着施氮量的增加，营养器官中贮藏氮素的转运量及对籽粒的贡献率均呈增加趋势，表明适当增加施氮量可以有效增强贮藏氮素向籽粒的转运能力。

表7-105 黑粒小麦花后营养器官氮素向籽粒的转运

水分处理	施氮处理	营养器官氮素积累量（mg/株）		籽粒氮素积累量	转运量	转运率	贡献率
		开花期	成熟期	（mg/株）	（mg/株）	（％）	（％）
充分供水	低氮	93.63de	28.52f	94.90ab	65.11c	69.5bc	68.6e
	中氮	111.99a	30.41ef	92.19bc	80.99a	72.3a	87.9a
	高氮	112.51a	30.61e	91.58bc	79.63a	70.8ab	87.0ab
中度胁迫	低氮	104.11bc	31.00de	89.95cd	73.69b	70.8ab	82.0bc
	中氮	105.37b	31.73cde	86.50d	73.65b	69.9abc	85.1ab
	高氮	103.53bc	32.88bcd	96.57a	70.00b	67.6cd	72.5de
重度胁迫	低氮	91.61e	33.53abc	78.52ef	61.00c	66.6d	77.7cd
	中氮	98.41cd	34.10ab	75.94f	64.31c	65.3d	84.6ab
	高氮	107.65ab	34.94a	81.49e	72.71b	67.5cd	89.3a
		平均值					
水分处理	充分供水	106.04a	30.80c	92.89a	75.24a	0.71a	0.81a
	中度胁迫	104.34a	31.89b	91.01	72.45a	0.69a	0.80a
	重度胁迫	99.22b	33.22a	78.65	66.01b	0.66b	0.84a
施氮处理	低氮	96.45b	29.85c	87.79	66.60b	0.69a	0.76b
	中氮	105.26a	32.28b	84.88	72.98a	0.69a	0.86a
	高氮	107.89a	33.78a	89.88a	74.11a	0.69a	0.83a

4. 施氮量和花后控水对黑粒小麦籽粒蛋白含量的影响

在3种不同水分处理下，籽粒中总蛋白含量均随施氮量的增加而显著提高（表7-106）。随水分胁迫程度的加剧，籽粒蛋白质含量呈增加趋势，尤其在低氮条件下，水分胁迫处理的籽粒总蛋白含量显著高于充足供水处理。

施氮量及花后控水对各蛋白质组分含量影响显著。花后控水显著影响籽粒清蛋白、球蛋白含量，表现为随水分胁迫程度增加，清蛋白和球蛋白含量显著增加；而醇溶蛋白和谷蛋白亦呈增加趋势；贮藏蛋白随水分胁迫程度的加剧而显著逐渐增加。随施氮量增加，籽粒清蛋白、球蛋白和谷蛋白含量明显提高；而醇溶蛋白相对稳定。

表7-106 施氮及花后控水对黑粒小麦籽粒蛋白质及其组分含量的影响

水分处理	施氮处理	清蛋白（％）	球蛋白（％）	醇溶蛋白（％）	谷蛋白（％）	贮藏蛋白（％）	总蛋白（％）
充分供水	低氮	2.84e	1.31d	4.77bcd	7.01c	11.78c	16.14e
	中氮	3.10d	1.39d	4.10d	8.51a	12.61b	18.17c
	高氮	3.12cd	1.64bc	5.60ab	6.76c	12.36bc	19.00b

（续表）

水分处理	施氮处理	清蛋白（%）	球蛋白（%）	醇溶蛋白（%）	谷蛋白（%）	贮藏蛋白（%）	总蛋白（%）
中度胁迫	低氮	3.25b	1.46cd	5.10abc	7.42bc	12.51b	17.27d
	中氮	3.24bc	1.78b	4.61cd	8.05ab	12.66b	18.06c
	高氮	3.23bcd	1.50cd	4.89bcd	8.01ab	12.90b	20.01a
重度胁迫	低氮	3.23bc	1.66bc	5.31abc	7.34bc	12.65b	17.20d
	中氮	3.57a	1.70b	5.94a	7.84ab	13.78a	17.92c
	高氮	3.25b	2.01a	4.78bcd	7.81ab	12.59b	18.88b
平均值							
水分处理	充分供水	3.02b	1.15c	4.82a	7.43a	12.25c	17.78b
	中度胁迫	3.24a	1.58b	4.87a	7.83a	12.69b	18.45a
	重度胁迫	3.35a	1.79a	5.35a	7.66a	13.01a	18.00b
施氮处理	低氮	3.11c	1.48b	5.06a	7.25b	12.31b	16.87c
	中氮	3.30a	1.62a	4.88a	8.13a	13.02a	18.05b
	高氮	3.20b	1.72a	5.09a	7.53b	12.62b	19.30a

施氮量与花后控水对小麦花后氮素的积累及分配具有调节作用，且二者具有显著的互作效应。籽粒中蛋白质含量的提高，主要依赖于籽粒积累氮素能力的提高，以及营养器官氮素积累量对籽粒运转量和贡献率的增加。一般认为，施氮量和灌水量对小麦籽粒蛋白质含量具有显著影响，而干旱胁迫会影响肥效，而只有在水分供应合理的情况下，肥效才能得以发挥。有研究结果显示，在 0～150kg/hm² 施氮量范围内，增加施氮量能够显著提高各生育时期植株氮素积累量、成熟期籽粒氮素积累量、花后氮素吸收率以及花前营养器官氮素转运量，而施氮量大于 150kg/hm² 时，继续增加施氮量对各项指标无明显促进作用，同时降低了成熟期籽粒氮素积累量和分配比例。营养器官贮藏氮素对籽粒贡献率随灌水量增加而提高，各水分处理营养器官贮藏氮素对籽粒贡献率也随施氮量增加而提高，这说明合理肥水条件能够提高营养器官贮藏氮素对籽粒的贡献率。本研究结果表明，黑粒小麦在灌浆后期，中度和重度水分胁迫条件下，增加施氮量能够显著提高籽粒蛋白质积累量，而水分充足条件下，中等施氮量能够有效提高蛋白质积累量，施氮量过低或者过高均不利于籽粒蛋白质的积累；同一施氮处理时，水分胁迫使得籽粒蛋白质积累量下降，这是由于水分胁迫影响了营养器官氮素向籽粒的转运，从而降低了籽粒自身氮素积累能力。

小麦自开花后，营养器官中的氮素不断进行转运和分配，主要是不断向籽粒中输送。籽粒中 60% 以上的氮素来自于花前营养器官积累氮素的再转运。在水分逆境下，小麦开花前贮存在营养器官中氮素的转运量和转运率降低，从而减少了籽粒氮素积累量和籽粒产量，改善土壤水分状况可促进氮素自营养器官向籽粒的转移，增加总氮素产量。本试验结果表明，对于黑粒小麦而言，增加施氮量能够提高籽粒中氮素的积累量，但施氮量过高不利于氮素向籽粒中的转运。由于水分胁迫，容易使小麦植株早衰，导致营养器官中氮素转运量和转运率下降，从而造成氮素损失；同一控水条件，各营养器官中氮素积累量均随施氮量的增加而提高，其占总氮素比例也随之增加。综上所述，水分胁迫阻碍了营养器官贮藏氮素向籽粒的转运，适当增加施氮量能显著增强贮藏氮素向籽粒的转运能力。

一般认为施氮量与土壤相对含水量对小麦籽粒蛋白质及其组分含量有一定的影响，有研究认为施氮能够显著提高籽粒蛋白质及其组分含量，且随着施氮量的增加，各组分含量均增加。但不同品质类型的品种间各蛋白质组分含量对施氮量的反应存在差异。不同水分处理以及水氮互作对籽粒蛋白质及其组分含量影响的敏感程度在不同品种间存在差异。

第八章 强筋小麦品质调节及其稳定性

小麦的产量和品质不仅受遗传基因制约，而且受生态条件和栽培措施的影响。有研究认为环境对蛋白质含量和面团形成时间的作用最大。而沉淀值、硬度、稳定时间、延伸性和拉伸面积的基因型作用大于环境作用。有学者对种在陕西省不同试点的多个品种品质性状的基因型因子进行分析，探讨了小麦品种籽粒品质性状间相互关系的内在规律，认为沉淀值与蛋白质含量和粉质参数之间存在密切关系。也有学者对小麦品种主要品质性状的稳定性进行研究，分析了品种、环境及品种与环境互作对籽粒硬度、蛋白质含量、沉淀值及湿面筋含量的影响，认为基因型效应对所有品质参数均有显著影响。由于品种遗传背景不同，来源于不同地区的小麦品种在同一生态和栽培条件下种植，有些品种的产量和品质对栽培措施反应敏感，有些表现相对稳定，而品质和产量对外界条件的反应并不同步，其产量较稳定的品种，品质不一定稳定。品质稳定性好的品种适应性广泛，稳定性较差的品种栽培的可塑性较强。通过选用来自河南省、河北省、山东省、安徽省、江苏省、陕西省和山西省等中国小麦主产区的豫麦34、8901-11、济麦20、皖麦38、烟农19、陕253和临优145等7个优质强筋小麦品种，统一设计不同的施肥和灌水处理，分别在不同生态条件的试验点进行试验，研究不同生态区的品种在相同条件下，不同肥水运筹以及不同生态试验点对营养品质和加工品质的调控效应及其稳定性。

第一节 营养品质的氮肥调节及其稳定性

一、不同生态条件下籽粒蛋白质的氮肥调节及其稳定性

从表8-1可以看出，除山西省盐湖试验点外，各试验点不同施氮处理的籽粒蛋白质含量均表现显著或极显著差异，不同处理间的变异系数以河北省任丘试验点最大，其极差达到3.99个百分点，变异系数达13.58%。从不同处理各试验点间的变异系数

分析，有随施氮量增加而逐渐变小的趋势，表明适当增施氮肥，可以有效地降低不同试验点间的籽粒蛋白质含量差异。

表 8-1　各试验点不同施氮处理的籽粒蛋白质含量　　　　　（单位:%）

施氮处理	山东兖州	安徽涡阳	江苏丰县	河南新乡	山西盐湖	河北任丘	平均	CV
对照（不施氮）	12.66cC	12.66cB	14.48dC	13.51cB	13.40a	11.27cC	13.07cC	7.68
150kg/hm²	13.77bB	14.94bA	15.13cB	14.53bA	14.13a	13.53bB	14.31bB	4.15
225kg/hm²	14.31aAB	15.31aA	15.57bA	14.76abA	14.29a	15.20aA	14.82aA	3.65
300kg/hm²	14.37aA	15.43aA	15.80aA	14.92aA	14.35a	15.26aA	14.92aA	3.99
CV	5.75	8.91	3.81	4.39	3.12	13.58	5.95	

不同品种的籽粒蛋白质含量在各试验点的表现不尽相同（表 8-2），品种与试验点的交互作用显著，在山东省兖州试验点和河南省新乡试验点以 8901-11 表现最好，在山西省盐湖试验点以豫麦 34 蛋白质含量最高，安徽省涡阳试验点和江苏省丰县试验点以临优 145 突出，在河北省任丘试验点以陕 253 较好。各试验点不同品种间蛋白质含量的变异系数为 2.96%~6.87%，以江苏省丰县试验点最高。同一品种在不同试验点的蛋白质含量有较大变化，其中临优 145 的极差为 3.15 个百分点，8901-11 为 1.92 个百分点。各品种在不同试验点间的变异系数为 2.04%~7.03%，变异系数较小的品种表明在不同环境中蛋白质含量静态稳定性好；变异系数较大的品种，表明生态条件对其影响大，其品质的栽培可塑性强。从环境指数分析，以江苏省丰县试验点最高，为 15.25%。以下依次为安徽省涡阳试验点、河南省新乡试验点、山西省盐湖试验点、河北省任丘试验点、山东省兖州试验点，这与不同试验点的生态条件和土壤养分含量有一定关系（表 8-3），不同试验点间的差异达到极显著水平。

表 8-2　各试验点不同品种的籽粒蛋白质含量　　　　　（单位:%）

品种	山东兖州	安徽涡阳	江苏丰县	河南新乡	山西盐	河北任丘	CV
8901-11	14.29aA	15.27aA	16.07bB	15.31aA	14.80aA	14.15abAB	4.38
豫麦 3	13.40cC	14.16dC	14.76dD	14.64bcBC	14.84aA	13.71abAB	4.01
烟农 19	13.37cC	13.64eD	14.30fE	13.42dD	13.09bB	13.80abAB	4.02
济麦 20	13.35cC	14.52bcBC	14.54eDE	13.55dD	13.29bB	12.74cB	4.93
皖麦 38	13.76bB	14.31cdBC	14.72dD	14.37cC	13.04bB	13.40bcAB	4.56
陕 253	14.16aA	14.70bB	15.09cC	14.76bBC	14.57aA	14.53aA	2.04
临优 145	14.09aA	15.49aA	17.24aA	14.96bAB	14.72aA	14.38aA	7.03
环境指数	13.77	14.58	15.25	14.43	14.05	13.81	
CV	2.96	4.39	6.87	4.91	6.11	4.46	

表 8-3　各试验点 0~20cm 土壤养分情况

试验点	有机质（%）	全氮（%）	碱解氮（mg/kg）	速效钾（mg/kg）	速效磷（mg/kg）	pH 值
江苏丰县	1.92	0.124	109	226	130.1	8.1
安徽涡阳	1.52	0.100	98	213	20.8	8.1
河南新乡	1.38	0.085	95	170	14.2	8.3
山西盐湖	1.11	0.070	86	130	22.5	8.4
河北任丘	1.31	0.084	127	184	31.9	8.3
山东兖州	1.55	0.094	92	97	15.3	8.0

　　肥料处理和品种的交互作用显著，从表 8-4 可以看出不同品种对肥料处理的反应不尽相同，在不施氮条件下，以 8901-11 的蛋白质含量最高，在施氮量为 150kg/hm² 条件下，8901-11 和临优 145 并列第一，在每公顷施氮 225kg 和 300kg 时，临优 145 均表现最好。临优 145 的蛋白质含量在施氮处理间的变异系数最大，处理间极差达到 2.87 个百分点，其次为烟农 19，极差为 2.19 个百分点，其他品种在不同施氮处理间的极差也均在 1.63 个百分点以上，可见施氮对各品种的蛋白质含量都有重要影响，不同品种的籽粒蛋白质含量对氮肥都很敏感。有些强筋小麦品种在每公顷施氮 150kg 以下时，籽粒蛋白质含量不能达到强筋标准，如烟农 19、济麦 20 和皖麦 38，而在施氮量超过 225kg/hm² 时，供试品种蛋白质含量均达到国家强筋小麦标准。因此，在实际生产中，为保证达到强筋小麦的国家标准，强筋小麦施氮水平应掌握在 225kg/hm² 左右。

表 8-4　各品种不同处理的蛋白质含量　　　　　　　（单位：%）

品种	施氮处理				平均	CV
	不施氮（CK）	150kg/hm²	225kg/hm²	300kg/hm²		
8901-11	13.78aA	15.05aA	15.64bAB	15.47bB	14.99aA	5.61
豫麦 34	13.12bB	14.39bB	14.73dCD	14.77cC	14.25cC	5.43
烟农 19	12.19cC	13.63cC	14.22efE	14.38cC	13.61eE	7.33
济麦 20	12.41cC	13.70cC	14.11fE	14.45cC	13.67eE	6.53
皖麦 38	12.96bB	13.66cC	14.53deDE	14.59cC	13.94dD	5.57
陕 253	13.20bB	14.83aAB	15.17cBC	15.35bB	14.64bB	6.71
临优 145	13.32bAB	15.05aA	16.04aA	16.19aA	15.15aA	7.72
CV	4.18	4.62	4.87	4.43		

二、基因型环境施氮及其互作对籽粒蛋白质的调节及其稳定性

通过对蛋白质含量进行方差分析（表8-5），表明生态环境（试验点）、施氮量处理、基因（品种）以及各交互作用F值测验均极显著。从环境、氮肥量处理、基因型及各项交互作用的平方和占总平方和的百分比分析，氮肥量处理>基因型>环境>环境×氮肥量处理>环境×基因型>环境×氮肥量处理×基因型>氮肥量处理×基因型。从广义上讲，可把氮肥量处理和生态环境统称栽培环境，生态环境与施氮量处理的互作也纳入栽培环境中，3项相加，广义的栽培环境占56.73%，把基因型和有基因型的互作划归广义的基因型，4项相加，广义的基因型占29.20%。表明在各种影响蛋白质含量变异的因素中，栽培环境的影响最大，进而可以理解为小麦蛋白质含量的栽培可塑性很强，合理的栽培环境对提高小麦籽粒蛋白质含量有明显的效果。

表8-5　蛋白质含量的方差分析

项目	平方和	F值	占比（%）
区组	0.98	0.54	0.10
环境（E）	131.38	28.86**	13.31
氮肥处理（N）	328.96	146.50**	33.32
基因（G）	166.85	78.65**	16.90
交互作用 E×N×G	34.28	1.08**	3.47
交互作用 N×G	16.93	2.66**	1.71
交互作用 E×G	70.29	6.63**	7.12
交互作用 E×N	99.72	8.88**	10.10
总误差	137.98		13.98
总变异	987.28		

试验研究认为，随施氮量提高，不同试验点间的小麦籽粒蛋白质含量变异系数渐小，表明适当施氮可以有效降低不同试验点间的品质差异。变异系数小的品种表明其品质对生态环境适应性较强，其籽粒蛋白质含量的静态稳定性较好；变异系数大的，其品质的栽培可塑性较强。不同施氮水平下各品种在各试验点的表现有很大差异，以河北省任丘试验点临优145为例，不施氮处理的籽粒蛋白质含量为11.16%，每公顷施氮150kg的处理为13.97%，每公顷施氮225kg的处理为15.77%，每公顷施氮300kg的处理为16.62%，极差为5.46个百分点，其他品种的极差都在3个百分点以上；在其他试验点不同施氮处理的蛋白质含量多数在2个百分点以上。表明施氮水平对各供试品种的籽粒蛋白质含量都有很大的影响。不同品种对氮肥的敏感程度有差异，有些品种在不同施氮水平下籽粒蛋白质含量差异很大，施氮对其籽粒蛋白质含量

的可塑性很强，合理的栽培环境对改善其品质的效果更为明显。

相同品种在不同生态环境和栽培条件种植其蛋白质含量会有很大变异，在各种影响蛋白质含量变异的因素中，氮肥处理的影响最大，表现为栽培措施（施氮量）>基因型>生态环境（试验点）；把氮肥处理和生态环境统称为栽培环境时，其影响远大于基因型。

三、同一生态条件下施氮对蛋白组分的调节及其稳定性

施氮量对不同蛋白组分的影响不尽相同（表8-6），对清蛋白和球蛋白（可溶性蛋白）影响小，不同处理间的变异系数分别为5.65%和7.36%，对醇溶蛋白和谷蛋白（贮藏蛋白）影响大，处理间的变异系数分别达到23.97%和17.11%。贮藏蛋白是面筋的主要成分，对烘焙品质有重要影响。施氮处理可以显著提高贮藏蛋白含量，随施氮量的提高，贮藏蛋白占总蛋白的比例逐渐增加，进而改善加工品质，不同施氮处理之间湿面筋含量、沉淀值、吸水率、形成时间、稳定时间、延伸性、面包体积和面包评分等主要指标均与贮藏蛋白含量呈显著或极显著正相关（$r \geq 0.90$）。从总蛋白含量分析，总蛋白含量越高贮藏蛋白占的比例越大，二者呈极显著正相关（$r = 0.99$）。

表8-6　不同处理的蛋白组分含量　　　（单位:%）

施氮处理	清蛋白	球蛋白	醇溶蛋白	谷蛋白	清+球	醇+谷	总蛋白
300kg/hm²	2.276abA	1.661aAB	4.526aA	6.047aA	3.937abAB	10.573aA	15.257aA
225kg/hm²	2.375aA	1.745aA	4.286aA	6.124aA	4.120aA	10.411aA	15.205aA
150kg/hm²	2.108bA	1.688aA	3.368bB	5.115bBC	3.796bBC	8.483bB	13.535bB
对照（不施氮）	2.137abA	1.473bB	2.601cC	4.171cC	3.611cC	6.772cC	11.270cC
CV	5.65	7.36	23.97	17.11	5.58	19.84	13.59

从8-7可以看出，不同品种之间清蛋白和球蛋白含量变化较小，醇溶蛋白和谷蛋白含量变化较大。因此认为，不同品种之间可溶性蛋白相对较稳定，贮藏蛋白的遗传变异较强。

表8-7　不同品种的蛋白组分含量　　　（单位:%）

品种	清蛋白	球蛋白	醇溶蛋白	谷蛋白	清+球	醇+谷	总蛋白
8901-11	2.373aA	1.742aA	3.879aAB	5.447abcABC	4.116aA	9.326abAB	14.150abA
豫麦34	2.135bB	1.680aAB	3.243bcAB	5.390bcABC	3.815bcdB	8.633bcB	13.716abAB
烟农19	2.209bAB	1.665aAB	4.013aAB	4.891cC	3.875bcB	8.905abAB	13.801abAB

（续表）

品种	清蛋白	球蛋白	醇溶蛋白	谷蛋白	清+球	醇+谷	总蛋白
济麦20	2.175bB	1.555bcB	3.185cB	4.948cC	3.730dB	8.133cC	12.738cB
皖麦38	2.228bAB	1.518cB	4.080aA	5.085cC	3.745cdB	9.165abAB	13.401bcAB
陕253	2.214bAB	1.674aAB	3.993aAB	5.781abAB	3.888bcB	9.774aA	14.535aA
临优145	2.235bAB	1.659abAB	3.472abcAB	6.008aA	3.894bB	9.480abA	14.377aA
CV	3.33	4.73	10.40	7.88	3.33	6.10	4.47

第二节　加工品质的氮肥调节及其稳定性

一、不同生态条件下施氮对加工品质的调节及其稳定性

表8-8的数据是7个强筋小麦品种（豫麦34、8901-11、济麦20、皖麦38、烟农19、陕253和临优145）在6个试验点（山东兖州、安徽涡阳、江苏丰县、河南新乡、山西盐湖、河北任丘）的平均值，从中可见，不同施氮处理对主要加工品质性状的影响不尽相同，其中湿面筋含量、沉淀值、吸水率、形成时间、稳定时间、延伸性、面包体积均随施氮水平的提高而增加，拉伸面积和面包评分也有逐渐增加的趋势，但各品质性状在不同施氮处理间的变异系数有很大差异，其中形成时间、稳定时间、湿面筋含量、沉淀值变异较大，表明这些性状对氮肥反应敏感，吸水率变异较小，对氮肥反应迟钝，稳定性较好。拉伸面积、延伸性、面包体积和评分对氮肥的反应居中。

研究表明，在一定施氮量范围内，各项加工品质指标均有随施氮量增加而提高的趋势，但提高的百分率逐渐降低。

表8-8　不同处理加工品质性状比较

品质性状	施氮处理				平均	CV（%）
	不施氮（CK）	150kg/hm²	225kg/hm²	300kg/hm²		
湿面筋含量（%）	27.2	30.2	31.7	32.4	30.4	7.60
沉淀值（ml）	37.6	42.2	43.5	44.8	42.1	7.46
吸水率（%）	63.2	63.5	63.7	63.8	63.6	0.42
形成时间（min）	3.2	4.9	5.2	5.4	4.7	21.49

（续表）

品质性状	施氮处理				平均	CV（%）
	不施氮（CK）	150kg/hm²	225kg/hm²	300kg/hm²		
稳定时间（min）	8.1	9.5	9.5	9.8	9.3	8.27
拉伸面积（cm²）	88.8	99.1	98.8	102.3	97.3	6.02
延伸性（cm）	166.0	174.5	179.1	182.8	175.6	4.13
面包体积（cm³）	692.3	737.9	743.8	758.5	733.1	3.90
面包评分（分）	75.8	82.2	82.0	84.3	81.1	4.52

注：表中数据为 6 个试验点的平均值

表 8-9 的数据是 7 个品种不同施氮处理的平均值，从中可见，在品种和施氮处理相同的条件下，不同试验点的主要品质性状仍有很大差异，说明生态条件（包括土壤肥力）对品质性状有很大影响，其中稳定时间在不同试验点间的变异系数最大，其次为拉伸面积和形成时间，吸水率的变异系数最小，其他性状居中。变异系数大的品质性状表明其对生态环境（包括土壤肥力）的反应敏感，变异系数小的品质性状表明其相对较稳定。

相同的 7 个强筋小麦品种在不同的 6 个试验点种植，其加工品质性状有很大变化。由环境因素影响的小麦品种粉质参数的相对变异程度以稳定时间最大，吸水率最小。在相同的 6 个试验点种植的 7 个不同强筋小麦品种，由基因型（品种）引起的加工品质变异，仍以稳定时间最大，吸水率最小。可见稳定时间受环境因素和基因型的影响均较大，吸水率相对稳定，受环境和基因的影响均较小。

表 8-9　不同试验点加工品质性状比较

品质性状	山东兖州	安徽涡阳	江苏丰县	河南新乡	山西盐湖	河北任丘	平均	CV（%）
湿面筋含量（%）	29.4	30.5	31.9	31.2	29.8	29.6	30.4	3.26
沉淀值（ml）	39.0	45.0	44.9	42.3	40.4	40.4	42.0	5.99
吸水率（%）	63.6	63.0	62.6	64.6	63.8	63.8	63.6	1.10
形成时间（min）	4.4	4.9	5.6	4.4	4.5	4.3	4.7	10.58
稳定时间（min）	8.2	10.9	12.5	6.7	10.2	7.0	9.3	25.05
拉伸面积（cm²）	96.1	105.6	112.5	88.8	96.8	83.6	97.2	10.90
延伸性（cm）	179.8	175.7	182.2	178.8	166.6	170.8	175.7	3.37
面包体积（cm³）	725.2	735.4	774.3	718.8	705.9	730.3	731.6	3.18
面包评分（分）	79.2	83.3	85.5	79.2	78.9	79.7	80.96	3.41

表 8-10 的数据是 6 个试验点不同施氮处理的平均值，从中可见，在试验点和施氮处理相同的条件下，不同品种的主要加工品质指标有很大变化，沉淀值、形成时间、稳定时间、拉伸面积的变异系数在 13.16%~33.37%，说明品种间差异很大。吸水率的变异系数虽较小，但品种间的极差达到 4 个百分点，也有明显差别。湿面筋、延伸性、面包体积、面包评分的变异系数为 3.3%~7.26%，其中面包体积品种间的极差为 101cm³。在生态环境和施肥处理相同时，强筋小麦品种间加工品质性状的差异主要受其遗传基因制约。

表 8-10　不同品种的加工品质性状比较

品质性状	Nov-01	豫麦 34	烟农 19	济麦 20	皖麦 38	陕 253	临优 145	CV（%）
湿面筋（%）	29.86	29.1	29.3	29.5	32.3	30.9	32.3	4.53
沉淀值（ml）	38.7	43.9	36	40.6	39.3	43.2	53.1	13.16
吸水率（%）	64.9	63.5	64.6	61.3	65.3	64	62.2	2.31
形成时间（min）	4.9	5.7	3.5	3.8	4.3	5.4	5.3	18.01
稳定时间（min）	11.1	9.9	3.8	9.4	5.9	9.1	12.1	33.37
拉伸面积（cm²）	111.6	102.3	52.3	101.9	75.5	106	123.5	25.13
延伸性（cm）	177	177	170.8	174.1	174.5	172.8	188.6	3.3
面包体积（cm³）	774	735	685	733	719	691	786	5.22
面包评分（分）	87	82	71	84	78	77	87	7.26

图 8-1 显示了同一品种在不同施氮处理下面包体积的比较，试验结果表明，在同一地点利用同一品种，随氮量增加面包体积显著扩大，可见适当施氮对面包体积有显著的调节效应。在相同施氮量条件下，同一品种在不同试验点间面包体积差异显著，表明生态环境对面包体积有显著影响（图 8-2）。

二、基因型、生态环境和施氮及其互作对加工品质的调节及其稳定性

用 AMMI 模型对主要品质性状进行分析（表 8-11），各主要加工品质的环境［生态环境（试验点）+栽培环境（氮肥处理）］效应、基因型（品种）效应以及二者交互效应均呈极显著差异水平。从环境、基因型及其交互作用的平方和占总平方和的百分比分析，就湿面筋而言，环境>基因型>基因型×环境，其中环境效应占 64.10%，基因型效应占 16.86，其余为基因型×环境的交互效应占 19.04。3 个交互效应主成分（PCA1、PCA2、PCA3）分析结果均达 1% 显著水平。沉淀值为基因型>环境>基因型×环境，三者分别占 48.68%、29.32% 和 22.00%；3 个交互效应主成分分析结果均达极显著水平。吸水率为基因型>基因型×环境>环境，三者分别

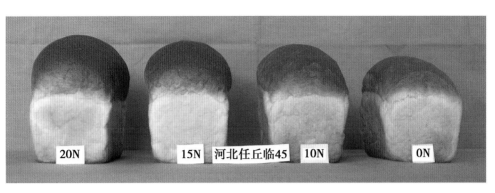

图 8-1 同一品种不同施氮处理下面包体积比较

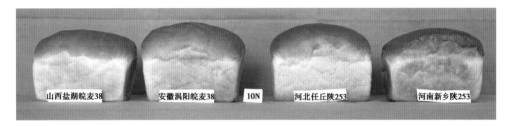

图 8-2 相同施氮量条件下于不同地点种植的小麦面包体积比较

占 56.86%、24.73% 和 18.41%；3 个交互效应主成分分析中 PCA1 和 PCA2 达极显著水平。形成时间为环境>基因型×环境>基因型，三者分别占 42.91%、32.85% 和 24.23%；3 个交互效应主成分分析结果均达极显著水平。稳定时间为基因型>基因型×环境>环境，三者分别占 45.52%、27.80% 和 26.68%；3 个交互效应主成分分析结果分别达 1% 或 5% 显著水平。拉伸面积为基因型>环境×基因型>环境，三者分别占 67.14%、17.55% 和 15.31%；3 个交互效应主成分分析中 PCA1 和 PCA2 达 1% 显著水平。延伸性为环境>环境×基因型>基因型，三者分别占 43.14%、36.57% 和 20.29%；3 个交互效应主成分中 PCA1 和 PCA2 达 1% 显著水平。面包体积为基因型×环境>环境>基因型，三者分别占 40.85%、34.79% 和 24.36%；3 个交互效应主成分分析结果分别达 1% 或 5% 显著水平。面包评分为基因型×环境>环境>基因型，三者分别占 46.22%、28.11% 和 25.56%；3 个交互效应主成分分析结果分别达 1% 或 5% 显著水平。

从所选的 9 个主要加工品质指标分析，有湿面筋、形成时间、延伸性、面包体积、面包评分等 5 项指标为环境效应大于基因型效应；沉淀值、吸水率、稳定时间、拉伸面积等 4 项指标与此相反，可见不同加工品质性状对环境和基因型的反应有很大差异。

表 8-11　AMMI 模型分析结果

变异来源	湿面筋			沉淀值			吸水率		
	平方和	F 值	占比(%)	平方和	F 值	占比(%)	平方和	F 值	占比(%)
环境（E）	1 016.20	44.13**	64.10	2 589.16	20.27**	29.32	98.44	8.08**	18.41
基因（G）	267.30	44.49**	16.86	4 298.60	129.03**	48.68	304.05	95.67**	56.86
交互作用（G×E）	301.87	2.18**	19.04	1 942.77	2.54**	22.00	132.21	1.81**	24.73
主成分轴（PCA1）	114.41	4.08**	37.90	898.02	5.78**	46.22	47.39	3.20**	35.84
主成分轴（PCA2）	72.17	2.77**	23.91	424.66	2.94**	21.86	33.66	2.44**	25.46
主成分轴（PCA3）	55.22	2.30**	18.29	286.95	2.15**	14.77	19.39	1.53	14.67
误　差	60.08			333.15			31.78		
总　和	1 585.38			8 830.52			534.70		

变异来源	形成时间			稳定时间			拉伸面积		
	平方和	F 值	占比(%)	平方和	F 值	占比(%)	平方和	F 值	占比(%)
环境（E）	176.95	23.38**	42.91	894.23	12.85**	26.68	21 682.93	10.92**	15.31
基因（G）	99.93	50.62**	24.23	1 525.88	84.05**	45.52	95 095.58	183.52**	67.14
交互作用（G×E）	135.47	2.98**	32.85	931.99	2.23**	27.80	24 854.99	2.09**	17.55
主成分轴（PCA1）	65.63	7.12**	48.45	335.37	3.96**	35.98	10 857.35	4.49**	43.68
主成分轴（PCA2）	30.43	3.56**	22.46	287.19	3.65**	30.81	5 594.99	2.49**	22.51
主成分轴（PCA3）	19.67	2.49**	14.52	127.88	1.76**	13.72	3 220.81	1.55	12.96
误　差	19.74			181.56			5 181.84		
总　和	412.35			3 352.12			141 633.50		

变异来源	延伸性			面包体积			面包评分		
	平方和	F 值	占比(%)	平方和	F 值	占比(%)	平方和	F 值	占比(%)
环境（E）	13 489.71	12.43**	43.14	201 456.83	12.59**	34.79	3 541.14	10.41**	28.11
基因（G）	6 343.74	22.41**	20.29	141 098.81	33.81**	24.36	3 233.29	36.45**	25.67
交互作用（G×E）	11 437.12	1.76**	36.57	236 582.33	2.46**	40.85	5 821.57	2.85**	46.22
主成分轴（PCA1）	3 752.07	2.84**	32.81	117 449.86	6.03**	49.64	3 185.17	7.69**	54.71
主成分轴（PCA2）	2 983.23	2.43**	26.08	46 771.69	2.59**	19.77	1 079.86	2.81**	18.55
主成分轴（PCA3）	1 871.39	1.65	16.36	30 622.52	1.83*	12.94	669.38	1.89*	11.50
误　差	2 830.43			41 738.26			887.16		
总　和	31 270.57			579 137.98			12 595.99		

三、同一生态条件下施氮对加工品质调节及其稳定性

在同一试验点中，湿面筋、沉淀值、形成时间和稳定时间亦均随施氮量的增加逐渐提高（表8-12），处理间变异系数均达12%以上，表明施氮处理对其有明显影响。降落值和吸水率相对稳定，不同施氮处理间变异系数很小，表明其相对较稳定。延伸性、面包体积和面包评分也均随施氮量提高而增加，处理间变异系数在6%以上，其中施氮处理比对照的面包体积增加59~106cm³，面包评分增加11~16分，表明其品质的栽培可塑性较强。施氮处理的拉伸面积和最大抗延阻力也比对照增加。

表8-12 同一试验点不同施氮处理加工品质性状比较

品质性状	施氮处理				CV（%）
	不施氮（CK）	150kg/hm²	225kg/hm²	300kg/hm²	
湿面筋（%）	23.5	28.9	32.4	33.6	15.30
降落数值（s）	396.4	416.7	433.0	416.9	3.61
沉淀值（ml）	30.8	41.4	44.0	45.5	16.42
吸水率（%）	62.4	63.7	64.1	64.8	1.58
形成时间（min）	2.5	4.0	5.2	5.6	32.23
稳定时间（min）	5.7	7.3	7.5	7.5	12.45
拉伸面积（cm²）	71.3	87.6	84.6	91.1	10.3
延伸性（cm）	152.7	169.0	175.7	185.6	8.10
最大抗延阻力（BU）	340.3	381.0	344.7	357.9	5.14
面包体积（cm³）	666	725	759	772	6.48
面包评分（分）	69	80	84	85	9.21

在同一地点相同施氮处理下，不同品种的主要加工品质指标亦有很大变化（表8-13），其中品种间沉淀值、形成时间、稳定时间、拉伸面积和最大抗延阻力等指标的变异系数在16%~37%。吸水率的变异系数虽较小，但品种间的极差达到4.2个百分点。湿面筋、延伸性、面包体积和面包评分的变异系数在4%~6%，其中面包体积品种间的极差为70cm³。可见在同一生态环境条件下基因型对主要品质指标亦有重要影响。

表8-13 同一生态条件下不同品种的加工品质性状比较

品质性状	8901-11	豫麦34	烟农19	济麦20	皖麦38	陕253	临优145	CV（%）
湿面筋（%）	27.8	28.6	29.5	27.7	31.1	30.9	31.2	5.23
降落数值（s）	412.8	423.0	422.3	419.3	427.5	380.8	424.8	3.88

（续表）

品质性状	8901-11	豫麦 34	烟农 19	济麦 20	皖麦 38	陕 253	临优 145	CV（%）
沉淀值（ml）	38.3	44.6	32.9	37.4	34.3	43.2	52.1	16.58
吸水率（%）	64.5	64.3	64.8	61.0	65.2	64.0	62.5	2.33
形成时间（min）	4.5	5.7	3.2	3.4	3.4	5.4	4.7	23.47
稳定时间（min）	9.1	9.5	3.3	6.1	3.7	9.1	8.4	37.82
拉伸面积（cm^2）	95.3	100.3	44.5	84.5	53.0	106.0	102.0	29.77
延伸性（cm）	167.8	173.8	167.8	169.3	156.0	172.8	188.0	5.60
最大抗延阻力（BU）	428.5	419.0	177.5	364.3	240.3	462.8	399.5	29.87
面包体积（cm^3）	763	705	720	756	711	695	765	4.07
面包评分（分）	86	76	75	85	75	79	84	6.12

仅从上述品种差异分析，湿面筋、沉淀值、吸水率、形成时间、稳定时间、拉伸面积、延伸性、最大抗延阻力、面包体积和面包评分的品种间极差分别为 3.4 个百分点、19.2ml、4.2 个百分点、2.5min、6.2min、61.5cm^2、32cm、285.3 延伸单位、70m^3 和 11 分。从施氮处理间的差异分析，上述指标的极差分别为 10.1 个百分点、14.7ml、2.4 个百分点、3.1min、1.8min、19.8m^2、32.9cm、40.7 延伸单位、106m^3 和 16 分。可见施氮处理对湿面筋含量、面包体积、面包评分的影响大于品种间差异，而沉淀值、吸水率、稳定时间、拉伸面积和最大抗延阻力受品种本身遗传因素的影响大于施氮处理。

第三节　营养品质的灌水调节及其稳定性

一、基因型、生态环境和灌水及其互作对籽粒蛋白质的调节及其稳定性

在小麦生育期间降水偏少的年份（表 8-14），在陕西岐山、河南新乡、江苏丰县、山东兖州、山西盐湖、安徽涡阳、河北任丘等 7 个试验点（土壤养分见表 8-15）利用 7 个强筋小麦品种进行灌水试验。结果表明，不同灌水处理的籽粒蛋白质含量差异显著，随灌水次数增加，平均蛋白质含量有逐渐降低的趋势，但在降水过少的河北任丘试验点，增加灌水使蛋白质含量有所提高。同一品种在不同试验点的蛋白质含量有较大变化。在各试验点间变异系数小的品种，其蛋白质含量静态稳定性较好；而变异系数大的品种则对生态环境变化有较大反应，说明其品质的栽培可塑性较强。

对籽粒蛋白质含量的方差分析表明，生态环境（试验点）、灌水处理、基因型（品种）以及各交互作用 F 值测验均达极显著水平。各因素平方和占总平方和的比例表现为环境>基因型>环境×基因型>环境×灌水处理×基因型>环境×灌水处理>灌水处理×基因型>灌水处理。在仅有灌水处理的条件下，环境因素对小麦籽粒蛋白质含量的影响最大，其次是基因型，灌水及各项交互作用对蛋白质含量也有重要影响。

表 8-14　小麦生育期间（2005 年 10 月至 2006 年 5 月）降水量（单位：mm）

试验点	陕西岐山	河南新乡	江苏丰县	山东兖州	山西盐湖	安徽涡阳	河北任丘
试验年	161.6	121.0	201.9	159.5	196.4	247.4	47.9
常　年	229.5	158.6	228.0	186.3	190.4	292.0	88.9

注：试验年指 2005 年至 2006 年小麦生长季

表 8-15　各试验点 0~20cm 土层的土壤养分情况

试验点	有机质（%）	全氮（%）	碱解氮（mg/kg）	速效钾（mg/kg）	速效磷（mg/kg）	pH 值
陕西岐山	1.64	0.088	68.3	28.0	154.0	8.3
山西盐湖	1.38	0.070	157.0	21.0	122.0	8.3
安徽涡阳	1.45	0.077	79.4	28.0	217.0	8.0
河南新乡	1.56	0.072	60.0	13.0	166.0	8.1
江苏丰县	2.12	0.133	94.6	53.0	119.0	8.0
河北任丘	1.94	0.101	94.9	6.8	126.1	8.4
山东兖州	1.30	—	40.9	21.7	126.1	—

从表 8-16 可见，各试验点不同灌水处理的籽粒蛋白质含量均表现差异显著，不同处理间的变异系数以山西盐湖点最大，其蛋白质含量极差达到 1.05 个百分点。各试验点的平均值呈现随灌水次数增加蛋白质含量渐少的趋势，但各试验点的结果不尽相同，如任丘试验点由于降水过少，土壤墒情不足，过于干旱不利于植株吸收氮素和籽粒蛋白质的形成，增加灌水反而使籽粒蛋白质含量有所提高。

表 8-16　各试验点不同灌水处理的籽粒蛋白质含量　　　（单位：%）

灌水处理	山东兖州	安徽涡阳	江苏丰县	河南新乡	山西盐湖	河北任丘	陕西岐山	平均	CV
灌 1 水	13.93b	14.64b	12.93b	15.12a	15.91a	14.74ab	14.63ab	14.56a	6.42
灌 2 水	14.29a	14.98a	13.14a	14.74c	15.39ab	14.57b	14.62ab	14.53a	4.85
灌 3 水	13.73b	14.63b	13.05ab	14.70c	14.93b	15.02a	14.53b	14.37b	4.99

（续表）

灌水处理	山东兖州	安徽涡阳	江苏丰县	河南新乡	山西盐湖	河北任丘	陕西岐山	平均	CV
灌 4 水	13.75b	14.82ab	12.39c	14.95b	14.86b	15.07a	14.73a	14.37b	6.79
平均	13.93d	14.77bc	12.88e	14.88b	15.27a	14.85b	14.63c		
变异系数	1.87	1.13	2.61	1.31	3.18	1.59	0.56	0.70	

从表 8-17 可以看出，品种与试验点的交互作用显著，在山东兖州以 8901-11、河北任丘以陕 253 蛋白质含量最高，在安徽涡阳、江苏丰县、河南新乡、山西盐湖和陕西岐山均以临优 145 蛋白质含量最高。各试验点不同品种间蛋白质含量的变异系数为 3.13%~6.75%，以山西盐湖最高。同一品种在不同试验点的蛋白质含量有较大变化，其中临优 145 的极差为 3.31 个百分点。各品种在不同试验点间的变异系数为 4.39%~7.41%，变异系数较小的品种表明在不同环境中蛋白质含量静态稳定性好（相对动态稳定性而言，指品种的表现不随环境变化而变化或变化较小）；变异系数大，表明生态条件对其影响较大，其品质的栽培可塑性强。从环境指数分析，以山西盐湖最高，为 15.27%，以下依次为河南新乡、河北任丘、安徽涡阳、陕西岐山、山东兖州、江苏丰县，不同试验点间的差异达到极显著水平。

表 8-17　各品种在 7 个试验点的籽粒蛋白质含量　　（单位:%）

品种	山东兖州	安徽涡阳	江苏丰县	河南新乡	山西盐湖	河北任丘	陕西岐山	平均	CV
8901-11	15.00a	15.35b	13.14b	15.78a	16.49b	15.20b	15.07b	15.15b	6.77
豫麦 34	12.97d	13.99d	12.78c	15.10b	14.69d	14.84c	14.58c	14.14d	6.55
烟农 19	13.63c	14.09d	12.38d	13.73e	14.36e	14.13de	13.42e	13.68f	4.45
济麦 20	13.50c	14.25d	12.56cd	14.16d	14.21e	14.03e	13.96d	13.81e	4.39
皖麦 38	14.45b	14.96c	13.11b	14.90bc	14.97d	14.33d	14.52c	14.46c	4.50
陕 253	13.57c	14.68c	12.64cd	14.66c	15.31c	15.80a	14.96b	14.52c	7.41
临优 145	14.36b	16.06a	13.54a	15.82a	16.85a	15.64a	15.90a	15.45a	7.26
环境指数	13.93	14.77	12.88	14.88	15.27	14.85	14.63		
CV	5.01	5.09	3.13	5.23	6.75	4.85	5.47		

在一定范围内，不同灌水处理的籽粒蛋白质含量差异显著，随灌水次数增加试验点间平均蛋白质含量有逐渐降低的趋势，但降水量过少的试验点（河北任丘），适当灌水有增加籽粒蛋白质含量的作用。在各试验点间蛋白质含量变异系数小的品种，其

蛋白质含量的静态稳定性强。变异系数大的品种，其品质的栽培可塑性强。通过合理的栽培措施，创造适宜的栽培环境，可以有效地改善品质。

二、同一生态条件下灌水对蛋白组分的调节及其稳定性

在河北任丘小麦生育期降水 47.9mm 的条件下，不同灌水处理对清蛋白、球蛋白和谷蛋白含量有一定影响。总蛋白含量以灌 3 次水的处理和灌 4 次水的处理较多，显著高于灌 2 次水的处理（表 8-18）。可见在特别干旱的年份，适当增加灌水对提高籽粒蛋白质含量是有利的。不同处理各种蛋白质组分及总蛋白含量虽有差异，但不同水分处理下各组分占总蛋白的比例差异不显著，不同蛋白质组分占总蛋白的比例差异极显著（表 8-19），以谷蛋白占总蛋白的比例最大，以下依次为醇溶蛋白、清蛋白、球蛋白。春季灌 1 次水至灌 4 次水处理下，清蛋白占总蛋白的比例依次为 17.10%、17.57%、17.38% 和 16.99%；球蛋白的比例依次为 10.28%、10.43%、10.52% 和 10.48%；醇溶蛋白的比例依次为 28.09%、28.41%、29.03% 和 28.20%；谷蛋白的比例依次为 37.99%、37.20%、36.95% 和 38.02%。可溶性蛋白（清蛋白和球蛋白）占总蛋白的比例依次为 27.27%、28.00%、27.90% 和 27.47%；贮藏蛋白（醇溶蛋白和谷蛋白）的比例依次为 66.08%、64.79%、64.85% 和 66.22%，贮藏蛋白比可溶性蛋白多一倍以上。

表 8-18　不同处理的蛋白质组分比较　　　　　　　（单位：%）

	处理	清蛋白	球蛋白	醇溶蛋白	谷蛋白	总蛋白
主区						
	灌 1 水	2.52a	1.50a	4.14bc	5.60a	14.74ab
	灌 2 水	2.56a	1.52a	4.02c	5.42a	14.57b
	灌 3 水	2.61a	1.58a	4.36a	5.55a	15.02a
	灌 4 水	2.56a	1.58a	4.25ab	5.73a	15.07a
副区						
B1	8901-11	2.67abAB	1.67aAB	4.35aABC	5.66bBC	15.20bB
B2	济麦 20	2.49cB	1.59bBC	3.92bD	6.00aAB	14.84cB
B3	皖麦 38	2.56bcB	1.39dD	4.20abCD	4.74cD	14.13deC
B4	烟农 19	2.60bcAB	1.37dD	3.95bCD	4.80cD	14.03eC
B5	豫麦 34	2.30dC	1.52cC	4.39aAB	5.42bC	14.33dC
B6	陕 253	2.60bcAB	1.69aA	4.51aA	6.22aA	15.80aA
B7	临优 145	2.75aA	1.59bBC	4.04bBCD	6.20aA	15.63aA
CV		5.64	8.21	5.49	11.16	4.84

表 8-19　不同蛋白质组分占总蛋白质含量的比例　　　　（单位:%）

蛋白组分	灌 1 水	灌 2 水	灌 3 水	灌 4 水
清蛋白	17.1C	17.57C	17.38C	16.99C
球蛋白	10.28D	10.43D	10.52D	10.48D
醇溶蛋白	28.09B	28.41B	29.03B	28.2B
谷蛋白	37.99A	37.2A	36.95A	38.02A

不同品种的蛋白质组分含量不同，品种间各种蛋白组分含量均表现出显著差异（表 8-19），品种间变异系数最大的是谷蛋白，而谷蛋白在总蛋白中所占比例最大，因此谷蛋白含量对总蛋白有重要影响。供试品种的谷蛋白占总蛋白含量的比例为 33.6%~40.4%；其次是醇溶蛋白，占总蛋白的比例为 25.85%~30.64%；清蛋白占总蛋白的比例为 16.05%~18.12%；球蛋白占总蛋白的比例为 9.76%~10.99%。可溶性蛋白占总蛋白的比例为 26.66%~28.5%，贮藏蛋白占总蛋白的比例为 62.18%~66.85%。贮藏蛋白与总蛋白含量呈极显著正相关（$r=0.97^{**}$）。

不同灌水条件下各品种间的蛋白质组分含量差异显著（表 8-20）。灌 1 次水的处理，8901-11 籽粒中总蛋白质含量最高，其次为临优 145 和陕 253，极显著高于其他品种。谷蛋白含量以 8901-11、临优 145、陕 253 和豫麦 34 极显著高于其他品种。灌 2 次水处理，总蛋白含量以临优 145 最高，陕 253 其次，二者之间及与其他品种之间差异均显著；谷蛋白含量，临优 145、陕 253 和豫麦 34 之间差异不显著，但都显著高于其他品种。灌 3 次水处理以陕 253 的总蛋白含量最高，8901-11 和临优 145 其次，均显著高于其他品种；谷蛋白含量表现为豫麦 34、陕 253 和临优 145 显著高于其他品种。灌 4 次水处理，仍以陕 253 的总蛋白含量最高，豫麦 34、临优 145 和 8901-11 其次，差异显著；谷蛋白含量为陕 253 和临优 145 显著高于其他品种。清蛋白和醇溶蛋白含量虽然在品种间亦有差异，但均呈渐变趋势，变异系数较小。

表 8-20　不同灌水处理下各品种蛋白组分比较　　　　（单位:%）

品种	灌 1 水					灌 2 水				
	清蛋白	球蛋白	醇溶蛋白	谷蛋白	总蛋白	清蛋白	球蛋白	醇溶蛋白	谷蛋白	总蛋白
8901-11	2.67a	1.61a	4.19ab	6.03aA	15.45aA	2.62bB	1.66aA	4.16ab	5.31b	14.46c
豫麦 34	2.48b	1.59a	3.94bc	5.82a	14.56b	2.38c	1.58ab	3.55c	5.89a	14.16cd
烟农 19	2.60ab	1.34b	4.14abc	4.81c	14.16c	2.56b	1.34c	3.81bc	4.70c	14.18cd
济麦 20	2.60ab	1.25c	3.78c	5.11c	14.12c	2.60b	1.31c	4.00b	4.82c	14.09cd
皖麦 38	2.28c	1.54a	4.50a	5.48b	14.29bc	2.28c	1.54b	4.51a	5.01bc	13.96d

（续表）

品种	灌 1 水					灌 2 水				
	清蛋白	球蛋白	醇溶蛋白	谷蛋白	总蛋白	清蛋白	球蛋白	醇溶蛋白	谷蛋白	总蛋白
陕 253	2.50ab	1.61a	4.51a	5.92a	15.18a	2.56b	1.63ab	3.99b	6.02a	15.05b
临优 145	2.52ab	1.58a	3.92bc	6.03a	15.40a	2.94a	1.60ab	4.12ab	6.20a	16.09a
CV	4.93	9.69	6.84	8.63	4.01	8.16	9.26	7.48	11.28	5.23

品种	灌 3 水					灌 4 水				
	清蛋白	球蛋白	醇溶蛋白	谷蛋白	总蛋白	清蛋白	球蛋白	醇溶蛋白	谷蛋白	总蛋白
8901-11	2.67ab	1.71ab	4.54ab	5.38b	15.41b	2.71ab	1.72a	4.53ab	5.92bc	15.47b
豫麦 34	2.53b	1.67ab	4.04b	6.26a	14.90c	2.55abc	1.53bc	4.13abc	6.04b	15.73b
烟农 19	2.60ab	1.36e	4.39b	4.69c	14.33d	2.49bc	1.54bc	4.45ab	4.75d	13.86d
济麦 20	2.61ab	1.47d	4.04b	4.64c	13.97d	2.57ab	1.45c	4.00bc	4.62d	13.95d
皖麦 38	2.29c	1.51cd	4.39b	5.64b	14.38d	2.34c	1.49bc	4.15abc	5.56c	14.67c
陕 253	2.80a	1.76a	4.91a	6.22a	16.77a	2.55abc	1.76a	4.61a	6.70a	16.21a
临优 145	2.79a	1.61bc	4.22b	6.04a	15.41b	2.75a	1.58b	3.89c	6.54b	15.64b
CV	6.65	9.14	7.02	12.29	6.31	5.38	7.40	6.55	14.15	6.11

水分处理对小麦品质的影响比较复杂，与供试品种、气候条件、具体处理的时间和数量均有关系。一般情况下随灌水次数增多，品质有下降的趋势，但在干旱年份，适当增加灌水对提高籽粒蛋白质含量是有利的，但不同品种的表现有一定差异。不同处理各种蛋白质组分及总蛋白质含量虽有差异，但不同水分处理下各组分占总蛋白质的比例差异不显著，不同蛋白质组分占总蛋白质的比例差异显著。不同灌水处理对醇溶蛋白的影响较大，其中以灌 3 次水的处理醇溶蛋白含量最高，与灌 1 次水和灌 2 次水的处理差异显著。不同品种间各蛋白质组分差异均显著，在不同灌水条件下均表现为谷蛋白含量>醇溶蛋白>清蛋白>球蛋白，其比例约为 3.6：2.7：1.7：1。品种间谷蛋白含量的变异系数最大。

第四节　加工品质的灌水调节及其稳定性

一、基因型、环境和灌水及其互作对加工品质的调节及其稳定性

在灌水、施肥和供试品种等相同条件下，不同试点间吸水率、湿面筋、干面筋、稳定时间、面包体积和面包评分等各项加工品质性状均差异显著（表 8-21），表明在

排除栽培措施和品种基因型的因素外，生态环境对强筋小麦主要加工品质性状有重要影响，其中湿面筋和干面筋含量在各试验点间的变异系数较大，表明生态环境对此性状调节作用较强。

表 8-21　不同试验点加工品质性状比较

品质性状	吸水率（%）	湿面筋（%）	干面筋（%）	稳定时间（min）	面包体积（cm³）	面包评分（分）
山东兖州	57.94c	33.69c	11.69d	18.16d	734.5d	78.4c
安徽涡阳	60.21b	37.42a	13.11a	20.03c	712.6e	72.9d
江苏丰县	56.39d	29.60f	10.47e	18.29d	744.2c	80.8b
河南新乡	60.22b	35.59c	12.54c	14.45e	768.1b	80.7b
山西盐湖	57.61c	36.87ab	12.82b	24.23b	786.2a	82.2ab
河北任丘	62.49a	34.57d	12.43c	33.69a	737.9cd	82.6a
陕西岐山	60.64b	36.55b	12.75b	13.22e	761.3b	81.2ab
平均	59.36	34.90	12.26	20.29	749.3	79.8
CV（%）	3.56	7.68	7.38	4.07	3.26	4.17

同一品种在相同灌水和施肥条件下，面粉吸水率、湿面筋、面团稳定时间和面包体积等主要加工品质性状在不同试验点间均有较大变异（表8-22至表8-25），其中面粉吸水率在各试点间以济麦20和皖麦38的变异系数最大，湿面筋含量的变异系数以陕253最高，干面筋含量因与湿面筋含量呈极显著的正相关（$r=0.99$），因此干面筋含量的变异系数仍以陕253最大。稳定时间的变异系数以豫麦34和8901-11最大，面包体积的变异系数以济麦20最大，面包体积在面包评分中所占的比重最高，一般面包体积较大的面包评分亦较高，因此面包评分的变异系数仍以济麦20最大。各主要加工品质性状在各试点间变异系数的排列顺序为稳定时间>面包评分>面包体积>湿面筋>干面筋>吸水率。变异系数较大的性状表明其受生态环境的制约较强，或称之为生态可塑性较强；变异系数较小的性状表明在品种基因型和栽培措施相同时其生态稳定性较好。

从强筋小麦主要加工品质性状在不同试验点间的环境指数分析，面粉吸水率、湿面筋含量、干面筋含量、面团稳定时间、面包体积、面包评分的环境指数最高的试验点分别为河北任丘、安徽涡阳、安徽涡阳、河北任丘、山西盐湖、河北任丘，环境指数高的试验点表明其对强筋小麦的某一加工品质性状适合度较好，但试验点的生态环境不仅包括经度、纬度、海拔高度、土壤类型、土壤质地、土壤肥力、光照、温度等相对稳定或变异较小的因素，还包括变异较大的自然降水这一重要因素，自然降水对强筋小麦的加工品质性状有很大的影响，因此某个品质性状的环境指数在不同年份会有一定的变化。

表 8-22 不同试验点不同品种的吸水率 （单位:%）

品种	山东兖州	安徽涡阳	江苏丰县	河南新乡	山西盐湖	河北任丘	陕西岐山	平均	CV
8901-11	61.33a	61.61c	59.02a	62.18a	58.43a	62.81cd	62.37ab	61.11	2.79
豫麦 34	59.53b	59.83d	58.38a	60.67b	57.94a	64.57a	60.54cd	60.21	3.61
烟农 19	58.19bc	62.22b	58.32a	60.78b	58.38a	63.61b	61.52bc	60.43	3.59
济麦 20	53.76e	59.40d	51.30b	58.94c	54.41b	58.56e	59.82d	56.60	5.97
皖麦 38	58.63b	63.37a	55.33a	62.58a	58.42a	63.34bc	62.86a	60.65	5.24
陕 253	56.45d	56.54f	55.28a	57.47d	57.67a	62.43d	57.92e	57.68	3.96
临优 145	57.68cd	58.52e	57.13a	58.92c	58.00a	62.11d	59.47d	58.83	2.79
环境指数	57.94	60.21	56.39	60.22	57.61	62.49	60.64		
CV	4.13	3.90	4.77	3.09	2.50	3.06	2.87		

表 8-23 不同试验点不同品种的湿面筋 （单位:%）

品种	山东兖州	安徽涡阳	江苏丰县	河南新乡	山西盐湖	河北任丘	陕西岐山	平均	CV
8901-11	34.13b	35.85d	29.13c	34.88cd	36.56b	31.98d	35.39de	33.99d	7.65
豫麦 34	30.14d	33.28e	27.77de	35.62c	34.65c	32.93d	34.53e	32.70f	8.54
烟农 19	34.65b	37.67c	28.74cd	34.05de	36.27b	34.00cd	35.83cd	34.46c	8.26
济麦 20	32.21c	37.63c	29.71c	33.74e	34.40c	32.88d	36.43c	33.86d	7.82
皖麦 38	38.40a	43.05a	33.12a	39.58a	40.15a	37.51a	40.13a	38.85a	7.89
陕 253	31.35c	34.23e	27.37e	33.73e	35.92c	35.39bc	34.48e	33.21e	8.92
临优 145	34.94b	40.26b	31.36b	37.55b	40.13a	37.28ab	39.05b	37.22b	8.54
环境指数	33.69	37.42	29.60	35.59	36.87	34.57	36.55		
CV	8.14	9.10	6.86	6.24	6.43	6.39	6.05		

表 8-24 不同试验点不同品种的稳定时间比较 （单位：min）

品种	山东兖州	安徽涡阳	江苏丰县	河南新乡	山西盐湖	河北任丘	陕西岐山	平均	CV（%）
8901-11	24.95a	17.13d	26.54a	14.41c	29.66b	49.49a	14.86c	25.29b	48.43
豫麦 34	16.37bc	17.72d	16.50bc	8.00d	20.43c	32.53c	7.90e	17.06e	48.91
烟农 19	14.52c	22.40c	14.51c	9.04d	10.08d	29.16d	10.63d	15.76f	47.07
济麦 20	17.59bc	17.64d	14.34c	15.87bc	32.12b	36.33b	13.76c	21.09d	43.47

（续表）

品种	山东兖州	安徽涡阳	江苏丰县	河南新乡	山西盐湖	河北任丘	陕西岐山	平均	CV（%）
皖麦 38	8.97d	8.05e	10.85d	9.73d	10.18d	17.36e	6.15f	10.18g	34.58
陕 253	19.51b	27.09b	19.33b	19.40b	31.89b	33.10c	17.65b	24.00c	27.33
临优 145	25.23a	30.19a	26.64a	24.67a	35.2a7	37.83b	21.59a	28.78a	20.65
环境指数	18.16	20.03	18.39	14.45	24.23	33.69	13.22		
CV（%）	31.73	36.55	33.47	42.31	44.06	28.75	41.16		

表 8-25　不同试验点不同品种的面包体积比较　　　（单位：cm^3）

品种	山东兖州	安徽涡阳	江苏丰县	河南新乡	山西盐湖	河北任丘	陕西岐山	平均	CV（%）
8901-11	816.5a	835.6a	761.5b	808.5b	847.5a	757.1c	819.8a	806.6a	4.32
豫麦 34	767.1b	771.0b	791.7a	788.5b	780.0c	795.2a	790.8b	783.5c	1.40
烟农 19	649.8e	572.5f	687.5e	669.4d	642.5e	688.5f	659.0e	652.7f	6.05
济麦 20	694.4d	593.5e	713.1d	721.5c	838.8ab	714.0e	739.4d	716.4e	10.05
皖麦 38	684.0d	692.7d	743.1c	768.3bc	737.7d	701.7ef	750.2d	725.4e	4.46
陕 253	732.1c	746.3c	737.7c	758.5bc	838.3ab	734.4d	799.4b	763.8d	5.27
临优 145	797.7a	776.7b	774.8b	862.1a	818.5b	774.2b	770.8c	796.4b	4.23
环境指数	734.5	712.6	744.2	768.1	786.2	737.9	761.3		
CV（%）	8.45	13.80	4.82	8.04	9.48	5.34	6.97		

二　同一生态条件下灌水对加工品质的调节及其稳定性

在河北任丘小麦全生育期降水只有 47.9mm 的干旱条件下，不同灌水处理的面筋含量随灌水次数增加呈逐渐提高趋势，其中灌 3 次水和 4 次水处理的湿面筋含量显著高于灌 1 次水和 2 次水的处理；干面筋含量以灌 4 次水的处理显著高于其他 3 个处理，灌 3 次水和灌 2 次水的处理显著高于灌 1 次水的处理；面筋指数也呈现随灌水次数增加而提高的趋势（表 8-26）。可见在干旱年份，增加灌水有利于提高面筋含量和改善面筋质量。从上述 3 项指标的变异系数分析，面筋指数的变异系数最小，表明其受灌水的影响较小，相对较稳定。

品种间湿面筋含量变异系数为 6.29%，以皖麦 38 最高，显著高于除临优 145 以外的其他品种。干面筋含量变异系数 5.88%，以临优 145 最高，显著高于除皖麦 38 和陕 253 以外的其他品种。面筋指数变异系数为 6.33%，以 8901-11 最高，显著高于皖麦 38 和烟农 19。8901-11 湿、干面筋含量均最少，但面筋指数最高，表明其面筋质量较好。

表 8-26 面筋含量和面筋指数在不同灌水处理和品种间的差异 （单位:%）

	处理	湿面筋	干面筋	面筋指数
灌水处理	灌 1 水	33.75b	12.11c	94.78a
	灌 2 水	33.90b	12.19bc	94.95a
	灌 3 水	35.48a	12.51ab	95.07a
	灌 4 水	35.88a	12.79a	95.81a
	CV	3.12	2.52	0.48
品种	8901-11	32.08c	11.73b	99.28a
	豫麦 34	32.96c	11.83b	98.40a
	烟农 19	35.24b	11.95b	84.59c
	济麦 20	32.81c	11.78b	98.83a
	皖麦 38	37.46a	13.12a	88.43b
	陕 253	35.40b	13.07a	98.81a
	临优 145	37.32a	13.33a	97.70a
	CV	6.29	5.88	6.33

从不同灌水处理下各品种面筋含量和面筋指数分析（表 8-27），在灌 1 次水处理下，品种间湿面筋含量的变异系数为 6.03%，以皖麦 38 湿面筋含量最高，显著高于 8901-11、豫麦 34、济麦 20 和陕 253。干面筋含量变异系数为 5.39%，以临优 145 最高，显著高于 8901-11、豫麦 34、烟农 19 和济麦 20。面筋指数变异系数 7.49%，以烟农 19 最差，其次为皖麦 38，均显著低于其他品种。在灌 2 次水处理下，湿、干面筋含量均以临优 145 显著高于其他品种，面筋指数仍然以烟农 19 和皖麦 38 较差，显著低于其他品种。灌 3 次水和 4 次水处理下，皖麦 38、临优 145 和陕 253 湿、干面筋含量均显著高于其他 4 个品种，烟农 19 和皖麦 38 面筋指数显著低于其他 5 个品种。

表 8-27 不同灌水处理下各品种面筋含量比较 （单位:%）

品种	灌 1 水			灌 2 水			灌 3 水			灌 4 水		
	湿面筋	干面筋	面筋指数	湿面筋	干面筋	面筋指数	湿面筋	干面筋	面筋指数	湿面筋	干面筋	面筋指数
8901-11	31.70c	11.57cd	99.10a	30.23d	11.23c	99.43a	32.87d	11.63b	99.00a	33.53d	12.50bc	99.60a
豫麦 34	30.93c	11.17d	99.27a	31.73cd	11.57c	98.77a	34.27cd	12.07b	97.00a	34.90cd	12.53bc	98.57a
烟农 19	35.43a	12.03bc	80.47c	34.30b	11.73c	84.50b	35.40bc	11.87b	85.77b	35.83bc	12.17c	87.63b
济麦 20	33.27b	11.80c	98.07a	32.07c	11.83c	99.60a	32.70d	11.70b	98.20a	33.20d	11.77c	99.47a
皖麦 38	36.30a	12.77a	90.03b	37.27b	12.87b	86.03b	38.17a	13.33a	88.13b	38.10a	13.50a	89.50b
陕 253	33.17b	12.53ab	99.10a	33.70b	12.47b	99.10a	36.80ab	13.53a	98.83a	37.93a	13.73a	98.20a
临优 145	35.43a	12.93a	97.40a	38.03a	13.63a	98.00a	38.13a	13.47a	97.70a	37.67ab	13.30ab	97.70a
CV	6.03	5.39	7.49	8.53	6.91	7.17	6.62	7.05	5.84	5.80	5.73	5.24

综上所述，在小麦生育期间降水较少的干旱年份，适当增加灌水次数和灌水量对提高面筋含量和改善面筋质量是有效的。供试品种之间面筋含量和面筋指数呈负相关趋势（r=−0.486）。面筋含量高的品种在各灌水条件下均表现较高，面筋指数低的品种在不同灌水处理中均表现较低，表现为品种基因型效益显著。不同品种的面筋含量对灌水反应有别，其中烟农19和济麦20的面筋含量对灌水反应较小，其他品种反应相对较大。

在同一试验点不同灌水处理对面团形成时间、稳定时间和吸水率亦有显著影响（表8-28）。面团形成时间随灌水次数增加逐渐延长，灌2次水、3次水、4次水的处理显著长于灌1次水处理。稳定时间以灌2次水处理最长，与灌1次水处理差异显著。吸水率亦随灌水次数增加逐渐提高，灌4次水处理显著高于灌1次水和2次水处理。上述3项指标在不同灌水处理间形成时间的变异系数最大，其次为稳定时间，吸水率变异系数最小。上述指标供试品种间差异显著，其中以8901-11面团形成时间最长，皖麦38最短，品种间变异系数高达40.13%。稳定时间与形成时间呈极显著正相关（r=0.988，P<0.01），品种间变异系数为28.70%。面团吸水率以豫麦34最高，皖麦38最低，品种间差异显著，但变异系数较小，仅为3.05%。表明形成时间和稳定时间受品种基因型和灌水处理的影响较大，吸水率相对较稳定。

表8-28　同一试验点不同处理面团流变学性状比较

	处理	形成时间（min）	稳定时间（min）	吸水率（%）
灌水处理	灌1水	19.5b	32.9b	61.6c
	灌2水	21.9a	34.8a	62.3b
	灌3水	22.9a	33.2ab	62.9ab
	灌4水	23.7a	33.8ab	63.2a
	CV（%）	8.28	2.49	1.13
品种	8901-11	37.6a	49.5a	62.8cd
	豫麦34	22.9bc	32.5c	64.6a
	烟农19	17.8d	29.2d	63.6b
	济麦20	22.5bc	36.3b	58.6e
	皖麦38	8.0e	17.4e	63.3bc
	陕253	20.5cd	33.1c	62.4d
	临优145	24.7b	37.8b	62.1d
	CV（%）	40.13	28.70	3.05

相同灌水条件下各品种间的面团流变学特性差异显著（表8-29）。在灌1次水处理下，8901-11面团形成时间和稳定时间均显著长于其他品种，品种间变异系数分别为47.08%和35.11%。吸水率以烟农19最高，其次为豫麦34和皖麦38，均显著高于其他品种，品种间变异系数较小，为2.98%。灌2次水、3次水和4次水处理均以8901-11的面团形成时间和稳定时间最长，与其他品种差异显著。吸水率在灌2次水处理下以豫麦34最高，显著高于其他品种；灌3次水处理下以豫麦34、烟农19吸水率较高，与其他品种差异显著；灌4次水处理下以豫麦34最高，但与8901-11、皖麦38、烟农19和陕253差异不显著。从面团形成时间和稳定时间的变异系数分析，有随灌水次数增加而变小的趋势。

综上所述，在小麦生育期降水极少的条件下，适当增加灌水次数和灌水量对面团形成时间、稳定时间和吸水率均有正向影响，灌2次水、3次水和4次水均显著优于灌1水处理。不同灌水条件下各品种的流变学特性表现不一，其中形成时间和稳定时间表现为随灌水增加品种间变异缩小，吸水率则表现随灌水增加品种间变异增大的趋势。在不同灌水处理下，品种间比较均以8901-11的面团形成时间和稳定时间最长，显著长于其他6个品种。

表8-29　同一试验点不同灌水处理下各品种加工品质比较

| 品种 | 灌1水 | | | 灌2水 | | | 灌3水 | | | 灌4水 | | |
	形成时间（min）	稳定时间（min）	吸水率（%）	形成时间（min）	稳定时间（min）	吸水率（%）	形成时间（min）	稳定时间（min）	吸水率（%）	形成时间（min）	稳定时间（min）	吸水率（%）
8901-11	34.0a	47.5a	61.5b	39.8a	53.9a	61.7c	37.0a	47.4a	63.5bc	39.6a	49.1a	64.5a
豫麦34	25.2b	39.8b	63.1a	24.6b	34.5bc	65.1a	18.4d	28.3c	65.3a	23.4bc	27.6c	64.8a
烟农19	9.2d	21.7d	63.4a	19.6cd	32.7cd	62.9b	22.0 cd	32.7b	64.3ab	20.4c	29.5c	63.9ab
济麦20	19.4c	35.2c	58.3d	18.7c	36.5bc	58.6d	28.2b	35.2b	58.5d	23.6bc	38.4b	58.9c
皖麦38	7.3d	13.6e	63.1a	7.8e	17.7e	62.8bc	8.3e	19.0d	63.4bc	8.7d	19.1d	64.0ab
陕253	19.1c	33.5c	61.0bc	19.6cd	30.4d	62.5bc	21.1cd	33.4b	62.6c	22.2c	35.1b	63.6ab
临优145	22.3bc	38.8b	60.5c	23.3bc	38.2b	62.5bc	25.3bc	36.6b	62.6c	27.9b	37.7b	62.7b
CV（%）	47.08	35.11	2.98	43.66	30.90	3.11	38.65	25.86	3.43	38.87	28.21	3.18

从表8-30可见，不同灌水处理间面包体积和面包评分差异显著，其中灌3次水和4次水处理的面包体积显著大于灌1次水和2次水的处理，面包评分则以灌4次水处理显著高于其他处理。供试品种间面包体积和面包评分亦有显著差异，豫麦34面包体积最大，评分最高，与其他品种差异显著，其中面包体积极差达到106.7cm³，

可见品种的遗传因素对面包体积的影响很大。

表 8-30 不同灌水处理和品种的面包烘焙品质比较

	处理	面包体积（cm^3）	面包评分（分）
处理	灌 1 水	721.7b	80.8b
	灌 2 水	726.1b	81.4b
	灌 3 水	744.6a	82.5b
	灌 4 水	759.0a	85.9a
	CV（%）	9.54	2.76
品种	8901-11	757.1c	85.5b
	豫麦 34	795.2a	88.4a
	烟农 19	688.5f	76.7d
	济麦 20	714.0e	82.1c
	皖麦 38	701.7ef	77.0d
	陕 253	734.4d	83.3bc
	临优 145	774.2b	85.5b
	CV（%）	5.34	5.35

不同灌水条件下各品种面包体积和面包评分差异显著（表 8-31）。豫麦 34、临优 145 和陕 253 均表现随灌水次数增多，面包体积逐渐增大。烟农 19 的面包体积对灌水反应不敏感，处理间变化不大。其他 3 个品种基本随灌水增加面包体积呈增大趋势。面包体积在面包评分中占有较大比重，二者呈极显著正相关（r = 0.954，P < 0.01）。在不同灌水条件下，豫麦 34、临优 145 和 8901-11 的面包体积和面包评分均分列前 3 位，灌 1 次水处理下与其他品种差异显著。在灌 2 次水处理下，豫麦 34 面包体积和面包评分显著高于其余品种；灌 3 次水处理下，豫麦 34 面包体积显著大于除临优 145 外的 5 个品种，面包评分显著高于烟农 19 和皖麦 38；灌 4 次水处理下，豫麦 34 面包体积显著大于除临优 145 以外的品种，面包评分显著高于烟农 19、皖麦 38 和济麦 20。

综上所述，在本试验条件下，适当增加灌水有利于改善小麦的加工品质。随灌水次数增加，面筋含量和面筋指数均有提高；增加灌水对面团形成时间、稳定时间和吸水率均有正向影响；面包体积和面包评分也随之增加。供试品种间加工品质有一定差异，不同品种及不同品质指标对灌水的反应程度不同，其中烟农 19 和济麦 20 的面筋含量对灌水反应较小。形成时间和稳定时间表现为随灌水增加品种间变异减小，吸水率则表现随灌水增加品种间变异增大的趋势。烟农 19 的面包体积对灌水处理反应不敏感，不同灌水处理间变化不大，其他品种的面包体积对灌水处理反应较大。在不同灌水处理下，均以 8901-11 的面包体积最大，其中在灌 4 次水处理下面包体积最大和面包评分最高。可见灌水处理和品种的基因型对面团体积和面包评分均有重要影响。

表 8-31 同一试验点不同灌水处理下各品种面包品质比较

品种	灌 1 水		灌 2 水		灌 3 水		灌 4 水	
	体积（cm³）	评分（分）	体积（cm³）	评分（分）	体积（cm³）	评分（分）	体积（cm³）	评分（分）
8901-11	752.5b	84.3a	732.5c	82.8bc	762.5bc	85.8a	780.8bc	89.0ab
豫麦 34	778.3a	85.3a	787.5a	91.0a	789.2a	85.7a	825.8a	91.7a
烟农 19	693.3c	79.2b	685.8d	76.2d	684.2d	75.3c	690.8f	76.0d
济麦 20	696.7c	79.2b	720.0c	81.7bc	706.7d	82.5ab	732.5de	85.0bc
皖麦 38	664.2d	71.3c	677.5d	75.3d	744.2c	80.3b	720.8e	81.0c
陕 253	710.8c	80.2b	719.2c	79.2cd	750.8bc	83.7ab	756.7cd	90.0a
临优 1455	755.8b	85.8a	760.0b	83.8b	775.0ab	84.0ab	805.8ab	88.5ab
CV（%）	5.71	6.26	5.34	6.52	5.05	4.47	6.35	6.55

第九章　小麦优质高产栽培技术

第一节　小麦叶龄模式栽培原理与技术

小麦叶龄指标促控法*是从小麦生长发育规律研究入手，深入剖析小麦植株各器官的建成及其相互间的关系，自然环境条件和栽培管理措施对小麦生长发育、形态特征、生理特征、物质生产和产量形成的影响；以小麦器官同伸规律为基础，用叶龄余数作为鉴定穗分化和器官建成进程及运筹促控措施的外部形态指标，以不同叶龄肥水的综合效应和3种株型模式为依据，用双马鞍型（W）和单马鞍型（V）两套促控方法为基本措施的规范化实用栽培技术。该技术适宜在全国各类冬麦区推广应用，具有显著的增产效果。

一、小麦器官建成的叶龄模式

小麦主茎出现的叶片数称为叶龄。叶龄指标可以用叶龄指数和叶龄余数来表示，叶龄指数是指主茎上已出叶片数占主茎总叶片数的百分率。叶龄余数是主茎叶片的余数，即主茎还没有出生的叶片数，用小麦全生育期主茎叶片总数减去主茎上已出现的叶片数（叶龄），其差数（指还未露尖的主茎叶片数），即为叶龄余数。叶龄出现的顺序和过程与整个植株的生长发育进程和其他器官的建成存在密切的对应或同伸关系。通过叶片数目、出叶速度、叶片大小可以反映植株生长发育的全面情况。小麦植株是一个完整的、统一的生物体，各种器官的生长发育按照一定的相关规律有节奏地进行，叶龄与各种器官生长发育的关系，可以概括为如下规律。

1. 叶龄与器官的同伸规律

生物体是一个统一的整体，各种器官之间，从生物学意义上讲，具有一定形式的

---

* 张锦熙先生的主要研究成果之一

相关性。在小麦各个器官的生长发育过程中，同伸关系是相关性的一种形式，并且具有规律性。组成小麦植株的各个部分，从植物形态学的角度看，都是器官。根、茎、叶、穗、花和种子是它的六大基本器官。通常把上述各种器官的某一部分也看作是器官，因此，小麦的叶片和叶鞘是器官，节间是器官，分蘖也是器官。小麦的茎秆是分节的，两节之间的部分是节间，节和节间也都是器官。从小麦的叶在茎秆上着生方式看，属于互生叶，所有的叶片都是在茎秆的不同节位上。小麦的各个器官都是在一定节位上发生的，凡是在同一节位上出生的叶片、叶鞘、节间、分蘖和节根等属于同位异名器官（即各个器官的出生节位相同而名称不同）；而从下到上在不同节位上出生的同一种器官（如不同节位上出生的叶片或其他器官）则是同名异位器官。同位异名器官的生长规律是先长叶片，次长叶鞘，再长节间，然后才长分蘖和节根。同时伸长的器官为异位异名器官（出生节位不同，名称也不同的器官）。这种同时伸长的异位异名器官称为同伸器官。同伸器官之间的关系有一定的规律性，即同伸规律。在一定的叶龄期，如以 n 代表开始伸长的叶片（始伸叶片），则与其同时伸长的器官是 n-1 叶的叶鞘、n-2 叶的叶鞘所着生节位的节间和 n-3 叶的叶腋中出现的分蘖，以及该分蘖基部的节根（图 9-1）。根据这一规律判断，如果开始伸长的叶片为春 6 叶（B1）时，则春 5 叶（B2）的叶鞘（S2）、春 4 叶（B3）的叶鞘（S3）所发生的节间（N3）等与其同时伸长。小麦春生露尖叶与器官的同伸关系详见表 9-1、图 9-1。

表 9-1　春生露尖叶与器官同伸关系（张锦熙，1987）

器官	生长状态	越冬心叶	春生1叶露尖	春生2叶露尖	春生3叶露尖	春生4叶露尖	春生5叶露尖	春生6叶（旗叶）露尖	春生6叶展开
叶位	待伸叶	3	4	5	6				
	始伸叶	2	3	4	5	6			
	速伸叶	1	2	3	4	5	6		
	显伸叶		1	2	3	4	5	6	
	定型叶			1	2	3	4	5	6
鞘位	待伸鞘	2	3	4	5	6			
	始伸鞘	1	2	3	4	5	6		
	速伸鞘		1	2	3	4	5	6	
	显伸鞘			1	2	3	4	5	6
	定型鞘				1	2	3	4	5
节间位	待伸节间			1	2	3	4	5	
	始伸节间				1	2	3	4	5
	速伸节间					1	2	3	4
	显伸节间						1	2	3
	定型节间							1	2

2. 叶龄与穗分化的对应关系

由于小麦品种冬春性和播期早晚等条件不同，主茎叶片总数有较大差异。春性春播早熟品种主茎叶片总数一般为 6~8 片，而适期播种的冬性小麦主茎叶片总数可达 12~14 片。因此叶龄与营养器官之间虽有密切的同伸关系，但叶龄与穗分化进程之间的相关性较复杂，主要是营养器官和生殖器官的生长对外界环境条件的要求不同所致。然而在同一地区、同一品种和播期相似的条件下，主茎某叶龄和穗分化的某个阶段却有相对稳定的对应关系。值得指出的是在不同生态条件下，叶龄在二棱末期以前，有一定变化，从二棱末期以后，则比较稳定（表9-2、图9-2），这就为采取管理措施提供了共性的理论基础。

表9-2　叶龄指标与穗分化的对应关系（张锦熙，1982）

叶龄指标	计算标准	叶龄或叶龄余数								
直观法	主茎不同叶位的叶龄	N-6	N-5	N-4	N-3	N-2	N-1	N	N展开	抽穗
叶龄余数法	叶龄余数范围	6~5.8	5.8~5	4.8~4	3.8~3	3.5~2.8	2.2~1.5	1.5~0.8	0	抽穗
	平均	5.93	5.27	4.37	3.43	2.97	1.87	0.87	0	抽穗
倒数叶片推算法	不同倒数叶片的叶龄	倒7叶露尖前后	倒6叶露尖前后	倒5叶露尖前后	倒4叶露尖前后	倒3叶露尖前后	倒2叶露尖前后	倒1叶露尖前后	挑旗	抽穗
春生叶龄指标法	从春生1叶露尖算起	越冬心叶伸长	春生1叶露尖前后	春生2叶露尖前后	春生3叶露尖前后	春生4叶露尖前后	春生5叶露尖前后	春生6叶露尖前后		
与叶龄相对应的穗分化阶段	伸长期	单棱期	二棱初期	二棱末至护颖分化	小花分化	雌雄蕊原基分化	药隔期	四分子期	花粉粒形成	

二、小麦叶龄模式栽培的理论基础

1. 叶片不同生长进程的肥水效应

通过解剖观察，当植株的某一春生叶片从前一将展开或已展开的叶片基部伸出 1~2cm 时，称之为露尖叶片（用 n 代表）。此时该叶的长度已达到定型叶片长度的 60%~70%，接近伸长末期，故又称之为显伸叶；在露尖叶片（n）内还包裹着最多 5 片已分化的叶片，其中 n+1 位叶正快速伸长，其长度为该叶定型长度的 30% 左右，故也称之为速伸叶；n+2 位叶也已开始伸长，其长度为 0.2~0.8cm，称为始伸叶；n+3 以后各位叶长均在 0.2cm 以下，称为待伸叶，尚未达到始伸标准。

春季不同叶龄追肥灌水，对始伸叶、待伸叶和速伸叶，都依次有不同程度的促进作用（表9-3）。春生1叶露尖时追肥灌水，主要促进中下部叶片（2、3、4叶）伸长；春2叶露尖时追肥灌水，主要促进中部叶片（春3、4、5叶）的伸长；春3叶露尖时追肥灌水，主要促进中、上部叶片（春4、5、6叶）的伸长；春4叶露尖时追肥

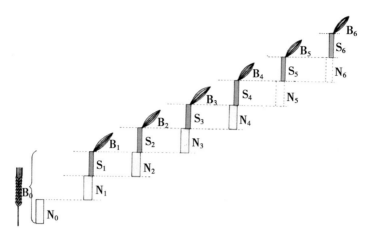

图9-1 小麦各器官生长发育的相关示意图（张锦熙，1987）

1. 同一横线内为同伸器官。2. B 代表叶片，S 代表叶鞘，N 代表节间。
3. B_0 代表穗，B_1 代表旗叶，S_1 代表旗叶鞘，N_0 代表穗下节，N_1 代表旗叶鞘着生的节间，依次为 B_2、S_2、N_2…等。4. B_6 为春生第一叶（北京）。5. N_5、N_6 为未伸长节间

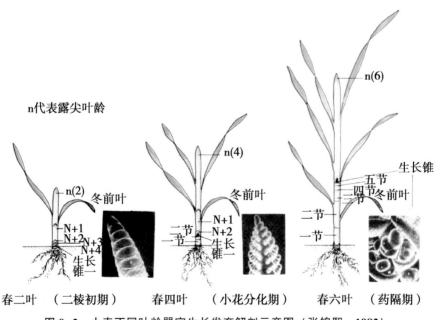

图9-2 小麦不同叶龄器官生长发育解剖示意图（张锦熙，1982）

灌水，主要促进上部叶片（春 5 叶和旗叶）的伸长；春 5 叶和旗叶露尖时追肥灌水，对春 5 叶和旗叶本身的影响很小。若以 n 代表追肥灌水时的露尖叶片，其肥水效应表现为各期追肥灌水后，均以 n+2 位叶（始伸叶）的增长幅度最大；次为待伸叶 n+3

和速伸叶 n+1；再次为显伸叶 n 本身；其他叶片一般增长幅度较小。

表9-3 不同叶龄肥水对叶片长度的影响（张锦熙，1981）

肥水时期	春1叶	春2叶	春3叶	春4叶	春5叶	旗叶
春生1叶露尖	13.3	20.3*	24.7*	22.9	18.6	14.0
春生2叶露尖	12.7	19.3	24.5	24.3*	19.6	14.0
春生3叶露尖	12.8	18.7	23.7	24.1	22.1*	16.0
春生4叶露尖	12.9	18.9	22.5	20.3	19.0	16.7*
春生5叶露尖	12.4	18.8	22.1	19.8	16.6	14.0
春生6叶露尖	12.5	18.6	22.3	20.0	16.3	13.1
CK	12.6	19.0	21.9	19.7	16.3	12.5

注：*为受影响最大部位。CK则挑旗前不追肥灌水，从挑旗开始与各处理灌水一致，下同。

每一叶片的生长进程，都是开始缓慢，以后逐渐进入快速伸长阶段，最后又逐渐转慢，整个伸长过程呈"S"形生长曲线。叶鞘和节间也有同样的伸长过程。追肥灌水时，对处于"S"形曲线第一个转折点的始伸叶（即 n+2 位叶）影响最大，次为处于"S"形曲线起点的待伸叶（即 n+3 位叶），再次为处于"S"形曲线两个转折点中间部位的速伸叶（即 n+1 位叶），对处于"S"形曲线上部转折点前后的叶片（即 n 位叶），则受影响很小。由于不同叶位叶片的生长过程是既衔接又重叠的，当 n 位叶生长转入"S"形曲线的第二个转折点时，n+2 位叶的生长正转入"S"形曲线的第一个转折点。此期追肥灌水，对 n 位叶本身影响不大，但对 n+2 位叶则影响最大。

除上述基本规律以外，由于追肥灌水时期的生长阶段和当时的气候条件的差异，其增长幅度也不一致。如春生1、2、3、4叶露尖时分别用肥水促进，受影响最大的叶位应为3、4、5、6叶，但各叶片的绝对增长幅度却有较大差异（表9-4）。春生3、4、5、6叶的绝对增长量逐渐加大，与生长阶段和早春气温低，生长缓慢，后期随气温升高，生长速度加快有关。有研究认为，叶片的生长以20℃和较弱的光照强度（1 000~19 000m烛光）下为最快，单个叶片的叶面积最大，其中温度条件与上述推论一致。

表9-4 肥水时期与叶片增长幅度（张锦熙，1981）

肥水时期	受影响最大叶位 (n+2)	受影响叶片增长（cm）	
		增长幅度	平均
春生1叶露尖	春3叶	0.15~0.40	0.26
春生2叶露尖	春4叶	0.25~0.60	0.39

（续表）

肥水时期	受影响最大叶位（n+2）	受影响叶片增长（cm）	
		增长幅度	平均
春生 3 叶露尖	春 5 叶	0.20~1.10	0.58
春生 4 叶露尖	春 6 叶	0.40~1.40	0.82
平均	—	—	0.55

2. 叶鞘不同生长进程的肥水效应

春季不同叶龄肥水对叶鞘的影响，除定型者外，也都有一定的促进作用。凡是追肥灌水后建成的叶鞘，其长度都大于对照，而且增长幅度最大的部位也是与 n+2 叶片的同伸鞘位一致（表9-5）。若仍以外部露尖叶片为 n，则内部 n+2 位叶为始伸叶，与始伸叶同时伸长的叶鞘为（n+2）-1 位叶即 n+1 位叶的叶鞘。在 n 叶露尖时追肥灌水，受促进最大的为 n+2 位叶的叶片和与 n+2 位叶同时伸长的 n+1 位叶的叶鞘（表9-5），递次为 n+2 叶的叶鞘和 n 叶本身的叶鞘，其余叶鞘的增长幅度都相对较小。叶鞘与叶片生长不同之处在于叶片一般从植株基部到顶部，呈两头小中间大的梭形分布，而叶鞘则从植株基部到顶部逐渐增大，其中旗叶叶鞘较其他各叶鞘长度增加 68%~13%。与叶片相比，各个叶鞘的长度比较稳定，相对差异较小，肥水效应叶鞘不及叶片显著。

表 9-5　不同叶龄肥水对叶鞘长度的影响（张锦熙，1981）

肥水时期	春 1 叶鞘	春 2 叶鞘	春 3 叶鞘	春 4 叶鞘	春 5 叶鞘	旗叶鞘
春生 1 叶露尖	9.97	14.25 [*]	13.55	13.69	13.97	16.01
春生 2 叶露尖	9.86	14.22	14.25 [*]	13.51	14.18	16.01
春生 3 叶露尖	9.95	13.88	14.20	14.77 [*]	15.80	16.53
春生 4 叶露尖	10.32	13.26	13.25	14.24	15.97 [*]	17.22
春生 5 叶露尖	9.70	12.58	13.26	13.33	15.21	17.68 [*]
春生 6 叶露尖	9.64	12.93	12.74	12.80	14.09	17.23
CK	9.88	12.89	12.36	13.09	13.73	15.80

＊为受影响最大部位

3. 节间不同生长进程的肥水效应

不同叶龄追肥灌水，对相应节间的促进作用一般是前一阶段生长的节间增长幅度大时，后一阶段生长的节间增长幅度就相对较小（可延续一、二个节间）；先长的节间伸长速度放慢后，后长的节间又加快伸长。这种波浪式的变化，进一步证实了下述论点"植物的器官在生长过程中是体内贮存物质的消耗者，先生长器官长得快，消耗体内物质多，贮存相对较少，就会影响后生长器官的生长；生长速度减慢以后，贮存物质又相对逐渐增多，而且先长的器官建成后，由消耗者转变为光合产物的制造者或贮存者，可以为后一个阶段的器官生长提供较多的同化物质，使后者生长速度再次加快"。这种波浪式的生长进程，贯穿于小麦一生和各种器官上，节间较其他器官更为明显。这一规律为有计划地采取促控措施提供了理论依据。

试验表明，当以 n 代表肥水当时的露尖叶片，受肥水影响最大的节间是（n+2）-2，即 n 叶本身叶鞘所着生节位的节间（表9-6）。其他节间受促进的大小，与该节位相应的同伸叶一致，前期肥水促进，对下部节间影响最大，对上部节间影响小；后期肥水促进，对下部节间影响小；春生 3、4 叶露尖肥水促进，对各节间都有不同程度的影响。

表9-6　不同叶龄肥水对节间长度的影响（张锦熙，1981）　　（单位：cm）

肥水时期	第1节间长	第2节间长	第3节间长	第4节间长	穗下节间长
春生1叶露尖	11.6	12.8	13.1	22.1	26.6
春生2叶露尖	11.4	12.2	12.9	21.0	28.0
春生3叶露尖	11.7*	13.1	13.6	21.6	29.3
春生4叶露尖	11.1	13.4*	14.7	22.5	30.0
春生5叶露尖	10.8	12.3	14.7*	22.0	29.1
春生6叶露尖	10.5	11.9	14.0	23.6*	28.7
CK	10.0	12.0	12.6	20.5	28.4

注：＊为受影响最大的节间

4. 群体动态结构的肥水效应

不同叶龄追肥灌水对提高叶面积系数和延长绿叶功能期都有一定作用。春生 1、2 叶追肥灌水，起身后叶面积系数明显增大，但拔节后下部叶片衰老较早，叶面积系数下降较快；春生 3、4 叶追肥灌水，叶面积系数增长最快、最多，持续时间也最长，尤其春生 3 叶肥水的处理更为显著；春生 5 叶和旗叶追肥灌水，叶面积系数增长甚小或不增长，但可显著延长叶片功能期，特别是旗叶露尖时追肥灌水，直到灌浆期叶面积系数才加快下降（表9-7）。

表9-7　不同叶龄肥水处理叶面积系数动态变化（张锦熙，1981）

肥水时期	3月28日	4月6日	4月19日	2月25日	5月5日	5月15日	5月30日
春生1叶露尖	1.2	2.0	4.1	5.7	3.8	3.2	2.6
春生2叶露尖	—	1.6	4.4	5.8	4.2	3.6	2.7
春生3叶露尖	—	1.7	4.8	6.8	6.0	4.5	2.3

（续表）

肥水时期	3月28日	4月6日	4月19日	2月25日	5月5日	5月15日	5月30日
春生4叶露尖	—	1.7	3.8	6.1	5.2	4.0	2.0
春生5叶露尖	—	1.7	3.0	5.6	4.6	4.0	2.5
春生6叶露尖	—	1.7	3.0	5.2	4.7	4.6	2.4
CK	1.3	1.7	3.0	5.2	3.6	3.7	1.8

不同叶龄追肥灌水对总茎数和成穗率有一定影响。小麦返青后，在春生1、2叶前后是春生分蘖期；当春生3叶露尖后进入护颖分化期，基部节间开始伸长，分蘖芽停止生长；春生4叶露尖后，分蘖迅速两级分化；挑旗时总茎数已接近成穗数。在春生1、2叶期追肥灌水，有增加分蘖和穗数的作用；春3、4叶期肥水，也有促蘖增穗的作用；春5、6叶肥水，对增穗的作用已经很小（表9-8）。因此，提高穗数的关键时期在于春生2叶露尖前后追肥灌水。

表9-8　不同肥水处理对成穗数的影响（张锦熙，1981）

肥水时期	1976—1977年基本苗6万/667m²						1977—1978年基本苗8万/667m²			平均		
	红良4号			农大139			农大139					
	总茎数（万/667m²）	穗数（万/667m²）	分蘖成穗（%）	总茎数（万/667m²）	穗数（万/667m²）	分蘖成穗（%）	总茎数（万/667m²）	穗数（万/667m²）	分蘖成穗（%）	总茎数（万/667m²）	穗数（万/667m²）	分蘖成穗（%）
春生1叶露尖	—	—	—	—	—	—	111.7	47.7	38.3	—	—	—
春生2叶露尖	59.6	29.1	43.1	51.1	35.9	66.0	103.8	48.9	42.7	71.6	38.0	48.2
春生3叶露尖	65.1	30.7	41.8	51.6	33.0	59.3	103.7	49.8	43.7	73.5	37.8	46.6
春生4叶露尖	57.2	28.5	43.9	46.8	32.0	63.7	103.8	49.3	43.1	69.3	36.6	47.8
春生5叶露尖	56.2	28.0	43.8	46.7	32.1	64.1	103.8	47.5	41.9	68.8	35.9	47.0
春生6叶露尖	56.2	25.6	39.0	46.7	29.0	56.3	103.6	47.4	41.2	68.8	34.0	44.0

5. 穗部性状的肥水效应

春生1叶到5叶露尖是小穗、小花分化的主要时期，在地力基础较好的情况下，在此阶段内肥水早晚，对穗部性状影响较小。据研究，每穗小花总数在139.6～143.5，成花数均占1/3左右，差异甚小；而在春生6叶露尖（药隔期）追肥灌水，不仅不孕小穗数少，而且成花结实率高，每穗粒数显著增加，因此药隔期是促进穗大粒多的关键时期（表9-9）。药隔期肥水促使粒多、穗重的原因，除该发育阶段肥水有利于保花增粒外；关键是前期"蹲苗"促进了碳水化合物的积累，在生育中期茎叶中的物质贮藏量高，单位叶面积和单位茎秆长度的干重显著增加。肥水促进后，为向穗部输送较多的同化物质创造了条件。因此，单位长度的茎秆重量与籽粒产量具有密切关系。

表 9-9 不同肥水处理对穗部性状的影响（张锦熙，1981）

肥水时期	穗长（cm）	小穗数（个）	不孕小穗数（个）	粒数（粒）	千粒重（g）
春生 1 叶露尖	7.44	18.2	1.70	29.5	39.2
春生 2 叶露尖	7.44	18.4	1.67	29.7	40.1
春生 3 叶露尖	7.48	18.0	1.79	29.2	40.7
春生 4 叶露尖	7.34	18.0	1.66	29.5	40.3
春生 5 叶露尖	7.57	18.0	1.68	28.9	40.3
春生 6 叶露尖	7.76	17.9	0.78	32.9	40.2

6. 不同叶龄肥水对器官的综合影响和株型变化

根据叶龄与穗分化的对应关系和器官同伸关系的研究结果，不同叶龄肥水对器官的综合影响列于表 9-10。由于春季不同叶龄时期追肥灌水，对株型的影响主要有 3 种类型（图 9-3）。其一为春生 1、2 叶露尖时追肥灌水，中部叶片较大，上下两层叶片相对较小，叶层呈两头小、中间大的梭形分布；基部节间较长。在群体较小的情况下，这种株型的群体对提高单位面积穗数和提高早期光能利用率有利；在群体较大时，易造成早期郁闭。其二为春生 3、4 叶露尖时追肥灌水，上部叶片较大，中下部节间较长，叶层呈倒锥形分布，在群体较大的情况下，极易因"头重脚轻"，造成倒伏。但在群体较小的低产地块，对迅速扩大营养体有利。其三为春生 5、6 叶时追肥灌水，植株各叶层叶片相对较小，特别是上部叶片小，基部节间短粗，上部节间相对较长，叶层呈塔形分布，有利于壮秆防倒，提高穗粒重。

表 9-10 不同肥水对器官的综合影响（张锦熙，1981）

肥水时期	受影响的部位					
	叶位	鞘位	节位	穗数	每穗粒数	千粒重
春生 1 叶露尖	2、3*、4	1、2*、3		增穗*		
春生 2 叶露尖	3、4*、5	2、3*、4	1	增穗*		
春生 3 叶露尖	4、5*、6	3、4*、5	1*、2	增穗		
春生 4 叶露尖	5、6*	4、5*、6	1、2*、3		增粒	
春生 5 叶露尖	6	5、6*	2、3*、4		增粒	增重
旗叶露尖		6	3、4*、5		增粒*	增重*
旗叶展开			4、5*		增粒*	增重*

注：*影响最大部位，无标记者影响次之，无明显影响者未列入

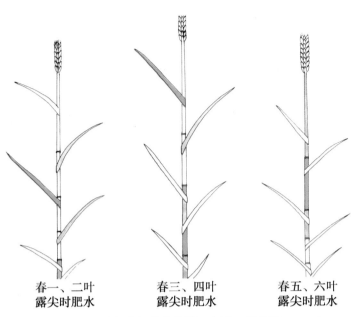

春一、二叶　　　　　春三、四叶　　　　　春五、六叶
露尖时肥水　　　　　露尖时肥水　　　　　露尖时肥水

图9-3　不同时期追肥灌水株型示意图（张锦熙，1982）

三、小麦叶龄模式的综合技术

根据小麦植株各器官的建成及其相互间的关系，以及栽培管理措施对小麦生长发育的影响，以不同叶龄肥水的综合效应为依据，提出以叶龄模式为基础的综合栽培技术，即双马鞍型（W）和单马鞍型（V）两套小麦管理的促控方法。

1. 双马鞍型促控法

此法又称三促二控法，适用于中下等肥力水平或土壤结构性差、保肥保水力弱、群体小、麦苗长势不壮的麦田，关键措施是：一促冬前壮苗。根据土壤肥力基础和产量指标，按照平衡施肥的原理，测土配方施足底肥，包括有机肥和化肥。确定适当播期和播量，选择适用良种，保证整地和播种质量，足墒下种，争取麦苗齐、全、匀、壮，并有适当群体。各地情况不一，但都应力争实现冬前壮苗。并适当浇好越冬水，确保小麦安全越冬。一控是在越冬至返青初期，控制肥水，实行蹲苗。一般是在春生1叶露尖前，不浇水不追肥，冬季及早春进行中耕镇压，保墒提高地温，防止冻害。二促返青早发稳长，促蘖增穗。在春生1~2叶露尖前后浇水追肥，促进分蘖，保证适宜群体，以增加成穗数。浇水后适当中耕，促苗早发快长。二控是在春生3~4叶露尖前后，控制肥水，再次蹲苗，控制基部节间过长，健株壮秆，防止倒伏。三促穗大粒多粒重，在春生5~6叶露尖前后，追肥浇水，巩固大蘖成穗，促进小麦发育，形成壮秆大穗，增加穗粒数，争取穗粒重。同时注意及时防治病虫草害，确保植株正常生长，实现稳产高产。此法由于采取三促二控措施，故称双马鞍（W）型促控法

（图9-4）。

图9-4 双马鞍（W）型促控法示意图

2. 单马鞍型促控法

此法又称二促一控法，适用于中等以上肥力水平、群体合理、长势健壮的麦田。关键措施是：一促冬前壮苗。根据不同的土壤肥力基础和产量目标，确定相应的施肥水平，适当增施有机肥和底化肥，要求整地精细，底墒充足，播种适期适量，保证质量。力争蘖足苗壮。北方农谚所说的冬前壮苗标准是：三大两小五个蘖，十条麦根七片叶（包括心叶），叶片宽短颜色深，趴在地上不起身。不同生态区的壮苗标准不同，但都应在达到当地壮苗标准时实行此管理方法。并适时浇好越冬水，保苗安全越冬。一控是在返青至春生4叶露尖时控制肥水，蹲苗控长，稳住群体，控叶蹲节，防止倒伏。主要管理措施以中耕松土为主，群体过大的麦田可适当镇压，或在起身期采取化学调控手段，适当喷施植物生长延缓剂，以缩短节间长度，降低株高，壮秆防倒。二促穗大粒多粒重。在春生5~6叶露尖前后肥水促进，巩固大蘖成穗，增加粒数和粒重。其他管理同常规措施。这种"冬前促，返青控，拔节攻穗重"的措施，称为单马鞍（V）型或大马鞍型促控法（图9-5）。应用这种方法可使植株上三片叶较短而厚，下两节较短而粗，上部节间相对较长，在同等叶面积系数前提下，可以提高光能利用率，穗大粒多，是争取高产不倒和高产再高产的理想株型。

施足底肥培育壮苗
浇好越冬水
（一促）

春生5～6叶露尖时
追肥浇水促粒多穗重
（二促）

春生1～4叶露尖时
蹲苗控节间
防倒
（一控）

图 9-5　单马鞍（V）型促控法示意图

第二节　小麦优势蘖利用高产栽培技术

一　理论依据

小麦是我国的主要口粮作物，目前全国种植面积约 2 400 万 hm^2。小麦群体由主茎和分蘖构成，茎蘖间质量和生产力有明显差异，构建高质量群体对实现小麦增产有重要意义。针对生产中存在播种量偏大、基本苗过多、播期不适、肥水运筹不当造成分蘖利用不合理等实际情况，经过多年研究，发现利用小麦优势蘖成穗是获得小麦高产的重要途径。以充分利用小麦优势蘖为核心，结合全球气候变暖及我国北方冬麦区（包括北部冬麦区和黄淮冬麦区）水资源匮乏的现状，系统研究小麦优势蘖利用的积温效应和水肥高效利用的效率，优化集成小麦优势蘖利用高产栽培技术。

1. 冬小麦优势蘖理论

经过对小麦分蘖发生规律、成穗特点及产量形成功能的研究，发现多穗型高产小麦主茎和一级分蘖的 1、2、3 蘖的整齐度、成穗率、穗部性状、产量贡献率以及叶面积、叶片质量、叶绿素含量、次生根长等性状显著优于其他分蘖，其成穗率大于75%，对产量的贡献大于 80%（单茎蘖贡献率为 16%～25%）。据此，提出小麦优势蘖概念，即在小麦生长发育过程中，形态生理指标和产量形成功能具有显著优势的包括主茎在内有效茎蘖（图9-6）。建立了小麦优势蘖利用模型（$Y = -0.0005X^2 - 0.0812X + 4.6715$，$R^2 = 0.9942$，$Y =$单株优势蘖，7.5万$\leq X \leq$30万基本苗$/667m^2$），研究表明，优势蘖的利用对创建合理群体结构起决定性作用，是实现高产高效的有效途径。

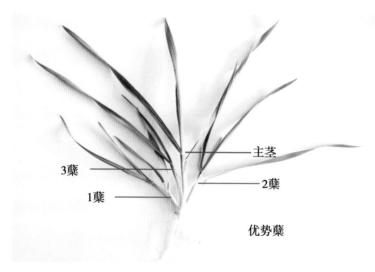

3蘖

1蘖

主茎

2蘖

优势蘖

图9-6　小麦优势蘖示意图

2. 基于优势蘖利用和气候变化调整播期的理论依据

小麦播期应以充分利用优势蘖为前提，根据种植地区播种到越冬前有效积温来确定。研究冬前积温变化规律与小麦优势蘖形成的关系，建立基于形成优势蘖成穗调整播期的理论依据及应变技术模型（$X = [a - (b \times 80 + 110)] / c$，$X =$调整日数，$X$为正数时，推迟播期，为负数时提前播期；$a =$越冬前实际积温；$b =$冬前标准壮苗叶龄6.5；$c =$最适播期日均气温17.0℃，80为小麦冬前生长1片叶所需积温，110为播种至出苗所需积温）。研究表明，近年来小麦播种到越冬前积温总体呈上升趋势，其中北京、保定、石家庄、新乡、郑州5个地区，2004—2013年10年间越冬前积温比1971—1980年同期平均增加98.1℃（图9-7），代入上述公式，$X = 5.8$，即相当于小麦最适播期6天左右积温。为培育壮苗，充分利用优势蘖，确保小麦最适播期日均气温在17℃左右，播种期应在传统基础上推迟6天左右。

从表9-11可见，1971—1980年间9月25—30日均温度17.1℃，是培育标准壮苗最适播期的日平均气温；2001—2013年间同期日均气温18.9℃，明显高于最适种温度，而10月1—6日日均气温17.3℃，为最适播种温度；即传统最适播期相应推迟6天后，其对应的气温非常接近，达到标准壮苗的最适播种温度。上述分析研究，为调整播期提供了理论依据。

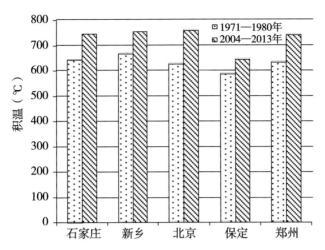

图 9-7 北方冬麦区不同地点冬前积温比较

表 9-11 北京地区不同年代相同日期气温比较 （单位：℃）

日期 （月／日）	年份		日期 （月／日）	年份	
	1971—1980	2001—2013		1971—1980	2001—2013
9/25	17.9	20.2	10/1	16.5	17.9
9/26	17.1	19.8	10/2	16.1	17.9
9/27	16.7	18.7	10/3	16.2	17.3
9/28	17.5	18.9	10/4	15.7	16.9
9/29	16.7	18.0	10/5	14.7	16.8
9/30	16.8	17.6	10/6	15.2	16.8
平均	17.1	18.9	平均	15.7	17.3

3. 优势蘖高水效补偿机制

研究表明，小麦生育前期控水可提高优势蘖比例 15.2 个百分点（表 9-12），构建合理群体结构，实现根系"五增加"（前期初生根量增加 21%、中期次生根量增加 25%、深层根量增加 66%、中后期总根量增加 40% 和成熟期根干物质外运量增加 22%）"一提高"（根系活力提高 22%），最大限度利用土壤水，其水分利用效率较足水处理平均提高 21.8%（表 9-13），实现了水分利用效率提高对耗水量降低的补偿。控水处理节省返青水，抑制了早春无效分蘖，构建了合理群体结构，产量显著提高（表 9-14、表 9-15）。

阐明了优势蘖的高水效生理补偿效应：①个体增壮对群体减小的补偿；②植株渗透调节和膨压维持能力增强对叶水势降低的补偿；③光合速率提高对叶面积降低的补偿；④根系功能增强对供水量减少的补偿。

表 9-12 不同供水挑旗期各类分蘖比例（马瑞昆，2013）

水处理	优势蘖（%）	非优势蘖（%）	单株干重（g）
足水	62.0	38.1	3.8
控水	77.2	27.7	3.9

表 9-13 水分利用效率比较（马瑞昆，2013） （单位：kg/m³）

灌水处理	年　份								
	1987	1988	1989	1990	1991	1993	1995	1996	平均
足水	0.9	1.0	1.2	0.9	1.1	1.7	1.7	1.7	1.3
控水	1.1	1.1	1.5	1.3	1.3	2.0	1.8	2.2	1.5
控水较足水利用效率提高（%）	16.1	10.7	30.2	41.6	24.5	17.5	9.6	24.3	21.8

表 9-14 不同灌水处理产量比较（2008 年） （单位：kg/hm²）

灌水处理	石麦 15	皖麦 38	紫小麦	绿小麦	平均
控水	8 035.5a	6 924.0a	7 270.5a	6 133.5a	7 090.8a
足水	8 025.0a	6 115.5b	6 042.0b	5 346.0b	6 382.1b

表 9-15 冬小麦不同供水处理产量比较（马瑞昆，2013）

年度	灌水次数	灌水量	降水量	供水量	耗水量	产量（kg/hm²）	供水效率（WUE）[kg/（hm²·mm）]
		（mm）					
1987—1991	4.4	267.1	179.6	446.7	546.3	5 317.5	10.5　　12.0
1989—1996	3.2	211.4	102.5	314.0	436.0	7 744.5	18.0　　25.5
1997—2000	2.3	140.9	109.9	250.8	407.2	7 789.5	18.0　　31.5
2004—2007	1.8	145.8	110.4	256.8	471.0	8 982.0	19.5　　36.0

　　研制冬小麦供水量—产量关系的直线—抛物线复合量化模型 $[Y=a_1+a_2X$（$0<X\leqslant X_1$），$Y=a+bX+cX^2$（$X_1<X$）]$ [$Y=$产量（kg/667m²）；$X=$供水量（mm），为灌水量与降水量之和；X_1 是直线函数式和抛物线函数式的交点值]，据此可把供水量与产量的动态关系划分为供水高效（$0-X_1$）、稳效（X_1-X_m）和降效（$>X_m$）3 个阶段；X_m 是抛物线函数式的峰值。为提高水分利用效率，合理调整灌水措施提供理论依据。

4. 基于优势蘖利用的氮素高效利用理论

研究表明，优良个体及群体对养分的利用有自身的规律和特点，高产小麦在关键生育期茎秆和叶片的氮素含量动态、植株氮素积累强度变化及其积累进程与植株需肥规律有很强的关联性。建立 7 500～9 000kg/hm² 产量水平时，产量与氮肥运筹的回归模型 $Y=8\ 184.00+169.8X_1+118.65X_2-96.00X_3-210.15X_1^2-112.8X_3^2$（$Y$=产量，$X_1$=施氮量编码，$X_2$=氮肥底追比例编码，$X_3$=追肥时期编码），据此提出高效施氮策略，即高产栽培应遵循植株吸氮规律，采用"高效施氮"与节水调控相结合的肥水调控措施。冬前分蘖盛期，充足的底肥对培育冬前壮苗十分重要，可施入全部施氮量的 40%～50%。拔节至孕穗期，氮素积累强度达到高峰，因此在拔节期可施入全部施氮量的 45%～55%，对增加籽粒产量和改善品质都有明显效果。灌浆中期蛋白质积累强度最大，表明仍需较多的氮素供应，因此在灌浆初期，结合一喷三防，施入全部施氮量的 3%～5%，以促进灌浆，力争粒大粒饱，实现高产优质。为调整施肥实现氮肥高效利用提供了理论依据。

二、技术方案

1. 调整基本苗的技术方案

根据小麦优势蘖理论及应用模型，多穗型品种高产栽培中，黄淮冬麦区中南部基本苗可采用 180 万～225 万苗/hm²，单株利用优势蘖成穗 3.0～3.7 个，北部可控制在 225 万～270 万苗/hm²，单株利用优势蘖成穗 3.0～3.3 个；北部冬麦区中南部控制在 225 万～300 万苗/hm²，单株利用优势蘖成穗 2.8～3.3 个，北部地区控制在 300 万～375 万苗/hm²，单株利用优势蘖成穗 2.3～2.8 个。即在传统播量基础上，黄淮冬麦区每公顷降低 15～45kg，北部冬麦区每公顷降低 30～60kg，可充分利用优势蘖，实现小麦高产。

2. 调整播种期的技术方案

根据近年北方冬麦区（包括黄淮冬麦区和北部冬麦区）小麦冬前积温变化特点，在传统最适播期范围推迟 5～7 天，使冬前积温控制在 600℃（±50℃）左右。鉴于不同年份之间的差异，宜将最佳播期控制在日平均气温 16～18℃ 范围之内。

3. 节省灌水的技术方案

根据高水效补偿机制和供水量—产量复合量化模型，采取因苗（以优势蘖理论指导培育壮苗）、因水（降水年型）、因土（土壤质地）、因种（品种耐旱特性）而变（调整灌水）的应变节水灌溉技术。结合节约用水和综合效益，正常年份返青期 0～20cm 土壤相对含水量高于 60% 的麦田，节省返青水，重点灌好拔节水，全生育期节约灌水 1～2 次，每公顷节水 600～900m³。

4. 节省施肥的技术方案

根据冬小麦优势蘖生长发育特点及养分需求规律，参考产量与氮肥运筹模式，推荐中高产麦田全生育期施氮素 225~270kg/hm²、五氧化二磷 105~135kg/hm²、氧化钾 90~120kg/hm²，氮肥底追比例为 5∶5 或 4∶6，节省返青肥，重施拔节肥，平均每公顷节省氮素用量 15~45kg，灌浆初期可结合一喷三防适当喷施氮素肥料或磷酸二氢钾。

5. 优化集成基于优势蘖利用的高产高效栽培技术体系

集成基于优势蘖理论调整基本苗，建立高产群体结构；根据冬前积温变化调整播种期，充分利用优势蘖成穗；根据水肥高效利用理论，节省返青水、肥的高产栽培技术体系。在高产确保实现越冬总茎数 900 万~1 200 万茎/hm²，春季最高总茎数 1 350 万~1 650万茎/hm²，成穗数 675 万~750 万穗/hm²，最高叶面积系数为 7~8 的优良群体结构；通过充分利用优势蘖合理调控生物量与经济系数同步提高，保持花期有效叶面积率90%左右，高效叶面积率75%左右，收获期生物量 20 250kg/hm² 以上，经济系数 0.45 左右，实现高产高效（图9-8）。

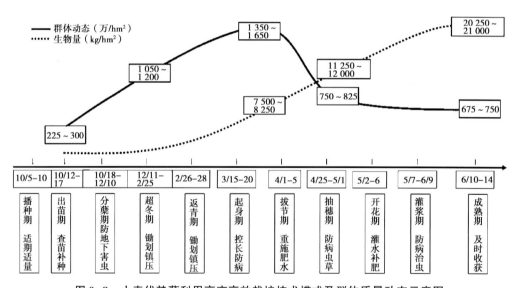

图9-8　小麦优势蘖利用高产高效栽培技术模式及群体质量动态示意图

第三节　小麦立体匀播高产高效栽培技术

小麦立体匀播就是使小麦种子均匀合理地分布在土壤中的立体空间内，出苗后无行无垄，均匀分布。立体匀播是基于小麦生长发育特性，充分发挥小麦个体均匀健壮和群体充足合理的协调机制，关键技术是使小麦株距均匀，改常规条播小麦田间分布的"一维行距"为立体匀播的"二维株距"。使小麦在合理群体范围内，单株独立占有地下和地上相对均匀的营养空间，均衡占有农田土地资源和自然光热资源，使常规条播麦苗集中的一条"线"，变为麦苗相对分布均匀的一个"面"，促使麦苗单株充分健壮发育，地下形成相对强大的根系，地上形成相对健壮的优势蘖，根多苗壮，从而建立高质量的群体结构，促使形成产量因素的穗、粒、重协调发展，实现高产高效。小麦立体匀播机由肥料箱、排肥管、排肥调节器组成的施肥系统，带有组合旋刀防缠绕的旋耕器，种子箱和排种调节器组成的排种匀播系统，镇压滚筒，精细覆土系统，覆土后进行第2次镇压的镇压器等主要部件组成。集施肥、旋耕、播种、第1次镇压、覆土、第2次镇压于一体，6道工序一次作业完成。该机械自带肥料箱，可根据土壤基础肥力、产量目标确定施肥种类和数量，施肥量可以通过调节器进行调节，施肥后可以通过自带的旋耕器立即旋耕，使肥料与土壤充分混合，均匀分布在土壤耕层的立体空间中；在旋耕后的土壤中通过排种系统均匀撒种，再通过镇压滚筒进行镇压，确保种子与土壤紧密结合，并在踏实的同一土层中；然后通过传送系统形成细碎的土"瀑布"，在种子上面均匀等深精细覆土，覆土后再进行第2次镇压，完成全部工序（图9-9）。可以使麦苗均匀分布，单株营养均衡，根系发达，建成优势蘖群体，根多蘖足苗壮；多项工序联合作业，省工节本（图9-10至图9-12）。

图9-9 小麦立体匀播机

图 9-10 立体匀播出苗情况

图 9-11 小麦立体匀播（右）和常规条播（左）出苗比较

图 9-12 收割后的麦茬（左立体匀播，右常规条播）

一、理论依据

1. 农机农艺融合

小麦立体匀播技术是以生物特性发展为前提，创造适合小麦植株充分生长发育的条件，使小麦生长要素与生产要素相互协调，实现个体健壮、群体合理，高产高效。根据小麦生长发育特性，依据优势蘖理论，提升单株生长优势，建立合理群体结构，提出农艺技术要求，根据农艺技术要求研制适宜的播种机型，体现了农机农艺融合、农机为农艺服务、农艺为生产服务的宗旨。

2. 植株均匀分布

由于小麦种子均匀合理地分布在土壤中，出苗后无行无垄，植株不挤不靠，创造了单株营养均衡的条件，苗期个体营养竞争小，单株发育健壮，有利于培育壮苗。小麦立体匀播充分利用土地，减少了传统条播造成的行垄之间的裸地面积，同时避免了断垄缺苗，使每株麦苗都充分占有相对均衡的有效土地面积和空间，增加了苗期的地表覆盖度，相应减少了土壤水分的蒸发，并可使单株相对均匀地接受光热资源，从而促进了个体和群体光合作用，相对常规条播容易增加单位面积穗数，进而提高产量。

3. 优势蘖利用

立体匀播可以使每株小麦占有相对均衡的地下土壤空间和地上光热资源，有利于优势蘖的生长发育，形成优势蘖群体。有利于根系生长发育，实现根多根壮、根系发达，有利于更好地吸收利用土壤水分和养料，形成相对健壮的植株，提高植株抵抗病虫的能力和生长后期抵抗倒伏风险的能力。实施立体匀播后的小麦，把常规条播的边行优势升华为单株优势，使小麦个体发育在群体增加的条件下，充分发挥优势蘖的生长优势，促使穗、粒、重的协调发展，实现增产增收。

二、技术优势

1. 缩短农耗，适期播种

在北方各个冬麦区，前茬作物收获后小麦接茬时间往往比较紧张。应用立体匀播技术，在前茬玉米联合收割机收获后，可以直接播种，减少了单独秸秆粉碎、单独施肥、单独旋耕整地的工序，缩短了小麦播种的接茬农耗时间，为小麦适期播种争取较多的光热资源、培育冬前壮苗创造了条件。

2. 抑制散墒，促进出苗

小麦播种时的土壤墒情对小麦出苗至关重要。一般常规条播需要在前茬作物收获后，进行施肥、旋耕整地，然后再播种。这些过程会造成一定的土壤失墒，播种与旋耕间隔时间越长，土壤水分蒸发越多，失墒越严重，给小麦出苗造成不利影响。立体匀播采用机械联合作业，多项工序一次作业完成，不仅节省了时间，更重要的保护了土壤墒情，为小麦足墒播种，出苗整齐创造了条件。

3. 精细覆土，等深种植

立体匀播使小麦种子相对均匀地分布在同一土层，利用经过旋耕的碎土，并由上往下精细覆土（形成土"瀑布"），深浅一致，使种、肥、土立体均匀分布，为每一颗种子提供尽量均衡的立体生长环境。避免了播种深浅不一、大土坷垃压苗的现象，有利于个体发育、培育壮苗。

4. 两次镇压，踏实土壤

经过播种后的第一次镇压，使种子与土壤紧密结合，有利于种子吸涨，再经过覆土后第二次镇压，进一步踏实土壤，不仅能防止表土漏风，还可以减少土壤水分蒸发，促进早出苗、出全苗。

5. 减少裸地，以苗抑草

小麦立体匀播可以充分利用土地，地表相对均匀覆盖，减少了行间裸地。利用苗草不同步自然现象，使麦苗优先占满营养空间，相应抑制杂草生长，避免养分、水分浪费，促使麦苗健壮生长，实现"以苗抑草"的效果，可以有效减少除草剂使用量。

6. 均匀分布，避免拥挤

立体匀播使麦苗分布相对均匀，比较均衡地占有农田资源，避免了传统条播时行内植株拥挤现象，促使个体发育健壮，根多蘖足，在相同群体条件下，抗倒伏能力增强。

7. 营养均衡，群体合理

立体匀播将传统条播下小麦田间分布的一维行距变为二维株距，将"麦苗集中的一条线"变为"单株匀布的一个面"，把一维的"麦行营养空间"升华为二维的"单株营养空间"，使小麦个体得以充分发展，进而建立合理的群体结构。

8. 省工节本，增产增效

小麦立体匀播，实行了多项工序联合作业，减少单独施肥、单独旋耕、单独镇压等工序，减少农耗时间，降低作业成本，实现了省工、省时、节本、增效。

"小麦七分种，三分管"，就是强调了小麦播种技术的重要性，小麦种好了，出苗整齐，分布均匀，创造了单株营养面积和空间均衡的条件，苗期个体营养竞争小，地上部分分蘖充足，地下部分根系发达，单株发育健壮，群体分布均匀，容易形成壮苗，有利于培育优势蘖，促进优势蘖成穗，增加单位面积穗数，充分发挥优势蘖的产量形成功能，为小麦丰收奠定了良好的基础。

三、技术关键

1. 品种选择

北部冬麦区选择适合当地生产的，并通过国家或省级品种审定委员会审定的抗寒、高产、稳产、多抗、广适的冬性品种；黄淮冬麦区选择适合当地生产的，并通过国家或省级品种审定委员会审定的高产、稳产、多抗、广适的半冬性品种；新疆冬春麦区的冬小麦种植区选择适合当地生产的，并通过国家或省（自治区）级品种审定委员会审定的高产、稳产、多抗、广适的冬性或半冬性品种，新疆春小麦种植区选择适合当地生产的，并通过国家或省（自治区）级品种审定委员会审定的高产、稳产、多抗、广适的春性春播品种；北部春麦区、东北春麦区和西北春麦区应分别选择适合当地生产的，并通过国家或省（自治区）级品种审定委员会审定的高产、稳产、多抗、广适的春性春播品种。要求种子纯度、净度、发芽率等指标符合相关国家标准。

2. 种子处理

选用经过提纯复壮的种子田生产的种子，并做好种子发芽率和田间出苗率测定。播种前用高效低毒的农药拌种或专用种衣剂包衣，防治病虫害。

3. 适期播种

使用小麦立体匀播机进行播种。冬小麦适宜在秋季日均温降至17℃左右时播种，或依据历年小麦播后至越冬前日平均气温大于0℃活动积温达到600℃±50℃为适宜播期。春播春性小麦一般当春季气温在5~7℃时为适宜播种期。

4. 适墒播种

0~20cm土层内土壤相对含水量达到70%~80%时为播种的适宜墒情。若在最适播期内土壤相对含水量低于60%，应提前灌水造墒，确保适墒播种。播种深度（覆土厚度）在3~5cm，土壤墒情适宜时可取播种深度的下限，墒情偏差时取上限。春播春性小麦可采取顶凌播种。

5. 苗期镇压

冬小麦在越冬前进行苗期镇压，可以压碎地表坷垃，进一步踏实土壤，减少散墒。早春镇压可以弥实地表裂缝，防止大风飕根，有利于小麦返青生长。春小麦在3~5叶时，根据土壤墒情、苗情进行1~2次镇压，干旱年份尤为必要。要求压实、压严，起到抗旱保墒作用。同时抑制地上部分生长，促进根系生长、壮苗、降秆、抗倒。

6. 化学除草

冬小麦在越冬前进行"杂草秋治"，根据不同地区不同地块杂草发生的类型（禾本科杂草、阔叶型杂草、混生杂草），选用适宜的除草剂，适时进行机械（或人工）化学除草，或用无人机进行喷药。春季根据麦田杂草生长情况在拔节前进行除草。春小麦在 4 叶前为最佳除草时期，过早，杂草未出齐，晚于 5 叶，小麦已拔节，机械喷药时会造成麦苗机械损伤，还可能造成药害。

7. 灌越冬水（仅限冬小麦）

根据冬前降水情况和土壤墒情确定是否需要灌越冬水。若需要灌越冬水，一般当气温下降到 0~3℃，夜冻昼消时灌水，保苗安全越冬。

8. 化控防倒

根据小麦品种特性和长势情况，有倒伏风险的麦田在小麦拔节前喷施植物生长延缓剂，以缩短基部节间长度，降低株高，防止倒伏。

9. 重施拔节肥

拔节期是小麦需水需肥的关键时期，此期及时灌水可以促进优势蘖成穗、减少小花败育，促进后期籽粒灌浆，实现增加穗数、粒数和千粒重的效果。一般在拔节期结合灌水推荐每 $667m^2$ 追施纯氮 6~8kg，春小麦可酌情减少拔节期的氮肥施用量。

10. 防治病虫

各不同麦区根据当地实际监测情况，分别重点防治纹枯病、条锈病、白粉病、赤霉病、吸浆虫、蚜虫等病虫害。喷药时要遵守农药安全使用规则，防止小麦植株药害，注意人身防护，防止人畜中毒，确保安全用药。

11. 一喷三防

小麦生育后期，根据当地重点防治对象，选用适宜杀虫剂、杀菌剂和磷酸二氢钾（或植物生长调节剂），各计各量，现配现用，机械喷洒，防病、防虫、防早衰（干热风）。

12. 机械收获

麦收期间注意躲避烂场雨，防止穗发芽，于籽粒蜡熟末期至完熟期采用联合收割机及时收获，颗粒归仓，实现丰产丰收。

第四节　小麦沟播侧深位集中施肥技术

小麦沟播侧深位集中施肥技术是针对我国北方广大中低产麦区的旱、薄、盐碱地多，产量低而不稳的实际情况，在借鉴国外先进技术，总结国内传统经验与现代科学技术相结合的抗逆稳产、增产的综合措施。通过多年多点试验，研究了小麦沟播侧深位集中施肥的生态效应，对小麦生长发育、产量结构的影响和增产效应，优化集成的一项综合实用技术，并相应研制了侧深位施肥沟播机，促进了该技术的示范推广。小麦沟播集中施肥技术增产的关键是由于改善了小麦的生育条件，旱地小麦深开沟浅覆土可借墒播种，把表层干土翻到埂上，种子播在墒情较好的底层沟内，有利出苗，并可促进根系生长。盐碱地采用沟播可躲盐巧种，使表层含盐高的土壤翻到埂上，提高出苗率。易遭冻害地区的小麦，沟播可降低分蘖节在土壤中的位置，平抑地温，减轻冻害死苗，各类型的土壤中由于采用沟播，均能使种子所处位置的相应土壤含水量增加，有利小麦出苗和生长。冬季由于沟播田沟埂起伏可减轻寒风侵袭，防止或减轻冻害，遇雪可增加沟内积雪，有利小麦安全越冬。春季遇雨能减少地面径流，防止地表冲刷，并能使沟内积纳雨水，增加土壤墒情，有利小麦生长发育。侧深位集中施肥可以防止肥料烧苗，提高肥效。

一、生态效应

1. 改善土壤水分状况

沟播的沟内被麦苗覆盖和埂的屏障作用，土壤水分蒸发少。散墒慢，而且沟底在地面下的湿土上，故沟内的土壤含水量相对较多。据多年多点试验统计，冬前 0~20cm 土层，沟播的土壤水分比平播多 1.6~1.8 个百分点，有利于培育冬前壮苗和保苗安全越冬。特别是播种阶段，采用深沟浅盖播种，在旱地上有明显的借墒作用，为出苗齐、全、快，促根壮苗创造了条件，越冬期土壤水分较多，有利于麦苗安全越冬和提早返青。返青期和拔节期沟播的土壤水分仍多于平播，可促蘖增穗。沟播小麦的沟底还可聚积雨水，提高土壤墒情；冬季沟内积雪较厚，较平播多 28.6%~46.3%，既能增加土壤水分，还可减轻小麦冻害。据田间调查分析，小麦全生育期内 0~60cm 土层的相对含水量在一定范围内与产量呈极显著正相关，$r = 0.96^{**}$，表现为随土壤水分增加产量逐渐提高，沟播的土壤水分相对较好，对小麦增产具有重要作用，特别是干旱、少水的麦田，更具有突出的效应。

2. 经济用肥，提高肥效

沟播侧深位集中施肥增加了根群周围土壤养分，提高了肥料当年利用率。试验表明 0~20cm 耕作层中，集中施肥的碱解氮和速效磷分别比平播撒施肥提高 405.7mg/kg、459.6mg/kg。沟播侧深位集中施肥能有效地增加播种沟内的土壤养分含量，肥料在小麦根系密集的近根处，容易被较多的根系吸收利用，经多点试验统计分析，氮、磷、钾的当年利用率比平播撒施肥分别增加 20.3%、14%、23.6%。

3. 降低根际土壤含盐量

在盐碱地实行沟播侧深位集中施肥技术，可把含盐较多的表土分到埂上，使沟内的土壤盐分相对较少，有利于小麦种子发芽出土。小麦出苗后，沟内麦苗逐渐覆盖了沟底，而埂部则裸露，埂上的地温高于沟内，埂上土壤蒸发多于沟内，使土壤下层水分沿毛细管向埂部移动，把盐分带到埂上，使沟内盐分相对较少。据多点调查结果，小麦生产田 0~5cm 土壤含盐量沟内比平播减少 0.09%~0.49%，表明沟播具有躲盐保苗作用。

4. 调节地温，减轻冻害

沟播能改善麦田地表小气候，沟播冬前地温较平播高，可增加分蘖数，越冬期地温高，可保苗安全越冬。本试验利用电子自动平衡记录仪对沟播和平播 4cm 处土层地温连续观察，从 11 月下旬到翌年 1 月下旬，沟播麦行地温较平播高 0.4~1℃，地温日变化沟播的明显小于平播，且沟播地温日变化平缓，变异系数为 30.7%，平播地温变化较大，变异系数为 44.4%，同时沟播的负积温较少，表现出明显的平抑地温和抗寒防冻的作用，不仅使小麦安全越冬，还可促进小麦返青。

二、对生长发育的影响

1. 提高出苗率和保苗率

由于沟播有良好的生态效应，因而表现出显著的苗期生长优势。据多点调查在土墒不足的麦田里，沟播比平播多出苗 16.9%~55.6%。在盐碱地麦田上，沟内土壤含盐量减少，有利于出苗，据在山东省德州调查，沟播出苗率比平播提高 11%；在天津盐碱较重的麦田，春季沟播死苗率比平播减少 14%~35%；据在河南省新乡有盐碱的麦田调查，沟播保苗率比平播提高 53%。在气候寒冷、冻害严重的地区，沟播麦田冬季沟内地温相对较高，地温变化日较差小，土壤水分相对较多，麦苗冻害较轻，据联合试验多点调查，春季沟播受冻死株、死茎比平播分别减少 7.0%、15.7%，差异显著。

2. 根系发达，活力增强

据联合试验多点调查，沟播单株次生根数在越冬前、返青期、起身期、拔节期分别比平播增加 20.5%、17.3%、9.6%、31.3%。在 0~20cm 和 20~40cm 土层中，单位面积根干重比平播分别增加 16.3% 和 36.8%，而且根系的吸收力较强，活跃吸收面积比平播多 0.0068m²/株；在孕穗期和灌浆期，沟播麦的伤流量，比平播分别增加 45.2% 和 14.6%，对延缓叶片褪绿和植株衰老有良好作用。沟播结合培土，可以促进植株节根的生长，据调查，沟播培土的单株节根平均达到 1.5 条左右，有利增加根系吸收能力，对提高植株抗倒伏能力有一定作用。

3. 单株分蘖和群体增加

据联合试验多点在返青期调查，沟播小麦植株明显比平播小麦健壮。单株分蘖较多，沟播平均株高比平播增加2.7cm，单株干重增加0.04g，单株分蘖比平播增加31%。在越冬前、返青期、起身期、拔节期调查，沟播麦田总茎数均多于对照的平播麦田，平均增加4.2%~6.1%。

4. 叶面积系数增加

据多点调查，沟播小麦冬前5张叶片的面积比平播增加3.1%~20.8%，春生6张叶片面积增加15.8%~37.5%，尤其是旗叶和倒2叶较大，对小麦生长后期的光合作用和增加粒重有重要影响。在冬前、返青、起身、拔节、孕穗、灌浆各时期沟播小麦的叶面积系数均大于平播，尤其是起身到孕穗期小麦干物质积累的重要阶段，沟播小麦的叶面积系数比平播小麦增加16.7%~18.5%；沟播集中施肥的小麦植株旗叶光合强度相对较高，据在籽粒灌浆中期测定，沟播集中施肥的小麦植株旗叶光合强度为 $10.38mg\ CO_2/\ (dm^2\cdot h)$，而平播集中施肥的仅为 $6.9mg\ CO_2/\ (dm^2\cdot h)$。叶面积系数提高和光合强度增加有利增加光合产物增加和积累，进而有利于增粒增重，提高产量。

5. 麦苗健壮，生物量高

在旱薄地或中低产地的小麦生产中，生物量和群体对小麦产量至关重要。据联合试验不同试验点在冬前、返青、起身、抽穗期调查，沟播小麦平均单株生物量在各生育期中均比对照平播小麦增加20%以上，差异极显著，表明沟播小麦比对照平播小麦植株生长健壮。施肥方法对群体发展有重要影响，无论沟播或平播，均以集中施肥的群体大，生物量高，穗数多，肥料利用率高。故沟播集中施肥配套技术更利于小麦增产和改善籽粒品质。

三、实施效果

据多年多点实施效果分析，小麦沟播侧深位集中施肥技术较常规平播有显著的增产效果，对于产量三要素都有相应的改善，尤其是单位面积穗数增加最多，其次是穗粒数，再次是千粒重。产量三要素的增长率有随产量水平的提高而降低的趋势。试验结果表明，在产量水平较低的地区实现沟播侧深位集中施肥技术增产效果优于产量高的地区，在雨养农业区或灌溉水缺乏的地区比水浇地上增产效果好。

小麦沟播侧深位集中施肥技术具体要求是沟宽40cm，每沟播2行，平均行距20cm。肥料施在种子侧下方5cm处（图9-13）。使用小麦沟播侧深位集中施肥播种机可使开沟、播种、施肥、镇压多项作业一次完成。

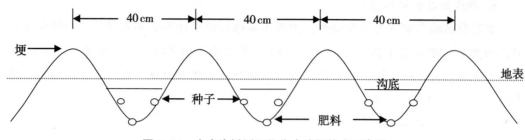

图 9-13　小麦沟播侧深位集中施肥技术示意图

第五节　小麦绿色高产高效技术模式

一、北部冬麦区小麦绿色高产高效技术规范

本区包括辽宁南端的营口、大连两市；河北省境内长城以南的廊坊、唐山、秦皇岛市全部和保定、沧州大部；京、津两市全部；山西省朔州以南的阳泉、太原、晋中、长治、吕梁等市全部和临汾市北部地区；陕西省延安市全部，榆林长城以南大部，咸阳、宝鸡和铜川市部分县；甘肃省陇东庆阳市全部和平凉市的部分县。地处中纬度的暖温带季风区，主要属大陆性半干旱气候。冬季严寒，降水稀少，春季干旱多风，降水不足，蒸发旺盛，全年≥10℃的积温 3 500℃左右，播种至成熟>0℃积温 2 200℃左右，全年无霜期 135～210 天。全年降水量 440～710mm，主要集中在 7—9 月三个月，小麦生育期降水 100～210mm，年度间变动较大。该区耕作模式为一年两熟或两年三熟，主要种植作物为小麦、玉米、豆类、杂粮等。制约小麦生产的主要因素：一是小麦玉米两茬种植积温不足，接茬紧张；二是小麦生育期降水严重不足；三是常遇春季干旱，影响小麦返青；四是病虫害较多；五是倒春寒发生频率较高；六是后期常有干热风危害。

关键技术：

（1）品种选择。选用该区通过国家或省（直辖市）品种审定委员会审定，在当地种植表现优良的冬性品种。播前精选种子，做好发芽试验，进行药剂拌种或种子包衣，防治地下害虫。

（2）秸秆还田。前茬作物收获后，将秸秆粉碎还田，秸秆长度≤10cm，均匀抛撒地表。

（3）深松深耕。3 年深松（深耕）一次，深松机深松 30cm 以上或深耕犁深耕 25cm 以上，深松或深耕后及时合墒，机械整平。

（4）整地施肥。旋耕前施底肥，依据产量目标、土壤肥力等进行测土配方施肥，每 667m² 底施磷酸二铵 20kg 左右，尿素 8kg，硫酸钾或氯化钾 8~10kg，硫酸锌 1.5kg，并增施有机肥。旋耕机旋耕，耕深 12cm 以上，并用机械镇压。

（5）机械播种。最适播期内机械适墒条播或匀播。一般要求日平均气温 17℃ 左右时播种，播深 3~5cm，每 667m² 基本苗 20 万~25 万，播后镇压。播种时 0~20cm 土壤相对含水量控制在 70%~80%，确保出苗整齐。出苗后及时查苗，发现缺苗断垄应尽早补种，力争全苗；田边地头要种满种严。适宜播期后播种，每推迟 1 天，每 667m² 增加 1 万基本苗，但最多不超过 35 万。

（6）酌情灌越冬水。据冬前降水情况和土壤墒情决定是否灌越冬水；需灌越冬水时，最好日均气温下降至 3℃ 左右，夜冻昼消时浇灌；时间一般掌握在 11 月 15 日至 25 日。保苗安全越冬。

（7）苗期镇压。越冬或返青期，地表出现干土层时，用表面光滑的镇压器进行麦田镇压，弥实麦田地表裂缝，防止寒风飕根，保墒防冻。

（8）春季肥水。一般春季节省返青至起身期肥水。拔节期结合浇水每 667m² 追纯氮 8~9kg，促大蘖成穗，灌水追肥时间一般掌握在 4 月 10—20 日；适时浇好开花灌浆水，强筋品种或有脱肥迹象的麦田，可随灌水每 667m² 施 1~2kg 氮素。

（9）机械喷防。适时用机械化学除治病虫草害。冬前苗期注意观察灰飞虱、叶蝉等害虫发生情况，及时防治，以防传播病毒病。春季重点防治纹枯病、条锈病、白粉病、赤霉病、吸浆虫、蚜虫等病虫害及田间杂草。生育后期选用适宜杀虫剂、杀菌剂和磷酸二氢钾，各计各量，现配现用，防病、防虫、防早衰（干热风）。

（10）机械收获。籽粒蜡熟末期至完熟期采用联合收割机及时收获，注意躲避烂场雨，防止穗发芽，确保丰产丰收，颗粒归仓。

二、黄淮冬麦区北片小麦绿色高产高效技术规范

本区包括山东省全部，河南省新乡（不含）以北地区，河北省中南部，陕西关中平原及山西省南部，甘肃省天水市全部和平凉及定西地区部分县。地处暖温带，气候比较温和，大陆性气候明显，春旱多风，夏秋高温多雨，冬季寒冷干燥。全年 ≥ 10℃ 的积温 4 100℃ 左右，播种至成熟期 >0℃ 的积温 2 000~2 200℃。无霜期 180~220 天，年降水 520~680mm，多集中在 6—8 月三个月。小麦生育期降水 150~260mm。该区耕作模式主要为一年两熟，一般 10 月上中旬播种，翌年 6 月上中旬收获。土壤类型有潮土、褐土、棕壤、砂姜黑土、盐渍土、水稻土等。制约小麦生产的主要因素：一是生育期降水严重不足；二是常遇春季干旱，影响小麦返青；三是病虫害较多；四是倒春寒发生频率较高；五是后期干热风危害。

关键技术：

（1）品种选择。选用该区通过国家或省品种审定委员会审定，在当地种植表现优良的半冬性品种。播前精选种子，做好发芽试验，药剂拌种或种子包衣，防治地下害虫。

（2）秸秆还田。前茬作物收获后，将秸秆粉碎还田，长度≤10cm，均匀抛撒地表。

（3）深松深耕。3年深松（深耕）一次，深松机深松30cm以上或深耕犁深耕25cm以上土层，深松或深耕后及时合墒，机械整平。

（4）整地施肥。旋耕前施底肥，依据产量目标、土壤肥力等进行测土配方施肥，每667m² 底施磷酸二铵20kg左右，尿素8kg，硫酸钾或氯化钾8～10kg，硫酸锌1.5kg，并增施有机肥。旋耕机旋耕，耕深12cm以上，并用机械镇压。

（5）机械播种。最适播期内机械适墒条播或匀播。在日平均温度17℃左右播种，一般控制在10月5—15日，播深3～5cm，每667m² 基本苗14万～22万，播后及时镇压；播种时土壤相对含水量控制在70%～80%，确保出苗整齐。出苗后及时查苗，发现缺苗断垄应及时补种，力争全苗；田边地头要种满种严。适宜播期后播种，每推迟1天，每667m² 增加1万基本苗，但最多不超过32万基本苗。

（6）酌情灌越冬水。据冬前降水情况和土壤墒情决定是否灌越冬水；需灌越冬水时，最好日均气温下降至3℃左右，夜冻昼消时浇灌；时间一般掌握在11月20—30日。保苗安全越冬。

（7）苗期镇压。越冬或返青期，地表出现干土层时，用表面光滑的镇压器进行麦田镇压，弥实麦田地表裂缝，防止寒风飕根，保墒防冻。

（8）春季肥水。一般春季节省返青至起身期肥水。拔节期结合浇水每667m² 追纯氮8～9kg，促大蘗成穗，灌水追肥时间一般掌握在4月10—15日。；适时浇好开花灌浆水，强筋品种或有脱肥迹象的麦田，可随灌水每667m² 施1～2kg氮素，时间约在5月5—15日。

（9）机械喷防。适时用机械化学除治病虫草害。冬前苗期注意观察灰飞虱、叶蝉等害虫发生情况，及时防治，以防传播病毒病；冬前麦田杂草多的麦田，注意及时防治。春季重点防治纹枯病、条锈病、白粉病、赤霉病、吸浆虫、蚜虫等病虫害及田间杂草。生育后期选用适宜杀虫剂、杀菌剂和磷酸二氢钾，各计各量，现配现用，防病、防虫、防早衰（干热风）。

（10）机械收获。籽粒蜡熟末期至完熟期采用联合收割机及时收获，注意躲避烂场雨，防止穗发芽，确保丰产丰收，颗粒归仓。

三、黄淮冬麦区南片小麦绿色高产高效技术规范

本区包括河南省新乡（含）以南除信阳以外的其他地区，苏、皖两省的淮河以北地区。地处暖温带，气候温和，属于大陆性气候，春旱多风，夏秋高温多雨，冬季寒冷干燥。小麦播种至成熟期>0℃积温为 2 000~2 200℃。无霜期200~220 天，年降水 600~980mm，主要集中在 6—8 月三个月。小麦生育期降水 200~300mm。该区耕作模式主要为一年两熟，一般 10 月上中旬播种，翌年 6 月上旬收获。土壤类型有潮土、褐土、棕壤、砂姜黑土、盐渍土、水稻土等。制约小麦生产的主要因素：一是生育期降水不足，影响小麦正常生长；二是常遇春季干旱，影响小麦返青；三是病虫草害较多，年年均有不同程度发生；四是倒春寒发生频率较高；五是后期干热风危害。

关键技术：

（1）品种选择。选用该区通过国家或省品种审定委员会审定，在当地种植表现优良的半冬性或弱春性品种。播前精选种子，做好发芽试验，药剂拌种或种子包衣，防治地下害虫。

（2）秸秆还田。前茬作物收获后，将秸秆粉碎还田，长度 ≤10cm，均匀抛撒地表。

（3）深松深耕。3 年深松（深耕）一次，深松机深松 30cm 以上或深耕犁深耕 25cm 以上，深松或深耕后及时合墒，机械整平。

（4）整地施肥。旋耕前施底肥，依据产量目标、土壤肥力等进行测土配方施肥，每 667m² 底施磷酸二铵 20kg 左右，尿素 8kg，硫酸钾或氯化钾 8~10kg，硫酸锌 1.5kg；或三元复合肥（N∶P∶K=15∶15∶15）25~30kg，尿素 8kg；硫酸锌 1.5kg，并增施有机肥。旋耕机旋耕，耕深 12cm 以上，并用机械镇压。

（5）机械播种。最适播期内机械适墒条播或匀播。在日平均温度 17℃ 左右播种，播深 3~5cm，每 667m² 基本苗 12 万~15 万，播后及时镇压；播种时土壤相对含水量控制在 70%~80%，确保出苗整齐。出苗后及时查苗，发现缺苗断垄应及时补种，力争全苗；田边地头要种满种严。适宜播期后播种，每推迟 1 天，每 667m² 增加 1 万基本苗，但最多不超过 30 万基本苗。

（6）酌情灌越冬水。据冬前降水情况和土壤墒情决定是否灌越冬水；需灌越冬水时，最好日均气温下降至 3℃ 左右，夜冻昼消时浇灌；时间一般掌握在 11 月 25 日至 12 月 5 日。保苗安全越冬。

（7）苗期镇压。越冬或返青期，地表出现干土层时，用表面光滑的镇压器进行麦田镇压，弥实麦田地表裂缝，防止寒风飔根，保墒防冻，抑制基部节间伸长，防止倒伏。

（8）春季肥水。一般春季节省返青、起身肥水。拔节期结合浇水每 667m² 追纯氮 8~9kg，促大蘖成穗，灌水追肥时间一般掌握在 4 月 1—10 日；适时浇好开花灌浆水，强筋品种或有脱肥迹象的麦田，可随灌水每 667m² 施 1~2kg 氮素。

（9）机械喷防。适时用机械化学除治病虫草害。冬前应重点做好麦田化学除草，同时加强对地下害虫、麦黑潜叶蝇和胞囊线虫病的查治，注意防治灰飞虱、叶蝉等害虫。春季重点防治纹枯病、条锈病、白粉病、赤霉病、麦蜘蛛、吸浆虫、蚜虫等病虫害及田间杂草。生育后期选用适宜杀虫剂、杀菌剂和磷酸二氢钾，各计各量，现配现用，防病、防虫、防早衰（干热风）。

（10）机械收获。籽粒蜡熟末期至完熟期采用联合收割机及时收获，注意躲避烂场雨，防止穗发芽，确保丰产丰收，颗粒归仓。

四、长江中下游冬麦区小麦绿色高产高效技术规范

本区包括浙江、江西、湖北、湖南及上海市全部，河南省信阳地区以及苏、皖两省淮河以南的地区。属北亚热带季风区，全年气候温暖湿润，水热资源丰富，年降水 830~1 870mm，小麦生育期间降水 340~960mm；全年 ≥10℃ 的积温 5 300℃ 左右，播种至成熟期>0℃ 的积温 2 000~2 200℃，无霜期 215~278 天。本区主要是稻茬小麦。种植制度多为一年两熟以至三熟。长江以南小麦冬季基本不停止生长，但生长放缓。小麦一般在 10 月下旬至 11 月上旬播种，翌年 5 月下旬至 6 月上旬收获。土壤类型主要褐土、黄褐土、棕壤、黄壤、红壤等。制约小麦生产的主要因素：一是稻茬土壤湿度大，土质黏重，整地困难；二是小麦生育期降水偏多，常遇渍害威胁；三是春季倒春寒发生频率高；四是小麦抽穗开花期常遇高温多湿，易发生赤霉病和其他病虫害；五是后期易发生倒伏和早衰。

关键技术：

（1）品种选择。选用通过国家或省品种审定委员会审定，在当地种植表现优良的弱春性或春性品种。播前精选种子，做好发芽试验，药剂拌种或种子包衣，防治地下害虫。

（2）秸秆还田。水稻（或其他前茬作物）成熟后及时收获，并配套还田机械，将水稻（或其他前茬作物）秸秆粉碎后均匀抛撒田面，秸秆粉碎长度≤10cm。

（3）整地施肥。用机械旋耕灭茬，确保 90% 以上经过粉碎的稻茬秸秆（或其他前茬作物秸秆）埋于 10cm 土层以下。每 667m² 底施磷酸二铵 20~25kg，尿素 8kg 左右，硫酸钾或氯化钾 8~10kg；或用三元复合肥（N∶P∶K = 15∶15∶15）25kg 左右，尿素 8kg 左右。每 667m² 施用硫酸锌 1.5kg 左右。

（4）机械播种。提倡少免耕条播，一次作业完成灭茬、浅旋、开槽、播种、覆

土、镇压等 6 道工序。掌握日均温 16℃ 左右时，适墒适期播种；按每 667m² 基本苗 15 万~20 万确定播量，适播期后播种，每推迟 1 天，每 667m² 增加 1 万基本苗，但最多不超过 30 万基本苗。播后及时镇压；出苗后及时查苗，发现缺苗断垄应及时补种，确保全苗；田边地头要种满种严。

（5）三沟配套。包括外三沟和内三沟。采用机械开沟器，其中"外三沟"包括隔水沟、导渗沟、排水沟。"内三沟"包括竖沟、腰沟和田头沟，内"三沟"的深度逐级加深，分别为 15cm、20cm、25cm 左右，沟沟相通，排灌方便。小麦生长发育过程中注意随时清沟理墒。

（6）春季肥水。拔节孕穗期重施肥，促大蘖成穗。3 月上中旬和 4 月初各施尿素 9kg 左右；拔节孕穗肥施用需结合降雨或灌溉进行。

（7）机械喷防。采用自走式或机动喷雾机喷施药剂，防治病虫草害，控制旺长防倒伏。幼苗期注意观察灰飞虱、叶蝉等害虫发生情况，及时防治；注意秋季杂草防除。群体较大的麦田，抗寒、抗倒伏能力差，要在冬前叶面喷施生长调节剂防冻，或拔节前叶面喷施生长调节剂防倒。科学防治赤霉病、条锈病、白粉病、纹枯病、蚜虫和麦圆蜘蛛。在小麦生长后期，选用适宜杀虫剂、杀菌剂和磷酸二氢钾，各计各量，现配现用，机械喷防，防病、防虫、防早衰（干热风）。

（8）机械收获。籽粒蜡熟末期至完熟期采用联合收割机及时收获，防止穗发芽，避开烂场雨，确保丰产丰收，颗粒归仓。

五、西南冬麦区小麦绿色高产高效技术规范

本区包括贵州、重庆全部，四川、云南大部（四川省阿坝、甘孜州南部部分县除外；云南省泸西、新平至保山以北，迪庆、怒江州以东），陕西南部（商洛、安康、汉中）和甘肃陇南地区。属亚热带湿润季风气候区，冬季气候温和，季节间温度变化较小，昼夜温差较大，雨多、雾大、晴天少，日照不足，年日照 1 620 小时左右。全年 ≥10℃ 的积温 4 850℃ 左右，小麦生育期 >0℃ 积温为 1 800~2 200℃。年降水 1 100mm 左右，小麦播种至成熟期降水 100~400mm。本区种植制度复杂，有一年一熟、一年二熟或一年三熟。土壤类型繁多，分布错综。主要有黄壤、红壤、棕壤、潮土、赤红壤、黄红壤、红棕壤、红褐土、黄褐土、草甸土、褐色土、紫色土、石灰土、水稻土等。一般 10 月下旬至 11 月上旬播种，5 月上、中、下旬均有收获。制约该区域小麦生产的主要因素：一是日照不足，影响小麦结实灌浆；二是部分地区季节性干旱、低温冷害和冻害等隐性灾害时有发生；三是部分丘陵地区机械化操作难度大，种植规模小、效益低；四是高温多湿气候易发生条锈病、赤霉病、白粉病；五是后期干热风危害。

关键技术：

（1）品种选择。选用通过国家或省（直辖市）审定，在当地种植表现优良适宜秋播的春性或半冬性的品种。播前精选种子，做好发芽试验，进行药剂拌种或种子包衣，防治地下害虫或苗期病害。

（2）整地施肥。对于稻茬麦田，无论免耕还是旋耕，都需要开好边沟、厢沟，做到沟沟相通，利于排水降湿。对于旱地套作小麦，前茬作物收获后，将秸秆粉碎还田，秸秆长度≤10cm，均匀抛撒地表。3 年深松（深耕）一次，深松机深松 30cm 以上或深耕犁深耕 25cm 以上土层，深松或深耕后及时合墒，机械整平。旋耕前施底肥，依据产量目标、土壤肥力等进行测土配方施肥，一般每 667m² 底施氮素 6kg 左右，五氧化二磷 6~8kg，氧化钾 5kg 左右，或相应养分含量的复合肥，硫酸锌 1.5kg 左右。旋耕机旋耕，耕深 12cm 以上。

（3）机械播种。在日平均温度 16℃ 左右播种，一般控制在 10 月下旬日至 11 月上旬，播深 3~5cm，每 667m² 基本苗 15 万~20 万；出苗后及时查苗，发现缺苗断垄应及时补种，确保全苗，田边地头要种满种严。

（4）春季肥水。拔节期适当施用肥水，促大蘖成穗；追肥浇水时间根据苗情确定，一般掌握在群体叶色褪淡，小分蘖开始死亡，分蘖高峰已过，基部第一节间定长时施用。群体偏大、苗情偏旺的延迟到拔节后期至旗叶露尖时施用，一般每 667m² 追施氮素 5~6kg。

（5）机械喷防。利用现代植保机械及时防治病虫草害。苗期注意观察条锈病和红蜘蛛等病虫发生情况，及时防治；适时进行杂草防除。拔节期注意防治条锈病及白粉病；抽穗至开花初期喷药预防赤霉病，灌浆期注意观察蚜虫和白粉病、条锈病发生情况，及时进行一喷三防。

（6）机械收获。籽粒蜡熟末期至完熟期适时机械收获，注意天气预报，避开烂场雨，防止穗发芽，确保丰产丰收，颗粒归仓。

六、西北春麦区小麦绿色高产高效技术规范

本区包括内蒙古的阿拉善盟；宁夏全部；甘肃的兰州、临夏、张掖、武威、酒泉区全部以及定西、天水和甘南州部分县；青海省西宁市和海东地区全部，以及黄南、海南州的个别县。处于中温带内陆地区，属大陆性气候。冬季寒冷，夏季炎热，春秋多风，气候干燥，日照充足，昼夜温差大。种植制度主要为一年一熟。土壤类型主要有棕钙土、栗钙土、风沙土、灰钙土、黑垆土、灰漠土、棕色荒漠土等，多数土壤结构疏松，易风蚀沙化，地力贫瘠，水土流失严重。年均降水量 200~400mm，一般年份不足 300mm，最少地区在 50mm 以下。春小麦播种期通常在 3 月上、中旬至 4 月上

旬，5月中旬至6月初拔节，6月中旬至6月下旬抽穗，7月下旬至8月中旬成熟。全生育期120～150天，以西宁地区生育期最长。制约该区域小麦生产的主要因素：一是小麦生育期间干旱少雨，影响小麦正常生长。二是土壤肥力较差。三是病虫为害，金针虫、蚜虫、红蜘蛛、吸浆虫、白粉病、锈病时有发生。四是后期干热风危害重，高温逼熟现象频发。

关键技术：

（1）品种选择。选用通过国家或省（自治区）审定，在当地种植表现优良的春播春性品种。播前精选种子，做好发芽试验，进行药剂拌种或种子包衣，预防病虫害。

（2）秸秆还田。提倡有条件地方进行秸秆还田、培肥地力。前茬单作小麦的地块，若为联合收割机收获，先将收割机打碎的带状秸秆碎段铺匀，然后结合夏季耕作灭茬，连同收割留茬一起翻耕或旋耕还田；前茬为玉米单作田块或者小麦套种玉米带田，小麦和玉米机械收获后，可结合秋季耕作灭茬和整地，将收割粉碎的玉米秸秆连同小麦秸秆碎段一起还田入土。

（3）耕作整地。夏茬前作收后及时深耕灭茬、晒垡，熟化土壤，秋末先深耕施基肥，再旋耕碎土、整平土壤；秋茬田应随收随深耕，深耕、施基肥、旋耕、耙耱整平。秋末耕作整地要与打埂作畦结合、保证灌溉均匀。深耕要达到25cm以上，打破犁底层。

（4）灌底墒水。11月中旬土壤夜冻昼消时灌底墒水，底墒水要求灌足灌透，每667m² 灌溉量70～100m³。

（5）耙耱镇压。入冬后耙耱弥补裂缝，早春最好顶凌耙耱保墒。秸秆还田地区若土壤虚松，早春可通过轻度镇压弥补裂缝、保墒提墒。

（6）施用底肥。产量500kg/667m² 以上的麦田，全生育期施肥量：每667m² 腐熟有机肥3 000～5 000kg，底施磷酸二铵20kg左右，尿素6kg左右。全部有机肥和磷肥作基肥。

（7）机械播种。最适播期内机械适墒条播或匀播。过分虚松的土壤，播后需要镇压。播前若墒情差，可采用深种浅盖法。一般要求在日平均气温5～7℃，地表解冻4～5cm时开始播种，一般在3月上旬至中旬（顶凌播种的麦田可提前到2月下旬播种），有些延迟到4月上旬，播深3～5cm，每667m² 基本苗40万～45万，播后镇压；出苗后及时查苗，发现缺苗断垄应及时补种，确保全苗；田边地头要种满种严。

（8）机械喷防。苗期杂草严重时，可在封垄前化学除草；拔节前喷植物生长延缓剂，防止后期倒伏。做好病虫草害监测，及时进行防治。重点防治小麦赤霉病、锈病、白粉病、红蜘蛛、蚜虫及各种杂草，后期做好一喷三防。

（9）合理追肥。拔节初期结合灌第一次水每 667m² 追施尿素 12~13kg，促大蘖成穗。抽穗开花期结合灌第二次水每 667m² 追施尿素 5~6kg，促进灌浆，增加粒重。

（10）机械收获。蜡熟末期至完熟期，选晴好天气及时机械收获、防止穗发芽和烂场雨，做到颗粒归仓。及时晾晒扬净，预防霉烂，做到丰产丰收。

七、东北春麦区小麦绿色高产高效技术规范

本区包括黑龙江、吉林两省全部，辽宁省除南部大连、营口两市以外的大部，内蒙古自治区东北部的呼伦贝尔市、兴安盟、通辽市及赤峰市。本区为中温带向寒温带过渡的大陆性季风气候。日照充足，温度由北向南递增，差异较大。全年≥10℃的积温为 2 730℃ 左右，变幅为 1 640~3 550℃。小麦生育期间 >0℃ 积温为 1 200~2 000℃，无霜期 90~200 天，由北向南逐渐增加。全年降水量通常 400~600mm，小麦生育期降水 200~300mm，为我国春麦区降水最多的地区。耕作模式为一年一熟，主要种植作物为玉米、小麦、大豆、油菜等。制约小麦生产的主要因素：一是小麦生长前期干旱严重，影响小麦苗全苗壮；二是小麦生育后期的雨害、湿害以及随之发生的各种病害和倒伏。

关键技术：

（1）品种选择。选用通过国家或省（自治区）审定、在当地种植表现优良、抗倒耐密春播春性品种。播前精选种子，种子标准要达到生命力强、发芽率高，纯度 98% 以上，净度 98% 以上，发芽率 90% 以上。做好发芽试验，进行药剂拌种或种子包衣，预防病虫害。

（2）整地施肥。坚持伏秋整地。要求整平耙细，达到待播状态。前茬无深松基础的地块，要进行伏秋翻地或耙茬深松，翻地深度为 18~22cm，深松地要达到 25~30cm。前茬有深翻、深松基础的地块，可耙茬作业，耙深 12~15cm。除土壤含水量过大的地块外耙后应适当镇压。秋涝的年份整地应采取深松浅翻、少耙；秋旱的年份应少翻、少松、镇压。整地作业后，要达到上虚下实，地块平整，地表无大土块，耕层无暗坷垃。三年深翻一次，提倡根茬还田。坚持平衡施肥的原则，根据土壤基础肥力，每 667m² 施肥比例为 N：P₂O₅：K₂O = （1~1.2）：1：0.4，土壤有机质含量 3%~5% 的地区，每 667m² 底施纯氮 4.5~5.5kg，磷肥（P_2O_5）5~6kg，钾肥（K_2O）2.5~3.5kg（以硫酸钾为宜）；土壤有机质含量 5% 以上的地区，每 667m² 底施纯氮 3.5~4.0kg，磷肥（P_2O_5）4.0~4.5kg，钾肥（K_2O）2~3kg（以硫酸钾为宜）。秋深施肥一般在气温降至 10℃ 以下（10月1日以后）进行，施肥深度达到 8~10cm。

（3）机械播种。最适播期内机械适墒条播或匀播。在日平均气温 5~7℃，地表解冻 4~5cm 开始播种，播深 3~5cm，每 667m² 基本苗 45 万~50 万，播后镇压；出

苗后及时查苗，发现缺苗断垄应及时补种，确保全苗。田边地头要种满种严。

（4）苗期管理。三叶期结合化学除草每 667m² 喷施纯氮 0.25kg+20g 硼酸+0.2kg 磷酸二氢钾；三叶期和拔节前喷矮壮素（或其他植物生长延缓剂）各 1 次，三叶一心至四叶一心时进行镇压，壮秆防倒。

（5）中后期肥水管理。有灌溉条件的麦田，在拔节期追肥灌水，促进成穗。每 667m² 追施纯氮 2~3kg；适时浇好抽穗水、灌浆水，可结合抽穗水追施 1~1.5kg 氮素，促进灌浆。无灌溉条件的麦田，可结合化学除草适当叶面喷施尿素和磷酸二氢钾。

（6）机械喷防。苗期杂草严重时，可在封垄前化学除草；做好病虫草害监测，及时进行防治。重点防治小麦根腐病、赤霉病、锈病、白粉病、红蜘蛛、蚜虫及各种杂草，后期做好一喷三防。

（7）机械收获。蜡熟末期至完熟期，选晴好天气及时机械收获、防止穗发芽和烂场雨，做到颗粒归仓。及时晾晒扬净，预防霉烂，做到丰产丰收。

八、北部春麦区春小麦绿色高产高效技术规范

该区位于大兴安岭以西，长城以北。包括内蒙古的锡林郭勒、乌兰察布、呼和浩特、包头、巴彦淖尔、乌海 1 盟 6 市，河北省的张家口、承德 2 市，山西省大同、朔州、忻州 3 市，陕西省榆林长城以北的部分县。小麦生产区以内蒙古为主。耕作模式为一年一熟制。主要种植作物为小麦、玉米、向日葵、马铃薯等。一般 3 月中、下旬播种，7 月中、下旬收获，小麦播种至成熟>0℃积温为 1 800~2 000℃。无霜期 80~178 天。全年降水量 200~600mm，小麦生育期降水 50~200mm。土壤类型有盐土、碱土、风沙土、潮土、灰土、栗钙土、棕钙土等。制约该区域小麦生产的主要因素：一是小麦比较效益低。二是常遇春季土壤潮塌，影响小麦正常播种。三是后期干热风危害。

关键技术：

（1）品种选择。选用通过国家或省（自治区）审定、在当地种植表现优良、抗倒耐密春播春性品种。播前精选种子，种子标准要达到生命力强、发芽率高，纯度 98% 以上，净度 98% 以上，发芽率 90% 以上。做好发芽试验，进行药剂拌种或种子包衣，预防病虫害。

（2）整地施肥。每 667m² 底施有机肥 3 000kg，磷酸二铵 20kg，氯化钾 2.5kg，然后翻耕或旋耕，机械整平镇压待播。

（3）机械播种。最适播期内机械适墒条播或匀播。在日平均气温 5~7℃，地表解冻 4~5cm 时开始播种，一般在 3 月中旬至下旬，播深 3~5cm，每 667m² 基本苗

45万~50万，播后镇压；出苗后及时查苗，发现缺苗断垄应及时补种，确保全苗；田边地头要种满种严。

（4）苗期管理。苗期注意防治地下害虫，拔节前中耕除草，杂草严重时可化学除草。三叶期结合灌水每667m²施尿素15kg，促进麦苗生长。

（5）中后期管理。拔节初期结合灌水每亩追施尿素10kg，促大蘖成穗。注意防病治虫，适当喷施植物生长延缓剂，降低株高，防止倒伏。抽穗开花期及时灌水；注意监测蚜虫、黏虫、麦秆蝇、白粉病、锈病发生情况，发现病虫情及时防治。灌浆期适时灌水，注意防治蚜虫、黏虫，减轻危害。适时做好一喷三防。

（6）机械收获。蜡熟末期至完熟期，选晴好天气及时机械收获，防止穗发芽，避开烂场雨，及时晾晒扬净，预防霉烂，做到颗粒归仓，丰产丰收。

九、新疆冬春麦区冬小麦绿色高产高效技术规范

本区包括南疆的喀什地区、和田地区、阿克苏地区的所有县市与伊犁河谷冬春麦兼种区，乌苏-石河子-昌吉-奇台冬春麦兼种区，轮台-库尔勒-若羌-且末冬春麦兼种区的部分县市。小麦播种至成熟>0℃积温南疆为2 265℃左右，北疆为2 243℃左右。南疆冬小麦区全年无霜期160~240天；冬春麦兼种区全年无霜期100~200天。全年降水量南疆为50mm左右，北疆为200mm左右。土壤类型主要有灌淤土、灰漠土、灌耕土等。制约小麦生产的主要因素：一是小麦生育期降水严重不足，与棉花等其他作物争水矛盾突出。二是常遇春季干旱，影响小麦返青及正常生长。三是病虫害较多，尤其是雪腐雪霉病，历年均有不同程度发生。四是倒春寒发生频率高。五是后期干热风危害。

关键技术：

（1）品种选择。选用通过国家或自治区审定、在当地种植表现优良的品种。播前精选种子，做好发芽试验，进行药剂拌种或种子包衣，预防病虫害。

（2）整地施肥。整地前施底肥，依据产量目标、土壤肥力等进行测土配方施肥，一般每667m²底施磷酸二铵20kg左右，尿素15kg左右，氧化钾6kg左右，硫酸锌1.5kg左右。并增施有机肥。联合整地机耙地，耙深12cm以上。

（3）机械播种。最适播期内机械适墒条播或匀播。在日平均气温17℃左右时播种，一般南疆在9月下旬至10月上旬，少数在10月中旬，北疆沿天山一带为9月中旬至下旬；播深3~5cm，每667m²基本苗25万左右，播后镇压；出苗后及时查苗，发现缺苗断垄应及时补种，确保全苗；田边地头要种满种严。

（4）冬前管理。冬前苗期注意观察灰飞虱、叶蝉等害虫发生情况，及时防治。适时灌冻水，一般要求在昼消夜冻时灌冻水，气温下降至0~3℃，时间在11月15—

25 日，保苗安全越冬。冬季适时镇压，弥实地表裂缝，防止寒风飕根，保墒防冻。

（5）早春管理。返青期中耕松土，提高地温，镇压保墒，一般可节省返青肥水；若 0~20cm 土壤相对含水量低于 60%，可适当灌水补墒。起身期蹲苗控节，适当灌水。

（6）中后期管理。拔节期重施肥水，促大蘖成穗。每 667m² 追施尿素 18kg 左右，灌水追肥时间在 4 月 15—25 日；适时浇好开花灌浆水，可结合灌水追施 2~3kg 尿素，南疆一般在 5 月初，北疆一般在 5 月上中旬。

（7）机械喷防。做好病虫草害监测，及时进行防治。重点防治小麦根腐病、赤霉病、锈病、白粉病、雪腐病、雪霉病、蚜虫及各种杂草，后期做好一喷三防。

（8）机械收获。籽粒蜡熟末期至完熟期适时机械收获，防止穗发芽，避开烂场雨，确保丰产丰收，颗粒归仓。

十、新疆冬春麦区春小麦绿色高产高效技术规范

本区包括南疆巴音郭楞蒙古自治州的焉耆县、和静县、和硕县、博湖县与伊犁河谷冬春麦兼种区、塔额盆地、乌苏–石河子–昌吉–奇台冬春麦兼种区、轮台–库尔勒–若羌–且末冬春麦兼种区的部分县市，阿勒泰地区春麦区。小麦播种至成熟>0℃积温南疆为 1 910℃左右，北疆为 1 700℃左右。全年降水量南疆为 50mm 左右，北疆为 200mm 左右。耕作模式为一年一熟或一年两熟。主要种植作物为小麦、玉米、棉花。土壤类型主要有灌淤土、灰漠土、灌耕土、灰钙土等。制约该区域小麦生产的主要因素：一是小麦生育期降水严重不足，与棉花等其他作物争水矛盾突出。二是常遇春季干旱，影响小麦播种及出苗。三是病虫害较多，尤其是锈病，历年均有不同程度发生。四是后期干热风危害。

关键技术：

（1）品种选择。选用通过国家或自治区审定，在当地种植表现优良的品种。播前精选种子，做好发芽试验，进行药剂拌种或种子包衣，防治地下害虫，预防锈病、黑穗病和白粉病。

（2）整地施肥。整地前施底肥，依据产量目标、土壤肥力等进行测土配方施肥，一般每 667m² 底施磷酸二铵 20kg 左右，尿素 2~3kg，氧化钾 6kg 左右，硫酸锌 1.5kg 左右。并增施有机肥。联合整地机耙地，耙深 12cm 以上。

（3）机械播种。最适播期内机械适墒条播或匀播。最适播期内机械适墒播。一般在日均温 5~7℃、地表解冻 5~7cm 时开始播种，一般在 3 月中旬至下旬（部分麦田可能推迟到 4 月中下旬），播深 3~5cm，每 667m² 基本苗 35 万，带肥下种，种肥 4~5kg 磷酸二铵；出苗后及时查苗，发现缺苗断垄应及时补种，确保全苗，田边地头

要种满种严。

（4）机械镇压。选用适合当地生产的镇压器机型，播种后进行镇压，踏实土壤，保墒保温，促进促苗齐全。苗期可适当镇压，降秆防倒。

（5）苗期管理。2叶1心期灌水促苗早发，随水每667m² 追施尿素 8~10kg，促苗早发；及时进行化控防倒。

（6）中后期管理。拔节期重施肥水，促大蘖成穗。每667m² 追施尿素 10~15kg。注意观察白粉病、锈病发生情况，发现病情及时防治。及时浇好开花灌浆水，可结合灌水每667m² 追施 4~5kg 尿素。

（7）机械喷防。苗期注意观察灰飞虱、叶蝉等害虫发生情况，及时防治，中后期注意观察蚜虫和白粉病发生情况，及时彻底防治蚜虫和白粉病。生育后期选用适宜杀虫剂、杀菌剂和磷酸二氢钾，各计各量，现配现用，机械喷防，防病、防虫、防早衰（干热风）。做好田间杂草监测，及时进行防治。

（8）机械收获。籽粒蜡熟末期至完熟期采用联合收割机及时收获，防止穗发芽，避开烂场雨，确保丰产丰收，颗粒归仓。

十一、青藏春冬麦区春小麦绿色高产高效技术规范

本区属青藏高原，包括西藏自治区全部，青海省除西宁市及海东地区以外的大部，甘肃省西南部的甘南州大部，四川省西部的阿坝州、甘孜州以及云南省西北的迪庆州和怒江州部分县，以春小麦种植为主。主要为一年一熟，小麦多与青稞、豆类、荞麦换茬。西藏高原南部的峡谷低地可实行一年两熟或两年三熟。全生育期 130~190天；播种至成熟>0℃积温为 1 600~1 800℃。春小麦生育期降水 50~300mm。农耕区的土壤类型主要有灌淤土、灰钙土、栗钙土、黑钙土、灰棕漠土、棕钙土、潮土、高山草甸土、亚高山草原土等，在西藏东南部的墨脱县、察隅县还有水稻土分布。制约小麦生产的主要因素：一是温度偏低，热量不足，无霜期短。二是气候干旱，降水量少，蒸发量大。三是盐碱及风沙等自然因素危害。

关键技术：

（1）品种选择。选用通过国家或省（自治区）审定，在当地种植表现优良的品种。播前精选种子，做好发芽试验，进行药剂拌种或种子包衣，预防病虫害。

（2）整地施肥。整地前施底肥，依据产量目标、土壤肥力等进行测土配方施肥，一般每667m² 底施磷酸二铵 10kg 左右，尿素 20kg 左右。并增施有机肥。旋耕 12cm以上，并进行机械镇压。

（3）机械播种。最适播期内机械适墒条播或匀播。当日平均温度 1~3℃，土壤解冻 5~6cm 时抢墒早播；播种深度 3~5cm；每667m² 播种量 15~20kg，保苗（基本

苗）30 万~35 万，及时进行播后镇压；出苗后及时查苗，发现缺苗断垄应及时补种，确保全苗；田边地头要种满种严。

（4）苗期管理。2 叶 1 心至 3 叶 1 心期灌第一次水，结合灌水每 667m² 追施尿素 8~10kg，灌水后适时中耕松土，促苗早发；及时进行化控防倒。

（5）中后期管理。拔节期适时施用肥水，结合灌水每 667m² 追施尿素 5~6kg，促大蘖成穗。抽穗开花期适时灌水，促进籽粒灌浆。

（6）机械喷防。苗期注意防治锈病、叶枯病、根腐病及地下害虫，拔节前注意防除杂草。拔节期注意观察锈病及麦茎蜂发生情况，及时采取措施，有效防治。抽穗开花期注意预防锈病、赤霉病及吸浆虫，及时进行有效防治，生长后期做好一喷三防。

（7）机械收获。籽粒蜡熟末期至完熟期采用联合收割机及时收获。预防干热风，避开烂场雨，确保丰产丰收，颗粒归仓。

主要参考文献

常旭虹，赵广才，王德梅，等.2014.生态环境与施氮量协同对小麦籽粒微量元素含量的影响 [J]. 植物营养与肥料学报，20（4）：885-895.

陈清，温贤芳，郑兴耘，等.1997.灌溉条件下施氮水平对土壤——作物系统中肥料氮素去向的 影响 [J]. 核农学报，11（4）：243-246.

陈清浩.1957.不同时期喷施氮肥对于小麦生长发育产量和品质的影响 [J]. 植物生理学通讯 （4）：24-33.

陈子元，温贤芳，胡国辉.1983.核技术及其在农业科学中的应用 [M]. 北京：科学出版社.

池忠志，赵广才，常旭虹，等.2006.施氮量对冬小麦籽粒蛋白质及其组分含量和比例的影响 [J]. 麦类作物学报，26（6）：65-69.

崔读昌，等.1991.中国小麦气候生态区划 [M]. 贵阳：贵州科学技术出版社.

崔读昌，刘洪顺，闵谨如，等.1984.中国主要农作物气候资源图集 [M]. 北京：气象出版社.

崔金梅，郭天财，等.2008.小麦的穗 [M]. 北京：中国农业出版社.

范仲卿，赵广才，田奇卓，等.2014.拔节至开花期控水对冬小麦氮素.收运转的影响 [J]. 核 农学报，28（8）：1478-1483.

范仲卿，赵广才，田奇卓，等.2014.返青至孕穗期控水对冬小麦氮素吸收与转运的影响 [J]. 麦类作物学报，34（5）：662-667.

丰明，赵广才，常旭虹，等.2009.不同灌水处理对彩色小麦籽粒产量和品质的影响 [J]. 麦类 作物学报，29（3）：460-463.

丰明，赵广才，常旭虹，等.2009.追氮量对不同冬小麦籽粒蛋白质含量以及面粉加工品质的影 响 [J]. 华北农学报，24（增）：179-183.

冯金凤，张保军，赵广才，等.2012.氮磷钾肥对小麦产量及主茎维管束的影响 [J]. 麦类作物 学报，32（5）：923-925.

冯金凤，赵广才，张保军，等.2013.氮肥追施比例对冬小麦产量和蛋白质组分及生理指标的影 响 [J]. 植物营养与肥料学报，19（19）：824-831.

冯金凤，赵广才，张保军，等.2013.化学调控对冬小麦产量、品质及旗叶部分生理指标的影响 [J]. 华北农学报，28（增）：142-146.

高瑞玲，李九星.1989.高产麦区后期喷氮对产量与品质的影响 [J]. 河南职业技术师范学院学报，17（3-4）：80-84.

郭明明，董召娣，张明伟，等.2014.氮肥运筹对不同筋型小麦产量和品质的影响［J］.麦类作物学报，34（1）：1559-1565.

郭明明，赵广才，郭文善，等.2016.追氮时期和施钾量对小麦氮素吸收运转的调控［J］.植物营养与肥料学报，22（3）：590-597.

郭天财，盛坤，冯伟，等.2009.种植密度对两种穗型小麦品种分蘖期茎蘖生理特性的影响［J］.西北植物学报，29（2）：350-355.

国家标准局.1988.低筋小麦粉：GB 8608—88［S］.

胡承霖，范荣喜，姚孝友，王敏.1990.小麦籽粒蛋白质含量动态变化规律及其与产量关系的研究［J］.河南职业技术师范学院学报，17（3-4）：117-125.

金善宝.1961.中国小麦栽培学［M］.北京：农业出版社.

金善宝.1983.中国小麦品种及其系谱［M］.北京：农业出版社.

金善宝.1990.小麦生态研究［M］.杭州：浙江科学技术出版社.

金善宝.1991.中国小麦生态［M］.北京：科学出版社.

金善宝.1996.中国小麦学［M］.北京：中国农业出版社.

李春喜，石惠恩，张凤玉，等.1989.豫北小麦籽粒蛋白质、赖氨酸积累变化规律的研究［J］.河南职业技术师范学院学报，17（3-4）：1-5.

李春喜，赵广才，代西梅，等.2000.小麦分蘖变化动态与内源激素关系的研究［J］.作物学报，26（6）：963-968.

李贵宝，张水旺.1997.应用^{15}N示踪技术研究河南主要土类冬小麦对氮素的利用［J］.核农学报，11（2）：97-102.

李姗姗，赵广才，常旭虹，等.2008.追氮时期对强筋小麦产量、品质及其相关生理指标的影响［J］.麦类作物学报，28（3）：461-465.

李姗姗，赵广才，常旭虹，等.2009.追氮时期对不同粒色类型小麦产量和品质的影响［J］.植物营养与肥料学报，15（2）：255-261.

林作楫.1993.食品加工与小麦品质改良［M］.北京：中国农业出版社.

刘锡山.1992.冬小麦栽培研究.北京：中国科学技术出版社.

刘孝成，赵广才，石书兵，等.2017.肥水调控对冬小麦产量及籽粒蛋白质组分的影响［J］.核农学报，31（7）：1 404-1 411.

卢良恕文选编委会.1999.卢良恕文选［M］.北京：中国农业出版社.

吕冰，范仲卿，常旭虹，等.2017.施氮量对2个粒色小麦产量及加工品质的影响［J］.核农学报，31（6）：1 192-1 199.

马瑞昆.2009.冬小麦节水高产三十载探索集萃［M］.北京：科学技术文献出版社.

马少康，赵广才，常旭虹，等.2010.不同水氮处理对济麦20蛋白组分和加工品质的影响［J］.麦类作物学报，30（3）：477-481.

马少康，赵广才，常旭虹，等.2010.氮肥和化学调控对小麦品质的调节效应［J］.华北农学报，25（增）：190-193.

马元喜.1999.小麦的根［M］.北京：中国农业出版社.

彭永欣，郭文善，居春霞，等.1987.氮肥对小麦籽粒营养品质的调节效应［J］.江苏农业科学（2）：9-11.

石惠恩，陈天房，茹德平.1989.施用氮肥对冬小麦产量和品质影响的研究［J］.河南职业技术师范学院学报，17（3-4）：8-93.

田奇卓，亓新华，王俊领，等.1997.免耕稻茬麦植株、土壤系统氮素平衡研究［J］.核农学报，11（3）：157-162.

田奇卓.1998.冬小麦节水高产栽培三要素吸收积累与分配规律的研究［J］.山东农业大学学报，29（3）：303-312.

王光瑞.1996.烘焙品质与面团形成时间和稳定时间相关分析［J］.中国粮油学报（2）：1-5.

王连铮.1994.金善宝文选［M］.北京：中国农业出版社.

王美，赵广才，石书兵，等.2015.施氮量对不同粒色小麦花后光合特性及成熟期氮素分配和籽粒蛋白质组分的影响［J］.麦类作物学报，35（6）：829-835.

王美，赵广才，石书兵，等.2016.施氮及花后土壤相对含水量对黑粒小麦灌浆期氮素吸收转运及分配的影响［J］.中国生态农业学报，24（7）：864-873.

王美，赵广才，石书兵，等.2017.施氮及控水对黑粒小麦旗叶光合特性及籽粒灌浆的影响［J］.核农学报，31（1）：179-186.

王世之.1974.小麦分蘖规律及其在生产上的应用（一）［J］.植物学杂志（3）：27-30.

王世之.1975.小麦分蘖规律及其在生产上的应用（二）［J］.植物学杂志（1）：32-34.

王世之.1975.小麦分蘖规律及其在生产上的应用（三）［J］.植物学杂志（4）：30-31.

徐凤娇，赵广才，田奇卓，等.2011.灌水时期和比例对不同品种小麦产量及加工品质的影响［J］.核农学报，25（6）：1 255-1 260.

徐凤娇，赵广才，田奇卓，等.2012.施氮量对不同品质类型小麦产量和加工品质的影响［J］.植物营养与肥料学报，18（12）：300-306.

杨光梅，赵广才，刘利华，等.2007.硫肥对小麦蛋白质组分及产量的影响［J］.土壤通报，38（1）：89-92.

杨桂霞，赵广才，许轲，等.2010.播期和密度对冬小麦籽粒产量和营养品质及生理指标的影响［J］.麦类作物学报，30（4）：687-692.

杨桂霞，赵广才，许轲，等.2010.灌水和生长调节剂对有色小麦产量和品质的影响［J］.核农学报，24（5）：1 068-1 072.

杨桂霞，赵广才，许轲，等.2010.灌水及化控对不同籽粒小麦灌浆及叶绿素含量的影响［J］.华北农学报，25（4）：152-157.

杨丽珍，赵广才，常旭虹，等.2006.高有机质土壤条件下施氮对强筋小麦产量及品质的影响［J］.麦类作物学报，26（6）：60-64.

杨兆生，阎素红，王俊娟，等.2000.不同类型小麦根系生长发育及分布规律的研究［J］.麦类作物学报，20（1）：47-50.

尹均，苗果园，尹飞 . 2017. 小麦温光发育与分子基础［M］. 北京：科学出版社.

余松烈 . 1980. 作物栽培学（北方本）［M］. 北京：农业出版社.

翟凤林，等 . 1991. 作物品质育种［M］. 北京：农业出版社.

张洪程，许轲，戴其根，等 . 1998. 超高产小麦吸氮特性与氮肥运筹的初步研究［J］. 作物学报，24（6）：935-940.

张锦熙，刘锡山，阎润涛 . 1986. 小麦冬春品种类型及各生育阶段主茎叶数与穗分化进程变异规律的研究［J］. 中国农业科学（2）：27-35.

张锦熙，刘锡山，诸德辉，等 . 1981，小麦叶龄指标促控法的研究［J］. 中国农业科学（2）：1-13.

张锦熙，刘锡山 . 1987. 小麦叶龄指标促控法栽培管理技术体系［J］. 中国农业科学（专辑）：21-26.

张锦熙 . 1981. 小麦叶龄指标促控法的理论与实践［J］. 山西农业科学（1）：13-19.

张锦熙 . 1982. 小麦叶龄指标促控法问答［J］. 农业科技通讯（2）：7-10.

张立言，李雁鸣，李振国 . 1988. 氮磷化肥用量与配比对冬小麦籽粒产量和品质的影响［J］. 北京农学院学报，3（2）：158-166.

赵广才，常旭虹，陈新民，等 . 2007. 不同施肥灌水处理对不同小麦品种产量和品质的影响［J］. 植物遗传资源学报，8（4）：447-450.

赵广才，常旭虹，刘利华，等 . 2006. 施氮量对不同强筋小麦产量和加工品质的影响［J］. 作物学报，32（5）：723-727.

赵广才，常旭虹，刘利华，等 . 2007. 不同灌水处理对强筋小麦籽粒产量和蛋白质组分含量的影响［J］. 作物学报，33（11）：1 828-1 833.

赵广才，常旭虹，杨玉双，等 . 2008. 基本苗数和底追肥比例对冬小麦籽粒产量和蛋白质组分的影响［J］. 华北农学报，22（4）：712-716.

赵广才，常旭虹，杨玉双，等 . 2009. 冬小麦高产高效应变栽培技术研究［J］. 麦类作物学报，29（4）：690-695.

赵广才，常旭虹，杨玉双，等 . 2009. 群体和氮肥运筹对冬小麦产量和蛋白质组分的影响［J］. 植物营养与肥料学报，15（1）：16-23.

赵广才，常旭虹，杨玉双，等 . 2009. 施氮量和比例对冬小麦产量和蛋白质组分的影响［J］. 麦类作物学报，29（2）：294-298.

赵广才，常旭虹，杨玉双，等 . 2010. 不同灌水处理对强筋小麦加工品质的影响［J］. 核农学报，24（6）：1 232-1 237.

赵广才，常旭虹，杨玉双，等 . 2010. 基本苗和氮肥运筹对不同小麦品种产量和品质的调节效应［J］. 华北农学报，25（5）：182-186.

赵广才，常旭虹，杨玉双，等 . 2010. 追氮量对不同类型小麦产量和品质的调节效应［J］. 植物营养与肥料学报，16（4）：859-865.

赵广才，常旭虹，杨玉双，等 . 2011. 不同追施氮肥处理对冬小麦产量和品质的影响 [J]. 核农学报，25 (3)：559-562.

赵广才，常旭虹，杨玉双，等 . 2011. 氮磷钾运筹对不同小麦品种产量和品质的调节效应 [J]. 麦类作物学报，31 (1)：106-112.

赵广才，常旭虹，杨玉双，等 . 2011. 叶面喷施不同营养元素对冬小麦产量和品质的影响 [J]. 麦类作物学报，31 (4)：689-694.

赵广才，郝德有，常旭虹，等 . 2015. 小麦立体匀播技术 [J]. 农业科技通讯 (7)：184-185.

赵广才，何中虎，刘利华，等 . 2004. 肥水调控对强筋小麦中优 9507 品质与产量协同提高的研究 [J]. 中国农业科学，37 (3)：351-356.

赵广才，何中虎，田奇卓，等 . 2003. 农艺措施对中优 9507 小麦蛋白组分和加工品质的调节效应 [J]. 作物学报，29 (3)：408-412.

赵广才，何中虎，田奇卓，等 . 2004. 应用^{15}N 研究施氮比例对小麦氮素利用的效应 [J]. 作物学报，30 (2)：159-162.

赵广才，何中虎，王德森，等 . 2002. 栽培措施对面包小麦产量及烘烤品质的调控效应 [J]. 作物学报，28 (6)：797-802.

赵广才，李春喜，张保明，等 . 2000. 不同施氮比例和时期对冬小麦氮素利用的影响 [J]. 华北农学报，15 (3)：99-102.

赵广才，李继武 . 1989. 小麦沟播侧深位集中施肥配套技术 [J]. 农业科技通讯 (9)：7-8.

赵广才，刘利华，杨玉双，等 . 2004. 施肥及光合调节剂对小麦根系及籽粒产量和蛋白质含量的影响 [J]. 作物学报，30 (7)：699-704.

赵广才，刘利华，杨玉双 . 2001. 地理远缘小麦品种不同播期的生态效应 [J]. 麦类作物学报，21 (3)：31-34.

赵广才，刘利华，张艳，等 . 2002. 肥料运筹对超高产小麦群体质量根系分布产量和品质的效应 [J]. 华北农学报，17 (4)：82-87.

赵广才，万富世，常旭虹，等 . 2006. 不同试点氮肥水平对强筋小麦加工品质性状及其稳定性的影响 [J]. 作物学报，32 (10)：1 498-1 500.

赵广才，万富世，常旭虹，等 . 2007. 强筋小麦产量和蛋白质含量的稳定性及其调控研究 [J]. 中国农业科学，40 (5)：895-901.

赵广才，万富世，常旭虹，等 . 2008. 灌水对强筋小麦籽粒产量和蛋白质含量及其稳定性的影响 [J]. 作物学报，34 (7)：1 247-1 252.

赵广才，王崇义 . 2003. 小麦 [M]. 武汉：湖北科学技术出版社 .

赵广才，张保明，刘丽华，等 . 2007. 小麦优势蘖利用超高产栽培技术成果 [J]. 中国农业科学，40 (增)：147-152.

赵广才，张保明，王崇义 . 1998. 不同类型高产小麦氮素积累及施氮对策探讨 [J]. 作物学报，24 (6)：894-898.

赵广才，张保明，王崇义 . 1998. 应用^{15}N 研究小麦各部位氮素分配利用及施肥效应 [J]. 作物学报，24（6）：854-858.

赵广才，张保明，王崇义.2000.高产小麦氮素积累及其与产量和蛋白质含量的关系［J］.麦类
作物学报，21（3）：31-34.

赵广才，张艳，刘利华，等.2005.不同施肥处理对冬小麦产量、蛋白组分和加工品质的影响
［J］.作物学报，31（6）：772-776.

赵广才，张艳，刘利华，等.2005.施肥和密度对小麦产量及加工品质的影响［J］.麦类作物学
报，25（5）：56-59.

赵广才，周万荣，刘利华.1994.栽培条件对小麦生物学性状产量和品质的影响［J］.河北农业
大学学报，17（增）：286-291.

赵广才，周阳，常旭虹，等.2005.氮磷钾硫对冬小麦产量及加工品质的调节效应［J］.植物遗
传资源学报，6（4）：423-426.

赵广才.1988.用^{15}N研究小麦叶面喷氮的效应［J］.北京农业科学（6）：20-21.

赵广才.1989.不同肥水对冬小麦植株性状产量和品质的影响［J］.北京农学院学报，4（4）：
57-64.

赵广才.1989.冬小麦籽粒发育中蛋白质和氨基酸含量的变化及喷氮效应的研究［J］.中国农业
科学，22（5）：25-34.

赵广才.1992.矮壮素对小麦生长发育阶段植株性状及产量影响的研究［J］.莱阳农学院学报，
9（2）：86-92.

赵广才.1992.不同种及类型小麦籽粒蛋白质含量动态变化的研究［J］.作物学报18（3）：
205-212.

赵广才.1993.矮壮素对小麦和大麦幼穗发育影响的研究［C］.第一届全国青年作物栽培作物
生理学术文集.北京：中国科学技术出版社.

赵广才.1993.冬小麦主茎和分蘖的植株性状及分蘖合理利用的研究［J］.莱阳农学院学报，10
（1）：5-11.

赵广才.1994.Zadoks生长阶段和Waddington发育阶段理论简介［J］.北京农业科学，12（2）：
6-11.

赵广才.2006.小麦优质高产新技术［M］.北京：中国农业科学技术出版社.

赵广才.2007.小麦优势蘖利用超高产栽培技术研究［J］.中国农业科技导报，9（2）：44-48.

赵广才.2010.中国小麦植株区域的生态特点［J］.麦类作物学报，30（4）：684-686.

赵广才.2010.中国小麦种植区划研究（一）［J］.麦类作物学报，30（5）：886-895.

赵广才.2010.中国小麦种植区划研究（二）［J］.麦类作物学报，30（6）：1 140-1 147.

赵广才.2012.小麦生产配套技术手册［M］.北京：中国农业出版社.

赵广才.2013（第3版）.优质专用小麦生产关键技术百问百答［M］.北京：中国农业出版社.

赵广才.2014.小麦高产创建［M］.北京：中国农业出版社.

赵广才.2016.小麦立体匀播技术绿色节本高产高效［J］.农民科技培训（1）：42-44.

郑丕尧，刘锡山.1992.张锦熙小麦栽培科学技术文选［M］.北京：中国科学技术出版社.

中国科学院南京土壤研究所.1986.中国土壤图集［M］.北京：地图出版社.

中国农业科学院.1979.小麦栽培理论与技术［M］.北京：农业出版社.

中华人民共和国国家质量监督检验检疫总局，中国国家标准化管理委员会.2013.小麦品种品质分类：GB/T 17320—2013［S］.

中华人民共和国商业部.1993.饺子用小麦粉：SB/T 10138—93［S］.

中华人民共和国商业部.1993.馒头用小麦粉：SB/T 10139—93［S］.

中华人民共和国商业部.1993.面条用小麦粉：SB/T 10137—93［S］.

中华人民共和国卫生和计划生育委员会.2015.食品安全国家标准　饼干：GB 7100—2015［S］.

中华人民共和国卫生和计划生育委员会.2015.食品安全国家标准　方便面：GB 17400—2015［S］.

中华人民共和国卫生和计划生育委员会.2015.食品安全国家标准　糕点、面包：GB 7099—2015［S］.

Aetman D W, Mc Cuistion W L, Kronstad W E. 1983. Grain protein percentage, kernelhardness, and grain yield of winter wheat with foliar applied ureal［J］. Agronomy Journal, 75（1）：87–91.

Alston A M. 1979. Effects of soil water content and foliar fertilization with nitrogen and phosphoras in late season on the yield and composition of wheat［J］. Aust. J. Agric. Res, 30：577–585.

Amin C kapoor, Robert E Heiner. 1982. Biochemical changes in developing wheat grains. changes in nitrogen fractions. amino acid and nutritional quality［J］. Sci. Food Agric., 33：35–40.

Batnziger P S, Clements R L, Mcintosh M S, et al. 1985. Effect of cultivar. Environment and their interaction and stability analysis on milling and baking quality of soft red winter wheat［J］. Crop Science, 25（25）：5–8.

Blanche Benzian, Peter W Lane. 1986. Protein concentration of grain in relation to some whether and soil factors during 17 years of English winter wheat experiments［J］. J. Sci. Food Agric., 37：435–444.

Bly A G, Woodard H J. 2003. Foliar nitrogen application timing influence on grain yield and protein concentration of hard red winter and spring wheat［J］. Agronomy Journal, 95（2）：335–338.

Cartwright P M, Waddington S R. 1985. Spike development stages in barley［J］. Aspects of applied Biology, 10：421–439.

Cartwright P M, Zamanl M. 1991. Effects of Chlormequat on crop growth and canopy structure in barley, British society for plant growth regulation［J］. Monograph, 22：25–31.

Choudhury T M A, Khanif Y M. 2001. Evaluation of effects of nitrogen and magnesium fertilization on rice yield and fertilizer nitrogen efficiency using ^{15}N tracer technique［J］. Journal of Plant Nutrition, 24（6）：855–871.

Craufurd P Q, Cartwright P M. 1989. Effect of photoperiod and Chlormequat on apical development and growth in spring wheat cultivar［J］. annals of botany, 63：515–525.

Dubetz S, Gardiner E E, et al. 1979. Effect of nitrogen fertilizer treatments on the amino acid composition of neepawa wheat［J］. Cereal Chem., 56（8）：166–168.

Hou Y L, Bren L O, Zhang G R. 2001. Study on the dynamic changes of the distribution and accumulation of nitrogen in different plant parts of wheat [J]. Acta Agronomica Sinca, 27 (4): 493-499.

Hussain M L, Shan S H, Sajjad H. et al. 2002. Growth, yield and quality response of three wheat (*triticum aeseivum* L.) varieties to different levels of N, P and K [J]. International Journal of Agriculture and Biology, 4 (3): 362-364.

Jane M T, Muzammil S, Sanaullah K. 2000. Type of N-fertilizer, rate and timing effect on wheat production [J]. Sarhad Journal of Agriculture, 18 (4): 405-410.

Johnson G V, Raunchy W R. 2003. Nitrogen response index as a guide to fertilizer management [J]. Journal of Plant Nutrition, 26 (2): 249-262.

Johoson V A, Mattern P J, Schmidt J W. 1967. Nitrogen relations daring spring growth in varieties of *triticum aestivum* L. differing in grain protein content [J]. Crop Science, 7: 664-667.

Ma L, Smith D L. 1991. Apical development of spring barley in relation to chlormequat and ethephon [J]. Agr. J., 83: 270-274.

Peteron C J, Graybosch R A, Baenziger P S, et al. 1992. Genotype and environment effect on quality characteristics of hard red winter wheat [J]. Crop Science, 32: 98-103.

Plaut Z, Butow B J, Blumenthl C S, et al. 2004. Transport of dry matter into developing wheat kernels and its contribution to grain yield under post-anthesis water deficits and elevated temperature [J]. Field Crop Research, 86 (2-3): 185-198.

Porter M A, Paulsen G M. 1983. Grain protein response to phosphorus nutrition of wheat [J]. Agronomy Journal, 75 (2): 303-305.

Ravingra S, Agarwal S K, Jat M L. 2002. Quality of wheat (*triticum aeseivum* L.) and nutrient status in soil as influenced by organic and inorganic sources of nutrients [J]. Indinan Journal of Agricultural Sciences, 72 (8): 456-460.

Sanjeev K, Rajender K, Harbir S. 2000. Influcece of time sowing and NP fertilization on grain quality of macaronl wheat (*Triticum durum*) [J]. Haryana Agricultural University Journal of Research, 32 (1): 31-33.

Sinclair T R, Pinter P J, Kimball B A, et al. 2000. Leaf nitrogen concentration of wheat subjected to elevated [CO_2] and either water or N deficits [J]. Agriculture, Ecosystem & Environment, 79 (1): 53-60.

Singh A K, Jain G L, et al. 2000. Effect of sowing time, irrigation and nitrogen on grain yield and quality of durum wheat (*Triticum durum*) [J]. Indian Journal of Agricultural Science, 70 (8): 532-533.

Strong W M. 1982. Effects of late application of nitrogen on the yield and protein content of wheat [J]. Aust. J. Experi. Agric. And Ani. Husb., 22: 54-61.

Tadakatsu yoneyama. 1983. distribution of nitrogen absorbed during different times of growth in the plant parts of wheat and contribution to the grain amino acid [J]. Soil Sci. Plant Nutr., 29 (2):

193-207.

Waddington S R, Cartwright P M. 1983. A quantitative scale of spike initial and pistil development in barley and wheat [J]. annals of botany, 51: 119-130.

Xu Z Z, Yu Z W, Wang D, et al. 2005. Nitrogen accumulation and translocation for winter wheat under different irrigation regimes [J]. Journal of Agronomy and Crop Science, 191 (6): 439-449.

Zadoks J C, Chang T T, Konzak C F. 1974. A decimal code for growth stages of cereals [J]. Weed Research, 14: 415-421.

北部冬麦区小麦绿色高产高效技术模式图

月	9月	10月			11月			12月			1月			2月			3月			4月			5月			6月	
旬	下	上	中	下	上	中	下	上	中	下	上	中	下	上	中	下	上	中	下	上	中	下	上	中	下	上	中
节气	秋分	寒露		霜降	立冬		小雪	大雪		冬至	小寒		大寒	立春		雨水	惊蛰		春分	清明		谷雨	立夏		小满	芒种	
生育期	播种萌发期	出苗—三叶期			冬前分蘖期			越冬期							返青期		起身期			拔节期			抽穗—开花期		灌浆期		成熟期

生育特点
- 种子萌发、出苗
- 根系及分蘖迅速生长
- 基本停止生长
- 春生叶片开始生长
- 匍匐转为直立
- 节间伸长，植株迅速生长
- 开花授粉结实
- 籽粒灌浆
- 籽粒成熟

主攻目标
- 苗全、苗匀、苗壮
- 促根增蘖、壮苗
- 保苗安全越冬
- 促苗早发、稳长
- 蹲苗壮蘖
- 促大蘖成穗
- 保花增粒
- 养根护叶，增粒增重
- 生产丰收

关键技术
- 精选种子、药剂拌种、适期播种、播后镇压
- 适期灌好越冬水
- 适时镇压、严禁放牧
- 中耕松土、镇压保墒
- 蹲苗控土、防病除草
- 重施肥水、防治病虫
- 浇开花灌浆水、防治病虫、一喷三防
- 适时收获

操作规程
1. 播前精细整地，秸秆粉碎还田。选用该区域通过国家或省（直辖市）品种审定委员会审定、在当地种植表现良好的品种。播前精选种子，做好发芽实验，药剂拌种或种衣剂包衣，每667m²种子量20万～25万。
2. 日平均气温17℃左右始播。一般掌握在9月28日至10月10日，播深3～5cm，每667m²基本苗20万～25万。播后镇压。
3. 冬前苗期注意观察害虫发生情况，及时防治。
4. 返青期中耕松土，提高地温，镇压保墒。
5. 拔节期重施肥水，促大蘖成穗，每667m²追施尿素18kg左右。
6. 根据苗情浇好开花灌浆水，强筋品种收获前要防止穗发芽，防止烂场雨，适期开镰收获。
7. 籽粒蜡熟末期至完熟期适时机械收获。

穗分化进程
- 穗原基（冬前分蘖期）
- 伸长期（冬前—返青期）
- 单棱期（返青—起身期）
- 二棱期（返青—起身期）
- 护颖分化期（起身期）
- 小花分化期（拔节期）
- 雌雄蕊分化期（拔节期）
- 药隔分化期（拔节）
- 花粉粒充实期（拔节）
- 柱头羽毛状花丝（孕穗—抽穗期）
- 羽毛伸长期（抽穗—开花期）
- 形成期（孕穗—抽穗期）
- 坐胎期（灌浆期）
- 半仁期（灌浆期）
- 乳熟期（灌浆期）
- 蜡熟期（灌浆期）
- 完熟期（成熟期）

区域特点
本区包括辽宁南端的营口、大连两市，山西省境内长城以南的阳泉、太原、晋中、长治、吕梁等市，北京市、河北省境内长城以南的廊坊、唐山、秦皇岛市全部和保定、沧州市和部分地区汾阳、京津两市以南的阳县，甘肃省陇东庆阳市全部和平凉市的部分县，地处中纬度的暖温带半干旱气候。全生育期降水100～210mm，制约小麦生产的主要因素：①小麦冬季病虫害积温不足，②重春旱、接近紧张，③小麦生育期降水严重不足。

黄淮冬麦区北片小麦绿色高产高效技术模式图

月	10月			11月			12月			1月			2月			3月			4月			5月			6月
旬	上	中	下	上	中	下	上	中	下	上	中	下	上	中	下	上	中	下	上	中	下	上	中	下	中
节气	寒露		霜降	立冬		小雪	大雪		冬至	小寒		大寒	立春		雨水	惊蛰		春分	清明		谷雨	立夏		小满	芒种

生育期
- 播前明发期
- 出苗—三叶期
- 冬前分蘖期
- 越冬期
- 返青期
- 起身期
- 拔节期
- 抽穗—开花期
- 灌浆期
- 成熟期

生育特点
- 种子萌发、出苗
- 根系及分蘖迅速生长
- 缓慢生长
- 春生叶片开始生长
- 匍匐转为直立
- 节间迅速伸长，植株迅速生长
- 开花授粉、结实
- 籽粒灌浆
- 籽粒成熟
- 丰产丰收

主攻目标
- 苗全、苗齐、苗壮
- 促根增蘖、培育壮苗
- 保苗安全越冬
- 保促早发稳长
- 蹲苗壮蘖防倒除草
- 促大蘖成穗
- 保粒增粒
- 养根护叶、增粒增重

关键技术
- 精选种子、适时播种、播后镇压
- 防治病虫草害、药剂拌种、播后镇压
- 促根壮蘖、适时灌好越冬水
- 适时镇压、严禁放牧
- 中耕松土、镇压保墒
- 蹲苗控节、防病除草
- 重施肥水、防治病虫
- 浇开花灌浆水、防治病虫、一喷三防
- 适时收获

田间长势（图注）
出苗期　冬前分蘖期　越冬期　返青期　起身期　拔节期　孕穗期　成熟期

操作规程
1. 播前精细整地，秸秆粉碎还田。选用区域通过国家审定或省审定地，在当地种植表现现优良的良好品种。播前精选种子，做好发芽试验。
2. 在日平均温度17℃左右播种，一般控制10月2～12日，播深3～5cm，每667m²基本苗14万～22万。播后及时镇压。
3. 冬前苗期注意查苗灭虫，叶蘖多的发生病虫害，及时防治。以防为主，木施密播。
4. 返青期中耕松土，提高地温，镇压保墒，促进早发稳长。
5. 拔节期重施拔节肥水，促大蘖成穗。每667m²追施肥尿素18kg左右。
6. 根据土壤墒情适时浇好开花灌浆水，强防病害，避免烂场雨。
7. 籽粒蜡熟末期至完熟期适时机收获。

操作规程（图注）
条播机播种　匀播机播种　锄地　二般灌　播后镇压　冬前灌溉　春季镇压　适时冬灌　冬季防控　人工一喷三防　飞机一喷三防　机械收获　测产归仓

穗分化进程（图注）
蘖初露（冬前分蘖）　伸长期（冬前分蘖—返青期）　单棱期（返青—起身期）　二棱期（起身期）　护颖分化期（起身期）　小花分化期（拔节）　雌雄蕊分化期（拔节—孕穗期）　药隔分化期（孕穗期）　柱头伸长凸起期（抽穗—开花期）　花药四分体（开花期）　羽毛形成期（抽穗—开花期）　羽毛伸长（开花期）　坐颖期（灌浆期）　半仁期（灌浆期）　乳熟期（灌浆期）　蜡熟期（灌浆期）　完熟期（成熟期）

区域特点
本区包括山东省全部，河南省新乡（不含）以北地区，河北省中南部，陕西关中平原及山西省南部，甘肃省天水市全部和平凉及定西地区部分县。气候比较温和，大陆性气候显著，春秋高温多雨，夏季高温高湿，冬春寒冷干旱。小麦生育期150～260mm，制约小麦生长的主要因素。小麦生育期6、7、8三个月。无霜期180～220天，年降水520～680mm，多集中在6、7、8三个月。

黄淮冬麦区南片小麦绿色高效技术模式图

月	10月			11月			12月			1月			2月			3月			4月			5月			6月
旬	上	中	下	上	中	下	上	中	下	上	中	下	上	中	下	上	中	下	上	中	下	上	中	下	上
节气	寒露		霜降	立冬		小雪	大雪		冬至	小寒		大寒	立春		雨水	惊蛰		春分	清明		谷雨	立夏		小满	芒种

生育期

- 播种萌芽发期
- 出苗—三叶期
- 冬前分蘖期
- 越冬期
- 返青—起身期
- 拔节期
- 抽穗—开花期
- 灌浆期
- 成熟期

生育特点

- 种子萌发，出苗
- 根系及分蘖发生迅速，形成壮苗
- 缓慢生长
- 春叶叶片开始生长，匍匐转为直立
- 节间迅速伸长，植株生长迅速
- 开花授粉结实
- 籽粒灌浆
- 籽粒成熟

主攻目标

- 苗全、苗匀、苗齐、苗壮
- 促根增蘖，培育壮苗
- 保苗安全越冬
- 促苗早发稳长，蹲苗壮蘖，构建丰产群体
- 促大蘖成穗
- 保花增粒
- 养根护叶增粒重增重

关键技术

- 精选种子，适期播种、及时镇压
- 防治病虫，药剂拌种、及时镇压
- 适时镇压，适时灌冬水，冬前化学除草
- 中耕松土，蹲苗控节
- 重施肥水，防治病虫
- 孕穗灌浆水，防治病虫，一喷三防
- 籽粒蜡熟末期适时机械收获

操作规程

1. 播种精细整地，秸秆粉碎还田。选用该区通过国家或省品种审定委员会审定、在当地种植表现优良的品种，播前精选种子包衣，药剂种衣剂拌种。做好发芽试验。
2. 在平整地墒度17℃左右播种，一般控制在10月5~15日，每667m²基本苗12万~15万，播深3~5cm，播后足墒划匀墒，做好耙耱镇压，出苗后及时查苗、发现缺苗断垄要及时补种，每667m²基本苗，叶蝶等芽足，确保全苗。
3. 冬前应重点做好麦田化学除草，同时加强对蚜虫和麦蜘蛛的查治，注意防治灰飞虱，麦黑潜叶蝇和麦蜘蛛越冬防治，根据冬前墒情决定是否冬前灌溉，时间一般在11月25日至12月5日。
4. 返青期中耕松土、提高地温，镇压保墒。若0~20cm土壤相对含水量低于60%，可适当灌水补墒，起身期一般不浇水，不施肥。注意防治纹枯病。
5. 拔节期重施拔节肥，促大蘖成穗和穗花发育。一般4月1~10日结合灌水每667m²追施2~3kg尿素，注意防治白粉病、锈病，早控杂草除蘖，防治蚜虫。
6. 适时浇好孕穗灌浆水，4月25日至5月5日可结合浇水每667m²追施。科学预防水渍麦病，重点防治蚜虫，确保丰产丰收。
7. 籽粒蜡熟末期至完熟期适时机械收获，注意天气预报，避开恶劣天气，做好丰产丰收。

田间长势

- 出苗期
- 冬前分蘖期
- 越冬期
- 起身期
- 拔节期
- 抽穗期
- 灌浆期
- 成熟期

操作规程（图示）

- 条播机播种
- 匀播机播种
- 播后镇压
- 冬前防控
- 养季镇压
- 拔节期水肥管理
- 人工一喷三防
- 飞机一喷三防
- 机械收获
- 测产归仓

穗分化进程

- 糖原基（冬前分蘖期）
- 伸长期（冬前分蘖—返青期）
- 单棱期（冬前分蘖—返青期）
- 二棱期（返青—起身期）
- 护颖分化期（起身期）
- 小花分化期（拔节期）
- 药隔分化期（拔节期）
- 雌雄蕊分化、羽毛（拔节期）
- 花药四分体、羽毛（挑旗期）
- 柱头羽毛伸长（抽穗—开花期）
- 羽毛伸长期（抽穗—开花期）
- 受精期（灌浆期）
- 多仁期（灌浆期）
- 乳熟期（灌浆期）
- 蜡熟期（灌浆期）
- 完熟期（成熟期）

区域特点

本区包括河南省新乡（含）以南除淮河以北的其他地区，亦以南除阳以外的其他地区，制约小麦生产的主要因素为：
1. 秋冬气候温和，气候温和，地处暖温带，春旱多发，春早多尺，冬季尚温适多雨，夏秋尚温湿多雨，春早多尺，春雨少旱。
2. 属于大陆性气候，冬季干尺不足，影响小麦返青，三是春季温春早干，影响小麦正常生长，三是籽粒遇春早生长，四是倒春寒发生频率较高，五是后期干热风危害。
3. 8三个月，小麦生育期降水200~300mm，制约小麦生产的主要因素为：本区南片小麦生育期降水600~980mm，主要集中在6、7、8三个月。

区域特点：以南除阳以外的其他地区，亦以南除阳以外的其他地区，制约小麦生产的主要因素为：小麦播种至成熟期间＞0℃积温为2000~2200℃。午降水600~980mm，无霜期200~220天，是籽粒遇春早生长，四是倒春寒发生频率较高，五是后期干热风危害。

长江中下游冬麦区小麦绿色高产高效技术模式图

月	10月	11月			12月			1月			2月			3月			4月			5月			6月
旬	下	上	中	下	上	中	下	上	中	下	上	中	下	上	中	下	上	中	下	上	中	下	上
节气	霜降	立冬		小雪	大雪		冬至	小寒		大寒	立春		雨水	惊蛰		春分	清明		谷雨	立夏		小满	芒种
生育期	播种萌发期	出苗—三叶期			冬前分蘖期			越冬期			返青起身期			拔节期			抽穗开花期			灌浆期			成熟期
生育特点	种子萌发，出苗				根系及分蘖迅速生长			缓慢生长			养生叶片开始生长			节间伸长，植株迅速生长			开花授粉结实			籽粒灌浆			籽粒成熟
主攻目标	苗全、苗匀、苗壮				促根增蘖、培育壮苗			保苗安全越冬			促早发稳长、蹲苗壮蘖			促大蘖成穗			保花增粒			养根护叶、增粒增重			丰产丰收
关键技术	精选种子、药剂拌种、适期播种、播后镇压				蹲苗控旺、防治病虫草害			麦苗差苗、防治病虫草害			重施拔节孕穗肥、防治病虫草害						防治病虫、一喷三防						适时收获

田间长势： 出苗期　匀播机播种　冬前分蘖期　越冬期　返青身期　拔节期　拔节孕穗期　抽穗期　灌浆期　成熟期　机械收获　测产归合

操作规程：

1. 选用通过国家或省审定委员会审定、在当地种植表现优良的品种。播前精选种子，做好发芽试验。进行药剂拌种或种子包衣。
2. 在日平均温度16℃左右时播种，一般秋播在10月25日至11月5日，播深2～3cm，每667m²基本苗10万～14万，每667m²播种量8kg左右，出苗后及时镇压，注意秋冬季灰飞虱和冷害防治，发现缺苗断垄应及时补种，确保全苗。
3. 幼苗期注意观察灰飞虱。叶鞘蚕霉生长，促大蘖成穗，促壮蘖重施肥。拔节期应注意渍害沟理墒、防止渍害。
4. 拔节孕穗期重施肥。一般每亩和4月上中旬施尿素9kg左右。或拔节期施尿素18kg，做好科学防治。锈病、赤霉病末期注意防治机械收获，注意天气预报。
5. 开花灌浆期注意观察蚜虫和白粉病、锈病，赤霉病严防。及时科学防治。一般可于3月上中旬和4月上旬施尿素18kg，或拔节期施尿素18kg，做好科学防治。籽粒蜡熟末期至完熟期适时机械收获，选择晴天收获。

区域特点： 本区包括浙江、江西、湖北、湖南及上海市全部，河南省信阳地区以及江苏、安徽。皖北亚热带季风区，全年气候温暖湿润，水热资源丰富，全年≥10℃的积温达5 300℃左右，属北亚热带河以南的地区，无霜期215～278天，小麦生育期间降水340～960mm，长江以南冬小麦冬季基本不停止生长，但生长旺盛。一是稻茬面积大，土质黏重，整地困难。二是稻茬主播迟，播种质量差。三是春季降水偏多，四是小麦抽穗开花期常遇高温多湿，易发生赤霉病和其他病虫害。五是后期易发生倒伏和早衰。

穗分化进程： 穗原基（冬前分蘖—返青期）　伸长期（冬前返青期）　单棱期（返青—起身期）　二棱期（起身—拔节期）　护颖分化期（起身期）　小花分化期（拔节期）　雌雄蕊分化期（拔节期）　药隔分化期（拔节期）　羽毛伸长期（拔节—孕穗期）　柱头羽毛伸长期（孕穗—抽穗期）　花药四分体（抽穗期）　坐胎期（抽穗期）　半仁期（灌浆期）　灌浆期　乳熟期（灌浆期）　绿熟期（灌浆期）　完熟期（成熟期）

西南冬麦区小麦绿色高产高效技术模式图

月	10月		11月			12月			1月			2月			3月			4月			5月	
旬	下	上	中	下	上	中	下	上	中	下	上	中	下	上	中	下	上	中	下	上	中	下
节气	霜降	立冬		小雪	大雪		冬至	小寒		大寒	立春		雨水	惊蛰		春分	清明		谷雨	立夏		小满

生育期
- 播种萌发期
- 出苗—三叶期
- 分蘖至起身期（无明显越冬期）
- 拔节期（重庆、川东南、滇中一般在1月上中旬，滇北、川西北、贵州一般在1月中下旬开始拔节）
- 抽穗至开花期
- 灌浆期
- 成熟期

生育特点
- 种子萌发、出苗
- 根系及分蘖迅速生长
- 节间迅速伸长，植株生长迅速
- 开花授粉结实
- 籽粒灌浆
- 籽粒成熟

主攻目标
- 苗全、苗匀、苗壮
- 促根增蘖，培育壮苗；促苗早发稳长，搭苗壮蘖
- 促大蘖成穗
- 保花、增粒
- 养根护叶，增粒增重
- 丰产丰收

关键技术
- 精选种子，药剂拌种，适期播种
- 防治病虫草害，麦田严禁放牧，适期播种
- 防治病虫草害，重施拔节肥
- 防治病虫，一喷三防
- 适时收获

田间长势

出苗期　分蘖期　起身期　拔节期　抽穗期　灌浆期　成熟期

操作规程

1. 选用通过国家（直辖市）审定、在当地种植表现优良的品种。播前精选种子，做好发芽试验。进行药剂拌种或种子包衣。防治地下害虫。
2. 每667m²底施氮素6～8kg，五氧化二磷6kg左右，氧化钾5kg左右，或相应养分含量的复合肥。硫酸锌1.5kg左右。
3. 一般播种量每667m²基本苗15万～20万，出苗后及时查苗，发现缺苗断垄应及时补种，确保全苗，田边地头要种满种严。
4. 适时冬灌。促大蘖成穗，每667m²追施氮素5kg左右。时间在1月10～20日。
5. 灌浆期注意观察穗蚜发生情况，及时防治，一喷三防。
6. 籽粒蜡熟末期至完熟期适时收获，颗粒归仓。

1. 选用通过国家政策（直辖市）审定、在当地种植表现优良的品种。
2. 在日平均温度16℃左右播种，一般控制在10月26日至11月6日。
3. 苗期注意防治条锈病和蚜虫、蜘蛛等病虫害防除。
4. 拔节期注意防治条锈病及白粉病，促大蘖成穗。
5. 抽穗期注意开花期适当施用叶面肥，灌浆期注意观察穗蚜虫和白粉病、条锈病发生情况，及时进行"一喷三防"。
6. 籽粒蜡熟末期至完熟期适时机械收获，防止烂场雨，遇连阴雨，确保丰产丰收。

穗分化进程

- 糖原基（分蘖期）
- 伸长期（分蘖期）
- 单棱期（分蘖期）
- 二棱期（分蘖-起身期）
- 护颖分化期（起身期）
- 小花分化期（拔节期）
- 药隔分化期（拔节期）
- 柱头毛长起期（拔节-孕穗期）
- 柱头羽毛一拔齐期（拔节-孕穗期）
- 花药四分体 羽化 形成期（拔节-孕穗期）
- 羽毛开放期（孕穗-开花期）
- 坐果期（灌浆期）
- 半乳期（灌浆期）
- 乳熟期（灌浆期）
- 蜡熟期（灌浆期）
- 完熟期（成熟期）

区域特点

本区包括贵州、重庆全部，四川、云南大部。甘孜州部分县份外，云南省阿坝州，新平至保山以北，新平至保山以北。全年≥10℃的积温4850℃左右，小麦生育期>0℃积温为1100mm左右，年降水量800～2200℃。属亚热带湿润多风气候区，冬季气候温和、秋季同温度变化较小，季节差别较大。和甘肃省陇南地区（陕西南部（商洛、安康、汉中）、怒江州山以东、迪庆、迪庆、怒江州沪西、新平至保山以北，小麦根系少、冬季气候温和，影响小麦田间实播秧。三是日照不足，是影响小麦田间实播秧的主要因素。四是高温多湿气候易发生条锈病，赤霉病、白粉病，五是后期高温干热风危害。

东北春麦区春小麦绿色高产高效技术模式图

月	3月	4月			5月			6月			7月			8月		
旬	下	上	中	下	上	中	下	上	中	下	上	中	下	上	中	下
节气	春分	清明		谷雨	立夏		小满	芒种		夏至	小暑		大暑	立秋		处暑
生育期	播种期				出苗至分蘖期			拔节期			抽穗至灌浆期			成熟期		
生育特点	种子萌发				出苗、分蘖、迅速生长			节间迅速伸长，植株迅速生长			抽穗、开花、结实、籽粒灌浆			呼吸成熟		
主攻目标	苗全、苗壮、苗匀				促进早发、促根护蘖、培育壮苗			促进成穗、灌拔大穗			保花增粒、养根护叶、增数增重			丰产丰收		
关键技术	精选种子、药剂拌种、适期播种、播后镇压				三叶期化学除草、叶面肥、三叶一心或四叶一心镇压、促壮防倒			喷矮壮素、灌拔水、防治病虫			浇油穗水、灌浆水、叶面喷肥、防治病虫、一喷三防			适时收获		

田间长势

操作规程

1. 上秋进行秋整地，秋施肥，耙(豆)茬耢松。土壤有机质含量3%～5%的地区(自治区)，每667m²底施纯氮量4.5～5.5kg，磷肥(P₂O₅)5～6kg，钾肥(K₂O)2.5～3.5kg(以硫酸钾为宜)，审定。在当地种植表现优良，抗倒耐密品种，播前精选种子，进行药剂拌种或种子包衣。做好发芽试验。钾肥(K₂O)2～3kg(以碳酸钾为宜)，选用通过国家审定或省(自治区)审定。在当地种植表现优良，土壤有机质含量5%以上的地区，每667m²底施纯氮量3.5～4.0kg，磷肥(P₂O₅)4.0～4.5kg，钾肥(K₂O)5～6kg。

2. 在日平均气温6～7℃，地表解冻4～5cm开始播种，播深3cm左右，每667m²基本苗46万～50万，播后镇压。出苗后及时查苗，发现缺苗要应及时补种，确保全苗。田边田头主要补满苗严。

3. 三叶期结合化学除草每667m²喷施纯氮0.25kg+20g硼酸+0.2kg磷酸二氢钾，三叶期和抽节期喷矮壮素各1次，三叶一心和四叶一心各镇压1次，壮秆防倒。

4. 拔节期追肥成穗，促进成穗，每667m²追施纯氮0.5～1.0kg，注意观察根病，根腐病和白粉病的发生情况，发现病情要及时防治。

5. 适时浇好抽穗水，灌浆水，可结合浇油穗水追施2～3kg尿素，根据和赤霉病发生情况，及时防治防治。部分麦田可推迟到9月，防止贪青发芽，逆开栏场雨，做好一喷三防。

6. 籽粒蜡熟末期至完熟期适时机械收获(大部分在8月收获，部分推迟在8月收获)。确保丰产丰收，颗粒归仓。

穗分化进程

播种及出苗后镇压 — 苗期镇压 — 苗期喷除草剂 — 苗期喷矮壮素 — 拔节喷矮壮素 — 拔节喷矮壮素 — 拔节喷矮壮素水 — 飞机一喷三防 — 机械收获 — 测产归仓

穗原基(幼苗前期) — 伸长期(幼苗后期) — 出苗期(幼苗前期) — 二棱期(幼苗中期) — 护颖分化期(拔节期) — 小花分化期(拔节期) — 药隔分化期(拔节后期) — 柱头伸长期(拔节期) — 花药黄色羽毛状期(抽穗一旗叶期) — 柱头羽毛状期(抽穗期) — 羽毛伸展期(抽穗一开花期) — 形成期(抽穗期) — 坐舒期(灌浆期) — 半充期(灌浆期) — 乳熟期(灌浆期) — 蜡熟期(灌浆期) — 完熟期(成熟期)

区域 本区包括黑龙江、吉林两省全部，辽宁省除昌部外，内蒙古自治区东北部的大部的呼伦贝尔市。通辽市及赤峰市，兴安盟。营口两盟以外的大部，日照充足，温度由北向南递增，差异较大，全年≥10℃的积温为2 730℃左右。日照充足，温度由北向南递增。本区为中温带向寒温带过渡的大陆性季风气候。小麦生育期间≥0℃积温为1 200～2 000℃，无霜期90～200天，由北向南逐渐增加。降水量通常200～300mm，为我国春麦区降水最多的地区。制约小麦生长期的主要因素，一是小麦全苗难，二是小麦生...

北部春麦区春小麦绿色高效技术模式图

月	3月		4月			5月			6月			7月		
旬	中	下	上	中	下	上	中	下	上	中	下	上	中	下
节气		春分	清明		谷雨	立夏		小满	芒种		夏至	小暑		大暑
生育期	播种期		出苗至三叶期			分蘖期		拔节期	抽穗至开花期			灌浆期		成熟期
生育特点	种子萌发，出苗				根系及分蘖迅速生长			节间迅速伸长，植株迅速生长	抽穗、授粉、结实			籽粒灌浆		籽粒成熟
主攻目标	苗全、苗壮、苗齐、苗匀				促根壮发			促根增蘖	保花增粒			养根护叶，增粒增重		丰产丰收
关键技术	精选种子，药剂拌种，适期早播，播后镇压		三叶期灌溉大追肥			培育壮苗，中耕除草		灌水追肥，防治病虫，化控防倒	灌水，防治病虫			适时浇灌浆水，一喷三防		适时收获，预防烂场雨

田间长势

出苗期　分蘖期　拔节期　出穗期　开花期　灌浆期　成熟期

操作规程

1. 选用通过国家省（自治区）审定，在当地种植表现优良的品种。播前精选种子，做好发芽试验，进行药剂拌种或种子包衣。每667m²底施有机肥3000kg，种肥磷酸二铵20kg、氯化钾2.5kg，分层施入。
2. 在日平均气温6～7℃，地表解冻4～5cm时开始播种。一般在3月中旬至下旬，播深3～5cm，播后镇压，每667m²基本苗45万～50万，田边地头要种满种严。每667m²播种量15kg。
3. 苗期注意防治地下害虫，拔节前中耕除草。三叶期结合灌水每667m²追施尿素10kg，出苗后及时查苗，发现缺苗断垄应及时补种，确保全苗。
4. 拔节至抽穗期结合灌水每667m²追施尿素10kg，促大蘖成穗。杂草严重时可化学除草，注意防治株高，降低株高，防止倒伏。
5. 抽穗开花期灌水及时中耕除草，蚜虫、白粉病、锈病等发生时，适当喷施植物生长延缓剂，注意防治棉铃虫，减轻为害，适当做好一喷三防。
6. 籽粒蜡熟末期至完熟期适时机械收获。防止穗发芽，避免烂场雨，确保丰产丰收。灌浆期适时灌水，黏虫、白粉病、锈病发生时及时防治，颗粒归仓。

操作规程图：机械播种　播后镇压　苗期化学除草　飞机一喷三防　人工一喷三防　机械收获　测产归仓

穗分化进程

穗原基（幼苗前期）　伸长期（幼苗中期）　种基期（幼苗中期）　二棱期（幼苗后期）　小花分化期（拔节前）　护颖分化期（拔节前）　药隔分化期（拔节期）　柱头突起期（拔节期）　柱头羽毛长期（拔节期）　花药四分体（挑旗期）　羽毛形成期（挑旗期）　双受精开放期（抽穗-开花期）　坐果期（灌浆期）　半熟期（灌浆期）　乳熟期（灌浆期）　蜡熟期（灌浆期）　完熟期（成熟期）

区域特点

本区包括内蒙古的锡林郭勒盟、呼和浩特、包头、巴彦淖尔、乌兰察布、鄂尔多斯，山西省的大同、朔州、忻州3市，河北省的张家口、承德2市，陕西省榆林城以北的部分县。小麦生产区以内蒙古为主。土壤类型有盐土、碱土、栗钙土、灰土、潮土、风沙土。小麦生育期降水50～200mm，>0℃积温为1 800～2 000℃，全年无霜期80～178天，全年降水量200～600mm。小麦播种早成熟早，一般3月、下旬播种，7月中、下旬收获，小麦播种是小麦生产主要因素；二是常遇春季土壤墒情低，影响小麦正常播种。三是常遇后期干热风危害。

西北春麦区春小麦绿色高产高效技术模式图

月	3月		4月			5月			6月			7月			8月
旬	中	下	上	中	下	上	中	下	上	中	下	上	中	下	上
节气	惊蛰	春分	清明		谷雨	立夏	小满		芒种		夏至	小暑		大暑	立秋
生育期	播种期		出苗至幼苗期			拔节期			抽穗至开花期			灌浆期			成熟期
生育特点	种子萌发		出苗及幼苗迅速生长			节间迅速伸长，植株生长迅速			抽穗、授粉、结实			籽粒灌浆			籽粒成熟
主攻目标	苗全、苗齐、苗匀		促苗早发、促根增蘖、培育壮苗			促大蘖成穗			保花增粒			养根护叶、增粒增重			丰产丰收
关键技术	精选种子、药剂拌种、适期播种、播后镇压		中耕除草			灌水追肥、防治病虫、化控防倒			灌水追肥、防治病虫			适时浇灌溉水、一喷三防			适时收获

田间长势

出苗期　幼苗期　分蘖期　拔节期　抽穗期　开花期　灌浆期　成熟期

操作规程

1. 选用通过国家或省（自治区）审定，在当地种植表现优良品种。播前精选种子，做好发芽试验，进行药剂拌种或种子包衣。预防地下害虫。每667m²底施磷酸二铵20kg，尿素6kg。
2. 在日平均气温4～7℃，地表解冻4～5cm时适播种，一般在3月上旬至中旬，有些迟到4月上旬。播种3～5cm时开始播种，播后镇压。出苗后查苗，发现缺苗断垄应及时补种，确保全苗。田边地头要种补满种严。
3. 苗期注意防治锈病和地下害虫，杂草严重的可化学除草，拔节前中耕除草，拔节初期结合灌第一次水每667m²追施尿素12～13kg，追施磷肥，适当喷施植物生长调节剂，降低株高，防止倒伏。
4. 抽穗开花期结合灌溉第二次水每667m²追施尿素5～6kg，注意观察白粉病、锈病发生情况，做好一喷三防，适时浇好灌浆水。发病初期及时防治，白粉病和锈病易发区，注意观察苗长，及时彻底防治。
5. 籽粒蜡熟末期完熟期温好时机械收获（大部分在7月收获，部分麦田可推迟到8月），防止掉粒。

穗分化进程

穗原基（幼穗原基）	伸长期（幼穗中期）	单棱期（幼穗中期）	二棱期（幼穗后期）	护颖分化期（幼穗后期）	小花分化期（拔节期）	药隔分化期（拔节期）

苗期肥水管理　　拔节期肥水管理

杜头毛占起期（抽穗一旗叶期）	坐药期（灌浆期）	花药四分体（抽穗期）	羽毛形成期（抽穗期）	孔熟期（灌浆期）	半熟期（灌浆期）	结穗期（灌浆期）	完熟期（灌熟期）

测产归仓

人工一喷三防　飞机一喷三防　机械收获

区域特点

本区包括内蒙古阿拉善盟，宁夏全部，甘肃的兰州、武威、张掖、酒泉区全部，以及定西、临夏……青海的海东地区全部，以及黄南、海南州的个别县。青海省西宁市和海东地区为主，天水和甘肃中部温带半干旱地区，属大陆性气候，日照充足，年均气温200～400mm，最少地区在50mm以下，削约该区域小麦生育期的主要因素，一是小麦生育期同干旱少雨，影响小麦正常生长。三是稻冬病和白粉病时有发生。四是后期阴雨风险危害重，高温逼熟现象频发。本区处于中温带半干旱地区，本区大部分地区为地膜栽培。本区春秋干燥，春秋多风，冬季寒冷，夏季炎热，属大陆性气候，日照充足。三是土壤肥力较差。主要病虫害有锈病、白粉病、金针虫、蚜虫、红蜘蛛、红蜘蛛、吸浆虫。

新疆冬春麦区冬小麦绿色高产高效技术模式图

月	9月		10月			11月			12月			1月			2月			3月			4月			5月			6月		
旬	中	下	上	中	下	上	中	下	上	中	下	上	中	下	上	中	下	上	中	下	上	中	下	上	中	下	上	中	下
节气	秋分	寒露	霜降		立冬		小雪	大雪		冬至		小寒	大寒		立春		雨水	惊蛰		春分	清明		谷雨	立夏		小满	芒种		夏至

生育期：播种期 | 出苗至三叶期 | 冬前分蘖期（南疆11月下旬至12月上旬，北疆11月下旬开始越冬）| 越冬期 | 返青期（南疆2月下旬，北疆3月下旬返青）| 起身期 | 拔节期 | 抽穗至开花期 | 灌浆期 | 成熟期

生育特点：
- 播种期：种子萌发、出苗
- 出苗三叶期：根系及分蘖速生长
- 冬前分蘖期：相系及分蘖速生长
- 越冬期：基本停止生长
- 返青期：春生叶片开始生长
- 起身期：匍匐转为直立
- 拔节期：节间迅速伸长　植株迅速生长
- 抽穗开花：开花受粉　结实
- 灌浆期：籽粒灌浆
- 成熟期：籽粒成熟

主攻目标：
- 苗全、苗匀、苗壮
- 促根增蘖、培育壮苗
- 保苗安全越冬
- 促苗早发稳长
- 蹲苗壮蘖
- 促大蘖成穗
- 保花增粒
- 养根护叶增粒增重
- 丰产丰收　适时收获

关键技术：
- 精选种子、药剂拌种　适期播种、播后镇压
- 防治病虫　适时浇好冻水
- 适时镇压、严禁放牧
- 中耕松土、小水灌溉
- 蹲苗控节　适当灌水
- 重施肥水　防治病虫
- 浇开花灌浆水　防治病虫、一喷三防
- 养根护叶增粒增重、一喷三防

操作规程

1. 选用通过国家或自治区审定、在当地种植表现优良的品种。播前精选种子，做好发芽试验。进行药剂拌种或种子包衣，预防病害。
2. 在日平均气温17℃左右时播种，一般南疆在9月下旬至10月上旬，少数沿天山一带9月中旬至下旬，北疆在10月中旬。基本苗3~5cm，每667m²基本苗25万。
3. 冬前苗期注意观察病虫草害发生情况，及时防治。一般支苗前发生消灭时灌冻水，时间一般掌握11月15~25日，冬季适时镇压，弥实地表契缝隙，防止寒风调根、起身期观察苗情，适当灌水。
4. 返青期中耕松土、提高地温，一般可中耕保墒，镇压保墒。起身期观察病虫情况，及时防治。
5. 拔节期重施拔肥、促大蘖成穗，每667m²追施尿素18kg左右。灌水追肥时间在4月15~25日，注意观察白粉病和锈病发生情况，发现病情及时防治。
6. 适时浇好开花灌浆水，可结合灌水追施2~3kg尿素。南疆一般在5月上旬，北疆一般在6月下旬，防止贪青。
7. 籽粒蜡熟末期完熟期适时机械收获。四是因越冬繁发生频率高，五是后期干热风危害。

区域特点

本区包括南疆的喀什地区、和田地区、阿克苏地区的所有县市与塔里木河谷冬春麦兼种区，乌苏-石河子一县市，昌吉-奇台冬麦兼种区，轮台-库尔勒等地的部分县市。小麦播种至成熟>0℃积温南疆为2265℃左右，北疆为2243℃左右。南疆冬小麦区全年无霜期160~240天，冬春麦兼种区全年无霜期100~200天；冬季降水量南疆为50mm左右，北疆为200mm左右。制约小麦生产的主要因素：一是冬生青期降水严重不足，与棉花等其他作物争水引赏春干旱，三是晚出客春霜冻，北疆是雪障霜冻，历年均有不同程度发生。

穗分化进程：穗原基（冬前分蘖期）｜伸长期（冬前分蘖-返青期）｜单棱期（返青-起身期）｜二棱期（返青-起身期）｜护颖分化期（返青-起身期）｜小花分化期（拔节期）｜药隔分化期（拔节期）｜雌雄蕊分化期（拔节期）｜花药四分体形成期（拔节期）｜羽毛突起形成期（挑旗期）｜羽毛期柱头（拔节末-挑旗期）｜柱头伸长期（拔节-挑旗期）｜柱头羽毛伸展期（抽穗-开花期）｜羽毛开放期（抽穗-开花期）

受精白化 ｜ 半仁期（灌浆期）｜ 生乳期（灌浆期）｜ 乳熟期（灌浆期）｜ 蜡熟期（灌浆期）｜ 完熟期（成熟期）

田间长势：出苗期 ｜ 越冬期 ｜ 返青期 ｜ 起身期 ｜ 拔节期 ｜ 抽穗期 ｜ 灌浆期 ｜ 成熟期

新疆冬春麦区春小麦绿色高产高效技术模式图

月	3月		4月			5月			6月			7月		
旬	中	下	上	中	下	上	中	下	上	中	下	上	中	下
节气		春分	清明		谷雨	立夏		小满	芒种		夏至	小暑		大暑
生育期	播种萌发期		出苗至三叶期		分蘖期	拔节期			抽穗至开花期		灌浆期	成熟期		
生育特点	种子萌发、出苗				根系及分蘖迅速生长	节间迅速伸长，植株生长迅速			开花、授粉、结实		籽粒灌浆	籽粒成熟		
主攻目标	苗全、苗齐、苗壮、苗匀		促根早发		促根壮蘖，培育壮苗	促大蘖成穗			保花增粒		养根护叶，增粒增重	丰产丰收		
关键技术	精选种子，药剂拌种，适期早播，播后镇压		二叶一心时灌水追肥		及时防治病虫草害化控防倒	重施肥水，防治病虫			灌水，防治病虫		浇灌浆水，一喷三防	适时收获		

田间长势

机械播种 · 穗分基（出苗前期） · 单根期（幼苗中期）· 二叶期（幼苗后期）· 幼苗期 · 苗期防控 · 分蘖期 · 拔节期水肥管理 · 抽穗开花期 · 人工一喷三防 · 飞机一喷三防 · 灌浆期 · 灌浆期水后管理 · 机械收获 · 成熟期

穗分化进程

穗分基（出苗前期）· 伸长期（幼苗中期）· 单棱期（幼苗中期）· 二棱期（幼苗后期）· 护颖分化期（幼苗后期）· 小花分化期（拔节期）· 药隔分化期（拔节期）· 柱头突起伸长期（拔节后期）· 柱头伸长期（拔节后期）· 花药分化期（拔节后期）· 羽毛突起期（抽穗开花期）· 羽毛伸长期（抽穗开花期）· 形成期 · 坐胚期（灌浆期）· 半仁期（灌浆期）· 乳熟期（灌浆期）· 蜡熟期（灌浆期）· 完熟期（成熟期）

操作规程

1. 选用通过国家或自治区审定、在当地种植表现优良的品种。播种精选种子，进行药剂拌种或种子包衣，预防锈病、黑穗病和白粉病，每667m²底施磷酸二铵20kg左右，尿素2～3kg。
2. 在日平均气温5～7℃、地表解冻5～7cm时开始播种，一般在3月中旬至下旬（部分麦田可能推迟到4月中下旬），播深3～5cm，播后镇压，每667m²基本苗35万，带肥下种，种肥4～5kg磷酸二铵。出苗后及时查补苗，发现缺苗断垄应立即补种、补苗，确保全苗，田边地头要种种神补严。
3. 苗期注意观察病虫草害发生情况，及时防治。二叶一心时灌水，随水每667m²追施尿素8～10kg，促苗早发，及时进行化控防倒。
4. 拔节期重施肥水，促大蘖成穗。每667m²追施尿素10～15kg，注意观察白粉病和锈病的发生情况，锈病发生情况，及时彻底防治，做到一喷三防。
5. 适时浇开花灌浆水，结合灌水追施4～5kg尿素。可根据苗情长势，适时进行机械收获（大部分在7月收获）。防止倒伏发芽，防治场病，谨防场病发芽，颗粒归仓。
6. 籽粒蜡熟末期至完熟期进行机械收获（大部分在7月收获）。

区域特点

本区包括南疆的喀什噶尔巴音郭勒蒙古自治州的焉耆盆地、和硕县、和静县、博湖县。塔额盆地、乌苏—石河子—昌吉—奇台冬麦种区。阿勒泰麦种区的部分县市。一苗种区、制种区域的北疆地区为200mm左右，制种该区域小麦生产的主要因素是：一是冬季覆盖度不足，影响小麦越冬，二是春季干旱，与越冬等其他作物争水才看实出。三是病虫害较多，三是易受锈病及出苗。四是后期干热风危害。北疆北部是日茶冬春麦种区，小麦播种至成熟需≥0℃积温需要约1910℃左右。北疆—苗种区。冬小麦种区，历年均有不同程度发生。

青藏春冬麦区春小麦绿色高产高效技术模式图

月	3月	4月	5月	6月	7月	8月	9月
旬	中　下	上　中　下	上　中　下	上　中　下	上　中　下	上　中　下	上
节气	春分	清明　谷雨	立夏　小满	芒种　夏至	小暑　大暑	立秋　处暑	白露

生育期

播种期	出苗至幼苗生长	出苗及幼苗迅速生长	拔节期	抽穗至开花期	灌浆期	成熟期

生育特点

- 种子萌发
- 苗全、苗壮、苗匀
- 节间迅速伸长植株生长迅速
- 抽穗授粉结实
- 籽粒灌浆
- 籽粒成熟

主攻目标

- 促苗早发
- 促根壮苗、培育壮苗
- 促大蘖成穗
- 保花增粒
- 养根护叶、增粒增重
- 丰产丰收

关键技术

- 精选播种、适期播种镇压
- 二叶一心时灌水追肥、中耕除草防治病虫、化控防倒
- 灌水追肥、防治病虫
- 防治病虫
- 适时浇灌浆水、一喷三防
- 适时收获

田间长势

出苗期　幼苗期　分蘖期　拔节期　抽穗期　灌浆期　成熟期

操作规程

1. 选用通过国家或省（自治区）审定，在当地种植表现优良品种的品种。
2. 播前精选种子，做好发芽试验，进行药剂拌种或种子包衣，预防病虫害。
3. 当日平均温度1~3℃，土壤解冻5~6cm时抢早播，播种深度3~4cm，每667m²播种量15~20kg（基本苗）30万~35万，播后镇压，出苗后及时查苗，发现缺苗断垄应及时补苗，确保全苗。田间地头要种满种净。
4. 苗期注意防治锈病、叶枯病，根腐病及时防治，二叶一心期灌第一次水，结合灌水每667m²追施尿素8~10kg，灌水后适时中耕松土，促苗早发。拔节前中耕除草，杂草严重时可化学除草。
5. 拔节期适当施肥、促大蘖成穗，结合灌水每667m²追施尿素5~6kg，注意观察锈病及麦蚜发生情况。做好一喷三防。
6. 抽穗开花期适时灌水，注意预防锈病，赤霉病及麦蚜虫，及时进行有效防治。
7. 适时浇好灌浆水，籽粒蜡熟末期适时进行机械收获，防止土壤发芽，颗粒归仓。

机械播种　机械镇压　苗期灌水肥管理　拔节期水肥管理　人工一喷三防　飞机一喷三防　机械收获　测产归仓

穗分化进程

- 糖原基（幼穗分化前期）
- 伸长期（幼穗前期）
- 单棱期（幼穗中期）
- 二棱期（幼穗后期）
- 护颖分化期（幼穗后期）
- 小花分化期（拔节期）
- 药隔分化期（拔节期）
- 柱头突起期（拔节后期）
- 柱头伸长期（拔节后期）
- 花药四分体、羽毛（拔节后期）
- 羽毛突起期（孕穗、一挑旗期）
- 形成期（孕穗、一挑旗期）
- 坐胚期（灌浆期）
- 乳熟期（灌浆期）
- 蜡熟期（灌浆期）
- 完熟期（成熟期）

区域特点

本区属青藏高原，包括西藏自治区全部，青海西藏自治区，农耕区的土壤类型复杂多样。农耕区降水量低，气候干旱，热量不足，无霜期短，一是温度偏低，二是气候干旱，三是蒸发量大。春小麦生育期降水50~300mm。四川省西部的阿坝州，甘孜州西部的甘孜县，青海省南部的甘南州及怒江州部分县，云南省西北部迪庆州的德钦、香格里拉，以及云南省西北部迪庆州，以春小麦种植为主，全生育期130~190天，播种至成熟>0℃积温1600~1800℃。